经典教材辅导用书·物理系列丛书

物理学习题辅导与解答

高教版《物理学》(第 5 版)

(东南大学等七所工科院校编,马文蔚改编)

周逊选 编

华中科技大学出版社

中国·武汉

图书在版编目(CIP)数据

物理学习题辅导与解答/周逊选　编.—武汉:华中科技大学出版社,2008年2月
ISBN 978-7-5609-4369-5

Ⅰ.物…　Ⅱ.周…　Ⅲ.物理学-高等学校-教学参考资料　Ⅳ.O4

中国版本图书馆CIP数据核字(2007)第201253号

物理学习题辅导与解答　　周逊选　编

策划编辑:周芬娜

责任编辑:周芬娜　李　成　　封面设计:潘　群

责任校对:朱　霞　　责任监印:周治超

出版发行:华中科技大学出版社(中国·武汉)
武昌喻家山　邮编:430074　电话:(027)87557437

录　排:武汉佳年华科技有限公司
印　刷:湖北恒泰印务有限公司

开本:710mm×1000mm　1/16　印张:13.5　字数:260 000
版次:2008年2月第1版　印次:2009年5月第2次印刷　定价:20.00元
ISBN 978-7-5609-4369-5/O·432

内 容 简 介

本书是根据高等教育出版社出版、东南大学等七所工科院校编、马文蔚改编的《物理学》(第5版)的内容和系统编写的,对其中全部习题逐一进行了解答。全书共十五章,每章分为“内容提要”和“习题解答”两部分。对于比较复杂的习题,给出了解题思路,或进行了必要的讨论。

本书可作为普通高校、电视大学、成人高等教育中各工科专业物理课程的辅助教材。

前 言

在学习大学物理学的各个环节中，解答习题无疑是一个重要环节，它有助于我们牢固掌握物理学的基本理论，培养独立思考的习惯，训练解决问题的能力，同时，它也是检验学习成绩的一种主要方式。本书的编写，希望能为读者在解答习题过程中提供一种参考，对读者学习大学物理学能有所裨益。

由高等教育出版社出版、东南大学等七所工科院校编、马文蔚改编的《物理学》(第5版)是我国高等院校工科专业广泛使用的一种物理教材，其中所选习题与基本理论配合紧密，内容丰富，难易适度。本书按照该教材的编写顺序，对全部习题逐一进行了解答。为了读者学习方便，本书所采用的符号均与该书一致。本书每一章分为“内容提要”和“习题解答”两部分。在“内容提要”中，提供了与解答该章习题相关的基本概念、公式，以便查找；在有些章的“内容提要”中，还介绍了相关的解题方法。在“习题解答”中，对较为复杂的习题，在解题前作了必要的分析，或在解题后进行了简要的讨论。每道习题的解答力求思路明晰，论述有据。为了使解题过程不至于烦琐，本书省略了数据运算和在初等数学基础上可以完成的推导过程。

由于编者水平有限，书中难免有疏漏甚至错误之处，敬请读者不吝指正。

编　者

2007年10月

目　录

第 1 章　质点运动学

内 容 提 要

1. 参考系和坐标系

描述物体运动时用作参考的其他物体称为参考系。为了定量地说明物体对参考系的位置，需要在该参考系建立固定的坐标系。

2. 位置矢量和位移

位置矢量：在参考系上选一点 O 向质点所在位置 P 所引的有向线段 $\boldsymbol{r}$（$\boldsymbol{r}=\overrightarrow{OP}$）称为质点对点 O 的位置矢量，简称位矢。

运动方程：表示质点位置随时间变化的函数式称为运动方程，可以写作

$$\boldsymbol{r}=\boldsymbol{r}(t)$$

在直角坐标系中，
$$\boldsymbol{r}(t)=x(t)\boldsymbol{i}+y(t)\boldsymbol{j}+z(t)\boldsymbol{k}$$

位移矢量：
$$\Delta\boldsymbol{r}=\boldsymbol{r}(t+\Delta t)-\boldsymbol{r}(t)$$

一般情况下，
$$|\Delta\boldsymbol{r}|\neq|\Delta r|$$

3. 速度和加速度

$$\boldsymbol{v}=\frac{\mathrm{d}\boldsymbol{r}}{\mathrm{d}t},\quad \boldsymbol{a}=\frac{\mathrm{d}\boldsymbol{v}}{\mathrm{d}t}=\frac{\mathrm{d}^2\boldsymbol{r}}{\mathrm{d}t^2}$$

在直角坐标系中，
$$\boldsymbol{v}=v_x\boldsymbol{i}+v_y\boldsymbol{j}+v_z\boldsymbol{k}$$
$$\boldsymbol{a}=a_x\boldsymbol{i}+a_y\boldsymbol{j}+a_z\boldsymbol{k}$$

在自然坐标系中，
$$\boldsymbol{a}=\boldsymbol{a}_{\mathrm{n}}+\boldsymbol{a}_{\mathrm{t}}=\frac{v^2}{r}\boldsymbol{e}_{\mathrm{n}}+\frac{\mathrm{d}v}{\mathrm{d}t}\boldsymbol{e}_{\mathrm{t}}$$

（1）匀加速运动：

$$\boldsymbol{a}=\text{常矢量},\quad \boldsymbol{v}=\boldsymbol{v}_0+\boldsymbol{a}t,\quad \boldsymbol{r}=\boldsymbol{r}_0+\boldsymbol{v}_0t+\frac{1}{2}\boldsymbol{a}t^2$$

（2）抛体运动

$$\boldsymbol{a}=\boldsymbol{g},\quad \boldsymbol{v}=\boldsymbol{v}_0+\boldsymbol{g}t,\quad \boldsymbol{r}=\boldsymbol{v}_0t+\frac{1}{2}\boldsymbol{g}t^2$$

在直角坐标系中，
$$a_x=0,\quad a_y=-g$$
$$v_x=v_0\cos\theta,\quad v_y=v_0\sin\theta-gt$$
$$x=v_0\cos\theta\cdot t,\quad y=v_0\sin\theta\cdot t-\frac{1}{2}gt^2$$

（3）圆周运动：

$$\boldsymbol{a}=\boldsymbol{a}_{\mathrm{n}}+\boldsymbol{a}_{\mathrm{t}},\quad a_{\mathrm{n}}=\frac{v^2}{r}=r\omega^2,\quad a_{\mathrm{t}}=\frac{\mathrm{d}v}{\mathrm{d}t}=r\alpha$$

匀速圆周运动：
$$\boldsymbol{a}=-\omega^2\boldsymbol{r}$$

（4）角量描述：

$$\text{角速度 }\omega=\frac{\mathrm{d}\theta}{\mathrm{d}t},\quad \text{角加速度 }\alpha=\frac{\mathrm{d}\omega}{\mathrm{d}t}$$

4. 相对运动

伽利略速度变换
$$\boldsymbol{v}_{\mathrm{AK}}=\boldsymbol{v}_{\mathrm{AK'}}+\boldsymbol{v}_{\mathrm{K'K}}$$

习题解答

【1-1】 质点作曲线运动，在时刻 t 质点的位矢为 $\boldsymbol{r}$，速度为 $\boldsymbol{v}$，速率为 v，t 至 $(t+\Delta t)$ 时间内的位移为 $\Delta\boldsymbol{r}$，路程为 Δs，位矢大小的变化量为 Δr（或称 $\Delta|\boldsymbol{r}|$），平均速度为 $\bar{\boldsymbol{v}}$，平均速率为 $\bar{v}$。

(1) 根据上述情况，则必有（　）。

(A) $|\Delta\boldsymbol{r}|=\Delta s=\Delta r$　　(B) $|\Delta\boldsymbol{r}|\neq\Delta s\neq\Delta r$，当 $\Delta t\to 0$ 时有 $|\mathrm{d}\boldsymbol{r}|=\mathrm{d}s\neq\mathrm{d}r$

(C) $|\Delta\boldsymbol{r}|\neq\Delta r\neq\Delta s$，当 $\Delta t\to 0$ 时有 $|\mathrm{d}\boldsymbol{r}|=\mathrm{d}r\neq\mathrm{d}s$

(D) $|\Delta\boldsymbol{r}|\neq\Delta s\neq\Delta r$，当 $\Delta t\to 0$ 时有 $|\mathrm{d}\boldsymbol{r}|=\mathrm{d}r=\mathrm{d}s$

(2) 根据上述情况，则必有（　）。

(A) $|\boldsymbol{v}|=v,|\bar{\boldsymbol{v}}|=\bar{v}$　(B) $|\boldsymbol{v}|\neq v,|\bar{\boldsymbol{v}}|\neq\bar{v}$　(C) $|\boldsymbol{v}|=v,|\bar{\boldsymbol{v}}|\neq\bar{v}$　(D) $|\boldsymbol{v}|\neq v,|\bar{\boldsymbol{v}}|=\bar{v}$

解　(1) 根据题意可作图，如图 1-1 所示。在图中，$|\Delta\boldsymbol{r}|=AB$，$\Delta s=\overparen{AB}$，$\Delta r=CB$。因此，$|\Delta\boldsymbol{r}|\neq\Delta s\neq\Delta r$；直线 AB 和曲线 $\overparen{AB}$ 具有相同的起点和终点，因此 $\Delta t\to 0$ 时，它们有相同的极限，即 $|\mathrm{d}\boldsymbol{r}|=\mathrm{d}s$，$CB$ 只和 $\overparen{AB}$（或 AB）有相同的终点，$\Delta t\to 0$ 时，它们的极限不同，即 $\mathrm{d}s\neq\mathrm{d}r$。答案(B)是正确的。

(2) 根据以上讨论可得 $|\boldsymbol{v}|=\dfrac{|\mathrm{d}\boldsymbol{r}|}{\mathrm{d}t}=\dfrac{\mathrm{d}s}{\mathrm{d}t}=v$，因为 $|\bar{\boldsymbol{v}}|=\dfrac{|\Delta\boldsymbol{r}|}{\Delta t}$，$\bar{v}=\dfrac{\Delta s}{\Delta t}$，而 $|\Delta\boldsymbol{r}|\neq\Delta s$，所以 $|\bar{\boldsymbol{v}}|\neq\bar{v}$。答案(C)是正确的。

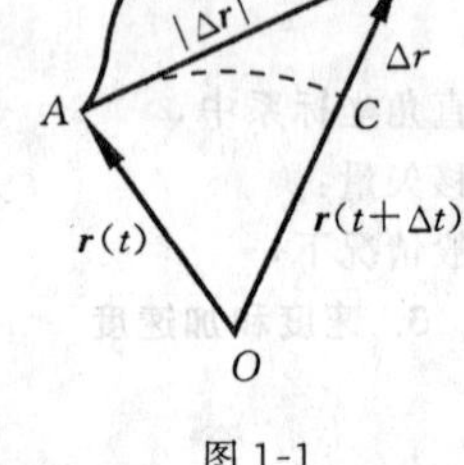

图 1-1

【1-2】 一运动质点在某瞬时位于位矢 $\boldsymbol{r}(x,y)$ 的端点处，对其速度的大小有四种意见，即

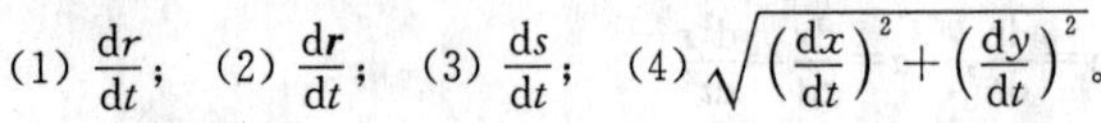

(1) $\dfrac{\mathrm{d}r}{\mathrm{d}t}$；　(2) $\dfrac{\mathrm{d}\boldsymbol{r}}{\mathrm{d}t}$；　(3) $\dfrac{\mathrm{d}s}{\mathrm{d}t}$；　(4) $\sqrt{\left(\dfrac{\mathrm{d}x}{\mathrm{d}t}\right)^2+\left(\dfrac{\mathrm{d}y}{\mathrm{d}t}\right)^2}$。

下述判断正确的是（　）。

(A) 只有(1)、(2)正确　(B) 只有(2)正确　(C) 只有(2)、(3)正确　(D) 只有(3)、(4)正确

解　根据定义，速度的大小为 $v=\dfrac{|\mathrm{d}\boldsymbol{r}|}{\mathrm{d}t}$。$|\mathrm{d}\boldsymbol{r}|$ 是标量，而 $\mathrm{d}\boldsymbol{r}$ 是矢量，$|\mathrm{d}\boldsymbol{r}|\neq\mathrm{d}\boldsymbol{r}$，因此(2)是不正确的，本题答案是(D)。答案(D)的正确性可进一步说明如下。

根据上题的讨论，$|\mathrm{d}\boldsymbol{r}|=\mathrm{d}s\neq\mathrm{d}r$，因此(1)是不正确的，(3)是正确的。在平面直角坐标系中，速度的两个分量的大小分别为 $v_x=\dfrac{\mathrm{d}x}{\mathrm{d}t}$，$v_y=\dfrac{\mathrm{d}y}{\mathrm{d}t}$。因此，速度的大小为

$$v=\sqrt{v_x^2+v_y^2}=\sqrt{\left(\frac{\mathrm{d}x}{\mathrm{d}t}\right)^2+\left(\frac{\mathrm{d}y}{\mathrm{d}t}\right)^2}$$

【1-3】 质点作曲线运动，$\boldsymbol{r}$ 表示位置矢量，$\boldsymbol{v}$ 表示速度，$\boldsymbol{a}$ 表示加速度，s 表示路程，a_t 表示切向加速度。对下列表达式，即

(1) $\mathrm{d}v/\mathrm{d}t=a$；　(2) $\mathrm{d}r/\mathrm{d}t=v$；　(3) $\mathrm{d}s/\mathrm{d}t=v$；　(4) $|\mathrm{d}\boldsymbol{v}/\mathrm{d}t|=a_t$。

下述判断正确的是（　）。

(A) 只有(1)、(4)是对的　(B) 只有(2)、(4)是对的　(C) 只有(2)是对的　(D) 只有(3)是对的

解　在上一题（题 1-2）中，已经说明(2)是不对的，(3)是对的，而 $a=\left|\dfrac{\mathrm{d}\boldsymbol{v}}{\mathrm{d}t}\right|$，$a_t=\dfrac{\mathrm{d}v}{\mathrm{d}t}$，因此(1)和(4)是不对的，本题答案是(D)。

【1-4】 一个质点在作圆周运动时，有（　）。

(A) 切向加速度一定改变，法向加速度也改变　(B) 切向加速度可能不变，法向加速度一定改变

(C) 切向加速度可能不变，法向加速度不变　(D) 切向加速度一定改变，法向加速度不变

解　质点做圆周运动时，其切向加速度不一定改变。例如，作匀速率圆周运动时，其切向加速

度始终为零。质点的切向加速度不变时，其法向加速度的大小可能不变（在作匀速率圆周运动时即是如此），但其方向总是变化的，因此法向加速度是一定改变的。本题答案应为(B)。

【1-5】　如图1-2(a)所示，湖中有一小船，有人用绳绕过岸上一定高度处的定滑轮拉湖中的船向岸边运动。设此人以匀速率 v_0 收绳，绳不伸长且湖水静止，小船的速率为 v，则小船作（　）。

(A) 匀加速运动，$v=\dfrac{v_0}{\cos\theta}$　　(B) 匀减速运动，$v=v_0\cos\theta$　　(C) 变加速运动，$v=\dfrac{v_0}{\cos\theta}$

(D) 变减速运动，$v=v_0\cos\theta$　　(E) 匀速直线运动，$v=v_0$

解　从滑轮处（A 点）向水平面作一垂线，垂足为 O，从 O 点向小船所在处（B 点）作一直线，此直线作为 x 轴，O 为原点（图1-2(b)）。设时刻 t 小船位于 B，坐标为 x，小船至滑轮的绳长为 l。显然，人拉绳的速率就是绳长减小的速率，因此，速度 $\boldsymbol{v}_0$ 可表示为

$$\boldsymbol{v}_0=\frac{\mathrm{d}l}{\mathrm{d}t}\boldsymbol{i} \qquad ①$$

因为 $\dfrac{\mathrm{d}l}{\mathrm{d}t}<0$，所以 $\boldsymbol{v}_0$ 的方向是与 x 轴方向相反的。船运动的速度可表示为

$$\boldsymbol{v}=\frac{\mathrm{d}x}{\mathrm{d}t}\boldsymbol{i} \qquad ②$$

以 h 表示滑轮对水面的高度，则由图1-2(b)可知，

$$l^2=x^2+h^2 \qquad ③$$

将方程③等号两边分别对 t 求导数得到

$$l\,\frac{\mathrm{d}l}{\mathrm{d}t}=x\,\frac{\mathrm{d}x}{\mathrm{d}t}$$

考虑到①、②两式，即可得

$$v=\frac{l}{x}v_0=\frac{v_0}{\cos\theta}$$

式中，θ 是随着时间增大的，因此 v 也随着时间而增大，小船作加速运动。小船的加速度

$$a=\frac{\mathrm{d}v}{\mathrm{d}t}=\frac{v_0\tan\theta}{\cos\theta}\frac{\mathrm{d}\theta}{\mathrm{d}t}$$

仍然随着时间而变化，因此它作变加速运动。此题答案应选(C)。

(a)

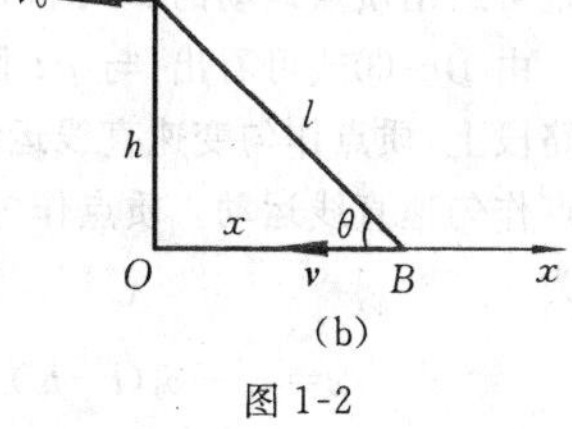

(b)

图1-2

【1-6】　已知质点沿 x 轴作直线运动，其运动方程为 $x=2+6t^2-t^3$，式中，x 的单位为 m，t 的单位为 s。求：(1) 质点在运动开始后 4.0 s 内的位移的大小；(2) 质点在该时间内所通过的路程；(3) $t=4$ s 时质点的速度和加速度。

解　(1) 质点在运动开始时 $t_1=0$，其坐标为

$$x_1=2+6t_1^2-t_1^3=2\ \mathrm{m}$$

质点在运动开始后 4.0 s 的时刻（$t_2=4.0$ s），其坐标为

$$x_2=2+6t_2^2-t_2^3=34\ \mathrm{m}$$

质点在 $t_1\to t_2$ 这段时间内的位移的大小为

$$\Delta x=x_2-x_1=32\ \mathrm{m}$$

(2) 在质点的直线运动中，若不存在反向运动，则质点的运动路程与其位移的大小相等；若存在反向运动，则存在重复的运动路段，路程将大于位移的大小。质点运动反向时，其速度必为零（质点速度为零时，不一定说明它会反向运动），这是我们判断质点直线运动中是否存在反向运动的一个依据。

根据质点的运动方程，可以得到它的速度方程为

$$v=\frac{\mathrm{d}x}{\mathrm{d}t}=12t-3t^2$$

令 $v=0$,可解得 $t_1=0, t_2=4.0\ \mathrm{s}$。可见在 $t_1\to t_2$ 这段时间内,质点没有反向运动,它所通过的路程等于位移的大小,即 32 m。

(3) 质点的加速度方程为 $a=\dfrac{\mathrm{d}v}{\mathrm{d}t}=12-6t$,已知 $t_2=4.0\ \mathrm{s}$ 时,$v_2=0$。将 $t_2=4.0\ \mathrm{s}$ 代入加速度方程,可得此时质点的加速度为

$$a_2=12-6t_2=-12\ \mathrm{m\cdot s^{-2}}$$

式中,负号表示质点将要反向运动。

【1-7】 一质点沿 x 轴方向作直线运动,其速度与时间的关系如图 1-3(a)所示。设 $t=0$ 时,$x=0$。试根据已知的 v-t 图,画出 a-t 图以及 x-t 图。

解　由图 1-3(a)可知,质点速度与时间的关系由三段直线表示。根据图中所列数据,可得出这三段直线的方程(即质点的速度方程)为

AB 段:　$v=-20\ \mathrm{m\cdot s^{-1}}+(20\ \mathrm{m\cdot s^{-2}})t$

BC 段:　$v=20\ \mathrm{m\cdot s^{-1}}$

CD 段:　$v=60\ \mathrm{m\cdot s^{-1}}-(10\ \mathrm{m\cdot s^{-2}})t$

由质点的速度方程可得到它的加速度方程为

AB 段:　$a=\dfrac{\mathrm{d}v}{\mathrm{d}t}=20\ \mathrm{m\cdot s^{-2}}$　①

BC 段:　$a=\dfrac{\mathrm{d}v}{\mathrm{d}t}=0$　②

CD 段:　$a=\dfrac{\mathrm{d}v}{\mathrm{d}t}=-10\ \mathrm{m\cdot s^{-2}}$　③

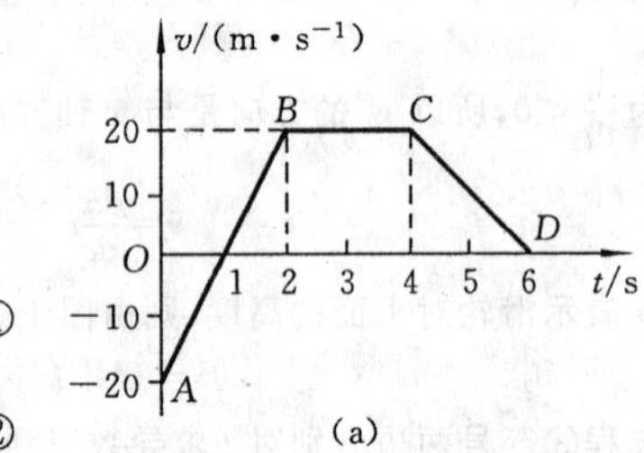

(a)

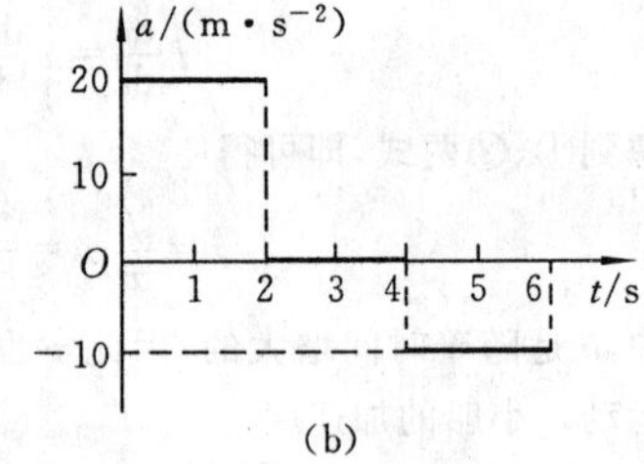

(b)

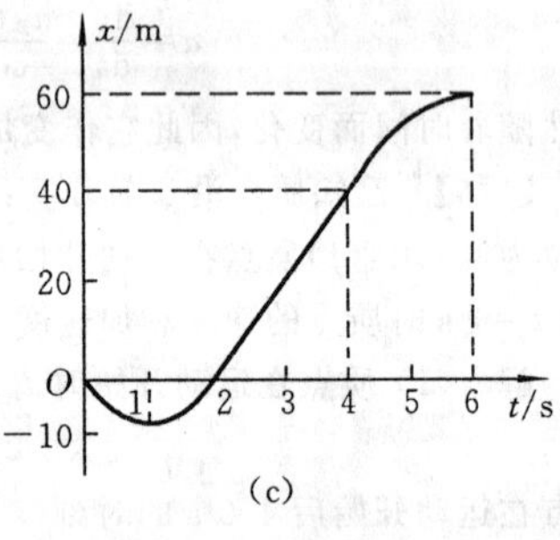

(c)

图 1-3

于是可绘出质点运动的 a-t 图,如图 1-3(b)所示。

由①~③式可看出,与 v-t 图上 AB 段和 CD 段相对应的路段上,质点作匀变速直线运动;与 BC 段对应的路段上,质点作匀速直线运动。质点作匀变速直线运动时,其运动方程为

$$x=x_0+v_0(t-t_0)+\frac{1}{2}a(t-t_0)^2 \quad ④$$

相应于 AB 段和 CD 段,t_0、x_0、v_0 和 a 有不同的数值。质点作匀速直线运动时,其运动方程为

$$x=x_0+v_0(t-t_0) \quad ⑤$$

以下根据④式和⑤式,分别求出各段路程上的质点运动方程。

AB 段:$t_0=0$,$x_0=0$,由 v-t 图可知,$v_0=-20\ \mathrm{m\cdot s^{-1}}$,由①式,$a=20\ \mathrm{m\cdot s^{-2}}$。代入④式,可得质点在 AB 段上的运动方程为

$$x=(-20\ \mathrm{m\cdot s^{-1}})t+(10\ \mathrm{m\cdot s^{-2}})t^2 \quad ⑥$$

BC 段:BC 段的起点即 AB 段的终点,因此,将 $t_0=2\ \mathrm{s}$ 代入⑥式,可得 BC 段起点坐标为 $x_0=0$,由 v-t 图可知,$v=20\ \mathrm{m\cdot s^{-1}}$。代入⑤式,可得质点在 BC 段上的运动方程为

$$x=(20\ \mathrm{m\cdot s^{-1}})(t-2\ \mathrm{s}) \quad ⑦$$

CD 段:将 $t_0=4\ \mathrm{s}$ 代入⑦式,得到 BC 段终点坐标为 $x_0=40\ \mathrm{m}$,这也就是 CD 段的起点坐标,由 v-t 图可知,$v_0=20\ \mathrm{m\cdot s^{-1}}$,由③式可知,$a=-10\ \mathrm{m\cdot s^{-2}}$。代入④式,可得质点在 CD 段上的运动方程为

$$x=40\ \mathrm{m}+(20\ \mathrm{m\cdot s^{-1}})(t-4\ \mathrm{s})-(5\ \mathrm{m\cdot s^{-2}})(t-4\ \mathrm{s})^2 \quad ⑧$$

根据方程⑥~⑧,即可绘出质点运动的 x-t 图,如图 1-3(c)所示。

【1-8】 已知质点的运动方程为 $\boldsymbol{r}=2t\boldsymbol{i}+(2-t^2)\boldsymbol{j}$，式中 r 的单位为 m，t 的单位为 s。求：(1)质点的轨迹；(2)$t=0$ 及 $t=2$ s 时，质点的位矢；(3)由 $t=0$ 到 $t=2$ s 内质点的位移 $\Delta\boldsymbol{r}$ 和径向增量 Δr；* (4)2 s 内质点所走过的路程 s。

解 (1) 质点运动方程的分量式为 $x=2t, y=2-t^2$。从此二式中消去 t，即得质点的轨迹方程为 $y=2-\dfrac{x^2}{4}$。

(2) 将 $t=0$ 及 $t=2$ s 分别代入质点的运动方程，即得此二时刻质点的位矢分别为

$$\boldsymbol{r}_1=2\text{m}\boldsymbol{j},\quad \boldsymbol{r}_2=4\text{m}\boldsymbol{i}-2\text{m}\boldsymbol{j}$$

(3) 由 $t=0$ 到 $t=2$ s 内质点的位移为

$$\Delta\boldsymbol{r}=\boldsymbol{r}_2-\boldsymbol{r}_1=4\text{m}\boldsymbol{i}-4\text{m}\boldsymbol{j}$$

$\boldsymbol{r}_1$ 与 $\boldsymbol{r}_2$ 的大小分别为 $r_1=y_1=2$ m，$r_2=\sqrt{x_2^2+y_2^2}=4.47$ m，质点在此二时刻的径向增量为

$$\Delta r=r_2-r_1=2.47\ \text{m}$$

(4) 由质点的运动方程可得其速度方程为 $\boldsymbol{v}=\dfrac{\mathrm{d}\boldsymbol{r}}{\mathrm{d}t}=2\boldsymbol{i}-2t\boldsymbol{j}$，由此得到速率方程为

$$v=\sqrt{v_x^2+v_y^2}=\sqrt{2^2+(2t)^2}$$

在 $t=0$ 到 $t=2$ s 内质点运动的路程为

$$s=\int_0^2 v\mathrm{d}t=\int_0^2\sqrt{2^2+(2t)^2}\,\mathrm{d}t=5.91\ \text{m}$$

计算中用到积分公式 $\displaystyle\int\sqrt{u^2+a^2}\,\mathrm{d}u=\frac{u}{2}\sqrt{u^2+a^2}+\frac{a^2}{2}\ln(u+\sqrt{u^2+a^2})+C$

【1-9】 质点的运动方程为 $x=-10t+30t^2$ 和 $y=15t-20t^2$，式中 x,y 的单位为 m，t 的单位为 s。试求：(1) 初速度的大小和方向；(2) 加速度的大小和方向。

解 (1) 质点的速度的 x 分量为 $v_x=\dfrac{\mathrm{d}x}{\mathrm{d}t}=-10+60t$，$y$ 分量为 $v_y=\dfrac{\mathrm{d}y}{\mathrm{d}t}=15-40t$。$t=0$ 时，

$$v_{0x}=-10\ \text{m}\cdot\text{s}^{-1},\quad v_{0y}=15\ \text{m}\cdot\text{s}^{-1}$$

因此，初速度的大小为 $v_0=\sqrt{v_{0x}^2+v_{0y}^2}=18.0\ \text{m}\cdot\text{s}^{-1}$

初速度的方向与 x 轴的夹角 α 满足 $\tan\alpha=\dfrac{v_{0y}}{v_{0x}}=-1.5$

因为 $v_{0x}<0, v_{0y}>0$，所以 α 在第二象限，其值为

$$\alpha=123°41'$$

(2) 质点加速度的 x 分量为 $a_x=\dfrac{\mathrm{d}v_x}{\mathrm{d}t}=60\ \text{m}\cdot\text{s}^{-2}$

y 分量为 $a_y=\dfrac{\mathrm{d}v_y}{\mathrm{d}t}=-40\ \text{m}\cdot\text{s}^{-2}$

可见加速度是恒量，其大小为 $a=\sqrt{a_x^2+a_y^2}=72.1\ \text{m}\cdot\text{s}^{-2}$

其方向与 x 轴的夹角 β 满足 $\tan\beta=\dfrac{a_y}{a_x}=-\dfrac{2}{3}$

因为 $a_x>0, a_y<0$，所以 β 在第四象限，其值为 $\beta=-33°41'$。

【1-10】 一升降机以加速度 $1.22\ \text{m}\cdot\text{s}^{-2}$ 上升，当上升速度为 $2.44\ \text{m}\cdot\text{s}^{-1}$ 时，有一螺丝自升降机的天花板上松脱，天花板与升降机的底面相距 2.74 m。计算：(1) 螺丝从天花板落到底面所需要的时间；(2) 螺丝相对升降机外固定柱子的下降距离。

解 (1) 取固定柱子为参考系，螺丝松脱后，它以加速度 g 向下运动，同时升降机底面以加速度 $a=1.22\ \text{m}\cdot\text{s}^{-2}$ 向上运动，当两者运动距离之和等于升降机天花板到底面的距离时，它们发生碰撞，即螺丝落到了底面上。

螺丝松脱时的初速度的大小为 $v_0=2.44\ \mathrm{m\cdot s^{-1}}$，方向向上，设它从松脱到落在底面上的时间为 t，则它落下的距离为

$$h_1=\frac{1}{2}gt^2-v_0t \qquad ①$$

升降机底面上升的初速度(即它在螺丝松脱时的速度)的大小也是 v_0，它在时间 t 内上升的距离

$$h_2=v_0t+\frac{1}{2}at^2 \qquad ②$$

以 h 表示升降机天花板与底面的距离，则应有 $\qquad h=h_1+h_2$

将①式和②式代入，即可得 $\qquad h=\frac{1}{2}(a+g)t^2,\quad t=\sqrt{\frac{2h}{a+g}}=0.705\ \mathrm{s}$

(2) 将 t、g、v_0 的值代入①式，即得 $h_1=0.716\ \mathrm{m}$。

【1-11】 一质点 P 沿半径 $R=3.0\ \mathrm{m}$ 的圆周作匀速率运动，运动一周所需时间为 20.0 s，设 $t=0$ 时，质点位于 O 点。按图 1-4(a)所示 Oxy 坐标系，求：(1) 质点 P 在任意时刻的位矢；(2) 5 s 时的速度和加速度。

解 (1) 以 T 表示质点 P 运动一周所需时间，则 $T=20.0\ \mathrm{s}$，质点 P 运动的角速度为

$$\omega=\frac{2\pi}{T}=\frac{\pi}{10}\ \mathrm{rad\cdot s^{-1}}$$

质点 P 相对于圆心 O' 的位矢 $\overrightarrow{O'P}$ 与 x 轴的夹角以 θ 表示(图 1-4(b))。$t=0$ 时，质点位于 O 点，这时 θ 之值为 $\theta_0=\frac{3}{2}\pi$，因此，在任意时刻 t，与质点位置相应的 θ 值为

$$\theta=\theta_0+\omega t=\frac{3}{2}\pi+\frac{\pi}{10}t$$

设在时刻 t，质点 P 在 Oxy 坐标系中的坐标为 (x,y)，则由图1-4(b)可知，

$$x=R\cos\theta=3\sin\frac{\pi}{10}t,\quad y=R+R\sin\theta=3\left(1-\cos\frac{\pi}{10}t\right)$$

质点在此时的位矢即为

$$\boldsymbol{r}=x\boldsymbol{i}+y\boldsymbol{j}=\left(3\sin\frac{\pi}{10}t\right)\boldsymbol{i}+\left[3\left(1-\cos\frac{\pi}{10}t\right)\right]\boldsymbol{j}$$

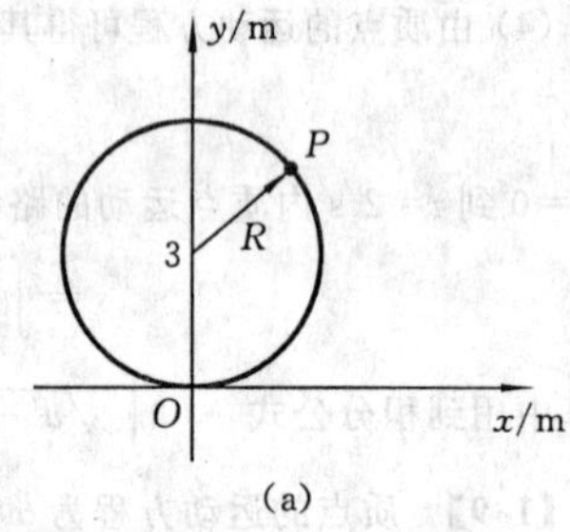

(a)

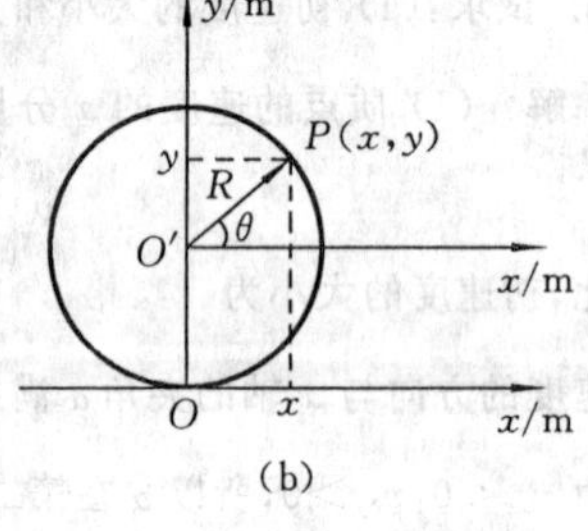

(b)

图 1-4

(2) 在时刻 t，质点的速度为 $\qquad \boldsymbol{v}=\frac{\mathrm{d}\boldsymbol{r}}{\mathrm{d}t}=\left(\frac{3\pi}{10}\cos\frac{\pi}{10}t\right)\boldsymbol{i}+\left(\frac{3\pi}{10}\sin\frac{\pi}{10}t\right)\boldsymbol{j}$

质点的加速度为 $\qquad \boldsymbol{a}=\frac{\mathrm{d}\boldsymbol{v}}{\mathrm{d}t}=-\left(\frac{3\pi^2}{100}\sin\frac{\pi}{10}t\right)\boldsymbol{i}+\left(\frac{3\pi^2}{100}\cos\frac{\pi}{10}t\right)\boldsymbol{j}$

将 $t=5$ s 代入，可得此时质点的速度和加速度分别为

$$\boldsymbol{v}=\frac{3\pi}{10}\ (\mathrm{m\cdot s^{-1}})\boldsymbol{j},\quad \boldsymbol{a}=-\frac{3\pi^2}{100}\ (\mathrm{m\cdot s^{-2}})\boldsymbol{i}$$

讨论 解决本题的关键是要明确一个概念：在质点作匀速率圆周运动的公式 $\theta=\theta_0+\omega t$ 中，θ 是质点相对于圆心的位矢与参考轴(x 轴)的夹角，而不是相对于任何其他点(例如图 1-4(b)中的 O 点)的位矢与参考轴间的夹角。

【1-12】 地面上垂直竖立一高 20.0 m 的旗杆，已知正午时分太阳在旗杆的正上方，求在下午 2:00 时，杆顶在地面上影子速度的大小。在何时刻杆影将伸展至 20.0 m?

解 以地球作参考系，可以认为太阳绕地球做匀速率圆周运动，其角速度为

$$\omega=\frac{2\pi}{24\times3600}\ \mathrm{rad\cdot s^{-1}}=7.27\times10^{-5}\ \mathrm{rad\cdot s^{-1}}$$

设正午时分 $t=0$，这时旗杆影长为零，在时刻 t，影长为 x，太阳光线与旗杆之夹角为 θ。由图 1-5 可知，旗杆高度 h 与 x、θ 的关系为

$$x=h\tan\theta=h\tan\omega t$$

因此影子伸长的速度

$$v=\frac{\mathrm{d}x}{\mathrm{d}t}=\frac{h\omega}{\cos^2\omega t}$$

将 h、ω 及 $t=2\times3.60\times10^3\ \mathrm{s}=7.20\times10^3\ \mathrm{s}$ 代入，即得下午 2 时杆顶在地面上影子速度的大小为

$$v=1.94\times10^{-3}\ \mathrm{m\cdot s^{-1}}$$

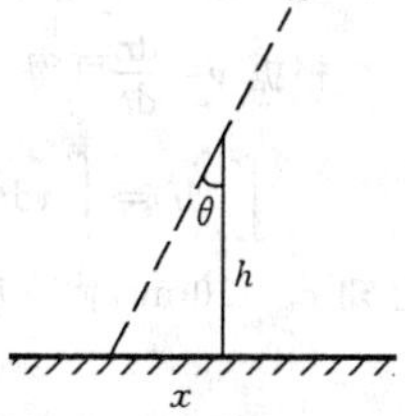

图 1-5

当杆影长度与杆的高度相同($x=h$)时，显然 $\theta=\frac{\pi}{4}$。代入 $\theta=\omega t$ 中得到 $t=1.08\times10^4\ \mathrm{s}$，即在下午 3 时杆影将伸展至 20.0 m。

【1-13】 质点沿直线运动，加速度 $a=4-t^2$，式中 a 的单位为 $\mathrm{m\cdot s^{-2}}$，t 的单位为 s。如果当 $t=3\ \mathrm{s}$ 时，$x=9\ \mathrm{m}$，$v=2\ \mathrm{m\cdot s^{-1}}$，求质点的运动方程。

解 令 $t_1=3\ \mathrm{s}$，$x_1=9\ \mathrm{m}$，$v_1=2\ \mathrm{m\cdot s^{-1}}$。加速度

$$a=\frac{\mathrm{d}v}{\mathrm{d}t}=4-t^2$$

由此可得积分

$$\int_{v_1}^{v}\mathrm{d}v=\int_{t_1}^{t}(4-t^2)\mathrm{d}t$$

积分后得到

$$v=v_1+4(t-t_1)-\frac{1}{3}(t^3-t_1^3)=-1+4t-\frac{1}{3}t^3$$

又 $v=\frac{\mathrm{d}x}{\mathrm{d}t}$，于是可得积分

$$\int_{x_1}^{x}\mathrm{d}x=\int_{t_1}^{t}v\mathrm{d}t=\int_{t_1}^{t}\left(-1+4t-\frac{1}{3}t^3\right)\mathrm{d}t$$

积分后即得质点的运动方程为

$$x=x_1-(t-t_1)+2(t^2-t_1^2)-\frac{1}{12}(t^4-t_1^4)=0.75-t+2t^2-\frac{1}{12}t^4$$

【1-14】 一石子从空中由静止下落，由于空气阻力。石子并非作自由落体运动。现已知加速度 $a=A-Bv$，式中，A，B 为常量。试求石子的速度和运动方程。

解 $a=\frac{\mathrm{d}v}{\mathrm{d}t}=A-Bv$。已知 $t=0$ 时 $v_0=0$，因此可得积分

$$\int_0^v\frac{\mathrm{d}v}{A-Bv}=\int_0^t\mathrm{d}t$$

积分后即得石子的速度方程为

$$v=\frac{A}{B}(1-\mathrm{e}^{-Bt}),\quad v=\frac{\mathrm{d}x}{\mathrm{d}t}=\frac{A}{B}(1-\mathrm{e}^{-Bt})$$

设石子初始位置的坐标为 $x_0=0$，则可得积分

$$\int_0^x\mathrm{d}x=\int_0^t\frac{A}{B}(1-\mathrm{e}^{-Bt})\mathrm{d}t$$

积分后即得石子的运动方程为

$$x=\frac{A}{B}t+\frac{A}{B^2}(\mathrm{e}^{-Bt}-1)$$

【1-15】 一质点具有恒定加速度 $\boldsymbol{a}=6\boldsymbol{i}+4\boldsymbol{j}$，式中，$\boldsymbol{a}$ 的单位为 $\mathrm{m\cdot s^{-2}}$。在 $t=0$ 时，其速度为零，位置矢量 $\boldsymbol{r}_0=10\ \mathrm{m}\boldsymbol{i}$。求：(1) 在任意时刻的速度和位置矢量；(2) 质点在 Oxy 平面上的轨迹方程，并画出轨迹的示意图。

解 (1)

$$\boldsymbol{a}=\frac{\mathrm{d}\boldsymbol{v}}{\mathrm{d}t}=6\boldsymbol{i}+4\boldsymbol{j}$$

已知 $t=0$ 时，$\boldsymbol{v}_0=\boldsymbol{0}$，于是可得积分

$$\int_0^{\boldsymbol{v}} \mathrm{d}\boldsymbol{v} = \int_0^t (6\boldsymbol{i} + 4\boldsymbol{j})\mathrm{d}t$$

在任意时刻 t，质点的速度为　　$\boldsymbol{v} = 6t\boldsymbol{i} + 4t\boldsymbol{j}$

根据 $\boldsymbol{v} = \dfrac{\mathrm{d}\boldsymbol{r}}{\mathrm{d}t}$ 可得

$$\int_{r_0}^{r} \mathrm{d}\boldsymbol{r} = \int_0^t \boldsymbol{v}\mathrm{d}t = \int_0^t (6t\boldsymbol{i} + 4t\boldsymbol{j})\mathrm{d}t, \quad \boldsymbol{r} = \boldsymbol{r}_0 + 3t^2\boldsymbol{i} + 2t^2\boldsymbol{j}$$

已知 $\boldsymbol{r}_0 = 10\ \mathrm{m}\boldsymbol{i}$，代入后得到质点在任意时刻的位置矢量为

$$\boldsymbol{r} = (10 + 3t^2)\boldsymbol{i} + 2t^2\boldsymbol{j}$$

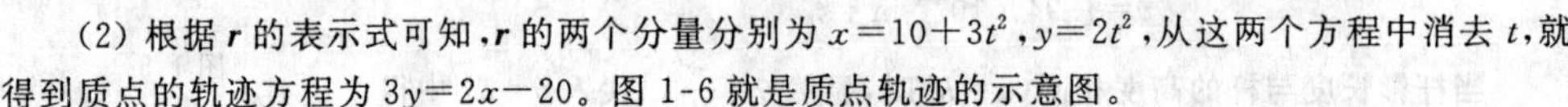

图 1-6

(2) 根据 $\boldsymbol{r}$ 的表示式可知，$\boldsymbol{r}$ 的两个分量分别为 $x = 10 + 3t^2$，$y = 2t^2$，从这两个方程中消去 t，就得到质点的轨迹方程为 $3y = 2x - 20$。图 1-6 就是质点轨迹的示意图。

【1-16】 一质点在半径为 R 的圆周上以恒定的速率运动，质点由位置 A 运动到位置 B，OA 和 OB 所形成的圆心角为 $\Delta\theta$（图 1-7(a)）。(1) 试证 A 和 B 位置之间平均加速度为 $\bar{a} = \sqrt{2(1-\cos\Delta\theta)}v^2/(R\Delta\theta)$。(2) 当 $\Delta\theta$ 分别等于 90°、30°、10° 和 1° 时，平均加速度各为多少？并对其结果加以讨论。

解　(1) 容易证明，速度 $\boldsymbol{v}_1$ 与速度 $\boldsymbol{v}_2$ 之间的夹角也是 $\Delta\theta$。这两个速度与速度增量 $\Delta\boldsymbol{v}$ 之间的关系如图 1-7(b) 所示。因为质点速率是恒定的（以 v 表示），$|\boldsymbol{v}_1| = |\boldsymbol{v}_2| = v$，所以

$$|\Delta\boldsymbol{v}| = 2v\sin\frac{\Delta\theta}{2} = v\sqrt{2(1-\cos\Delta\theta)}$$

质点从 A 运动到 B 所需时间为

$$\Delta t = \frac{\overset{\frown}{AB}}{v} = \frac{R\Delta\theta}{v}$$

于是可得在位置 A 和 B 之间，质点的平均加速度的大小为

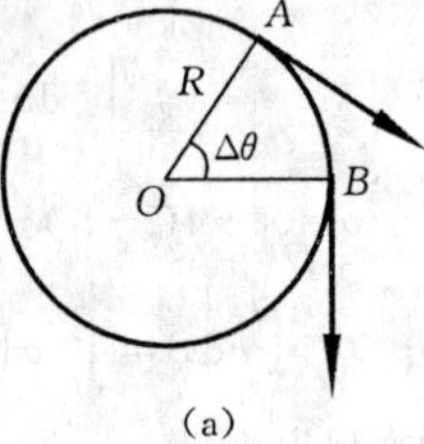

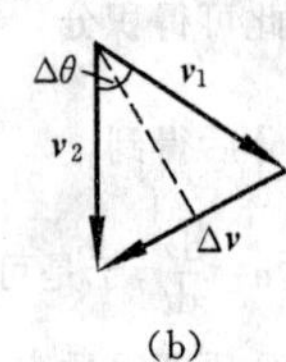

图 1-7

$$\bar{a} = \frac{|\Delta\boldsymbol{v}|}{\Delta t} = \frac{v^2}{R\Delta\theta}\sqrt{2(1-\cos\Delta\theta)}$$

(2)

$$\Delta\theta = 90°, \quad \bar{a}_1 = \frac{\sqrt{2(1-\cos 90°)}}{\pi/2}\frac{v^2}{R} = 0.90034\frac{v^2}{R}$$

$$\Delta\theta = 30°, \quad \bar{a}_2 = \frac{\sqrt{2(1-\cos 30°)}}{\pi/6}\frac{v^2}{R} = 0.98864\frac{v^2}{R}$$

$$\Delta\theta = 10°, \quad \bar{a}_3 = \frac{\sqrt{2(1-\cos 10°)}}{\pi/18}\frac{v^2}{R} = 0.99876\frac{v^2}{R}$$

$$\Delta\theta = 1°, \quad \bar{a}_4 = \frac{\sqrt{2(1-\cos 1°)}}{\pi/180}\frac{v^2}{R} = 0.99999\frac{v^2}{R}$$

以上结果说明，$\Delta\theta$ 越小，也就是时间越短，平均加速度的大小越接近 v^2/R，事实上，质点瞬时加速度的大小正是 $a = v^2/R$。这就是说，瞬时加速度是平均加速度在 $\Delta t \to 0$ 时的极限。

【1-17】 质点在 Oxy 平面内运动，其运动方程为 $\boldsymbol{r} = 2.0t\boldsymbol{i} + (19.0 - 2.0t^2)\boldsymbol{j}$，式中，$r$ 的单位为 m，t 的单位为 s。求：(1) 质点的轨迹方程；(2) 在 $t_1 = 1.0$ s 到 $t_2 = 2.0$ s 时间内的平均速度；(3) $t_1 = 1.0$ s 时的速度及切向和法向加速度；(4) $t_1 = 1.0$ s 时质点所在处轨道的曲率半径 ρ。

解　(1) 根据质点的运动方程，可得出它的位置矢量 $\boldsymbol{r}$ 的二分量分别为

$$x = 2.0t, \quad y = 19.0 - 2.0t^2$$

在这两个方程中消去时间 t，即得质点的轨迹方程为 $y = 19.0 - \dfrac{1}{2}x^2$。

(2) 质点在时刻 t_1、t_2 的位置矢量分别为

$$\boldsymbol{r}_1=2.0\boldsymbol{i}+17.0\boldsymbol{j},\quad \boldsymbol{r}_2=4.0\boldsymbol{i}+11.0\boldsymbol{j}$$

因此，质点在 $t_1\to t_2$ 时间内的平均速度为

$$\bar{\boldsymbol{v}}=\frac{\boldsymbol{r}_2-\boldsymbol{r}_1}{t_2-t_1}=2.0\boldsymbol{i}-6.0\boldsymbol{j}$$

(3) 质点在时刻 t 的速度为 $\boldsymbol{v}=\frac{\mathrm{d}\boldsymbol{r}}{\mathrm{d}t}=2.0\boldsymbol{i}-4.0t\boldsymbol{j}$，在时刻 $t_1=1.0$ s 的速度为 $\boldsymbol{v}=2.0\boldsymbol{i}-4.0\boldsymbol{j}$。质点在时刻 t 的速率为

$$v=\sqrt{v_x^2+v_y^2}=\sqrt{2.0^2+(4.0t)^2}=\sqrt{4.0+16.0t^2}$$

质点在时刻 t 的加速度的切向分量　　$a_\mathrm{t}=\frac{\mathrm{d}v}{\mathrm{d}t}=\frac{16.0t}{\sqrt{4.0+16.0t^2}}$

在 $t_1=1.0$ s 时，$a_\mathrm{t}=3.58\ \mathrm{m\cdot s^{-2}}$，质点在时刻 t 的加速度为

$$\boldsymbol{a}=\frac{\mathrm{d}\boldsymbol{v}}{\mathrm{d}t}=-4.0\boldsymbol{j}$$

因此质点的加速度的大小为 $a=4.0\ \mathrm{m\cdot s^{-2}}$。因为 $a^2=a_\mathrm{t}^2+a_\mathrm{n}^2$，所以质点在 $t_1=1.0$ s时的加速度的法向分量

$$a_\mathrm{n}=\sqrt{a^2-a_\mathrm{t}^2}=1.79\ \mathrm{m\cdot s^{-2}}$$

(4) a_n、v、ρ 三者的关系为 $a_\mathrm{n}=\frac{v^2}{\rho}$，由此可得 $\rho=\frac{v^2}{a_\mathrm{n}}$。已知 $t=1.0$ s 时，$a_\mathrm{n}=1.79\ \mathrm{m\cdot s^{-2}}$，将 $t=1.0$ s 代入①式，得到 $v=\sqrt{20}\ \mathrm{m\cdot s^{-1}}$，再将 a_n 与 v 的值代入与 ρ 的关系式，即得 $\rho=11.17$ m。

【1-18】 飞机以 100 $\mathrm{m\cdot s^{-1}}$的速度沿水平直线飞行，在离地面高为 100 m时，驾驶员要把物品空投到前方某一地面目标处，问：(1) 此时目标应在飞机下方前多远？(2) 投放物品时，驾驶员看目标的视线和水平线成何角度？(3) 物品投出 2.0 s后，它的法向加速度和切向加速度各为多少？

解 (1) 以投物时飞机的正下方地面为原点，分别沿与飞行方向平行的水平线和竖直线作二坐标轴(图 1-8)。物品投下时，令 $t=0$，物品下落过程中，它在水平方向和竖直方向的运动方程分别为

$$x=v_0t,\quad y=y_0-\frac{1}{2}gt^2$$

由这两个方程得到物品的轨迹方程为

$$y=y_0-\frac{g}{2v_0^2}x^2$$

物品落地时 $y=0$，由轨迹方程解得

$$x=v_0\sqrt{\frac{2y_0}{g}}=452\ \mathrm{m}$$

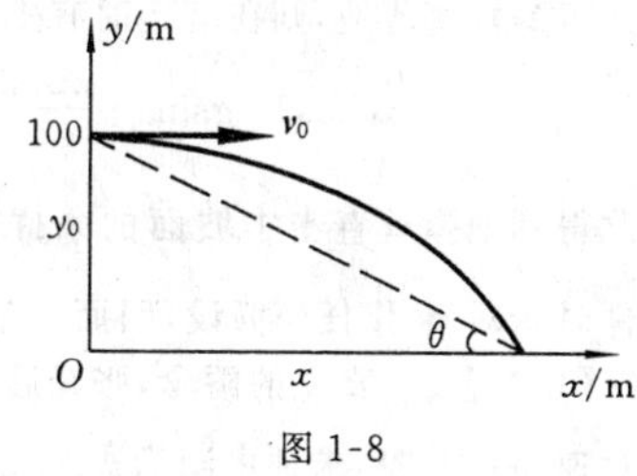

图 1-8

(2) 设投放物品时，驾驶员看目标的视线和水平线成 θ 角，由图 1-8 可知，$\theta=\arctan\frac{y_0}{x}=12.5°$。

(3) 根据物品运动方程的两个分量式，可以得到物品运动速度的两个分量式分别为 $v_x=\frac{\mathrm{d}x}{\mathrm{d}t}=v_0$，$v_y=\frac{\mathrm{d}y}{\mathrm{d}t}=-gt$，因此，在时刻 t 物品的速率为

$$v=\sqrt{v_x^2+v_y^2}=\sqrt{v_0^2+g^2t^2}$$

物品的切向加速度的数值为　　$a_\mathrm{t}=\frac{\mathrm{d}v}{\mathrm{d}t}=\frac{g^2t}{\sqrt{v_0^2+g^2t^2}}$

将 $v_0=100\ \mathrm{m\cdot s^{-1}}$和 $t=2.0$ s 代入后，得到此时物品的切向加速度的数值为 $a_\mathrm{t}=1.88\ \mathrm{m\cdot s^{-2}}$。

物品下落时的加速度是恒定的，它的数值为 $a=g$。因此，$t=2.0$ s时物品的法向加速度的数值为

$$a_n=\sqrt{a^2-a_t^2}=9.62\ \mathrm{m\cdot s^{-2}}$$

【1-19】 如图 1-9(a)所示，一小型迫击炮架设在一斜坡的底端 O 处，已知斜坡倾角为 α，炮身与斜坡的夹角为 β，炮弹的出口速度为 v_0，忽略空气阻力。求：(1) 炮弹落地点 P 与点 O 的距离 OP；(2) 欲使炮弹能垂直击中坡面。证明 α 和 β 必须满足 $\tan\beta=\dfrac{1}{2\tan\alpha}$，并与 v_0 无关。

解 (1) 在炮弹运动的平面上，取炮弹运动的起点 O 为原点，沿斜坡作 x 轴，与坡面垂直的方向作 y 轴(图 1-9(b))，在此二方向上，炮弹的初速度的分量为

$$v_{0x}=v_0\cos\beta,\quad v_{0y}=v_0\sin\beta$$

炮弹的加速度 $\boldsymbol{a}=\boldsymbol{g}$，由图可以看出，$\boldsymbol{a}$ 的两个分量为

$$a_x=-g\sin\alpha,\quad a_y=-g\cos\alpha$$

它们都是恒量，因此炮弹在二坐标轴方向上的分运动都是匀加速直线运动，在这两个方向上的运动方程分别为

$$x=v_{0x}t+\frac{1}{2}a_xt^2=v_0\cos\beta\cdot t-\frac{1}{2}g\sin\alpha\cdot t^2 \quad ①$$

$$y=v_{0y}t+\frac{1}{2}a_yt^2=v_0\sin\beta\cdot t-\frac{1}{2}g\cos\alpha\cdot t^2 \quad ②$$

炮弹落地时 $y=0$，由②式可得出落地时刻为

$$t=\frac{2v_0\sin\beta}{g\cos\alpha}$$

将此时刻代入①式，得到落地点 P 的坐标为

$$x=\frac{2v_0^2\sin\beta\cos(\alpha+\beta)}{g\cos^2\alpha}$$

这也就是距离 OP。

(2) 炮弹沿 x 轴方向的分速度为

$$v_x=\frac{\mathrm{d}x}{\mathrm{d}t}=v_0\cos\beta-g\sin\alpha\cdot t$$

炮弹若是垂直落地，则在落地时有 $v_x=0$，由上式可得

$$v_0\cos\beta-g\sin\alpha\cdot\frac{2v_0\sin\beta}{g\cos\alpha}=0$$

由此得到炮弹垂直击中坡面的条件为 $\tan\beta=\dfrac{1}{2\tan\alpha}$，得此条件时未对 v_0 作任何假设，因而此条件与 v_0 无关。

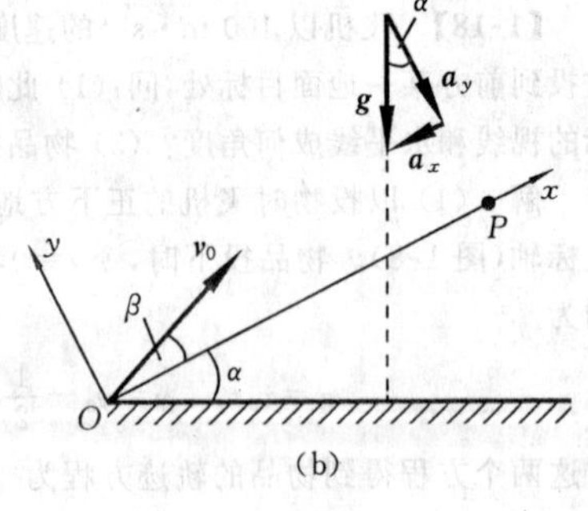

图 1-9

【1-20】 一直立的雨伞，张开后其边缘圆周的半径为 R，离地面的高度为 h，(1) 当伞绕伞柄以匀角速 ω 旋转时，求证水滴沿边缘飞出后落在地面上半径为 $r=R\sqrt{1+2h\omega^2/g}$ 的圆周上；(2) 读者能否由此定性构想一种草坪上或农田灌溉用的旋转式洒水器的方案？

解 (1) 设某一水滴沿伞的边缘飞出后沿曲线 $\overset{\frown}{OP}$ 落到地面(图 1-10)。水滴飞出后的运动是平抛运动，设落到地面所需时间为 t，则由

$$h=\frac{1}{2}gt^2\quad 得\quad t=\sqrt{\frac{2h}{g}}$$

在此时间内水滴沿水平方向运动的距离为

$$x=vt=R\omega t=R\omega\sqrt{\frac{2h}{g}}$$

由图可知，水滴落地点 P 到 O' 点的距离为

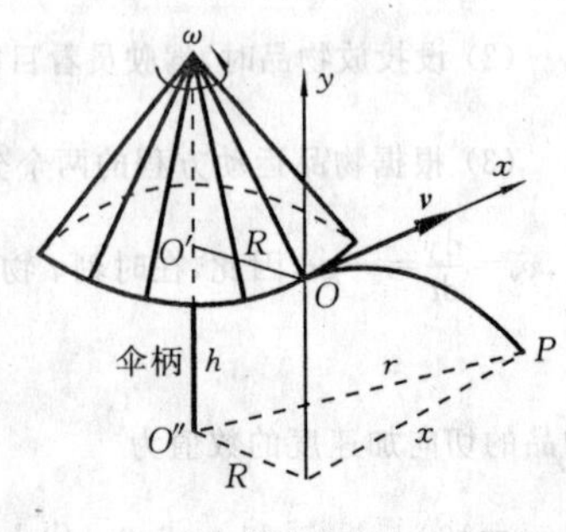

图 1-10

$$r=\sqrt{R^2+x^2}=R\sqrt{\frac{2h\omega^2}{g}+1}$$

同理，伞边缘上的其它水滴落地时虽不在 P 点，但它们到 O' 点的距离都是 r，因此它们都落在以 O' 为圆心，以 r 为半径的圆周上。

(2) 根据 r 的表示式，连续改变伞张开的程度(即连续改变 R 和 h)，或连续改变旋转角速度 ω，都可以将水洒在以 O' 为圆心、半径适当的圆面积上。

【1-21】 一足球运动员在正对球门前 25.0 m 处以 20.0 $\mathrm{m\cdot s^{-1}}$ 的初速率罚任意球，已知球门高为 3.44 m，若要在垂直于球门的竖直平面内将足球直接踢进球门，问他应与地面成什么角度的范围内踢出足球？(足球可视为质点。)

解　设踢球前球与球门距离为 x_0($x_0=25.0$ m)，球的初速率为 v_0($v_0=20.0\ \mathrm{m\cdot s^{-1}}$)，球门高度为 h($h=3.44$ m)。在垂直于球门的竖直平面内将球踢进球门时，必须满足两个条件。第一，球的水平飞行距离大于或等于 x_0；第二，当球的水平方向的坐标 $x=x_0$ 时，它的高度 $y\leqslant h$。

斜抛物体的轨迹方程为　$$y=x\tan\alpha-\frac{gx^2}{2v_0^2\cos^2\alpha}$$

利用三角函数关系 $\frac{1}{\cos^2\alpha}=1+\tan^2\alpha$，并令 $u=\tan\alpha$，则轨迹方程变为

$$y=xu-\frac{gx^2}{2v_0^2}(1+u^2) \qquad ①$$

按照第一个条件，$x=x_0$ 时，$y\geqslant 0$(即球到达球门时有一定高度或恰好着地)。由①式可得

$$x_0u-\frac{gx_0^2}{2v_0^2}(1+u^2)\geqslant 0$$

将 x_0、v_0 和 g 的数值代入并经简单计算后得到

$$u^2-3.26u+1\leqslant 0 \quad 即 \quad (u-2.92)(u-0.342)\leqslant 0$$

由此可得　$$0.342\leqslant u\leqslant 2.92 \quad 或 \quad 0.342\leqslant\tan\alpha\leqslant 2.92$$

于是　$$18.9^\circ\leqslant\alpha\leqslant 71.1^\circ \qquad ②$$

这就是为满足第一个条件踢球角度所在的范围。

按照第二个条件，$x=x_0$ 时，$y\leqslant h$，即

$$x_0u-\frac{gx_0^2}{2v_0^2}(1+u^2)\leqslant h$$

代入 x_0、v_0、g 和 h 的数值并经计算后得到

$$u^2-3.26u+1.45\geqslant 0,\quad (u-2.73)(u-0.53)\geqslant 0$$

由此可得　$$u\geqslant 2.73 \quad 或 \quad u\leqslant 0.53$$

即　$$\tan\alpha\geqslant 2.73 \quad 或 \quad \tan\alpha\leqslant 0.53$$

$$\alpha\geqslant 69.9^\circ \quad 或 \quad \alpha\leqslant 27.9^\circ \qquad ③$$

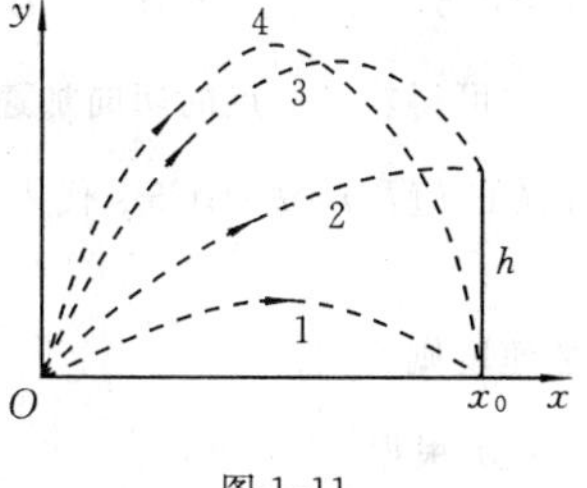

图 1-11

这就是为满足第二个条件踢球角度所在的范围。为同时满足两个条件，即同时满足②和③式，踢球角度的范围应是

$$18.9^\circ\leqslant\alpha\leqslant 27.9^\circ,\quad 69.9^\circ\leqslant\alpha\leqslant 71.1^\circ$$

图 1-11 是相应于四个踢球角度的足球运动轨迹。由图可见，为将球踢进球门，足球轨迹应在轨迹 1 和 2 之间，或在轨迹 3 和 4 之间。

以上讨论，考虑的是球作曲线运动的情况，若考虑球作直线运动，则当踢球角度为零时，也是可以将球踢进球门的。

【1-22】 一质点沿半径为 R 的圆周按规律 $s=v_0t-\frac{1}{2}bt^2$ 运动，v_0、b 都是常量。(1) 求 t 时刻质点的总加速度。(2) t 为何值时总加速度在数值上等于 b？(3) 当加速度达到 b 时，质点已沿圆

周运行了多少圈?

解 (1) 质点的瞬时速率为 $$v=\frac{\mathrm{d}s}{\mathrm{d}t}=v_0-bt$$

质点的切向加速度的大小为 $$a_t=\frac{\mathrm{d}v}{\mathrm{d}t}=-b$$

法向加速度的大小为 $$a_n=\frac{v^2}{R}=\frac{(v_0-bt)^2}{R}$$

总加速度的大小为 $$a=\sqrt{a_t^2+a_n^2}=\frac{1}{R}\sqrt{R^2b^2+(v_0-bt)^4} \qquad ①$$

a 与 a_t 之间的夹角为 $$\alpha=\arctan\frac{a_n}{a_t}=\arctan\left[-\frac{(v_0-bt)^2}{bR}\right]$$

(2) 在①式中令 $a=b$,则可得到所求时间为

$$t=\frac{v_0}{b} \qquad ②$$

(3) 将②式代入题中 s 的表达式,则可得到 $a=b$ 时质点所运行的路程为

$$s=v_0\left(\frac{v_0}{b}\right)-\frac{1}{2}b\left(\frac{v_0}{b}\right)^2=\frac{v_0^2}{2b}$$

质点所运行的圈数为 $$n=\frac{s}{2\pi R}=\frac{v_0^2}{4\pi bR}$$

【1-23】 一半径为 0.50 m 的飞轮在启动时的短时间内,其角速度与时间的平方成正比。在 $t=2.0$ s 时测得轮缘一点的速度值为 4.0 m·s^{-1}。求:(1) 该轮在 $t'=0.5$ s 的角速度,轮缘一点的切向加速度和总加速度;(2) 该点在 2.0 s 内所转过的角度。

解 (1) 根据题意,角速度与时间的关系为

$$\omega=kt^2$$

式中,k 是比例常数。以 r 表示飞轮半径,则轮缘一点的速度为

$$v=r\omega=rkt^2 \qquad ①$$

已知 $t=2.0$ s 时,$v=4.0$ m·s^{-1}。代入①式可得 $k=2$ rad·s^{-3}。因此角速度与时间的关系为

$$\omega=2t^2 \qquad ②$$

当 $t'=0.5$ s 时,角速度为 $$\omega'=2\times0.5^2\ \mathrm{rad\cdot s^{-1}}=0.5\ \mathrm{rad\cdot s^{-1}}$$

由①式可得轮缘一点的切向加速度为 $$a_t=\frac{\mathrm{d}v}{\mathrm{d}t}=2rkt$$

将 r、k 的值及 $t=t'=0.5$ s 代入,得 $a_t=1.0$ m·s^{-2},轮缘一点的法向加速度为

$$a_n=r\omega^2=0.125\ \mathrm{m\cdot s^{-2}}$$

总加速度则为 $$a=\sqrt{a_t^2+a_n^2}=1.01\ \mathrm{m\cdot s^{-2}}$$

(2) 根据 $$\omega=\frac{\mathrm{d}\theta}{\mathrm{d}t}$$

可得积分 $$\int_0^\theta \mathrm{d}\theta=\int_0^t \omega\mathrm{d}t=\int_0^t 2t^2\,\mathrm{d}t=\frac{2}{3}t^3,\quad 即\ \theta=\frac{2}{3}t^3$$

将 $t=2.0$ s 代入,得到在此时间内飞轮所转过的角度为 $\theta=5.33$ rad。

【1-24】 一质点在半径为 0.10 m 的圆周上运动,其角位置为 $\theta=2+4t^3$,式中,θ 的单位为 rad,t 的单位为 s。(1) 求在 $t=2.0$ s 时质点的法向加速度和切向加速度。(2) 当切向加速度的大小恰等于总加速度大小的一半时,θ 值为多少?(3) t 为多少时,法向加速度和切向加速度的值相等?

解 (1) 质点做圆周运动的角速度为

$$\omega=\frac{\mathrm{d}\theta}{\mathrm{d}t}=12t^2$$

以 r 表示圆的半径,则质点的速度的大小为

$$v=r\omega=12rt^2$$

质点的法向加速度和切向加速度分别为

$$a_n=r\omega^2=144rt^4 \quad ①$$

$$a_t=\frac{dv}{dt}=24rt \quad ②$$

将 $r=0.10$ m 和 $t=2.0$ s 代入，得到

$$a_n=2.30\times10^2\ \mathrm{m\cdot s^{-2}},\quad a_t=4.80\ \mathrm{m\cdot s^{-2}}$$

(2) 总加速度的大小为 $a=\sqrt{a_n^2+a_t^2}$，将 $a=2a_t$ 代入，得$\sqrt{3}a_t=a_n$。将①式和②式代入后得

$$24\sqrt{3}rt=144rt^4$$

解之可得 $t=0.66$ s，再将 t 的值代入题中 θ 的表达式，即得所求 θ 值为 $\theta=3.15$ rad。

(3) 由①式和②式，可知当 $a_n=a_t$ 时有

$$144rt^4=24rt,\quad t=0.55\ \mathrm{s}$$

【1-25】 一无风的下雨天，一列火车以 $v_1=20.0\ \mathrm{m\cdot s^{-1}}$ 的速度匀速前进，在车内的旅客看见玻璃窗外的雨滴和垂线成 75°角下降。求雨滴下落的速度 v_2。(设下降的雨滴作匀速运动。)

解 $\boldsymbol{v}_1$ 是车对地的速度，$\boldsymbol{v}_2$ 是雨对地的速度，在无风时，它的方向垂直于地面。以 $\boldsymbol{v}_r$ 表示雨对车的速度，则根据伽利略速度变换公式有

$$\boldsymbol{v}_2=\boldsymbol{v}_r+\boldsymbol{v}_1$$

这种关系表示于图 1-12 中。由图可知

$$v_2=\frac{v_1}{\tan75^\circ}=5.36\ \mathrm{m\cdot s^{-1}}$$

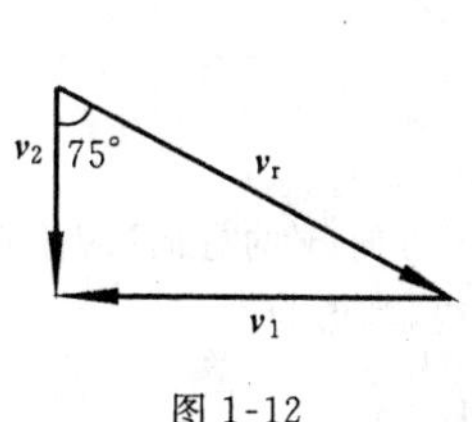

图 1-12

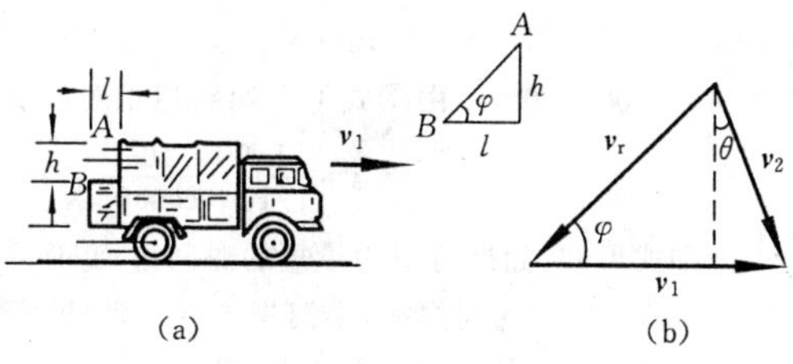

图 1-13

【1-26】 如图 1-13(a)所示，一汽车在雨中沿直线行驶，其速率为 v_1，下落雨滴的速度方向偏于竖直方向之前 θ 角，速率为 v_2。若车后有一长方形物体，问车速 v_1 为多大时，此物体正好不会被雨水淋湿？

解 车后物体位于车厢之外，为了不被雨淋，必须使雨滴相对于汽车的速度 $\boldsymbol{v}_r$ 的方向沿图 1-13(a)所示从车厢左上角(A 点)至物体左上角(B 点)的方向更偏后的方向。$\boldsymbol{v}_r$ 与 $\boldsymbol{v}_1$、$\boldsymbol{v}_2$ 的关系是 $\boldsymbol{v}_2=\boldsymbol{v}_r+\boldsymbol{v}_1$，这种关系图示于 1-13(b)中。由图可得

$$v_r\sin\varphi=v_2\cos\theta,\quad v_1=v_r\cos\varphi+v_2\sin\theta$$

由这两个方程得到

$$v_1=v_2\left(\frac{\cos\theta}{\tan\varphi}+\sin\theta\right)$$

式中，

$$\tan\varphi=\frac{h}{l}$$

所以

$$v_1=v_2\left(\frac{l\cos\theta}{h}+\sin\theta\right)$$

【1-27】 一人能在静水中以 $1.10\ \mathrm{m\cdot s^{-1}}$ 的速度划船前进。今欲横渡一宽为 1.00×10^3 m、水流速度为 $0.55\ \mathrm{m\cdot s^{-1}}$ 的大河。(1) 他若要从出发点横渡该河而到达正对岸的一点，那么应如何确定划行方向？到达正对岸需多少时间？(2) 如果希望用最短的时间过河，应如何确定划行方向？

船到达对岸的位置在什么地方？

解　首先讨论一般的渡河问题。在图 1-14(a)中，$\boldsymbol{u}$ 是水流对地的速度，$\boldsymbol{v}'$ 是人在静水中的划船速度(也就是人相对于河水的划行速度)，$\boldsymbol{v}$ 是船对地的速度。根据相对运动的速度转换公式，应有

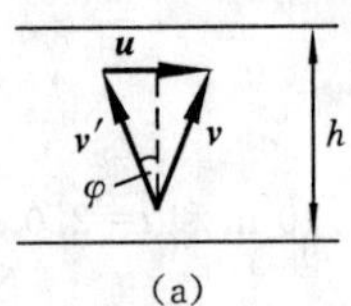

(a)

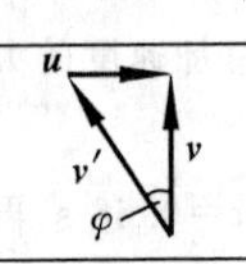

(b)

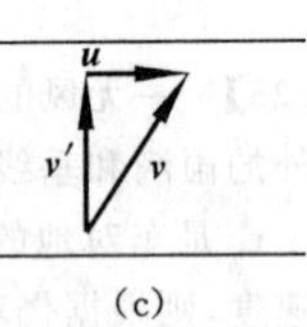

(c)

图 1-14

$$\boldsymbol{v}=\boldsymbol{v}'+\boldsymbol{u}$$

因为水流方向与河岸平行，所以速度 $\boldsymbol{v}$ 垂直于河岸的分量为

$$v_{\perp}=v'_{\perp}=v'\cos\varphi$$

速度 $\boldsymbol{v}$ 平行于河岸的分量为

$$v_{/\!/}=v'_{/\!/}+u=u-v'\sin\varphi$$

以 h 表示河的宽度，则渡河时间为

$$t=\frac{h}{v_{\perp}}=\frac{h}{v'\cos\varphi} \qquad ①$$

船到达对岸时，它沿河岸方向运动的距离为

$$d=v_{/\!/}t=\frac{u-v'\sin\varphi}{v'\cos\varphi}h \qquad ②$$

以下讨论题中所述的两种情况。

(1) 船要横渡该河到达正对岸，船对地的速度 $\boldsymbol{v}$ 的方向应垂直于河岸，这时船的划行速度 $\boldsymbol{v}'$ 的方向与 $\boldsymbol{v}$ 的方向的夹角为 φ (图 1-14(b))。由图可知，

$$\varphi=\arcsin\frac{u}{v'}$$

已知 $u=0.55\ \mathrm{m\cdot s^{-1}}$，$v'=1.10\ \mathrm{m\cdot s^{-1}}$，因此 $\varphi=30°$，也就是说，船的划行方向应该偏向上游 30°。已知河宽 $h=1.00\times10^3\ \mathrm{m}$，由①式可得船到达正对岸所需时间为

$$t=\frac{1.00\times10^3}{1.10\times\cos30°}\ \mathrm{s}=1.05\times10^3\ \mathrm{s}$$

(2) 由①式可知，如果希望用最短的时间过河，应取 $\varphi=0°$，即划行方向($\boldsymbol{v}'$ 的方向)应垂直于河岸(图 1-14(c))。船到达对岸时，沿河岸方向运动的距离可由②式算得，其值为

$$d=\frac{0.55-1.10\sin0}{1.10\cos0}\times1.00\times10^3\ \mathrm{m}=5.00\times10^2\ \mathrm{m}$$

即船在正对岸下游 500 m 处到岸。

【1-28】 一质点相对观察者 O 运动，在任意时刻 t，其位置为 $x=vt$，$y=gt^2/2$，质点运动的轨迹为抛物线。若另一观察者 O' 以速率 v 沿 x 轴正向相对于 O 运动。试问质点相对 O' 的轨迹和加速度如何？

解　以 P 表示质点，在 x 轴方向，质点相对 O 的速度为 $v_{PO}=v$，O' 相对 O 的速度为 $v_{O'O}=v$，根据速度变换公式，P 相对 O' 的速度为

$$v_{PO'}=v_{PO}+v_{OO'}=v_{PO}-v_{O'O}=v-v=0$$

假设 $t=0$ 时，P 与 O' 具有相同坐标 $x'_0=0$，则在任意时刻 t，对 O' 来说，P 的坐标都是 $x'=x'_0+v_{PO'}t=0$。在 y 轴方向，O' 与 O 没有相对运动，因此质点相对 O' 的轨迹方程为

$$x'=0,\quad y'=y=\frac{1}{2}gt^2$$

在 O' 看来，P 的轨迹是一条沿 y 轴的直线，其加速度为

$$a'=\frac{\mathrm{d}^2y'}{\mathrm{d}t^2}=g$$

第2章 牛顿定律

内容提要

1. 牛顿三定律

第一定律：$\boldsymbol{F}=\boldsymbol{0}$ 时，$\boldsymbol{v}=$常矢量。

第二定律：$\boldsymbol{F}=\dfrac{\mathrm{d}(m\boldsymbol{v})}{\mathrm{d}t}$。当 m 为常量时，$\boldsymbol{F}=m\boldsymbol{a}$。

第三定律：$\boldsymbol{F}_{AB}=-\boldsymbol{F}_{BA}$。

用牛顿定律解题的基本方法：察明题意，隔离物体，分析受力(作图)，列出方程(一般用分量式)，求解，讨论。

2. 力学中常见的几种力

万有引力：$F=G\dfrac{m_1m_2}{r^2}$，$G=6.67\times10^{-11}\ \mathrm{N\cdot m^2\cdot kg^{-2}}$

重力：$F=G\dfrac{Mm}{R^2}=mg$

弹性力：$F=-kx$

摩擦力：$\begin{cases}\text{滑动摩擦力} & F_{\mathrm{f}}=\mu F_{\mathrm{N}}\\ \text{静摩擦力} & F_{\mathrm{f0}}\leqslant F_{\mathrm{f0m}}=\mu_0F_{\mathrm{N}}\end{cases}$

3. 非惯性系

牛顿第二定律在非惯性系中的表达式：

$$\boldsymbol{F}+\boldsymbol{F}_{\mathrm{i}}=m\boldsymbol{a}\quad\text{或}\quad\boldsymbol{F}-(m\boldsymbol{a}_0)=m\boldsymbol{a}$$

习题解答

【2-1】 如图 2-1 所示，质量为 m 的物体用平行于斜面的细线连结并置于光滑的斜面上，若斜面向左方作加速运动，当物体刚脱离斜面时，它的加速度的大小为(　)。

(A) $g\sin\theta$　(B) $g\cos\theta$　(C) $g\tan\theta$　(D) $g\cot\theta$

解　以 T 表示细线对物体的拉力，方向沿斜面向上；以 P 表示物体所受重力，方向竖直向下，$P=mg$；物体刚脱离斜面时，斜面对它没有作用力。物体加速度即斜面加速度，以 a 表示，方向沿水平向左。对物体应用牛顿定律则有

$$T\cos\theta=ma \quad ①$$

在竖直方向上，物体无运动，受力是平衡的，即

$$T\sin\theta=mg \quad ②$$

由①、②两式可得　$a=g\cot\theta$

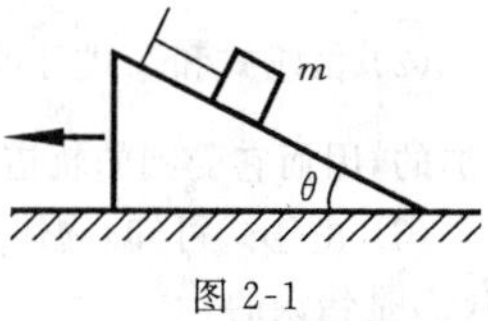

图 2-1

本题答案应为(D)。

【2-2】 用水平力 F_{N} 把一个物体压着靠在粗糙的竖直墙面上保持静止，当 F_{N} 逐渐增大时，物体所受的静摩擦力 F_{f} 的大小(　)。

(A) 不为零，但保持不变　(B) 随 F_{N} 成正比地增大

(C) 开始随 $\boldsymbol{F}_N$ 增大，达到某一最大值后，就保持不变　　　(D) 无法确定

解　开始时，物体被水平力 $\boldsymbol{F}_N$ 压在竖直墙面上并静止，这时物体所受静摩擦力与所受重力平衡。当 $\boldsymbol{F}_N$ 逐渐增大时，物体保持静止，静摩擦力与重力仍是平衡的。物体重力并无变化，因此静摩擦力保持不变。答案(A)是正确的。

【2-3】　一段路面水平的公路，转弯处轨道半径为 R，汽车轮胎与路面间的摩擦因数为 μ，要使汽车不至于发生侧向打滑，汽车在该处的行驶速率(　)。

(A) 不得小于 $\sqrt{\mu g R}$　　　(B) 必须等于 $\sqrt{\mu g R}$

(C) 不得大于 $\sqrt{\mu g R}$　　　(D) 还应由汽车的质量 m 决定

解　设汽车在转弯处的速率为 v，它所需的向心力为 $F_n=\dfrac{mv^2}{R}$，路面能给汽车提供的最大静摩擦力为 $F_{f0m}=\mu mg$，只要 $F_{f0m}\geqslant F_n$，汽车就不至于发生侧向打滑。因此车速应满足的条件是 $\mu mg\geqslant\dfrac{mv^2}{R}$，即 $v\leqslant\sqrt{\mu g R}$。本题答案应选(C)。

【2-4】　一物体沿固定圆弧形光滑轨道由静止下滑，在下滑过程中，则(　)。

(A) 它的加速度方向永远指向圆心，其速率保持不变

(B) 它受到的轨道的作用力的大小不断增加

(C) 它受到的合外力大小变化，方向永远指向圆心

(D) 它受到的合外力大小不变，其速率不断增加

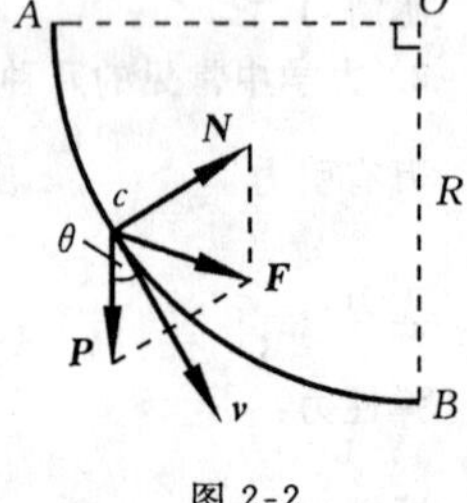

图 2-2

解　设物体沿圆弧形光滑轨道由图 2-2 中的 A 点静止下滑(图中 OA 为水平线)。下滑至 C 点时，受力情况如图所示，其中 $\boldsymbol{P}$ 为物体所受重力，$\boldsymbol{N}$ 为轨道对物体的作用力，$\boldsymbol{F}$ 是物体所受合外力。

在 C 点，物体沿切向受到的作用力为

$$F_t=P\cos\theta=mg\cos\theta$$

沿法向受到的作用力为

$$F_n=N-P\sin\theta=N-mg\sin\theta \quad ①$$

此力为物体提供它作圆弧运动所需之向心力，因此

$$F_n=\frac{mv^2}{R} \quad ②$$

可以证明(见附注)，v 与 θ 的关系为

$$v=\sqrt{2gR\sin\theta} \quad ③$$

于是物体受到的合外力的大小为

$$F=\sqrt{F_t^2+F_n^2}=\sqrt{(mg\cos\theta)^2+(2mg\sin\theta)^2}=mg\sqrt{1+3\sin^2\theta} \quad ④$$

现在可以对题中给出的四个答案进行判断。

(1) 如图 2-2 所示，$\boldsymbol{N}$ 的方向总是指向圆心的，除了在 B 点外，$\boldsymbol{F}$ 的方向都不指向圆心，因此，物体加速度方向一般是不指向圆心的，也不是与指向圆心的方向相反。由③式可见，其速率 v 是逐渐增加的，因此答案(A)是错误的。

(2) 由①式和②式可得 $N=mg\sin\theta+F_n=mg\sin\theta+\dfrac{mv^2}{R}$。物体在滑动过程中，$\theta$ 和 v 都是逐渐增加的，因而它受到的轨道作用力的大小 N 也是逐渐增加的，因此答案(B)是正确的。

(3) 由④式可知，物体受到的合外力的大小 F 是变化的，但 $\boldsymbol{F}$ 的方向并不永远指向圆心。答案(C)是错误的。

(4) 物体的速率不断增加，但它受到的合外力的大小不是不变的，答案(D)错误。

附注　③式的证明。物体切向加速度的大小为 $a_t=\dfrac{F_t}{m}=g\cos\theta$，又因为 $a_t=\dfrac{dv}{dt}=\dfrac{dv}{d\theta}\dfrac{d\theta}{dt}=\omega\dfrac{dv}{d\theta}=\dfrac{v}{R}\dfrac{dv}{d\theta}$，所以 $\dfrac{v}{R}\dfrac{dv}{d\theta}=g\cos\theta$。于是可得 $\int_0^v v\,dv=\int_0^\theta Rg\cos\theta\,d\theta$，　$v=\sqrt{2Rg\sin\theta}$。

【2-5】 图 2-3 所示系统置于以 $a=\frac{1}{4}g$ 的加速度上升的升降机内，A、B 两物体质量相同均为 m，A 所在的桌面是水平的，绳子和定滑轮质量均不计．若忽略滑轮轴上和桌面上的摩擦，并不计空气阻力，则绳中张力为（ ）。

(A) $\frac{5}{8}mg$ (B) $\frac{1}{2}mg$ (C) mg (D) $2mg$

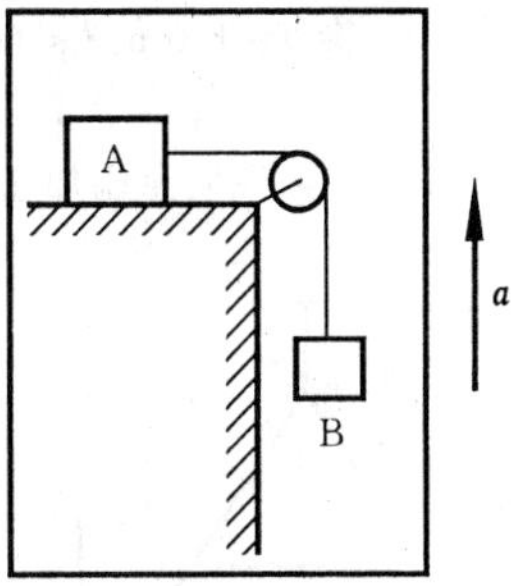

解 假设 A(或 B)相对于桌子的加速度大小为 a'。就 A 所作的水平运动而言，桌子仍是惯性系，就 B 所作的竖直方向的运动而言，桌子是非惯性系。设绳中张力为 T，对 A 应用牛顿定律有

$$T=ma' \quad ①$$

对 B 应用牛顿定律有 $mg-T+ma=ma'$ ②

由方程①和②解得 $T=\frac{1}{2}m(a+g)=\frac{5}{8}mg$

答案(A)是正确的。

图 2-3

【2-6】 图 2-4 所示的为一斜面，倾角为 α，底边 AB 长为 $l=2.1$ m，质量为 m 的物体从斜面顶端由静止开始向下滑动，斜面的摩擦因数为 $\mu=0.14$。试问，当 α 为何值时，物体在斜面上下滑的时间最短？其数值为多少？

解 物体从斜面下滑时，受到重力沿斜面的分力 $mg\sin\alpha$ 和摩擦阻力 $\mu mg\cos\alpha$ 的作用，因此其加速度

$$a=(\sin\alpha-\mu\cos\alpha)g$$

斜面长度 $s=\frac{l}{\cos\alpha}$

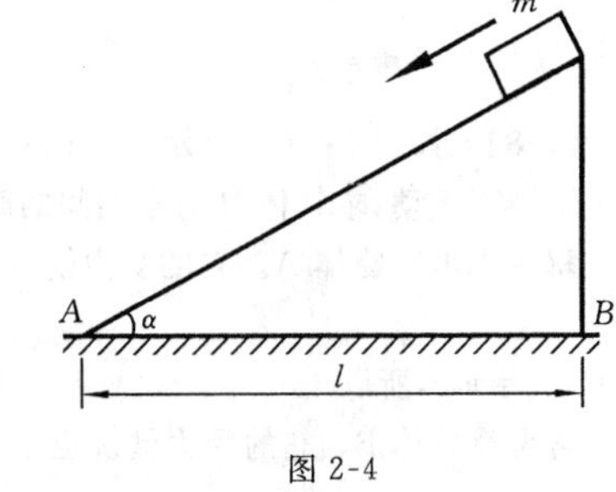

图 2-4

物体在斜面上作匀加速直线运动，下滑的时间

$$t=\sqrt{\frac{2s}{a}}=\sqrt{\frac{2l}{g\cos\alpha(\sin\alpha-\mu\cos\alpha)}} \quad ①$$

为使下滑时间最短，倾角 α 应满足 $\frac{dt}{d\alpha}=0$，即

$$\sqrt{\frac{2l}{g}}\left\{-\frac{1}{2}\left[\cos\alpha(\sin\alpha-\mu\cos\alpha)\right]^{-3/2}(\cos2\alpha+\mu\sin2\alpha)\right\}=0$$

由此可得 $\cos2\alpha+\mu\sin2\alpha=0,\quad \tan2\alpha=-\frac{1}{\mu}$

$$\alpha=\frac{1}{2}\left(\pi-\arctan\frac{1}{\mu}\right)=49° \quad ②$$

将②式($\alpha=49°$)代入①式，即得 $t=0.99$ s。

【2-7】 工地上有一吊车，将甲、乙两块混凝土预制板吊起送至高空。甲块质量为 $m_1=2.00\times10^2$ kg，乙块质量为 $m_2=1.00\times10^2$ kg。设吊车、框架和钢丝绳的质量不计。试求下述两种情况下，钢丝绳所受的张力以及乙块对甲块的作用力：(1) 两物块以 10.0 m·s^{-2} 的加速度上升；(2) 两物块以 1.0 m·s^{-2} 的加速度上升。从本题的结果，你能体会到起吊重物时必须缓慢加速的道理吗？

解 求钢丝绳中张力时，把两块预制板作为一个整体，它受到钢丝绳中张力 T 和重力(P_1+P_2)的作用(图 2-5(a))。它的加速度为 a 时，根据牛顿第二定律有

$$(m_1+m_2)a=T-(P_1+P_2)=T-(m_1+m_2)g$$

所以 $T=(m_1+m_2)(a+g)$ ①

求甲、乙两预制板的相互作用力 F_N 时，可取乙板(或甲板)作为研究对象，它受到甲板对它的作用力 F_N 和重力 P_2(图 2-5(b))。对它可列出方程

$$m_2a=F_N-m_2g$$

由此可得乙块对甲块的作用力为

$$-F_N=-m_2(a+g) \quad ②$$

(1) 将 $a=10.0\ m\cdot s^{-2}$ 分别代入①式和②式，可得

$$T_1=5.94\times10^3\ N,\quad -F_{N1}=-1.98\times10^3\ N$$

(2) 将 $a=1.0\ m\cdot s^{-2}$ 分别代入①式和②式，可得

$$T_2=3.24\times10^3\ N,\quad -F_{N2}=-1.08\times10^3\ N$$

$T_1>T_2$，说明急剧加速时，钢丝绳要承受很大的张力，易于断裂，缓慢加速就比较安全。

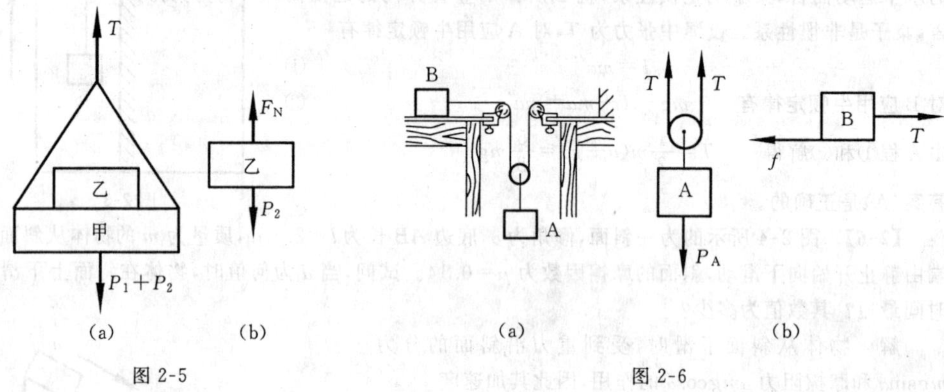

图 2-5　　图 2-6

【2-8】 如图 2-6(a)所示，已知两物体 A、B 的质量均为 $m=3.0$ kg，物体 A 以加速度 $a=1.0\ m\cdot s^{-2}$ 运动，求物体 B 与桌面间的摩擦力。(滑轮与连接绳的质量不计。)

解　先考察物体 A。它的受力情况如图 2-6(b)所示，由图可列出方程

$$P_A-2T=ma$$

因为 $P_A=mg$，所以

$$mg-2T=ma \quad ①$$

再考察物体 B。它的受力情况也示于图 2-6(b)中，对它可列出方程

$$T-f=ma_B \quad ②$$

应当注意到，在相同时间内，B 的位移的大小是 A 位移的大小的两倍，因此 B的加速度也是 A 的加速度的两倍，即 $a_B=2a$，将之代入方程②中，该方程即变为

$$T-f=2ma \quad ③$$

由方程①、③可解得

$$f=\frac{1}{2}m(g-5a)=7.2\ N$$

【2-9】 质量为 m' 的长平板以速度 v' 在光滑平面上作直线运动，现将质量为 m 的木块轻轻平稳地放在长平板上，板与木块之间的滑动摩擦因数为 μ，求木块在长平板上滑行多远才能与板取得共同速度？

解　以地面作参考系，木块放到平板上后，由于平板对它有摩擦力，它将沿着平板运动的方向作加速运动；对于平板来说，摩擦力是阻力，它将沿原方向作减速运动。因此，经过一段时间 t，它们将具有共同速度，这时它们之间的摩擦力不再存在了。在时间 t 内，设木块运动距离为 s，平板运动距离为 s'。因为在这段时间内，平板速度总是大于木块速度，所以 $s'>s$，$\Delta s=s'-s$ 就是木块在平板上滑行的距离。相对于平板，木块的滑行方向与它对地的运动方向相反。

平板对木块的摩擦力 $f=\mu mg$。在此力的作用下，木块的加速度 $a=\mu g$。a 为恒量，木块作匀加速直线运动。木块刚放到平板上时，它的初速度为零。因此，木块在时间 t 内的运动距离

$$s=\frac{1}{2}at^2=\frac{1}{2}\mu gt^2 \quad ①$$

平板受到的阻力大小仍为 f，在此力作用下，它的加速度的大小是

$$a'=\frac{f}{m'}=\frac{m}{m'}\mu g$$

a'为恒量，平板作匀减速直线运动，它的初速度（木块刚放上时它的速度）为 v'。因此，平板在时间 t 内的运动距离

$$s'=v't-\frac{1}{2}a't^2=v't-\frac{m}{2m'}\mu g t^2 \quad ②$$

木块在平板上的滑行距离 $$\Delta s=s'-s=v't-\frac{1}{2}\mu g\left(1+\frac{m}{m'}\right)t^2 \quad ③$$

木块的末速度 $$v=at=\mu g t \quad ④$$

平板的末速度 $$v=v'-a't=v'-\frac{m}{m'}\mu g t \quad ⑤$$

由④式和⑤式可得 $$t=\frac{m'}{m'+m}\frac{v'}{\mu g} \quad ⑥$$

将⑥式代入③式，即得 $$\Delta s=\left(\frac{m'}{m+m'}\right)\frac{v'^2}{2\mu g}$$

【2-10】 在一只半径为 R 的半球形碗内，有一粒质量为 m 的小钢球，当小球以角速度 ω 在水平面内沿碗内壁作匀速圆周运动时，它距碗底有多高？

解 图 2-7 是一个半径为 R 的半球形碗，O 是球心，小球位于 A 点，作半径为 r、角速度为 ω 的匀速圆周运动。它距碗底（B 点）高度为 h。不计摩擦力，则小球受到两个力的作用。一个是重力 $\boldsymbol{P}$，方向平行于碗轴 OO'，一个是碗壁对它的作用力 $\boldsymbol{N}$，方向与碗壁垂直，因而指向 O。这两个力的合力 $\boldsymbol{f}$ 就是小球作匀速圆周运动所需要的向心力。由图可知，

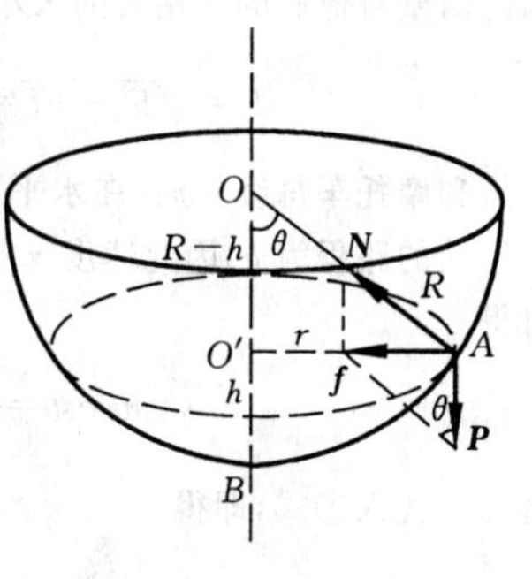

图 2-7

$$f=P\tan\theta=P\frac{r}{R-h}$$

因为 $f=mr\omega^2$，$P=mg$，代入上式，可解得

$$h=R-\frac{g}{\omega^2}$$

【2-11】 火车转弯时需要较大的向心力，如果两条铁轨都在同一水平面内（内、外轨等高），这个向心力只能由外轨提供，也就是说外轨会受到车轮对它很大的向外侧压力，这是很危险的。因此，对应于火车的速率及转弯处的曲率半径，必须使外轨适当地高出内轨，称为外轨超高。现有一质量为 m 的火车，以速率 v 沿半径为 R 的圆弧轨道转弯，已知路面倾角为 θ，试求：(1) 在此条件下，火车速率 v_0 为多大时，才能使车轮对铁轨内外轨的侧压力均为零？(2) 如果火车的速率 $v\neq v_0$，则车轮对铁轨的侧压力为多少？

解 先讨论车轮对铁轨有侧压力的情形。这时火车受到三个外力的作用：重力 $\boldsymbol{P}$、铁轨对火车的正压力 $\boldsymbol{N}$ 和侧压力 $\boldsymbol{M}$，方向如图 2-8 所示。$\boldsymbol{F}_n$ 是火车转弯所需之向心力，沿水平方向，因此它应是 $\boldsymbol{M}$ 与 $\boldsymbol{N}$ 之合力。由图可知

$$F_n=M\cos\theta+N\sin\theta$$

因为 $F_n=\frac{mv^2}{R}$，所以 $$N\sin\theta=\frac{mv^2}{R}-M\cos\theta \quad ①$$

火车沿竖直方向没有运动，在这个方向上，诸力的分力是平衡的，因此有

$$N\cos\theta=P+M\sin\theta=mg+M\sin\theta \quad ②$$

在①式和②式中消去 N，得到

$$M=m\left(\frac{v^2}{R}\cos\theta-g\sin\theta\right) \quad ③$$

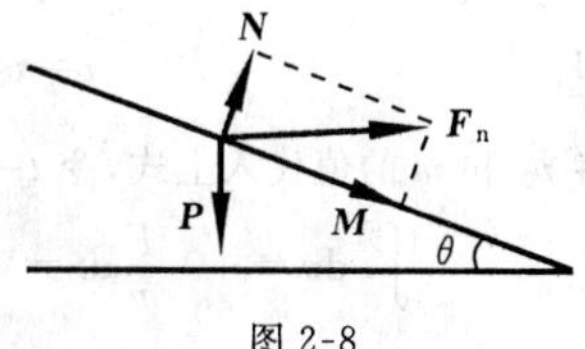

图 2-8

由③式可知：

(1) $v=v_0=\sqrt{Rg\tan\theta}$时，车轮对铁轨的侧压力$-M=0$。

(2) $v\neq v_0$ 时，车轮对铁轨的侧压力的大小等于按③式计算得到的$|M|$。$v>v_0$ 时，$M>0$，铁轨对车轮的侧压力 $\boldsymbol{M}$ 的方向沿斜面向内，车轮对铁轨的侧压力$(-\boldsymbol{M})$的方向则相反；$v<v_0$ 时，$(-\boldsymbol{M})$的方向则沿斜面向内。

【2-12】 一杂技演员在圆筒形建筑物内表演飞车走壁。设演员和摩托车的总质量为 m，圆筒半径为 R，演员骑摩托车在直壁上以速率 v 作匀速圆周螺旋运动，每绕一周上升距离为 h，如图 2-9(a)所示。求壁对演员和摩托车的作用力。

解 演员和摩托车所作的匀速圆周螺旋运动可分解为在水平面内的匀速圆周运动和在竖直方向的匀速直线运动。为使演员和摩托车作匀速圆周运动，筒壁须给演员和摩托车一个垂直于筒壁且指向圆心的作用力作为向心力，以 F_n 表示其大小，则 $F_n=\dfrac{mv_t^2}{R}$。式中，v_t 是速度 $\boldsymbol{v}$ 沿水平方向的分量。为使演员和摩托车作匀速直线运动，筒壁须给演员和摩托车一个竖直向上的摩擦力 $\boldsymbol{F}_f$，其大小等于演员和摩托车的重力，即

$$F_f=mg$$

因此筒壁对他们的作用力的大小为

$$F=\sqrt{F_n^2+F_f^2}=m\sqrt{g^2+\left(\frac{v_t^2}{R}\right)^2} \qquad ①$$

演员和摩托车每绕一周，在水平面内运动的路程为 $2\pi R$，在竖直方向运动的路程为 h，因此速度 $\boldsymbol{v}$ 的倾角 θ 如图 2-9(b)所示。由此图可得

$$v_t=v\cos\theta=\frac{2\pi Rv}{\sqrt{(2\pi R)^2+h^2}} \qquad ②$$

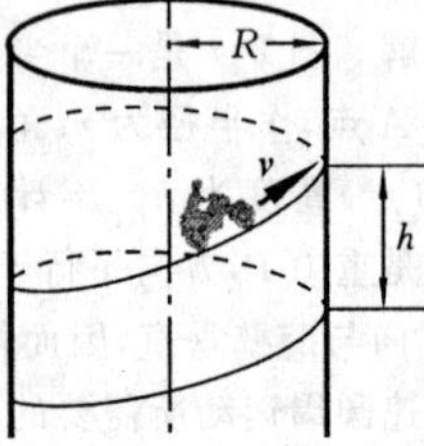

(a)

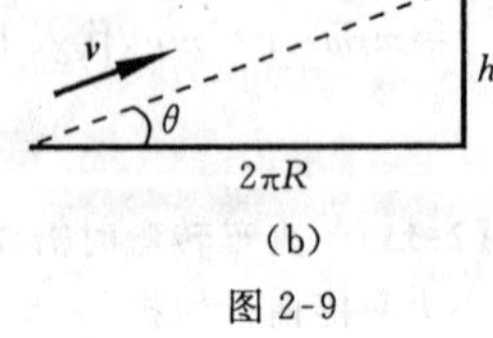

(b)

图 2-9

将②式代入①式，即得

$$F=m\left[g^2+\left(\frac{4\pi^2Rv^2}{4\pi^2R^2+h^2}\right)^2\right]^{1/2}$$

$\boldsymbol{F}$ 的方向与水平方向($\boldsymbol{F}_n$ 的方向)之间的夹角 φ 满足

$$\tan\varphi=\frac{F_f}{F_n}=\frac{(4\pi^2R^2+h^2)g}{4\pi^2Rv^2},\quad \varphi=\arctan\frac{(4\pi^2R^2+h^2)g}{4\pi^2Rv^2}$$

【2-13】 一质点沿 x 轴运动，其所受的力如图 2-10 所示，设 $t=0$ 时，$v_0=5\ \mathrm{m\cdot s^{-1}}$，$x_0=2\ \mathrm{m}$，质点质量 $m=1\ \mathrm{kg}$，试求该质点 7 s 末的速度和位置坐标。

解 质点所受的力是变力，根据图 2-10，力的变化规律为

$$F=\begin{cases}2t & (0\leqslant t\leqslant 5\ \mathrm{s})\\ 5(7-t) & (5\ \mathrm{s}\leqslant t\leqslant 7\ \mathrm{s})\end{cases}$$

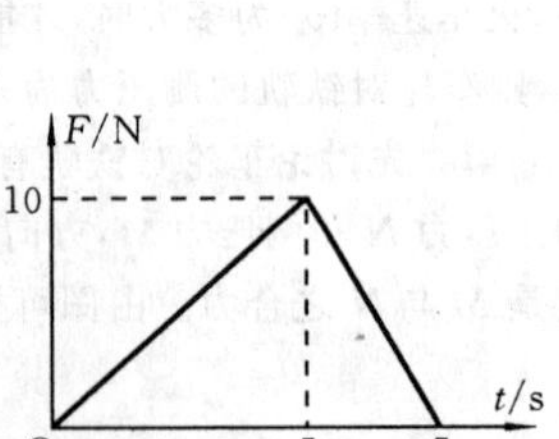

质点的加速度

$$a=\frac{\mathrm{d}v}{\mathrm{d}t}=\frac{F}{m}$$

令 $t_1=5\ \mathrm{s}$，$t_2=7\ \mathrm{s}$。在 $0\leqslant t\leqslant t_1$ 这段时间

$$\int_{v_0}^{v}\mathrm{d}v=\int_0^t\frac{F}{m}\mathrm{d}t=\frac{1}{m}\int_0^t 2t\mathrm{d}t=\frac{1}{m}t^2$$

图 2-10

即

$$v=v_0+\frac{1}{m}t^2$$

将 v_0 和 m 的值代入上式，令 $t=t_1$ 得到时刻 t_1 的速度为 $v_1=30\ \mathrm{m\cdot s^{-1}}$。在 $t_1\leqslant t\leqslant t_2$ 这段时间

$$\int_{v_1}^{v}\mathrm{d}v=\int_{t_1}^{t}\frac{F}{m}\mathrm{d}t=\frac{1}{m}\int_{t_1}^{t}5(7-t)\mathrm{d}t,\quad v=v_1+\frac{1}{m}\left[35(t-t_1)-\frac{5}{2}(t^2-t_1^2)\right]$$

将 t_1、v_1 和 m 的值代入上式，令 $t=t_2$，得到时刻 t_2 的速度为 $v_2=40\ \mathrm{m\cdot s^{-1}}$。

质点的速度 $$v=\frac{\mathrm{d}x}{\mathrm{d}t}$$

在 $0\leqslant t\leqslant t_1$ 这段时间

$$\int_{x_0}^{x}\mathrm{d}x=\int_0^t v\mathrm{d}t=\int_0^t\left(v_0+\frac{1}{m}t^2\right)\mathrm{d}t,\quad x=x_0+v_0t+\frac{1}{3m}t^3$$

将 x_0、v_0 和 m 的值代入上式，令 $t=t_1$，得到质点在时刻 t_1 的坐标为 $x_1=68.7\ \mathrm{m}$。在 $t_1\leqslant t\leqslant t_2$ 这段时间

$$\int_{x_1}^{x}\mathrm{d}x=\int_{t_1}^{t}v\mathrm{d}t=\int_{t_1}^{t}\left\{v_1+\frac{1}{m}\left[35(t-t_1)-\frac{5}{2}(t^2-t_1^2)\right]\right\}\mathrm{d}t$$

$$x=x_1+v_1(t-t_1)+\frac{1}{m}\left[\frac{35}{2}(t-t_1)^2-\frac{5}{6}(t^3-t_1^3)+\frac{5}{2}t_1^2(t-t_1)\right]$$

将 x_1、v_1、t_1 和 m 的值代入上式，令 $t=t_2$，得到质点在时刻 t_2 的坐标为 $x_2=142\ \mathrm{m}$。

【2-14】 一质量为 10 kg 的质点在力 F 的作用下沿 x 轴作直线运动，已知 $F=120t+40$，式中，F 的单位为 N，t 的单位为 s。在 $t=0$ 时，质点位于 $x=5.0\ \mathrm{m}$ 处，其速度 $v_0=6.0\ \mathrm{m\cdot s^{-1}}$。求质点在任意时刻的速度和位置。

解 设质点质量为 m，质点加速度则为 $$a=\frac{F}{m}=12.0t+4.0$$

由 $a=\frac{\mathrm{d}v}{\mathrm{d}t}$ 可得 $$\int_{v_0}^{v}\mathrm{d}v=\int_0^t a\mathrm{d}t=\int_0^t(12.0t+4.0)\mathrm{d}t$$

质点在任意时刻 t 的速度即为 $$v=6.0+4.0t+6.0t^2$$

由 $v=\frac{\mathrm{d}x}{\mathrm{d}t}$ 可得 $$\int_{x_0}^{x}\mathrm{d}x=\int_0^t v\mathrm{d}t=\int_0^t(6.0+4.0t+6.0t^2)\mathrm{d}t$$

质点在任意时刻 t 的位置 $$x=5.0+6.0t+2.0t^2+2.0t^3$$

【2-15】 轻型飞机连同驾驶员总质量为 1.0×10^3 kg。飞机以 $55.0\ \mathrm{m\cdot s^{-1}}$ 的速率在水平跑道上着陆后，驾驶员开始制动，若阻力与时间成正比，比例系数 $\alpha=5.0\times10^2\ \mathrm{N\cdot s^{-1}}$，空气对飞机的升力不计，求：(1) 10 s 后飞机的速率；(2) 飞机着陆后10 s 内滑行的距离。

解 (1) 以飞机的滑行方向为正方向，飞机受到的阻力可表示为

$$f=-\alpha t$$

飞机的加速度 $$a=\frac{f}{m}=-\frac{\alpha}{m}t$$

因为 $a=\frac{\mathrm{d}v}{\mathrm{d}t}$，所以 $$\frac{\mathrm{d}v}{\mathrm{d}t}=-\frac{\alpha}{m}t,\quad \mathrm{d}v=-\frac{\alpha}{m}t\mathrm{d}t$$

设飞机着陆时，$t=0$，这时飞机速率 $v_0=55.0\ \mathrm{m\cdot s^{-1}}$。设时刻 t 飞机速率为 v，则有

$$\int_{v_0}^{v}\mathrm{d}v=\int_0^t-\frac{\alpha}{m}t\mathrm{d}t$$

$$v=v_0-\frac{\alpha}{2m}t^2 \qquad ①$$

将 $t=10$ s 代入①式，即得 $$v=30.0\ \mathrm{m\cdot s^{-1}}$$

(2) 由 $v=\frac{\mathrm{d}x}{\mathrm{d}t}$ 得到 $$\mathrm{d}x=v\mathrm{d}t=\left(v_0-\frac{\alpha}{2m}t^2\right)\mathrm{d}t$$

取飞机着陆点为原点($x=0$)，时刻 t 的坐标为 x，则

$$\int_0^x\mathrm{d}x=\int_0^t\left(v_0-\frac{\alpha}{2m}t^2\right)\mathrm{d}t$$

$$x=v_0t-\frac{\alpha}{6m}t^3 \qquad ②$$

将 $t=10$ s 代入②式，即得该时刻飞机的坐标(也就是它的滑行距离)为

$$x=467 \text{ m}$$

【2-16】 质量为 m 的跳水运动员，从 10.0 m 高台上由静止跳下落入水中。高台与水面距离为 h。把跳水运动员视为质点，并略去空气阻力。运动员入水后垂直下沉，水对其阻力为 bv^2，其中 b 为一常量。若以水面上一点为坐标原点 O，竖直向下为 Oy 轴，求：(1) 运动员在水中的速率 v 与 y 的函数关系；(2) 若 $b/m=0.40 \text{ m}^{-1}$，跳水运动员在水中下沉多少距离才能使其速率 v 减少到落水速率 v_0 的 1/10？(假定跳水运动员在水中的浮力与所受的重力大小恰好相等。)

解 (1) 假定跳水运动员在水中的浮力与其重力大小相等，这两力方向又相反，因而它们相互抵消，运动员在水中只受到水的阻力。以 Oy 轴方向为正方向，这阻力可表示为

$$f=-bv^2$$

运动员的加速度
$$a=\frac{f}{m}=-\frac{b}{m}v^2$$

因为
$$a=\frac{dv}{dt}=\frac{dv}{dy}\frac{dy}{dt}=v\frac{dv}{dy}$$

所以
$$v\frac{dv}{dy}=-\frac{b}{m}v^2,\quad \frac{dv}{v}=-\frac{b}{m}dy$$

运动员入水时，$y_0=0$，$v_0=\sqrt{2gh}$。设运动员在水中的坐标为 y 时，速率为 v，则有

$$\int_{v_0}^{v}\frac{dv}{v}=\int_0^y-\frac{b}{m}dy$$

$$\ln\frac{v}{v_0}=-\frac{b}{m}y \quad ①$$

v 与 y 的函数关系就是
$$v=v_0e^{-\frac{b}{m}y}=\sqrt{2gh}e^{-\frac{b}{m}y}$$

(2) 由方程①可以得到
$$y=-\frac{m}{b}\ln\frac{v}{v_0} \quad ②$$

将 $\frac{b}{m}=0.40 \text{ m}^{-1}$ 和 $\frac{v}{v_0}=\frac{1}{10}$ 代入②式后，得 $y=5.76$ m

【2-17】 直升飞机的螺旋桨由两个对称的叶片组成，每一叶片的质量 $m=136$ kg，长 $l=3.66$ m。求当它的转速 $n=320 \text{ r}\cdot\text{min}^{-1}$ 时，两个叶片根部的张力。(设叶片是宽度一定、厚度均匀的薄片。)

解 先考虑一个叶片，其质量沿长度均匀分布，单位长度上的质量 $\lambda=m/l$。以 O 表示叶片根部，在距 O 为 x 的叶片处取一宽为 dx 的窄条(图 2-11)，其质量为 $dm=\lambda dx=\frac{m}{l}dx$。当叶片旋转时，此窄条受到的向心力为

$$df=(dm)x\omega^2=4\pi^2n^2\,\frac{m}{l}x\,dx$$

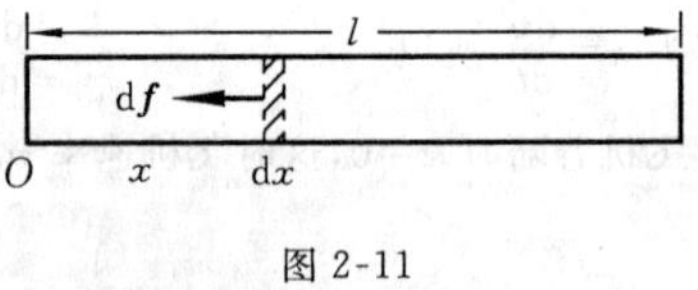

图 2-11

整个叶片受到的向心力为

$$f=\int df=\int_0^l 4\pi^2n^2\,\frac{m}{l}x\,dx=2\pi^2n^2ml=2.79\times10^5 \text{ N}$$

这一向心力是叶片根部提供的，根据牛顿第三定律，根部受到沿叶片向外的拉力，其大小就是 2.79×10^5 N。同理，根部也受到另一对称叶片沿该叶片向外的拉力，其值也是 2.79×10^5 N。这两个方向相反、大小相等的拉力形成了叶片根部的张力。

【2-18】 一质量为 m 的小球最初位于如图 2-12(a)所示的 A 点，然后沿半径为 r 的光滑圆轨道 $ADCB$ 下滑。试求小球到达点 C 时的角速度和对圆轨道的作用力。

解 考虑小球位于半圆轨道上任意点 M 时的情况。如图 2-12(b)所示，小球在该点受到两个力的作用：轨道对它的作用力 $\boldsymbol{N}$ 和重力 $\boldsymbol{P}$。在这两个力作用下，它作变速圆周运动。它的向心力

$$F_n=N-P\sin\theta=N-mg\sin\theta$$

它受到的切向力　　$F_t=P\cos\theta=mg\cos\theta$

因此它的向心加速度和切向加速度分别为

$$\begin{cases}a_n=\dfrac{N}{m}-g\sin\theta\\ a_t=g\cos\theta\end{cases} \quad ①$$

以 β 表示小球的角加速度，则 $\beta=\frac{a_t}{r}=\frac{g}{r}\cos\theta$，又因为 $\beta=\frac{d\omega}{dt}$，所以

$$d\omega=\beta dt=\beta\frac{dt}{d\theta}d\theta=\frac{\beta}{\omega}d\theta,\quad \omega d\omega=\beta d\theta=\frac{g}{r}\cos\theta d\theta$$

当小球位于 A 点，$\theta=0$ 时，$\omega=0$。位于 M 点时，小球角速度为 ω，则有

$$\int_0^\omega \omega d\omega=\int_0^\theta \frac{g}{r}\cos\theta d\theta$$

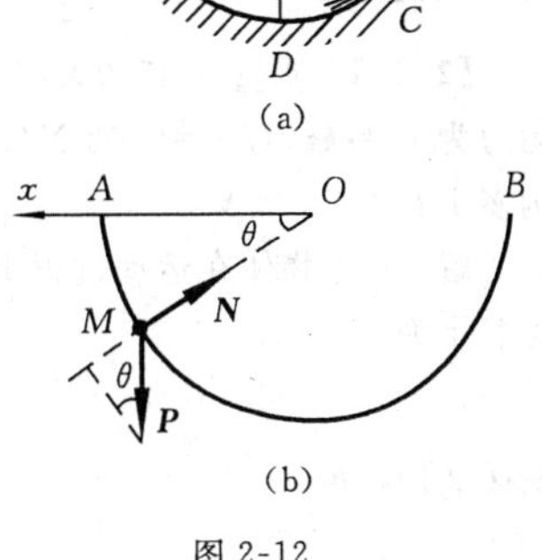

图 2-12

由此解得小球的角速度　　$\omega=\sqrt{\dfrac{2g\sin\theta}{r}}$　　②

因为 $a_n=r\omega^2$，所以从①式中 a_n 的表示式可解得

$$N=mr\omega^2+mg\sin\theta$$

将②式代入上式，则有　　$N=3mg\sin\theta$　　③

当小球到达 C 点时，$\theta=\frac{\pi}{2}+\alpha$，将 θ 值代入②、③两式，可得小球的角速度和轨道对小球的作用力的大小分别为

$$\omega_C=\sqrt{\frac{2g\cos\alpha}{r}},\quad N_C=3mg\cos\alpha$$

根据牛顿第三定律，小球对轨道的作用力的大小也是 $3mg\cos\alpha$，只不过方向与 $\boldsymbol{N}_C$ 的方向相反。

【2-19】 光滑的水平桌面上放置一半径为 R 的固定圆环，物体紧贴环的内侧作圆周运动，其摩擦因数为 μ，开始时物体的速率为 v_0，求：(1) t 时刻物体的速率；(2) 当物体速率从 v_0 减少到 $\frac{1}{2}v_0$ 时，物体所经历的时间及经过的路程。

解　(1) 设时刻 t，物体速率为 v，它受到的向心力 $f_n=mv^2/R$（式中，m 为物体质量），这是环给予它的，它对环则施以同样大小的压力，于是在与速度相反的方向上，它又受到摩擦阻力 f_t，此力为

$$f_t=-\mu f_n=-\frac{\mu m v^2}{R}$$

式中，负号表示摩擦力与速度方向相反。物体的切向加速度为

$$a_t=\frac{f_t}{m}=-\frac{\mu}{R}v^2,\quad 即\quad \frac{dv}{dt}=-\frac{\mu}{R}v^2$$

$t=0$ 时，$v=v_0$，在时刻 t 速率为 v，则有

$$\int_{v_0}^{v}\frac{-dv}{v^2}=\int_0^t\frac{\mu}{R}dt,\quad \frac{1}{v}-\frac{1}{v_0}=\frac{\mu}{R}t$$

$$v=\frac{Rv_0}{\mu v_0 t+R} \quad ①$$

(2) 当 $v=\frac{1}{2}v_0$ 时，由①式可得　　$\frac{1}{2}v_0=\frac{Rv_0}{\mu v_0 t+R}$

解得所求时间为　　$t=\dfrac{R}{\mu v_0}$　　②

在时刻 t，物体所经过的路程为　　$s=\int_0^t v dt$

将①式代入上式，可得 $$s=\int_0^t \frac{Rv_0}{\mu v_0 t+R}\mathrm{d}t=\frac{R}{\mu}\ln\frac{\mu v_0 t+R}{R}$$

将②式代入上式，即得 $v=\frac{1}{2}v_0$ 时，物体所经过的路程为 $s=\frac{R}{\mu}\ln 2$。

【2-20】 质量为 45.0 kg 的物体，由地面以初速 60.0 m·s^{-1}竖直向上发射，物体受到空气的阻力为 $F_r=kv$，且 $k=0.03$ N/(m·s^{-1})。(1) 求物体发射到最大高度所需的时间；(2) 最大高度为多少？

解 (1) 物体在运动过程中受到重力和空气阻力，重力对它来说也是阻力。因此物体所受力可表示为

$$F=-F_r-P=-kv-mg$$

物体的加速度
$$a=\frac{F}{m}=-\frac{k}{m}v-g \qquad ①$$

因为 $a=\frac{\mathrm{d}v}{\mathrm{d}t}$，所以
$$\frac{\mathrm{d}v}{\mathrm{d}t}=-\frac{k}{m}v-g$$

取发射物体时 $t=0$，这时物体速度为 v_0。设在时刻 t 物体的速度为 v，则可得

$$\int_{v_0}^{v}\frac{\mathrm{d}v}{\frac{k}{m}v+g}=-\int_0^t \mathrm{d}t,\quad t=\frac{m}{k}\ln\frac{\frac{k}{m}v_0+g}{\frac{k}{m}v+g}$$

当物体达到最大高度时，$v=0$，所需要的时间

$$t=\frac{m}{k}\ln\left(1+\frac{kv_0}{mg}\right)$$

将 m、k、v_0 和 g 的值代入上式后得 $t=6.11$ s。

(2) 物体所达到的最大高度就是 $v=0$ 时物体所达到的高度，因此需要找出高度 y 和 v 的函数关系。

$$v=\frac{\mathrm{d}y}{\mathrm{d}t}=\frac{\mathrm{d}y}{\mathrm{d}v}\frac{\mathrm{d}v}{\mathrm{d}t}=a\frac{\mathrm{d}y}{\mathrm{d}v}=-\left(\frac{k}{m}v+g\right)\frac{\mathrm{d}y}{\mathrm{d}v}$$

因为 $y=0$ 时，$v=v_0$，与高度 y 相应的速度为 v，所以

$$\int_0^y -\frac{1}{m}\mathrm{d}y=\int_{v_0}^{v}\frac{v\mathrm{d}v}{kv+mg},\quad y=\frac{m^2g}{k^2}\left[\frac{k}{mg}(v_0-v)-\ln\frac{mg+kv_0}{mg+kv}\right]$$

这就是 y 和 v 的函数关系。令 $v=0$，就得到物体的最大高度

$$y_m=\frac{m^2g}{k^2}\left[\frac{kv_0}{mg}-\ln\left(1+\frac{kv_0}{mg}\right)\right]=183\ \mathrm{m}$$

【2-21】 一物体自地球表面以速率 v_0 竖直上抛。假定空气对物体阻力的值为 $F_r=kmv^2$，其中 m 为物体的质量，k 为常量。试求：(1) 该物体能上升的高度；(2) 物体返回地面时速度的值。(设重力加速度为常量。)

解 (1) 物体受到重力 $\boldsymbol{F}_G$($F_G=mg$)和空气阻力 $\boldsymbol{F}_r$ 的作用，方向都与运动方向相反，合力为

$$F=-F_G-F_r=-mg-kmv^2$$

物体加速度为
$$a=-g-kv^2$$

根据
$$a=\frac{\mathrm{d}v}{\mathrm{d}t}=\frac{\mathrm{d}v}{\mathrm{d}y}\frac{\mathrm{d}y}{\mathrm{d}t}=v\frac{\mathrm{d}v}{\mathrm{d}y}$$

可得
$$v\frac{\mathrm{d}v}{\mathrm{d}y}=-g-kv^2$$

当 $y=0$ 时，$v=v_0$；$y=y_{max}$ 时，$v=0$。由上述方程可得

$$\int_0^{y_{max}}\mathrm{d}y=-\int_{v_0}^{0}\frac{v\mathrm{d}v}{g+kv^2}$$

$$y_{\max}=\frac{1}{2k}\ln\frac{g+kv_0^2}{g} \qquad ①$$

这就是物体能上升的高度。

(2) 物体返回地面时，重力方向与运动方向一致，而阻力方向仍与运动方向相反，因此，物体加速度为

$$a'=g-kv^2$$

物体返回地面时，y 轴方向（竖直向上）与运动方向是相反的，因此

$$\frac{\mathrm{d}y}{\mathrm{d}t}=-v,\quad a'=-v\frac{\mathrm{d}v}{\mathrm{d}y},\quad 即\quad g-kv^2=-v\frac{\mathrm{d}v}{\mathrm{d}y}$$

当 $y=y_{\max}$ 时，$v=0$；以 v_t 表示返回地面时的速度，则 $y=0$ 时，$v=v_t$。于是有

$$\int_{y_{\max}}^{0}\mathrm{d}y=\int_0^{v_t}\frac{v\mathrm{d}v}{kv^2-g}$$

$$y_{\max}=-\frac{1}{2k}\ln\frac{g-kv_t^2}{g} \qquad ②$$

将①式代入②式有

$$-\frac{1}{2k}\ln\frac{g-kv_t^2}{g}=\frac{1}{2k}\ln\frac{g+kv_0^2}{g}$$

于是得到物体返回地面时的速度为

$$v_t=\sqrt{\frac{g}{g+kv_0^2}}\cdot v_0$$

【2-22】 质量为 m 的摩托车，在恒定的牵引力 F 的作用下工作，它所受的阻力与其速率的平方成正比，它能达到的最大速率是 v_m。试计算从静止加速到 $v_m/2$ 所需的时间以及所走过的路程。

解 设摩托车受的阻力为 F_r，F_r 与速率平方成正比的比例系数为 b，则

$$F_r=bv^2$$

摩托车所受的合力

$$f=F-F_r=F-bv^2$$

摩托车的加速度

$$a=\frac{f}{m}=\frac{1}{m}(F-bv^2) \qquad ①$$

摩托车达到最大速率时的加速度为零，在①式中令 $v=v_m$，$a=0$，就可以确定比例系数 $b=\frac{F}{v_m^2}$，于是可以最终确定 a 的表示式为

$$a=\frac{F}{mv_m^2}(v_m^2-v^2) \qquad ②$$

因为 $a=\frac{\mathrm{d}v}{\mathrm{d}t}$，所以

$$\frac{\mathrm{d}v}{\mathrm{d}t}=\frac{F}{mv_m^2}(v_m^2-v^2)$$

取摩托车启动时 $t=0$，这时车速 $v=0$，设时刻 t 的车速为 v，则有

$$\int_0^v\frac{\mathrm{d}v}{v_m^2-v^2}=\int_0^t\frac{F}{mv_m^2}\mathrm{d}t=\frac{F}{mv_m^2}t$$

$$\int_0^v\frac{\mathrm{d}v}{v_m^2-v^2}=\frac{1}{2v_m}\int_0^v\left[\frac{1}{v_m+v}+\frac{1}{v_m-v}\right]\mathrm{d}v=\frac{1}{2v_m}\ln\left(\frac{v_m+v}{v_m-v}\right)$$

因此

$$t=\frac{mv_m}{2F}\ln\left(\frac{v_m+v}{v_m-v}\right)$$

这是 t 和 v 的函数关系。令 $v=\frac{v_m}{2}$，就得到车速达到此值时所需时间为 $t=\frac{mv_m}{2F}\ln 3$。

为求摩托车在 $v=\frac{v_m}{2}$ 时走过的路程，须求出 x 和 v 的函数关系。为此，先求出它们的微分关系。

$$v=\frac{\mathrm{d}x}{\mathrm{d}t}=\frac{\mathrm{d}x}{\mathrm{d}v}\frac{\mathrm{d}v}{\mathrm{d}t}=a\frac{\mathrm{d}x}{\mathrm{d}v}$$

将②式代入上式得

$$v=\frac{F}{mv_m^2}(v_m^2-v^2)\frac{\mathrm{d}x}{\mathrm{d}v}$$

取摩托车起点为原点，在该点车速 $v=0$。设车速为 v 时，摩托车坐标为 x（这也就是它在达到这个车速的时间内走过的路程），则有

$$\int_0^v \frac{v\mathrm{d}v}{v_m^2-v^2}=\int_0^x \frac{F}{mv_m^2}\mathrm{d}x,\quad x=\frac{mv_m^2}{2F}\ln\frac{v_m^2}{v_m^2-v^2}$$

令式中的 $v=\frac{v_m}{2}$，就得到

$$x=\frac{mv_m^2}{2F}\ln\frac{4}{3}$$

【2-23】 飞机降落时，以 v_0 的水平速度着陆后自由滑行，滑行期间飞机受到的空气阻力 $F_1=-k_1v^2$，升力 $F_2=k_2v^2$，其中 v 为飞机的滑行速度，两个系数之比 k_1/k_2 称为飞机的升阻比。实验表明，物体在流体中运动时，所受阻力与速度的关系和多种因素有关，如速度大小、流体性质、物体形状等。在速度较小或流体密度较小时有 $F\propto v$，而在速度较大或流体密度较大的有 $F\propto v^2$，需要精确计算时则应由实验测定。本题中由于飞机速率较大，故取 $F\propto v^2$ 作为计算依据。设飞机与跑道间的滑动摩擦因数为 μ，试求飞机从触地到静止所滑行的距离。以上计算实际上已成为飞机跑道长度设计的依据之一。

解 飞机以水平速度 v_0 平稳着陆时，它在竖直方向受到的合外力应为零，因此 v_0 应满足

$$k_2v_0^2=mg \tag{①}$$

飞机以速度 v 滑行时，它同时受到空气阻力 F_1 和地面摩擦阻力 f，因此它受到的合外力为

$$F=F_1+f=-k_1v^2-\mu(mg-k_2v^2)$$

将①式代入后

$$F=-(k_1-\mu k_2)v^2-\mu k_2v_0^2$$

飞机的加速度可表示为

$$a=\frac{\mathrm{d}v}{\mathrm{d}t}=\frac{\mathrm{d}v}{\mathrm{d}x}\frac{\mathrm{d}x}{\mathrm{d}t}=v\frac{\mathrm{d}v}{\mathrm{d}x}$$

因为 $a=\frac{F}{m}$，所以

$$v\frac{\mathrm{d}v}{\mathrm{d}x}=-\frac{1}{m}[(k_1-\mu k_2)v^2+\mu k_2v_0^2],\quad \mathrm{d}x=\frac{-mv\mathrm{d}v}{(k_1-\mu k_2)v^2+\mu k_2v_0^2}$$

令着陆点的坐标为 $x_0=0$，飞机滑行速度为 v 时坐标为 x，则有

$$\int_0^x\mathrm{d}x=\int_{v_0}^v\frac{-mv\mathrm{d}v}{(k_1-\mu k_2)v^2+\mu k_2v_0^2},\quad x=\frac{m}{2(k_1-\mu k_2)}\ln\frac{k_1v_0^2}{(k_1-\mu k_2)v^2+\mu k_2v_0^2}$$

令 $v=0$，就得到飞机滑行距离为

$$x=\frac{m}{2(k_1-\mu k_2)}\ln\frac{k_1}{\mu k_2}$$

应用①式后，

$$x=\frac{k_2v_0^2}{2g(k_1-\mu k_2)}\ln\frac{k_1}{\mu k_2}$$

【2-24】 在卡车车厢底板上放一木箱，该木箱距车厢前沿挡板的距离 $L=2.0\ \mathrm{m}$，已知刹车时卡车的加速度 $a=7.0\ \mathrm{m\cdot s^{-2}}$，设刹车一开始木箱就开始滑动。求该木箱撞上挡板时相对卡车的速率为多大？设木箱与底板间滑动摩擦系数 $\mu=0.50$。

解 以车厢为参考系，这是一个非惯性系。在这个参考系中，木箱受到一个方向沿卡车前进方向的惯性力 F_i 和一个方向相反的摩擦力 F_f。

$$F_i=ma,\quad F_f=-\mu mg$$

木箱受到的合力

$$F=F_i+F_f=m(a-\mu g)$$

这是一个恒力，因此它作匀加速直线运动。其初速为零，撞上挡板时的速率为

$$v=\sqrt{2(a-\mu g)L}=2.9\ \mathrm{m\cdot s^{-1}}$$

【2-25】 如图 2-13 所示，电梯相对地面以加速度 $\boldsymbol{a}$ 竖直向上运动。电梯中有一滑轮固定在电梯顶部，滑轮两侧用轻绳悬挂着质量分别为 m_1 和 m_2 的物体 A 和 B。设滑轮的质量和滑轮与绳索间的摩擦均略去不计。已知 $m_1>m_2$，如以加速度运动的电梯为参考系，求物体相对地面的加速度和绳的张力。

解 对物体 A，以向下方向为正方向，惯性力则为 $F_{i1}=-m_1(-a)=m_1a$，按牛顿第二定律列出的方程为

$$\text{A:}\quad m_1 g - T + m_1 a = m_1 a_1' \qquad ①$$

式中，T 是张力，a_1' 是 A(或 B)相对于电梯的加速度。对物体 B，以向上方向为正方向，惯性力则为 $F_{i2} = -m_2 a$，对它所列出的方程为

$$\text{B:}\quad T - m_2 g - m_2 a = m_2 a_1' \qquad ②$$

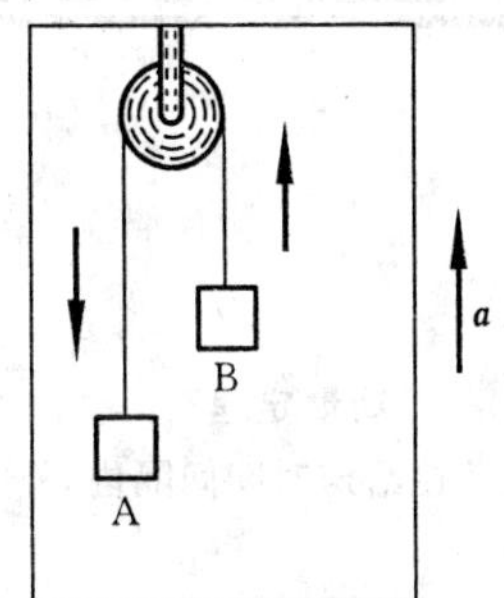

图 2-13

在①、②式中消去 T，得到 $a_1' = \dfrac{(m_1 - m_2)(g + a)}{m_1 + m_2}$

根据加速度的变换公式 $a_{A对地} = a_{A对梯} + a_{梯对地}$，令 $a_1 = a_{A对地}$，而 $a_{A对梯} = a_1'$，$a_{梯对地} = -a$，因此有

$$a_1 = a_1' - a = \frac{(m_1 - m_2)(g + a)}{m_1 + m_2} - a = \frac{(m_1 - m_2)g - 2m_2 a}{m_1 + m_2}$$

同理 $$a_2 = a_1' + a = \frac{(m_1 - m_2)g + 2m_1 a}{m_1 + m_2}$$

由①式可得张力为

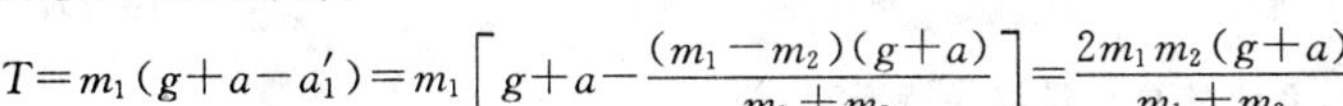

$$T = m_1(g + a - a_1') = m_1\left[g + a - \frac{(m_1 - m_2)(g + a)}{m_1 + m_2}\right] = \frac{2m_1 m_2(g + a)}{m_1 + m_2}$$

【2-26】 在光滑水平面上，放一质量为 m' 的三棱柱 A，它的斜面的倾角为 α。现把一质量为 m 的滑块 B 放在三棱柱的光滑斜面上。试求：(1) 三棱柱相对于地面的加速度；(2) 滑块相对于地面的加速度；(3) 滑块与三棱柱之间的正压力。

解 三棱柱 A 和滑块 B 受力情况分别如图 2-14(a)、(b)所示(图(a)中没有画出 A 所受重力及桌面对它的支持力，这是因为它在竖直方向无运动)，三棱柱所受到的压力 $\boldsymbol{P}$ 的水平分量使它沿 x 轴的反方向具有加速度，以 a' 表示，则

$$m'a' = P\cos\theta = P\sin\alpha \qquad ①$$

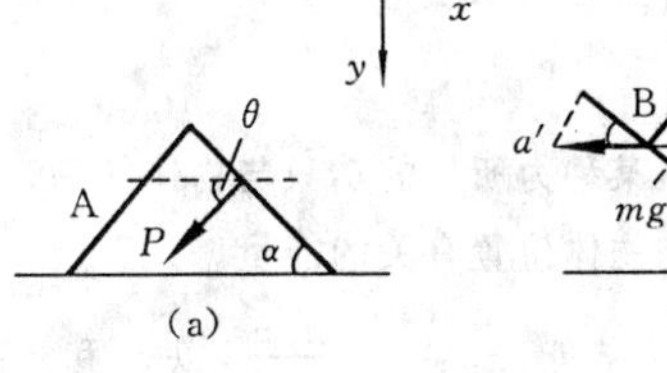

图 2-14

滑块的加速度 a 在 x 轴方向的分量 a_x 和 y 轴方向的分量 a_y 分别为

$$a_x = \frac{P\cos\theta}{m} = \frac{P}{m}\sin\alpha \qquad ②$$

$$a_y = g - \frac{P}{m}\cos\alpha \qquad ③$$

相对于三棱柱来说，滑块在垂直于斜面方向没有运动，在这个方向所受的力是平衡的。因为三棱柱有加速度，不是惯性参考系，所以对它来说，滑块所受的力中还包括惯性力，其沿垂直于斜面方向的分量的值为 $ma'\sin\alpha$。因此有

$$P + ma'\sin\alpha = mg\cos\alpha，\quad 即\quad P + \frac{m}{m'}P\sin^2\alpha = mg\cos\alpha \qquad ④$$

由④式即可求出滑块与三棱柱间的正压力为

$$P = \frac{m'mg\cos\alpha}{m' + m\sin^2\alpha} \qquad ⑤$$

将⑤式代入①式，可求得三棱柱加速度为 $a' = \dfrac{mg\sin\alpha\cos\alpha}{m' + m\sin^2\alpha}$

由②式和③式可得，滑块的加速度 $a = \sqrt{a_x^2 + a_y^2} = \sqrt{\left(\dfrac{P}{m}\right)^2 + g^2 - 2\dfrac{P}{m}g\cos\alpha}$

将⑤式代入上式，化简后得到 $a = g\sin\alpha\dfrac{\sqrt{m'^2 + (2m'm + m^2)\sin^2\alpha}}{m' + m\sin^2\alpha}$

$\boldsymbol{a}$ 的方向与 y 轴方向夹角以 θ 表示，则 $\tan\theta = \dfrac{a_x}{a_y}$，$\theta = \arctan\left(\dfrac{m'\cot\alpha}{m + m'}\right)$

第3章　动量守恒定律和能量守恒定律

内容提要

1. 动量定理

在给定时间间隔内，外力作用在质点上的冲量，等于质点在此时间内动量的增量，即

$$\boldsymbol{I}=\int_{t_1}^{t_2}\boldsymbol{F}(t)\mathrm{d}t=\boldsymbol{p}_2-\boldsymbol{p}_1$$

2. 动量守恒定律

当系统所受合外力为零时，系统的总动量将保持不变，即

$$\boldsymbol{F}^{\mathrm{ex}}=\boldsymbol{0}\text{时，}\quad \boldsymbol{p}=\sum_{i=1}^{n}m_i\boldsymbol{v}_i=\text{恒矢量}$$

3. 动能定理

合外力对质点所作的功，等于质点动能的增量，即

$$W=E_{\mathrm{k2}}-E_{\mathrm{k1}}$$

式中，功的计算式为
$$W=\int_A^B\boldsymbol{F}\cdot\mathrm{d}\boldsymbol{r}$$

4. 势能

保守力：某种力所作的功只与物体的始、末位置有关，而与路径无关，这种力即是保守力。

势能：与物体位置有关的能量。

万有引力势能：$E_{\mathrm{p}}=-G\dfrac{m'm}{r}$，以 m 和 m' 相距无限远时的势能为零点势能。

重力势能：$E_{\mathrm{p}}=mgh$，以计算高度的起点为势能零点。

弹性势能：$E_{\mathrm{p}}=\dfrac{1}{2}kx^2$，以弹簧的自然长度的位置为势能零点。

由势能函数求保守力：
$$F_x=-\frac{\mathrm{d}E_{\mathrm{p}}(x)}{\mathrm{d}x}$$

5. 功能原理

质点系动能定理：作用于质点系的力所作的功，等于该质点系的动能增量，即

$$\sum_{i=1}^{n}W_i=\sum_{i=1}^{n}(E_{\mathrm{k}i}-E_{\mathrm{k}i0})$$

质点系功能原理：质点系机械能的增量等于外力与非保守内力作功之和，即

$$W^{\mathrm{ex}}+W_{\mathrm{nc}}^{\mathrm{in}}=E-E_0$$

6. 机械能守恒与能量守恒

机械能守恒定律：当作用于质点系的外力和非保守内力不作功时，质点系的总机械能是守恒的，即

$$W^{\mathrm{ex}}+W_{\mathrm{nc}}^{\mathrm{in}}=0\text{ 时，}E=E_0$$

能量守恒定律：对于一个与自然界无任何联系的系统来说，系统内各种形式的能量是可以相

互转换的，但是不论如何转换，能量既不能产生，也不能消灭。

7. 质心 质心运动定律

质心的位置：

对于质点系，有

$$x_C=\frac{\sum_{i=1}^{n}m_ix_i}{m'},\quad y_C=\frac{\sum_{i=1}^{n}m_iy_i}{m'},\quad z_C=\frac{\sum_{i=1}^{n}m_iz_i}{m'}$$

对于质量连续分布的物体，有

$$x_C=\frac{1}{m'}\int x\mathrm{d}m,\quad y_C=\frac{1}{m'}\int y\mathrm{d}m,\quad z_C=\frac{1}{m'}\int z\mathrm{d}m$$

质心运动定律
$$\boldsymbol{F}^{\mathrm{ex}}=m'\frac{\mathrm{d}\boldsymbol{v}_C}{\mathrm{d}t}=m'\boldsymbol{a}_C$$

习题解答

【3-1】 对质点组有以下几种说法：

(1) 质点组总动量的改变与内力无关；

(2) 质点组总动能的改变与内力无关；

(3) 质点组机械能的改变与保守内力无关。

下列对上述说法判断正确的是( )。

(A) 只有(1)是正确的 (B) (1)、(2)是正确的 (C) (1)、(3)是正确的 (D) (2)、(3)是正确的

解 (1) 根据质点系的动量定理，质点组(即质点系)的总动量与作用于系统的合外力的冲量有关，与系统的内力无关。这种说法是正确的。

(2) 根据质点系的动能定理，质点组总动能的增量，等于作用于质点组的力(包括外力和内力)所作之功。因此第二种说法是错误的。

(3) 根据质点系的功能原理，质点组机械能的增量等于力与非保守内力作功之和，与保守内力无关。这种说法是正确的。

本题的正确答案是(C)。

【3-2】 有两个倾角不同、高度相同、质量一样的斜面放在光滑的水平面上，斜面是光滑的，有两个一样的物块分别从这两个斜面的顶点由静止开始滑下，则( )。

(A) 物块到达斜面底端时的动量相等 (B) 物块到达斜面底端时的动能相等

(C) 物块和斜面(以及地球)组成的系统，机械能不守恒

(D) 物块和斜面组成的系统水平方向上动量守恒

解 (1) 一个斜面放在光滑水平面上，一个物块放在光滑的斜面上，当物块从斜面的最高处由静止滑到底端时，它的速率是斜面质量、斜面高度、斜面倾角和物块质量的函数。利用习题 2-26 的结果可以求出函数关系为

$$v=\sqrt{\frac{2gh[m'^2+(2m'm+m^2)\sin^2\alpha]}{(m'+m\sin^2\alpha)(m'+m)}}$$

题中所给出的分别由一个斜面和一个物块组成的两个系统唯一的区别在于倾角不同，那么当两个物块从各自的斜面上滑到底端时，它们的速率是不同的，因而动量也是不相等的。

(2) 两个物块到达斜面底端时的速率不同，它们的动能就是不相等的。

(3) 物块、斜面和地球构成的系统没有外力作用，内力是保守力，因此系统的机械能是守恒的。

(4) 物块和斜面组成的系统在水平方向上没有外力作用，因此在这个方向上动量是守恒的。

本题正确答案应该是(D)。

【3-3】 对功的概念有以下几种说法：

(1) 保守力作正功时，系统内相应的势能增加；

(2) 质点运动经一闭合路径，保守力对质点作的功为零；

(3) 作用力和反作用力大小相等、方向相反，所以两者所作功的代数和必为零。

下列对上述说法判断正确的是( )。

(A) (1)、(2)是正确的 (B) (2)、(3)是正确的 (C) 只有(2)是正确的 (D) 只有(3)是正确的

解 (1) 这种说法是错误的。保守力作正功时，系统内相应的势能减少。

(2) 这种说法是对的。

(3) 作用力和反作用力是作用在不同物体上的，虽然它们大小相等，方向相反，但它们所作的功不一定相等，它们所作的功的正负也未必相反，功的大小和正负与施力方向及受力物体的运动状态有关。

本题答案应选(C)。

【3-4】 如图 3-1 所示，质量分别为 m_1 和 m_2 的物体 A 和 B，置于光滑桌面上，A 和 B 之间连有一轻弹簧。另有质量为 m_1 和 m_2 的物体 C 和 D 分别置于物体 A 与 B 之上，且物体 A 和 C、B 和 D 之间的摩擦系数均不为零。首先用外力沿水平方向相向推压 A 和 B，使弹簧被压缩，然后撤掉外力，则在 A 和 B 弹开的过程中，对 A、B、C、D 以及弹簧组成的系统，有( )。

(A) 动量守恒，机械能守恒　　(B) 动量不守恒，机械能守恒

(C) 动量不守恒，机械能不守恒　　(D) 动量守恒，机械能不一定守恒

解 由物体 A、B、C、D 和轻弹簧构成的系统在水平方向无外力作用，在竖直方向上合外力为零，因此系统动量是守恒的。系统的内力中有弹性力和摩擦力，弹性力是保守力，摩擦力是非保守力。若 C 和 A 或 D 和 B 之间无相对运动，摩擦力不作功，系统的机械能就守恒；若它们之间有相对运动，摩擦力作功，机械能就不守恒。本题答案应为(D)。

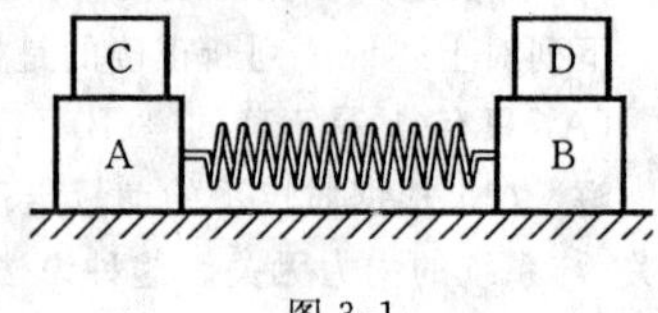

图 3-1

【3-5】 如图 3-2 所示，子弹射入放在水平光滑地面上静止的木块后而穿出。以地面为参考系，下列说法中正确的是( )。

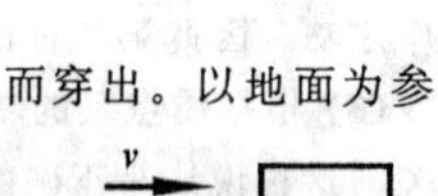

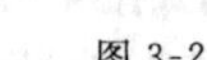

图 3-2

(A) 子弹减少的动能转变为木块的动能

(B) 子弹-木块系统的机械能守恒

(C) 子弹动能的减少等于子弹克服木块阻力所作的功

(D) 子弹克服木块阻力所作的功等于这一过程中产生的热

解 子弹在木块内运动的过程中受到木块的摩擦阻力，为克服这一阻力它作了功，减少了动能。这功的一部分转变为木块的动能，另一部分产生了热量。子弹-木块系统的机械能是不守恒的。本题答案应选(C)。

【3-6】 一架以 $3.0\times10^2\ \mathrm{m\cdot s^{-1}}$ 的速率水平飞行的飞机，与一只身长为 0.20 m、质量为 0.50 kg 的飞鸟相碰。设碰撞后飞鸟的尸体与飞机具有同样的速度，而原来飞鸟对于地面的速率甚小，可以忽略不计。试估计飞鸟对飞机的冲击力(碰撞时间可用飞鸟身长被飞机速率相除来估算)。根据本题计算结果，你对于高速运动的物体(如飞机、汽车)与通常情况下不足以引起危害的物体(如飞鸟、小石子)相碰后会产生什么后果的问题有些什么体会？

解 飞鸟对地的速率相对于飞机对地的速率来说是微不足道的。因此，相对于飞机来说，飞鸟以速率 $v=3.0\times10^2\ \mathrm{m\cdot s^{-1}}$ 向它撞去。撞击时间

$$\Delta t=\frac{l}{v}$$

式中，l 是飞鸟的身长。根据动量定理，鸟受到的冲击力的大小

$$F=\frac{mv}{\Delta t}=\frac{mv^2}{l}=2.25\times10^5\ \text{N}$$

这也是飞机受到的冲击力的值，相当于质量为 23 t 的物体的重力，可见冲击力是相当大的，对飞机是非常危险的。

【3-7】 质量为 m 的物体，由水平面上点 O 以初速为 v_0 抛出，v_0 与水平面成仰角 α。若不计空气阻力，求：(1) 物体从发射点 O 到最高点的过程中，重力的冲量；(2) 物体从发射点到落回至同一水平面的过程中，重力的冲量。

解　(1) 取 Oy 轴竖直向上，物体的初速度的 y 分量为 $\boldsymbol{v}_{0y}=v_0\sin\alpha\boldsymbol{j}$，物体的末速度的 y 分量 $\boldsymbol{v}_y=\boldsymbol{0}$，物体在从发射点到最高点的过程中，只受到重力作用，因此重力的冲量为

$$\boldsymbol{I}_y=m\boldsymbol{v}_y-m\boldsymbol{v}_{0y}=-mv_0\sin\alpha\boldsymbol{j}$$

(2) 物体落回到同一水平面上时，其速度的 y 分量为

$$\boldsymbol{v}_y=-v_0\sin\alpha\boldsymbol{j}$$

物体从发射到落回到同一水平面的过程中，重力的冲量

$$\boldsymbol{I}_y=m\boldsymbol{v}_y-m\boldsymbol{v}_{0y}=-2mv_0\sin\alpha\boldsymbol{j}$$

本题也可以根据力的冲量的定义计算。即

$$\boldsymbol{I}_y=\boldsymbol{F}_y\Delta t$$

式中，$\boldsymbol{F}_y=-mg\boldsymbol{j}$。对于问题(1)，$\Delta t_1=\dfrac{v_0\sin\alpha}{g}$；对于问题(2)，$\Delta t_2=\dfrac{2v_0\sin\alpha}{g}$。

【3-8】 $F_x=30+4t$（式中 F_x 的单位为 N，t 的单位为 s）的合外力作用在质量 $m=10$ kg 的物体上，试求：(1) 在开始 2 s 内此力的冲量 I；(2) 若冲量 $I=300$ N·s，此力作用的时间；(3) 若物体的初速度 $v_1=10\ \text{m}\cdot\text{s}^{-1}$，方向与 F_x 相同，在 $t=6.86$ s 时，此物体的速度 v_2。

解　(1) 在开始后时间 t 内此力的冲量为

$$I=\int_0^t F_x\mathrm{d}t=\int_0^t(30+4t)\mathrm{d}t=30t+2t^2 \qquad ①$$

令 $t=2$ s，则 $I=68$ N·s。

(2) 根据①式有　　$2t^2+30t-I=0$

将 $I=300$ N·s 代入后解此方程，得到 $t=6.86$ s。

(3) 根据动量定理，此物体的动量的增量为 $mv_2-mv_1=I$，由此可得

$$v_2=\frac{I+mv_1}{m}$$

将 $I=300$ N·s 和 $v_1=10\ \text{m}\cdot\text{s}^{-1}$ 代入上式，得到 $v_2=40\ \text{m}\cdot\text{s}^{-1}$。

【3-9】 高空作业时系安全带是非常必要的。假如一质量为 51.0 kg 的人，在操作时不慎从高空竖直跌落下来，由于安全带的保护，最终使他被悬挂起来。已知此时人离原处的距离为 2.0 m，安全带弹性缓冲作用时间为 0.50 s。求安全带对人的平均冲力。

解　当人落下高度为 $h=2.0$ m 时，他不仅受到重力的作用，而且开始受到安全带的作用力，这两个力的方向是相反的。以 P 表示重力，$\overline{f}$ 表示安全带的平均作用力，并取竖直向上的方向为正方向，则在安全带开始起缓冲作用的时间里，人所受到的合力为 $F=\overline{f}-P$。在这段时间里，人的初速度为 $v_0=-\sqrt{2gh}$，末速度为零。根据动量定理，有

$$F\Delta t=mv-mv_0,\quad 即\quad (\overline{f}-P)\Delta t=m\sqrt{2gh}$$

$$\overline{f}=\frac{m\sqrt{2gh}}{\Delta t}+mg=1.14\times10^3\ \text{N}$$

$\overline{f}>0$，说明它的方向是向上的。

【3-10】 质量为 m 的小球，在力 $F=-kx$ 作用下运动，已知 $x=A\cos\omega t$，式中，k、ω、A 均为正

常量。求在 $t=0$ 到 $t=\frac{\pi}{2\omega}$ 时间内小球动量的增量。

解　小球的速度与时间的关系为　$v=\frac{\mathrm{d}x}{\mathrm{d}t}=-\omega A\sin\omega t$

动量与时间的关系为　$p=mv=-m\omega A\sin\omega t$

在 $t_1=0$ 到 $t_2=\frac{\pi}{2\omega}$ 这段时间内，小球动量增量为

$$p_2-p_1=-m\omega A\left(\sin\frac{\pi}{2}-\sin 0\right)=-m\omega A \qquad ①$$

小球的加速度与时间的关系为　$a=\frac{\mathrm{d}^2x}{\mathrm{d}t^2}=-\omega^2 A\cos\omega t=-\omega^2 x$

因为 $F=ma$，所以　$-kx=-m\omega^2 x,\quad m=\frac{k}{\omega^2}$

代入①式，得到　$p_2-p_1=-\frac{kA}{\omega}$

【3-11】　如图 3-3(a)所示，在水平地面上，有一横截面 $S=0.20\ \mathrm{m}^2$ 的直角弯管，管中有流速为 $v=3.0\ \mathrm{m\cdot s^{-1}}$ 的水通过，求弯管所受力的大小和方向。

解　设水的密度为 d，单位时间内通过管的某一横截面的水的质量为 $\Delta m=dvS$，在这一时间内，有质量为 Δm 的水的动量由 $\boldsymbol{p}_1$ 变化为 $\boldsymbol{p}_2$(图 3-3(b)，$p_1=p_2=(\Delta m)v=dv^2S$)，水的动量的增量为

$$\Delta\boldsymbol{p}=\boldsymbol{p}_2-\boldsymbol{p}_1$$

$\Delta\boldsymbol{p}$ 的方向如图 3-3(b)所示，其大小为

$$\Delta p=\sqrt{2}p_1=\sqrt{2}dv^2S$$

根据动量定理，水受到的作用力为

$$\boldsymbol{F}=\frac{\Delta\boldsymbol{p}}{\Delta t}$$

力的方向为 $\Delta\boldsymbol{p}$ 的方向，大小为

$$F=\frac{\sqrt{2}dv^2S}{\Delta t}$$

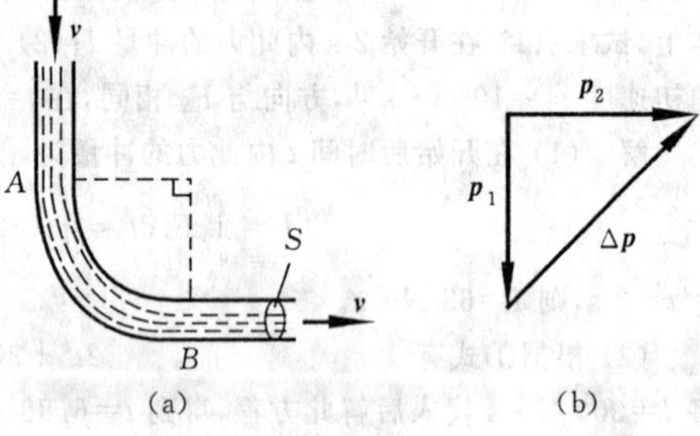

图 3-3

将 $\Delta t=1\ \mathrm{s}$，$d=1\times10^3\ \mathrm{kg\cdot m^{-3}}$ 及题中 v、S 的值代入，得到 $F=2.5\times10^3\ \mathrm{N}$。力 $\boldsymbol{F}$ 来自弯管，因此弯管所受反作用力大小也是 $2.5\times10^3\ \mathrm{N}$，方向与 $\Delta\boldsymbol{p}$ 方向相反，即沿图 3-3(a)中直角的平分线并指向弯管外侧。

【3-12】　一作斜抛运动的物体，在最高点炸裂为质量相等的两块，最高点距离地面为 19.6 m。爆炸后 1.00 s，第一块落到爆炸点正下方的地面上，此处距抛出点的水平距离为 1.00×10^2 m。问第二块落在距抛出点多远的地面上？(设空气的阻力不计。)

解　爆炸前，物体运动到最高点(图 3-4 中的 A 点)时，它的速度沿水平方向，其速率为

$$v=v_{0x}=\frac{x_1}{t_0}$$

式中，t_0 是物体从抛出点 O 运动到 A 点的时间，其值为

$$t_0=\frac{v_{0y}}{g}=\frac{\sqrt{2gh}}{g}=\sqrt{\frac{2h}{g}}$$

因此　$v=x_1\sqrt{\frac{g}{2h}}=50\ \mathrm{m\cdot s^{-1}}$

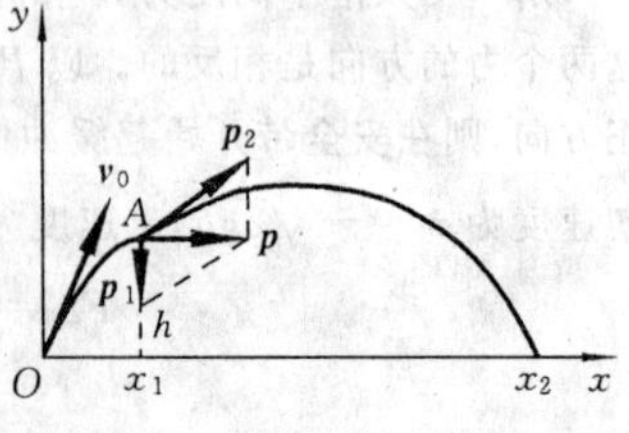

图 3-4

爆炸力是内力，因无外力，系统动量守恒，以 $\boldsymbol{p}$、$\boldsymbol{p}_1$、$\boldsymbol{p}_2$ 分别表示爆炸前的物体和爆炸后的两块物体的动量，则

$$\boldsymbol{p}_1+\boldsymbol{p}_2=\boldsymbol{p}$$

它的分量式是 $\frac{m}{2}v_{1x}+\frac{m}{2}v_{2x}=mv_x,\quad \frac{m}{2}v_{1y}+\frac{m}{2}v_{2y}=mv_y$

因为 $v_{1x}=0, v_x=v, v_y=0$，所以 $v_{2x}=2v,\quad v_{2y}=-v_{1y}$

爆炸后第一块的运动方程是 $y_1=y_{10}+v_{1y}t_1-\frac{1}{2}gt_1^2$

式中，$y_{10}=h=19.6\ \text{m}$，它落地时，$y_1=0, t_1=1.00\ \text{s}$，代入后得到

$$v_{1y}=\frac{1}{2}gt_1-\frac{h}{t_1}=-14.7\ \text{m}\cdot\text{s}^{-1}$$

因此第二块沿 y 轴方向的速度 $v_{2y}=-v_{1y}=14.7\ \text{m}\cdot\text{s}^{-1}$。从第二块在 y 轴方向的运动可以确定它从爆炸到落地所经历的时间为

$$t_2=2\frac{v_{2y}}{g}+t_1=4.00\ \text{s}$$

在这段时间里它沿 x 轴方向运动的路程为

$$x_2-x_1=v_{2x}t_2=2vt_2$$

它距抛出点(原点)的距离为 $x_2=x_1+2vt_2=500\ \text{m}$

【3-13】 A、B 两船在平静的湖面上平行逆向航行，当两船擦肩相遇时，两船各自向对方平稳地传递 50 kg 的重物，结果是 A 船停了下来，而 B 船以 $3.4\ \text{m}\cdot\text{s}^{-1}$ 的速度继续向前驶去。A、B 两船原有质量分别为 0.5×10^3 kg 和 1.0×10^3 kg，求在传递重物前两船的速度。(忽略水对船的阻力。)

解　把两船和两重物作为一个系统，忽略水对船的阻力，则系统所受合外力为零，在交换重物前后，系统动量是守恒的。以 v_A、v_B 表示两船交换重物前的速度，v_A'、v_B' 表示两船交换重物后的速度，并以 B 船的运动方向为正方向，则有

$$m_Bv_B-m_Av_A=m_Bv_B'-m_Av_A' \quad ①$$

现在把不计其中重物的 A 船与 B 船中的重物作为一个系统。因为在重物搬出或搬入时，作用力垂直于船的行进方向，所以对这个系统来说，在行进方向上动量仍然守恒，因此有

$$-(m_A-m)v_A+mv_B=-m_Av_A' \quad ②$$

式中，m 为重物质量。注意到 $v_A'=0$，由方程①、②即可得到

$$v_A=\frac{mm_Bv_B'}{m_B(m_A-m)-mm_A}=0.40\ \text{m}\cdot\text{s}^{-1},\quad v_B=\frac{m_A-m}{m}v_A=3.6\ \text{m}\cdot\text{s}^{-1}$$

【3-14】 质量为 m' 的人手里拿着一个质量为 m 的物体，此人用与水平面成 α 角的速率 v_0 向前跳去。当他达到最高点时，他将物体以相对于人为 u 的水平速率向后抛出。问：由于人抛出物体，他跳跃的距离增加了多少？(假设人可视为质点。)

解　当人跳至最高点时，他的速度沿水平方向，如果不抛出物体，速度的大小为

$$v_1=v_0\cos\alpha \quad ①$$

人从最高点落地的时间等于他从地面跳到最高点的时间，即

$$t=\frac{v_0\sin\alpha}{g} \quad ②$$

设人在最高点抛出的物体相对于地面的速度为 u'，人抛出物体后的速度为 v，以人的速度方向为正方向，根据相对运动的速度关系有

$$u'=-u+v \quad ③$$

就人和物这个系统来说，由于没有受到水平方向的外力，故在抛物前后系统在水平方向的动量是守恒的。于是可列出方程

$$(m'+m)v_0\cos\alpha=m'v+mu'$$

将③式代入上式后可得 $v=v_0\cos\alpha+\frac{m}{m'+m}u=v_1+\frac{m}{m'+m}u$

因此,由于人抛出物体,他的跳跃距离增加了

$$\Delta s=(v-v_1)t=\frac{mv_0\sin\alpha}{(m'+m)g}u$$

【3-15】 一质量均匀柔软的绳竖直地悬挂着,绳的下端刚好触到水平桌面上。如果把绳的上端放开,绳将落在桌面上。试证明:在绳下落的过程中的任意时刻,作用于桌面上的压力等于已落到桌面上绳的重量的三倍。

解 设绳全长为 L,质量为 m,单位长度上绳的质量为 $\lambda=\frac{m}{L}$。在距绳的下端为 l 处取长为 $\mathrm{d}l$ 的一段(图 3-5),其质量为

$$\mathrm{d}m=\lambda\mathrm{d}l=\frac{m}{L}\mathrm{d}l$$

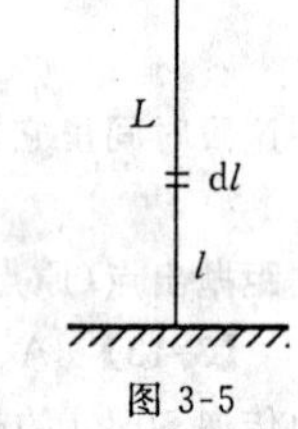

图 3-5

当 $\mathrm{d}l$ 落到桌面上时,其速度为 $v=\sqrt{2gl}$,其动量为

$$\mathrm{d}p=(\mathrm{d}m)v=\frac{m}{L}\sqrt{2gl}\mathrm{d}l$$

长为 $\mathrm{d}l$ 的这一小段绳全部落到桌面所需时间为

$$\mathrm{d}t=\frac{\mathrm{d}l}{v}=\frac{\mathrm{d}l}{\sqrt{2gl}}$$

在这段时间内,这一小段绳的动量由 $\mathrm{d}p$ 变到零,也就是说,在时间 $\mathrm{d}t$ 内,动量增量的大小也是 $\mathrm{d}p$。这一动量的变化是桌面对绳段 $\mathrm{d}l$ 作用的结果,作用力的方向向上,大小为

$$F=\frac{\mathrm{d}p}{\mathrm{d}t}=2\left(\frac{m}{L}l\right)g$$

以 m_l 表示长为 l 的这段绳的质量,则 $m_l=\frac{m}{L}l$,于是 $F=2m_lg$。作为反作用力,绳段 $\mathrm{d}l$ 对桌面的作用力的大小也是 $2m_lg$,方向向下。考虑到这时长为 l 的绳段已在桌面上,对桌面的压力为 m_lg,因此桌面上受到的压力是 $3m_lg$,即等于已落到桌面上绳的重量的三倍。

【3-16】 设在地球表面附近,一初质量为 5.00×10^5 kg 的火箭,从尾部喷出气体的速率为 $2.00\times10^3\ \mathrm{m\cdot s^{-1}}$。(1) 试问:每秒需喷出多少气体,才能使火箭最初向上的加速度大小为 4.90 $\mathrm{m\cdot s^{-2}}$。(2) 若火箭的质量比为 6.00,求该火箭的最后速率。

解 (1) 设火箭起飞时,在时间 $\mathrm{d}t$ 内,以速率 u 喷出了质量为 $\mathrm{d}m$ 的气体,气体获得了动量 $\mathrm{d}p=(\mathrm{d}m)u$,火箭对它的作用力为

$$f=\frac{\mathrm{d}p}{\mathrm{d}t}=\frac{\mathrm{d}m}{\mathrm{d}t}u$$

它对火箭的推力的大小也就是 f,此外,火箭还受到重力作用,因此火箭的加速度为

$$a=\frac{f-m_0'g}{m_0'}=\frac{u}{m_0'}\frac{\mathrm{d}m}{\mathrm{d}t}-g \qquad ①$$

式中,m_0' 为火箭初始质量。由此可得

$$\frac{\mathrm{d}m}{\mathrm{d}t}=\frac{m_0'(a+g)}{u}=3.68\times10^3\ \mathrm{kg\cdot s^{-1}}$$

即火箭需每秒喷出 3.68×10^3 kg 的气体。

(2) 由①式可得火箭在时刻 t 的加速度

$$\frac{\mathrm{d}v}{\mathrm{d}t}=a=\frac{u}{m'}\frac{\mathrm{d}m}{\mathrm{d}t}-g,\quad \int_0^v\mathrm{d}v=u\int_{m_0'}^{m'}\frac{\mathrm{d}m}{m'}-\int_0^t g\mathrm{d}t$$

式中,m' 是时刻 t 火箭的质量,m_0' 为火箭初始质量,v 是时刻 t 火箭的速度。因为火箭喷出质量 $\mathrm{d}m$

的气体后，它的质量也减少了 $\mathrm{d}m$，所以 $\mathrm{d}m'=-\mathrm{d}m$，于是积分结果为

$$v=u\ln\frac{m_0'}{m'}-gt \qquad ②$$

当燃料全部燃烧时，$m_0'=6m'$，这就是说，燃料的质量 m_0 是火箭初始质量的 $\frac{5}{6}$，即

$$m_0=\frac{5}{6}m_0'=4.17\times10^5\ \mathrm{kg}$$

燃料燃烧的时间
$$t=\frac{m_0}{\mathrm{d}m/\mathrm{d}t}=113\ \mathrm{s}$$

将 u、$\frac{m_0'}{m'}$、t 的值代入②式，即得火箭最后的速率为

$$v=(2.0\times10^3\times\ln6-9.8\times113)\ \mathrm{m\cdot s^{-1}}=2.47\times10^3\ \mathrm{m\cdot s^{-1}}$$

【3-17】 质量为 m 的质点在外力 F 的作用下沿 Ox 轴运动，已知 $t=0$ 时质点位于原点，且初始速度为零。设外力 F 随距离线性地减小，且 $x=0$ 时，$F=F_0$；当 $x=L$ 时，$F=0$。试求质点从 $x=0$ 运动到 $x=L$ 处的过程中力 F 对质点所作功和质点在 $x=L$ 处的速率。

解　力与距离的关系可表示为　$F=-kx+F_0$

式中，k 是正的常量。因为 $x=L$ 时，$F=0$，所以

$$-kL+F_0=0,\quad k=\frac{F_0}{L}$$

于是力与距离的函数关系为 $F=-\frac{F_0}{L}x+F_0$。

$t=0$ 时，$x_0=0$，$v_0=0$。因此质点将在外力作用下沿外力方向作直线运动。从 $x=0$ 到 $x=L$ 的过程中，外力所作的功为

$$W=\int_0^L F\mathrm{d}x=\int_0^L\left(F_0-\frac{F_0}{L}x\right)\mathrm{d}x=\frac{1}{2}F_0L$$

根据质点的动能定理
$$\frac{1}{2}mv^2-\frac{1}{2}mv_0^2=\frac{1}{2}F_0L$$

将 $v_0=0$ 代入，得到
$$v=\sqrt{\frac{F_0L}{m}}$$

【3-18】 如图 3-6(a)所示，一绳索跨过无摩擦的滑轮，系在质量为 1.00 kg 的物体上，起初物体静止在无摩擦的水平平面上。若用 5 N 的恒力作用在绳索的另一端，使物体向右作加速运动，当系在物体上的绳索从与水平面成 30°角变为 37°角时，力对物体所作的功为多少？已知滑轮与水平面之间的距离为 1 m。

解　设绳索与水平面成 α 角时，物体至滑轮正下方的水平面上的点的距离为 x(图 3-6(b))。显然

$$\tan\alpha=\frac{h}{x} \qquad ①$$

绳索作用在物体上的力 F 的水平分量为 $F\cos\alpha$，方向向右。物体向右移动时，距离 x 减小($\mathrm{d}x<0$)，角度 α 增大。令 $f=F\cos\alpha$，当物体向右移动 $\mathrm{d}x$ 时，力对物体所作的功为正功，其值为

$$\mathrm{d}W=-f\mathrm{d}x=-F\cos\alpha\mathrm{d}x \qquad ②$$

由①式可得
$$\mathrm{d}x=h\mathrm{d}(\tan\alpha)^{-1}=-\frac{h}{\sin^2\alpha}\mathrm{d}\alpha \qquad ③$$

将③式代入②式得
$$\mathrm{d}W=Fh\frac{\cos\alpha\mathrm{d}\alpha}{\sin^2\alpha}$$

(a)

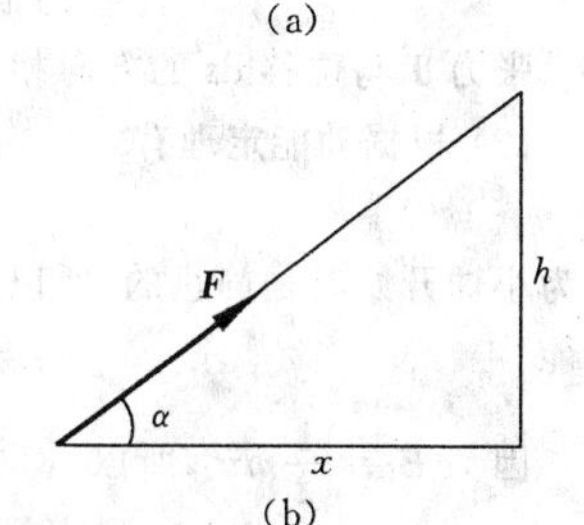

(b)

图 3-6

α 由 30°变为 37°时,力对物体所作的功为

$$W=\int_{30^\circ}^{37^\circ} Fh\,\frac{\cos\alpha\mathrm{d}\alpha}{\sin^2\alpha}=1.69\ \mathrm{J}$$

【3-19】 一物体在介质中按规律 $x=ct^3$ 作直线运动,c 为一常量。设介质对物体的阻力正比于速度的平方。试求物体由 $x_0=0$ 运动到 $x=l$ 时,阻力所作的功。(已知阻力系数为 k。)

解 物体速度与时间的关系为 $v=\dfrac{\mathrm{d}x}{\mathrm{d}t}=3ct^2$

阻力与速度的关系为 $f_r=-kv^2$

在时刻 t,阻力作功的功率为 $P=f_rv=-kv^3=-27kc^3t^6$。由 $x=ct^3$ 可知,$x=0$ 时,$t=0$;$x=l$ 时,$t=\left(\dfrac{l}{c}\right)^{1/3}$。在物体从 $x_0=0$ 到 $x=l$ 的过程中,阻力所作的功为

$$W=\int_0^{(l/c)^{1/3}} P\mathrm{d}t=\int_0^{(l/c)^{1/3}} -27kc^3t^6\,\mathrm{d}t=-\frac{27}{7}kc^{2/3}l^{7/3}$$

【3-20】 一人从 10.0 m 深的井中提水,起始桶中装有 10.0 kg 的水,由于水桶漏水,每升高 1.00 m 要漏去 0.20 kg 的水。求水桶被匀速地从井中提到井口,人所作的功。

解 令 $k=0.20\ \mathrm{kg\cdot m^{-1}}$,它表示水桶漏水的速率。以水面作为高度的零点,当水桶高度为 h 时,其中水的质量

$$m=m_0-kh$$

式中,m_0 是 $h=0$ 时桶内水的质量(即 $m_0=10.0$ kg)。提升水桶的力 $f=mg$,当提升高度 $\mathrm{d}h$ 时,人所作的功

$$\mathrm{d}W=f\mathrm{d}h=(m_0-kh)g\mathrm{d}h$$

将水桶从井底提到井口时($H=10.0$ m),人所作的功为

$$W=\int_0^H (m_0-kh)g\mathrm{d}h=\left(m_0-\frac{1}{2}kH\right)gH=882\ \mathrm{J}$$

【3-21】 一质量为 0.20 kg 的球,系在长为 2.00 m 的细绳上,细绳的另一端系在天花板上。把小球移至使细绳与竖直方向成 30°角的位置,然后由静止放开。求:(1) 在绳索从 30°角到 0°角的过程中,重力和张力所作的功;(2) 物体在最低位置时的动能和速率;(3) 在最低位置时的张力。

解 (1) 当细绳与竖直方向成 θ 角时,小球受到如图 3-7 所示的张力 $\boldsymbol{T}$ 和重力 $\boldsymbol{P}$ 的作用。当小球位移 $\mathrm{d}s$ 时,重力对小球所作的功为

$$\mathrm{d}W=\boldsymbol{P}\cdot\mathrm{d}\boldsymbol{s}=P\cos\left(\frac{\pi}{2}-\theta\right)\mathrm{d}s=mg\sin\theta\mathrm{d}s$$

$\mathrm{d}s$ 与它相对应的角度 $\mathrm{d}\theta$($\mathrm{d}\theta<0$)的关系是 $\mathrm{d}s=-l\mathrm{d}\theta$,因此

$$\mathrm{d}W=-mgl\sin\theta\mathrm{d}\theta$$

在细绳从 30°角到 0°角的过程中,重力作的功为

$$W=\int_{30^\circ}^{0^\circ} -mgl\sin\theta\mathrm{d}\theta=0.53\ \mathrm{J}$$

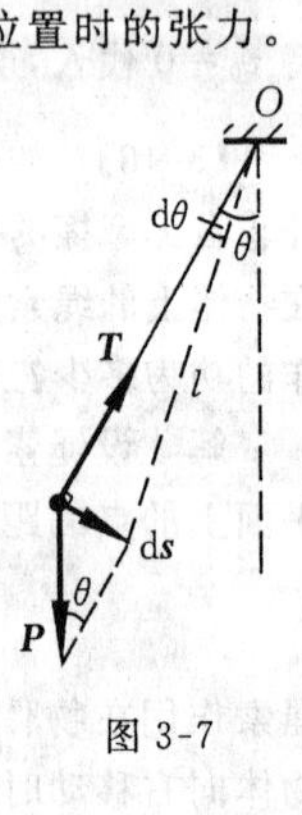

张力 $\boldsymbol{T}$ 与位移 $\mathrm{d}s$ 的方向相互垂直,故张力不作功。

图 3-7

(2) 根据动能定理有

$$E_k-E_{k0}=W$$

因为小球开始时是静止的,所以 $E_{k0}=0$,即 $E_k=W=0.53$ J。这就是小球在最低位置($\theta=0^\circ$)时的动能。

因为 $E_k=\dfrac{1}{2}mv^2$,所以 $v=\sqrt{\dfrac{2E_k}{m}}=2.30\ \mathrm{m\cdot s^{-1}}$

(3) 小球在最低位置时以速率 v 作圆周运动,这时 $\boldsymbol{T}$ 与 $\boldsymbol{P}$ 的方向相反,小球所需向心力

$$F_n=T-P$$

因此　　$T=P+F_n=m\left(g+\frac{v^2}{l}\right)=2.49\ \text{N}$

【3-22】 一质量为 m 的质点，系在细绳的一端，绳的另一端固定在平面上。此质点在粗糙水平面上作半径为 r 的圆周运动。设质点的最初速率是 v_0。当它运动一周时，其速率为 $v_0/2$。求：(1) 摩擦力作的功；(2) 滑动摩擦因数；(3) 在静止以前质点运动了多少圈？

解　(1) 根据动能定理，质点运动一周时摩擦力作的功

$$W=E_k-E_{k0}=\frac{1}{2}mv^2-\frac{1}{2}mv_0^2$$

因为 $v=v_0/2$，所以　　$W=-\frac{3}{8}mv_0^2$　　①

(2) 质点运动时受到的摩擦力的大小不变($f=\mu mg$)，它的方向总是与质点位移 $\mathrm{d}s$ 相反，它对质点所作的功

$$W=\int \boldsymbol{f}\cdot \mathrm{d}\boldsymbol{s}=-\int f\mathrm{d}s=-\mu mg\int \mathrm{d}s$$

质点运动一周时，$\int \mathrm{d}s=2\pi r$，因此　　$W=-2\pi\mu mgr$

将方程①代入上式，即可得　　$\mu=\frac{3v_0^2}{16\pi gr}$

(3) 假设在静止前质点运动了 n 圈，根据动能定理有

$$nW=E_k-E_{k0}$$　　②

式中，$E_k=0$，$E_{k0}=\frac{1}{2}mv_0^2$。代入②式后即得 $n=-\frac{E_{k0}}{W}=\frac{4}{3}$。

【3-23】 如图 3-8 所示，A 和 B 两块板用一轻弹簧连接起来，它们的质量分别为 m_1 和 m_2。问在 A 板上需加多大的压力，方可使力停止作用后，恰能使 A 在跳起来时 B 稍被提起。(设弹簧的劲度系数为 k。)

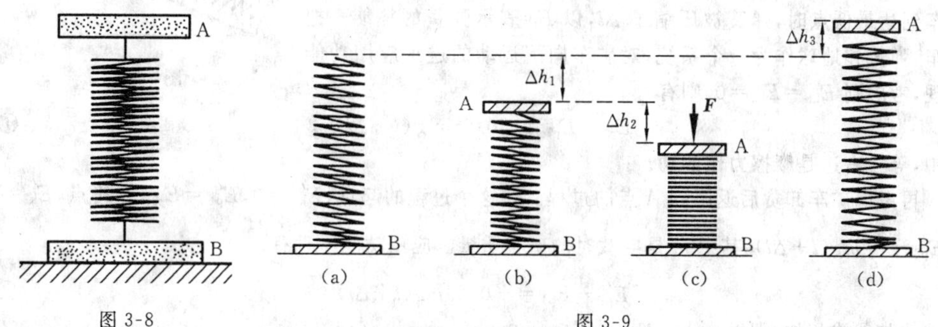

图 3-8　　图 3-9

解　图 3-9(a)是弹簧具有原长时的情形，是本题中描述弹簧状态的基准。图 3-9(b)是弹簧上端放置 A 板时的情形。这时 A 块所受弹性力与重力平衡，即

$$m_1g=k\Delta h_1$$　　①

图 3-9(c)是在 A 板上施加力 $\boldsymbol{F}$ 时的情形。平衡时有

$$F+m_1g=k(\Delta h_1+\Delta h_2)$$

将上式代入方程①后得到　　$F=k\Delta h_2$　　②

选取图 3-9(b)中 A 板的位置作为其重力势能零点，则在图 3-9(c)状态下，板 A、弹簧和地球系统的势能为

$$E_{pc}=\frac{1}{2}k(\Delta h_1+\Delta h_2)^2-m_1g\Delta h_2$$

应用方程①、②，可得　　$E_{pc}=\frac{1}{2k}[(m_1g)^2+F^2]$　　③

撤去力 **F** 后，弹簧将会伸长，A 板跳起。为了能将 B 板提起，弹簧必须处于拉伸状态，其长度要大于原长，即处于图 3-9(d)的状态。假设弹簧恰能把 B 板提起，则弹性力应等于其重力，即

$$k\Delta h_3 = m_2 g \qquad ④$$

这时板 A、弹簧和地球系统的势能

$$E_{pd} = \frac{1}{2}k(\Delta h_3)^2 + m_1 g(\Delta h_1 + \Delta h_3)$$

应用方程①、④，可得 $$E_{pd} = \frac{1}{2k}[(m_2 g)^2 + 2(m_1 g)^2 + 2m_1 m_2 g^2] \qquad ⑤$$

从图 3-9(c)的状态到图 3-9(d)的状态的过程中，系统只受到内力（重力和弹性力）的作用，机械能是守恒的，在两种状态下，A 板的速度为零，因而动能为零，因此机械能守恒定律可表示为 $E_{pc} = E_{pd}$。将③式和⑤式代入 $E_{pc} = E_{pd}$ 中，即得到

$$F = (m_1 + m_2)g$$

【3-24】 如图 3-10 所示，有一自动卸货矿车，满载时的质量为 m'，从与水平成倾角 $\alpha = 30.0°$ 的斜面上的 A 点由静止下滑。设斜面对车的阻力为车重的 0.25 倍，矿车下滑距离 l 时，矿车与缓冲弹簧一道沿斜面运动。当矿车使弹簧产生最大压缩形变时，矿车自动卸货，然后矿车借助弹簧的弹性力作用，使之返回原位置 A 再装货。试问要完成这一过程，空载时与满载时车的质量之比应为多大？

解 把矿车看作质点，从 A 点到卸货处的距离为 $(l + \Delta l)$。以卸货处作为势能零点，则矿车在 A 点处的势能为

$$E_{p1} = m'g(l + \Delta l)\sin\alpha$$

因为 $\alpha = 30.0°$，所以

$$E_{p1} = \frac{1}{2}m'g(l + \Delta l)$$

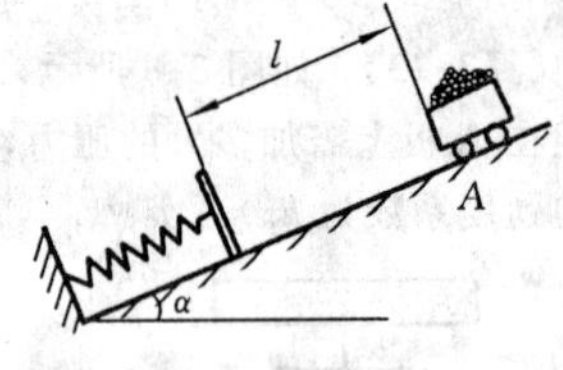

图 3-10

矿车到达最低点时，弹簧被压缩了 Δl，以 E_{p2} 表示弹簧的势能。把矿车、弹簧和地球作为一个系统，对矿车向下运动的过程应用功能原理，考虑到 $E_{k1} = E_{k2} = 0$，则有

$$E_{p2} - E_{p1} = -0.25m'g(l + \Delta l) \qquad ①$$

式中，等号右边是摩擦力作的功。

再考虑矿车卸货后返回到 A 点的过程。在这个过程的起点，$E'_{k1} = 0$，$E'_{p1} = E_{p2}$；在终点，$E'_{k2} = 0$，$E'_{p2} = \frac{1}{2}mg(l + \Delta l)$，其中 m 是空载时的矿车质量。应用功能原理有

$$E'_{p2} - E'_{p1} = -0.25mg(l + \Delta l) \qquad ②$$

将①式与②式相加，即得 $$E'_{p2} - E_{p1} = -0.25(m + m')g(l + \Delta l) \qquad ③$$

将 E_{p1}、E'_{p2} 的表示式代入③式后，即得 $$\frac{m}{m'} = \frac{1}{3}$$

本题也可对矿车往返的整个过程应用功能原理解得。

【3-25】 用铁锤把钉子敲入墙面木板。设木板对钉子的阻力与钉子进入木板的深度成正比。若第一次敲击，能把钉子钉入木板 1.00×10^{-2} m。第二次敲击时，保持第一次敲击钉子的速度，那么第二次能把钉子钉入多深？

解 当铁锤接触钉子时铁锤具有一定的动能，在使钉子进入木板的过程中，为克服阻力所作的功消耗了动能。当动能耗尽时，钉子达到一定深度而停止。设 ΔE_k 是铁锤所消耗的动能，W 是克服阻力所作的功，则 $\Delta E_k = W$。以 r 表示钉子进入的深度，k 表示比例系数，则钉子进入的深度为 r 时，阻力大小为 $f = kr$。若第一次敲击，能使钉子进入的深度为 d_1，则

$$\Delta E_k = W = \int_0^{d_1} f\mathrm{d}r = \int_0^{d_1} kr\mathrm{d}r = \frac{1}{2}kd_1^2 \qquad ①$$

若第二次敲击后，钉子进入到深度 d_2，因为这次铁锤动能和第一次相同，所以

$$\Delta E_k = W = \int_{d_1}^{d_2} kr\mathrm{d}r = \frac{1}{2}k(d_2^2 - d_1^2) \qquad ②$$

由①、②两式可得 $d_2=\sqrt{2}d_1$。第二次敲击把钉子打入的深度为

$$\Delta d = d_2 - d_1 = (\sqrt{2}-1)d_1 = 0.41\times10^{-2}\ \mathrm{m}$$

【3-26】 一质量为 m 的地球卫星，沿半径为 $3R_E$ 的圆轨道运动，R_E 为地球的半径。已知地球的质量为 m_E。求：(1) 卫星的动能；(2) 卫星的引力势能；(3) 卫星的机械能。

解　(1) 地球引力为卫星提供作圆轨道运动所需之向心力，因此

$$\frac{mv^2}{3R_E} = G\frac{mm_E}{(3R_E)^2}$$

卫星的动能　$$E_k = \frac{1}{2}mv^2 = \frac{Gmm_E}{6R_E}$$

(2) 在万有引力作用下，将卫星从距地球中心 $3R_E$ 处移到无限远处的过程中，万有引力作的功为

$$W = -\int_{3R_E}^{\infty}\frac{Gmm_E}{r^2}\mathrm{d}r = -\frac{Gmm_E}{3R_E}$$

它等于卫星势能增量的负值，即　$$-(E_{p\infty} - E_p) = W = -\frac{Gmm_E}{3R_E}$$

取卫星在无限远处势能 $E_{p\infty}=0$，则卫星势能为　$$E_p = -\frac{Gmm_E}{3R_E}$$

(3) 卫星的机械能　$$E = E_R + E_p = -\frac{Gmm_E}{6R_E}$$

【3-27】 如图 3-11(a)所示，天文观测台有一半径为 R 的半球形屋面，有一冰块从光滑屋面的最高点由静止沿屋面滑下，若摩擦力略去不计，求此冰块离开屋面的位置以及在该位置的速度。

解　取半球中心为势能零点，冰块位于屋面最高点时的势能为 mgR，动能为零，故机械能

$$E_1 = mgR$$

当冰块滑至图 3-11(b)中的 B 点时，设其速率为 v。这时它相对于 O 点的高度为 $h=R\sin\theta$，因此它的机械能为

$$E_2 = \frac{1}{2}mv^2 + mgR\sin\theta$$

把冰块和地球作为一个系统，在冰块运动时，屋面对冰块的作用力 $\boldsymbol{N}$ 与位移方向保持垂直，它不作功，因此系统的机械能守恒。$E_1=E_2$，由此可得

$$v^2 = 2gR(1-\sin\theta) \qquad ①$$

由图 3-11(b)可知，冰块作圆周运动所需之向心力

$$F_n = P\sin\theta - N$$

当冰块刚离开屋面时，$N=0$，$F_n = P\sin\theta$，即

$$\frac{mv^2}{R} = mg\sin\theta$$

$$v^2 = Rg\sin\theta \qquad ②$$

由方程①、②即可解得冰块离开屋面时相应的角度 $\theta=41.8°$。

由方程②可解得冰块离开屋面时的速度的大小为

$$v = \sqrt{Rg\sin\theta} = \sqrt{\frac{2Rg}{3}}$$

速度方向与重力方向夹角也是 41.8°。

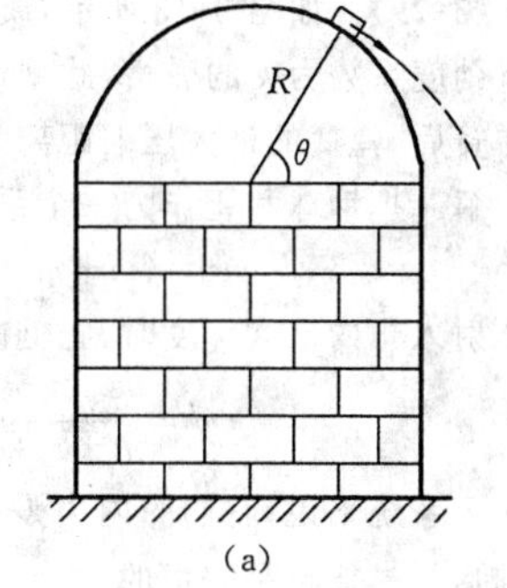

(a)

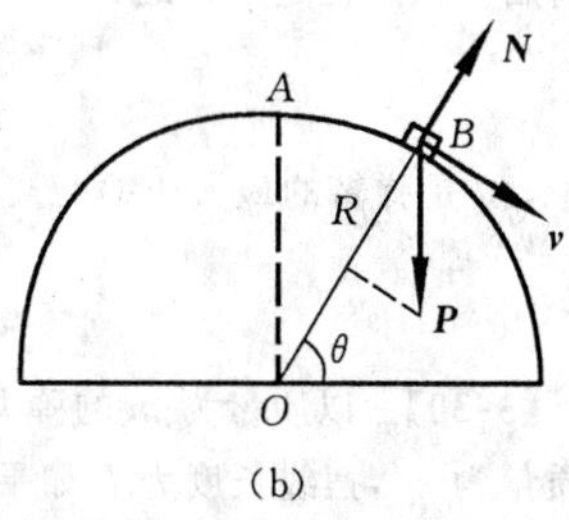

(b)

图 3-11

【3-28】 如图 3-12 所示，把质量 $m=0.20$ kg 的小球放在位置 A 时，使弹簧被压缩 $\Delta l=7.5\times 10^{-2}$ m。然后在弹簧的弹性力作用下，小球从位置 A 由静止被释放，小球沿轨道 $ABCD$ 运动。小球与轨道间的摩擦不计。已知 $\overset{\frown}{BCD}$ 为半径 $r=0.15$ m 的半圆弧，AB 相距为 $2r$。求弹簧劲度系数的最小值。

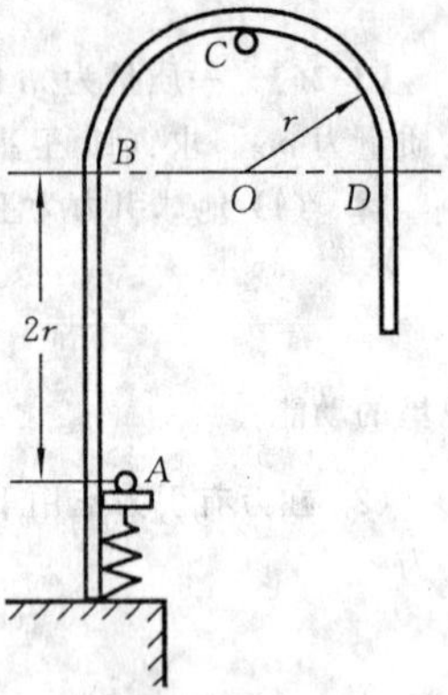

解　设小球位于 C 点时速率为 v。这时它作圆周运动所需之向心力由重力和轨道对它的作用力提供：

$$\frac{mv^2}{r}=mg+N$$

N 的最小值为零，所以小球运动到 C 点所需之最小速度 $v_{\min}=\sqrt{rg}$，最小动能

$$E_{\mathrm{kmin}}=\frac{1}{2}mgr$$

取小球位于 A 点时重力势能为零，这时它静止，动能也为零。弹簧被压缩了长度 Δl，其弹性势能为 $\frac{1}{2}k(\Delta l)^2$。把小球、弹簧和地球作为一个系统，小球位于 A 点时系统的机械能

$$E_1=\frac{1}{2}k(\Delta l)^2$$

图 3-12

小球位于 C 点时，弹簧已恢复原长，弹性势能为零，小球重力势能为 $mg(3r)$，小球的最小动能为 $\frac{1}{2}mgr$。因此，小球在 C 点时系统的最小机械能为

$$E_2=3mgr+\frac{1}{2}mgr=\frac{7}{2}mgr$$

小球从 A 点沿轨道至 C 点的过程中，轨道对它的作用力与位移垂直，此力不作功，因此机械能守恒。由 $E_1=E_2$ 即可得为使小球沿 $ABCD$ 轨道运动所需弹簧劲度系数的最小值为

$$k_{\min}=\frac{7mgr}{(\Delta l)^2}=366\ \mathrm{N\cdot m^{-1}}$$

【3-29】 如图 3-13 所示，质量为 m、速度为 v 的钢球，射向质量为 m' 的靶，靶中心有一小孔，内有劲度系数为 k 的弹簧，此靶最初处于静止状态，但可在水平面作无摩擦滑动。求钢球射入靶内弹簧后，弹簧的最大压缩距离。

解　把钢球和靶作为一个系统，在水平方向无外力作用，在钢球击靶前后系统动量是守恒的：

$$mv=(m+m')v'$$

钢球射入靶内最大深度时，它们的共同速度

$$v'=\frac{m}{m+m'}v \qquad ①$$

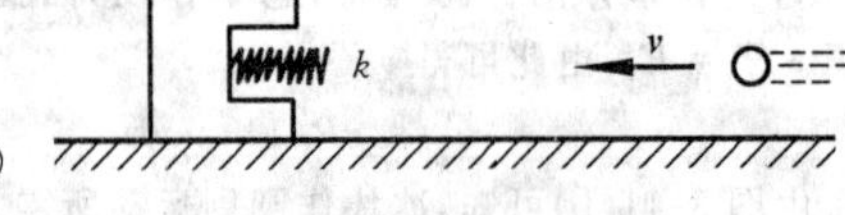

图 3-13

对这个系统来说，它们的内力是弹性力，因而钢球击靶前后机械能也是守恒的：

$$\frac{1}{2}mv^2=\frac{1}{2}(m+m')v'^2+\frac{1}{2}k(\Delta l)^2 \qquad ②$$

式中，Δl 是弹簧的最大压缩距离。将方程①代入方程②，即得

$$\Delta l=v\sqrt{\frac{mm'}{k(m+m')}}$$

【3-30】 以质量为 m 的弹丸，穿过如图 3-14 所示的摆锤后，速率由 v 减少到 $v/2$。已知摆锤的质量为 m'，摆线长度为 l，如果摆锤能在垂直平面内完成一个完全的圆周运动，弹丸的速度的最小值应为多少？

解　将弹丸和摆锤作为一个系统，它们在水平方向不受外力作用，在弹丸穿过摆锤前后，系统动量的水平分量是守恒的。以 v_0' 表示摆锤在弹丸穿过后的初速度，则有

$$mv=\frac{1}{2}mv+m'v_0'$$

$$v_0'=\frac{m}{2m'}v \qquad ①$$

弹丸穿过摆锤后，摆锤在竖直平面内作圆周运动。如果它能完成一个完全的圆周运动，则它运动到最高点时的速率 v' 满足

$$\frac{m'v'^2}{l}=m'g+T$$

T 是摆线的张力。因为 $T\geqslant 0$，所以摆锤的动能

$$E_k'=\frac{1}{2}m'v'^2\geqslant\frac{1}{2}m'gl \qquad ②$$

把摆锤和地球作为一个系统，在摆锤的圆周运动中，张力方向与它的位移方向垂直，张力不作功，系统机械能守恒。取圆周的最低点为势能零点，则系统机械能守恒可以表示为

$$\frac{1}{2}m'v_0'^2=\frac{1}{2}m'v'^2+2m'gl\geqslant\frac{5}{2}m'gl$$

$$v_0'\geqslant\sqrt{5gl}$$

将上式代入①式后可得

$$v\geqslant\frac{2m'}{m}\sqrt{5gl}$$

此式说明要使摆锤完成一个完全的圆周运动，弹丸的最小速度为

$$v_{\min}=\frac{2m'}{m}\sqrt{5gl}$$

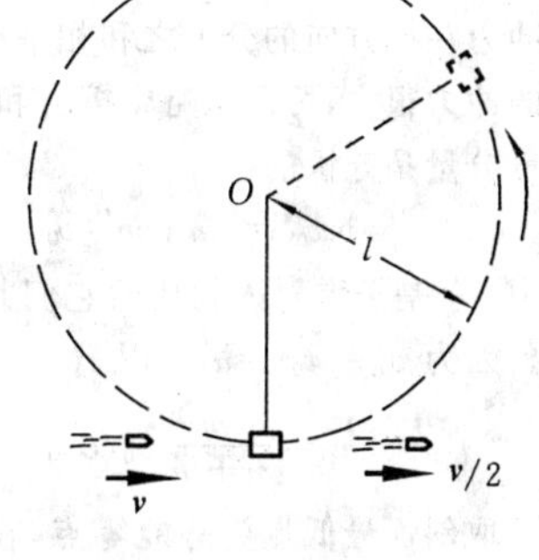

图 3-14

【3-31】　一个电子和一个原来静止的氢原子发生对心弹性碰撞，试问电子的动能中传递给氢原子的能量的百分数。(已知氢原子质量约为电子质量的 1840 倍。)

解　电子的质量以 m_e 表示，初速为 v_{10}；氢原子的质量 $m_H=1840m_e$，初速 $v_{20}=0$。电子和氢原子发生对心弹性碰撞前后，它们组成的系统的动量是守恒的，动能也是守恒的，因而可以列出下列两方程：

$$m_e v_{10}=m_e v_1+m_H v_2, \quad \frac{1}{2}m_e v_{10}^2=\frac{1}{2}m_e v_1^2+\frac{1}{2}m_H v_2^2$$

从这两个方程中消去 v_1，可得

$$v_2=\frac{2m_e}{m_e+m_H}v_{10}, \quad \frac{E_{kH}}{E_{ke0}}=\frac{\frac{1}{2}m_H v_2^2}{\frac{1}{2}m_e v_{10}^2}=\frac{4m_e m_H}{(m_e+m_H)^2}=0.22\%$$

氢原子动能来自电子，占电子初动能的 0.22%。

【3-32】　质量为 7.2×10^{-23} kg，速率为 6.0×10^7 m·s^{-1} 的粒子 A，与另一个质量为其一半而静止的粒子 B 发生二维完全弹性碰撞，碰撞后粒子 A 的速率为 5.0×10^7 m·s^{-1}。求：(1) 粒子 B 的速率及相对粒子 A 原来速度方向的偏角；(2) 粒子 A 的偏转角。

解　两粒子碰撞前后的速度情况如图 3-15 所示。粒子间碰撞是完全弹性碰撞，碰撞前后粒子系统的总动能不变。因此

$$\frac{1}{2}mv_{10}^2=\frac{1}{2}mv_1^2+\frac{1}{4}mv_2^2 \qquad ①$$

粒子作二维碰撞，在粒子A的原运动方向及与此方向垂直的方向上，系统动量的分量都是守恒的。因此

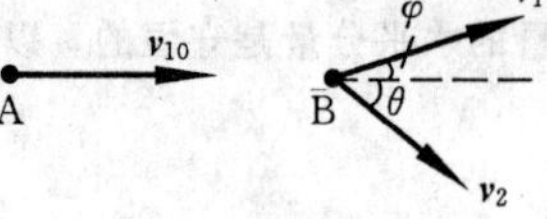

图 3-15

$$mv_{10}=mv_1\cos\varphi+\frac{1}{2}mv_2\cos\theta \qquad ②$$

$$0=mv_1\sin\varphi-\frac{1}{2}mv_2\sin\theta \qquad ③$$

已知 $v_{10}=6.0\times10^7\ \mathrm{m\cdot s^{-1}}$，$v_1=5.0\times10^7\ \mathrm{m\cdot s^{-1}}$，由方程①～③即可解得

(1) $v_2=4.69\times10^7\ \mathrm{m\cdot s^{-1}}$，$\theta=54.1°$

(2) $\varphi=22.3°$

【3-33】 如图3-16(a)所示，一质量为 m' 的物块放置在斜面的最底端 A 处，斜面的倾角为 α，高度为 h，物块与斜面的滑动摩擦因数为 μ，今有一质量为 m 的子弹以 v_0 速度沿水平方向射入物块并留在其中，且使物块沿斜面向上滑动，求物块滑出顶端时的速度大小。

解 将子弹的初速度 $\boldsymbol{v}_0$ 沿平行于斜面方向和垂直于斜面方向进行分解(图3-16(b))。在垂直于斜面的方向上，由于斜面对物块的作用力和物块重力在此方向的分力及子弹射入物块时产生的冲力在此方向的分力之和相平衡，物块在此方向上保持静止。在平行于斜面的方向上，由于子弹的冲力很大，可以忽略摩擦力和重力作用，则子弹射入物块过程中，由子弹和物块构成的系统的动量分量是守恒的：

$$mv_{01}=(m+m')v_0'$$

式中，v_0' 是子弹射入物块后它们共同的初速度。因为 $v_{01}=v_0\cos\alpha$，所以

$$v_0'=\frac{m}{m+m'}v_0\cos\alpha \qquad ①$$

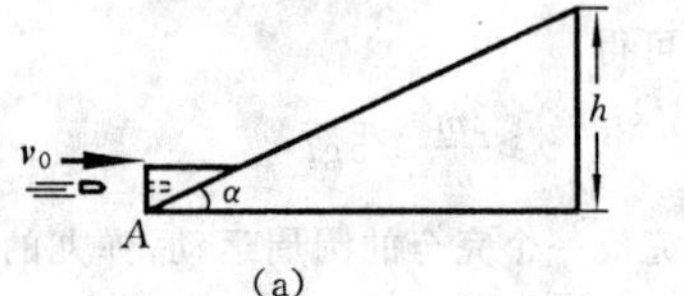

(a)

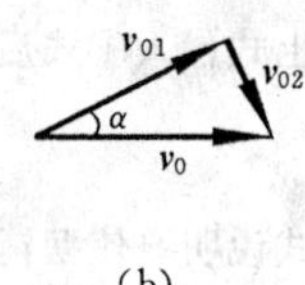

(b)

图 3-16

取斜面最低点为势能零点，在物块沿斜面运动的过程中，初始机械能

$$E_1=\frac{1}{2}(m+m')v_0'^2 \qquad ②$$

物块运动到最高点时的速度以 v' 表示，其机械能为

$$E_2=\frac{1}{2}(m+m')v'^2+(m+m')gh \qquad ③$$

设斜面长度为 l，则
$$l=\frac{h}{\sin\alpha}$$

摩擦力对物体所作的功为
$$W=-\mu(m+m')gl\cos\alpha=-\mu(m+m')gh\cot\alpha \qquad ④$$

根据功能原理有 $E_2-E_1=W$。将②、③、④式代入 $E_2-E_1=W$，得

$$v'=\sqrt{v_0'^2-2gh(1+\mu\cot\alpha)}$$

再将①式代入上式得
$$v'=\sqrt{\left(\frac{m}{m+m'}v_0\cos\alpha\right)^2-2gh(1+\mu\cot\alpha)}$$

【3-34】 如图3-17所示，一个质量为 m 的小球，从内壁为半球形的容器边缘点 A 滑下。设容器质量为 m'，半径为 R，内壁光滑，并放置在摩擦可以忽略的水平桌面上。开始时小球和容器都处于静止状态。当小球沿内壁滑到容器底部的 B 点时，受到向上的支持力为多大?

解 设小球运动到 B 点时，相对于桌面的速度为 v_1，这时容器相对于桌面的速度为 v_2。小球与容器系统在水平方向上不受力的作用，小球从 A 点到 B 点的运动过程中，在水平方向上动量是守恒的。开始时小球和容器都处于静止状态，故有

$$mv_1+m'v_2=0 \qquad ①$$

在小球的运动过程中，对小球、容器和地球系统来说，机械能也是守恒的。以 B 点为势能零点，则

$$mgR=\frac{1}{2}mv_1^2+\frac{1}{2}m'v_2^2 \qquad ②$$

由方程①和②可得

$$v_1=\sqrt{2gR\frac{m'}{m+m'}} \qquad ③$$

根据相对运动的速度公式知，小球在 B 点时相对容器的速度为

$$v_1'=v_1-v_2$$

将方程①和③代入上式得

$$v_1'=\sqrt{2gR\left(1+\frac{m}{m'}\right)} \qquad ④$$

这是小球在 B 点相对于容器作圆周运动的速率。这时有

$$N-mg=\frac{mv_1'^2}{R} \qquad ⑤$$

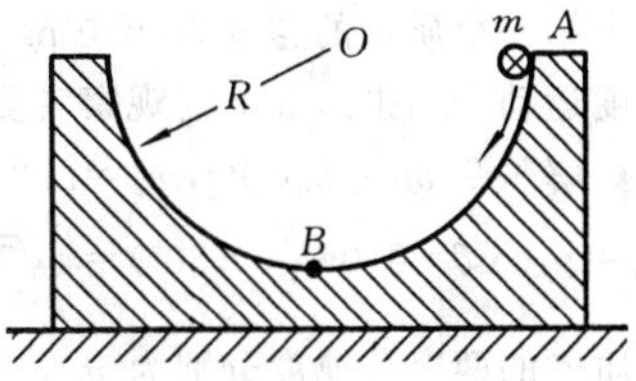

图 3-17

将④式代入⑤式后得

$$N=mg\left(3+2\frac{m}{m'}\right)$$

注意：容器虽然不是惯性系，但是它在竖直方向上并没有加速度，因此⑤式是成立的。

【3-35】 打桩机锤的质量为 $m=10$ t，将质量为 $m'=24$ t、横截面面积为 $S=0.25\ \mathrm{m}^2$（正方形截面）、长为 $l=38.5$ m 的钢筋混凝土桩打入地层，单位侧面积上所受泥土的阻力为 $K=2.65\times10^4\ \mathrm{N\cdot m^{-2}}$。问：(1) 桩依靠自重能下沉多深？(2) 在桩稳定后，将锤提升至离桩顶面 1 m 处让其自由下落击桩，假定锤与桩发生完全非弹性碰撞，第一锤能使桩下沉多少？(3) 当桩已下沉 35 m 时，锤再一次下落，此时锤与桩碰撞已不是完全非弹性碰撞了，锤在击桩后反弹起 0.05 m，这种情况下，桩又下沉多少？

解　(1) 正方形截面的周长为 $L=4\sqrt{S}=2.0$ m。当桩下沉深度为 r 时，其侧面积为 Lr，所受阻力为 $f=KLr$。设桩依靠自重下沉了深度 d_1，则其势能降低了 $\Delta E_p=m'gd_1$。桩下沉前后都是静止的，其势能的降低完全是因为下沉过程中克服阻力作了功，因此

$$m'gd_1=\int_0^{d_1}f\mathrm{d}r=\int_0^{d_1}KLr\mathrm{d}r=\frac{1}{2}KLd_1^2,\quad d_1=\frac{2m'g}{KL}=\frac{2\times24\times10^3\times9.8}{2.65\times10^4\times2.0}\ \mathrm{m}=8.88\ \mathrm{m}$$

(2) 在锤与桩碰撞时，锤的初速度为 $v_0=\sqrt{2gh}$（其中 $h=1$ m）。在碰撞过程中，锤与桩构成的系统动量守恒，因为是完全非弹性碰撞，所以有

$$mv_0=(m+m')v,\quad v=\frac{mv_0}{m+m'}=\frac{m}{m+m'}\sqrt{2gh}=1.30\ \mathrm{m\cdot s^{-1}}$$

在锤和桩的速度为 v 时，它们将下沉，设桩下沉了 d_2，在这个过程中，系统的动能损失了 $\frac{1}{2}(m'+m)v^2$，它们的重力势能减少了 $(m+m')gd_2$。根据功能原理，系统机械能的减少等于克服泥土阻力所作的功，即

$$\frac{1}{2}(m+m')v^2+(m+m')gd_2=\int_{d_1}^{d_1+d_2}KLr\mathrm{d}r=\frac{1}{2}KL(d_2^2+2d_1d_2)$$

此方程中 d_2 为未知数，将已知数的值代入后方程变为

$$2.65d_2^2+13.7d_2-2.87=0$$

解此方程得到

$$d_2=0.2\ \mathrm{m}$$

(3) 锤的反弹速度为 $v_1=\sqrt{2gh'}$（其中 $h'=0.05$ m）。锤和桩的第二次碰撞过程中，系统的动量仍然是守恒的，设 v_2 是桩下沉的初速度，则

$$mv_0=-mv_1+m'v_2,\quad v_2=\frac{m}{m'}(v_0+v_1)=\frac{m}{m'}(\sqrt{2gh}+\sqrt{2gh'})=2.26\ \mathrm{m\cdot s^{-1}}$$

设桩下沉了 d_3，则根据功能原理有

$$\frac{1}{2}m'v_2^2+m'gd_3=\int_d^{d+d_3}KLr\mathrm{d}r=\frac{1}{2}KL(d_3^2+2d_3d)$$

式中，$d=35$ m。将其他已知数代入后，关于 d_3 的方程为

$$2.65d_3^2+162d_3-6.13=0$$

解此方程得到 $$d_3=0.038\text{ m}$$

【3-36】 一系统由质量为3.0 kg、2.0 kg和5.0 kg的三个质点组成，它们在同一平面内运动，其中第一个质点的速度为$(6.0\text{ m}\cdot\text{s}^{-1})\boldsymbol{j}$；第二个质点以与 x 轴成$-30°$角、大小为$8.0\text{ m}\cdot\text{s}^{-1}$的速度运动。如果地面上的观察者测出系统的质心是静止的，那么第三个质点的速度是多少？

解 令 $m_1=3.0$ kg，$m_2=2.0$ kg，$m_3=5.0$ kg。已知 m_1 的速度为 $v_{1x}=0$，$v_{1y}=6.0\text{ m}\cdot\text{s}^{-1}$；$v_{2x}=v_2\cos\theta=8.0\cos(-30°)=4\sqrt{3}\text{ m}\cdot\text{s}^{-1}$，$v_{2y}=v_2\sin\theta=8.0\sin(-30°)=-4.0\text{ m}\cdot\text{s}^{-1}$。令第三个质点的两个分速度分别为 v_{3x}，v_{3y}。根据质心速度公式 $m'\boldsymbol{v}_C=\sum_{i=1}^{n}m_i\boldsymbol{v}_i$，考虑到质心静止，$v_C=0$，这个矢量方程的两个分量式为

$$m_1v_{1x}+m_2v_{2x}+m_3v_{3x}=0,\quad m_1v_{1y}+m_2v_{2y}+m_3v_{3y}=0$$

即 $$2.0\times4\sqrt{3}+5.0v_{3x}=0,\quad 3.0\times6.0-2.0\times4.0+5.0v_{3y}=0$$

由这两个方程，可得 $$v_{3x}=-2.77\text{ m}\cdot\text{s}^{-1},\quad v_{3y}=-2.0\text{ m}\cdot\text{s}^{-1}$$

故第三质点的速度是 $$\boldsymbol{v}_3=(-2.77\text{ m}\cdot\text{s}^{-1})\boldsymbol{i}-(2.0\text{ m}\cdot\text{s}^{-1})\boldsymbol{j}$$

【3-37】 如图3-18所示，质量分别为 $m_1=10.0$ kg和 $m_2=6.0$ kg的 A、B 两小球，用质量可略去不计的刚性细杆连接，开始时它们静止在 Oxy 平面上，在受到图示的外力 $\boldsymbol{F}_1=(8.0\text{ N})\boldsymbol{i}$ 和 $\boldsymbol{F}_2=(6.0\text{ N})\boldsymbol{j}$ 作用下运动。试求：(1) 它们质心的坐标与时间的函数关系；(2) 系统总动量与时间的函数关系。

解 质心的初始位置为

$$x_{C0}=\frac{m_1x_{10}+m_2x_{20}}{m_1+m_2}=\frac{6.0\times4}{16.0}\text{ m}=1.5\text{ m}$$

$$y_{C0}=\frac{m_1y_{10}+m_2y_{20}}{m_1+m_2}=\frac{10.0\times3}{16.0}\text{ m}=1.9\text{ m}$$

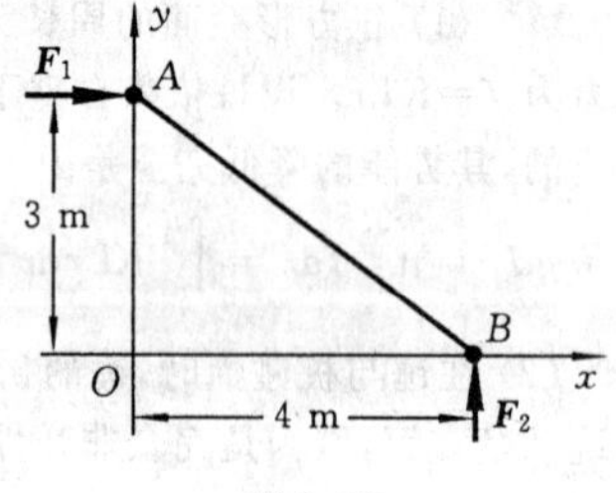

图 3-18

质心的初始速度 $v_{Cx_0}=0$，$v_{Cy_0}=0$。

质心运动定律的两个分量式为

$$F_x=F_1=(m_1+m_2)\frac{\mathrm{d}v_{Cx}}{\mathrm{d}t},\quad F_y=F_2=(m_1+m_2)\frac{\mathrm{d}v_{Cy}}{\mathrm{d}t}$$

由这两个方程可得 $$\int_0^{v_{Cx}}\mathrm{d}v_{Cx}=\int_0^t\frac{F_1}{(m_1+m_2)}\mathrm{d}t=\int_0^t\frac{8.0}{16.0}\mathrm{d}t,\quad v_{Cx}=0.50t \qquad ①$$

$$\int_0^{v_{Cy}}\mathrm{d}v_{Cy}=\int_0^t\frac{F_2}{m_1+m_2}\mathrm{d}t=\int_0^t\frac{6.0}{16.0}\mathrm{d}t,\quad v_{Cy}=0.38t \qquad ②$$

①式可写为 $$\frac{\mathrm{d}x_C}{\mathrm{d}t}=0.50t$$

因此 $$\int_{x_{C0}}^{x_C}\mathrm{d}x_C=\int_0^t0.50t\mathrm{d}t,\quad x_C=1.5+0.25t^2 \qquad ③$$

②式可写为 $$\frac{\mathrm{d}y_C}{\mathrm{d}t}=0.38t$$

因此 $$\int_{y_{C0}}^{y_C}\mathrm{d}y_C=\int_0^t0.38t\mathrm{d}t,\quad y_C=1.9+0.19t^2 \qquad ④$$

(1) ③、④两式即是质心坐标与时间的函数关系。

(2) 由①、②两式即可得系统总动量与时间的函数关系为

$$\boldsymbol{p}=(m_1+m_2)v_{Cx}\boldsymbol{i}+(m_1+m_2)v_{Cy}\boldsymbol{j}=8.0t\boldsymbol{i}+6.0t\boldsymbol{j}$$

第4章　刚体的转动

内容提要

1. 刚体的定轴转动

角速度　$\omega=\dfrac{\mathrm{d}\theta}{\mathrm{d}t}$

角加速度　$\alpha=\dfrac{\mathrm{d}\omega}{\mathrm{d}t}$

匀变速转动公式

$$\omega=\omega_0+\alpha t,\quad \theta=\theta_0+\omega_0 t+\frac{1}{2}\alpha t^2,\quad \omega^2=\omega_0^2+2\alpha(\theta-\theta_0)$$

角量与线量的关系

$$v=r\omega,\quad a_{\mathrm{t}}=r\alpha,\quad a_{\mathrm{n}}=r\omega^2$$

2. 转动定律

力矩　$\boldsymbol{M}=\boldsymbol{r}\times\boldsymbol{F},\quad M=Fr\sin\theta$

转动惯量　$J=\sum\limits_{i=1}^{n}\Delta m_i r_i^2,\quad J=\int r^2\mathrm{d}m$

平行轴定理　$J=J_C+md^2$

转动定律：刚体绕定轴转动时，刚体的角加速度与它所受的合外力矩成正比，与刚体的转动惯量成反比，即

$$\boldsymbol{M}=J\boldsymbol{\alpha}$$

3. 质点的角动量守恒定律

质点的角动量

$$\boldsymbol{L}=\boldsymbol{r}\times\boldsymbol{p}=m\boldsymbol{r}\times\boldsymbol{v},\quad L=rmv\sin\theta$$

质点的角动量定理：对同一参考点 O，质点所受的冲量矩等于质点角动量的增量，即

$$\int_{t_1}^{t_2}\boldsymbol{M}\mathrm{d}t=\boldsymbol{L}_2-\boldsymbol{L}_1$$

质点的角动量守恒定律：当质点所受对参考点 O 的合力矩为零时，质点对该参考点 O 的角动量为一恒矢量，即

$$\boldsymbol{M}=\boldsymbol{0}\text{ 时},\quad \boldsymbol{L}=\boldsymbol{r}\times m\boldsymbol{v}=\text{恒矢量}$$

4. 刚体定轴转动的角动量守恒定律

刚体定轴转动的角动量　$\boldsymbol{L}=J\boldsymbol{\omega}$

刚体定轴转动的角动量定理：作用在物体上的冲量矩等于角动量的增量，即

$$\int_{t_1}^{t_2}\boldsymbol{M}\mathrm{d}t=J_2\boldsymbol{\omega}_2-J_1\boldsymbol{\omega}_1$$

刚体定轴转动的角动量守恒定律：如果物体所受的合外力矩等于零，或者不受外力矩作用，则物体的角动量保持不变，即

$$\boldsymbol{M}=\boldsymbol{0}\text{ 时},\quad J\boldsymbol{\omega}=\text{恒量}$$

5. 刚体定轴转动的动能定理

力矩的功和功率　$W=\int M\mathrm{d}\theta,\quad P=M\omega$

转动动能 $$E_k=\frac{1}{2}J\omega^2$$

刚体定轴转动的动能定理：合外力矩对绕定轴转动的刚体所作的功等于刚体转动动能的增量，即

$$W=\frac{1}{2}J\omega_2^2-\frac{1}{2}J\omega_1^2$$

6. 刚体的平面平行运动

质心运动方程 $$\boldsymbol{F}=m\boldsymbol{a}_C=m\frac{\mathrm{d}\boldsymbol{v}_C}{\mathrm{d}t}$$

刚体绕通过质心的轴的转动定律

$$\boldsymbol{M}_C=J_C\boldsymbol{\alpha}=J_C\frac{\mathrm{d}\boldsymbol{\omega}}{\mathrm{d}t}$$

刚体的动能 $$E_k=\frac{1}{2}mv_C^2+\frac{1}{2}J_C\omega^2$$

刚体的势能 $$E_p=mgh_C$$

习题解答

【4-1】 有两个力作用在一个有固定转轴的刚体上：

(1) 这两个力都平行于轴作用时，它们对轴的合力矩一定是零；

(2) 这两个力都垂直于轴作用时，它们对轴的合力矩可能是零；

(3) 当这两个力的合力为零时，它们对轴的合力矩也一定是零；

(4) 当这两个力对轴的合力矩为零时，它们的合力也一定是零。

对上述说法，下述判断正确的是(　)。

(A) 只有(1)是正确的　　(B) (1)、(2)正确，(3)、(4)错误

(C) (1)、(2)、(3)都正确，(4)错误　　(D) (1)、(2)、(3)、(4)都正确

解　(1) 方向与转轴平行的力对该轴不形成力矩。因此，两个力都平行于轴作用时，它们对轴的合力矩一定是零。这种说法是正确的。

(2) 这两个力都垂直于轴作用时，只要力的作用线不与轴相交，每个力对该轴都有力矩，但两个力矩大小相等、方向相反时，它们的合力矩就是零。这种说法也是对的。

(3) 一个力对某轴的力矩不仅与该力的大小和方向有关，还与该力的作用点对该轴的位矢有关。因此，两个力的合力为零时，它们对轴的合力矩不一定为零。这种说法是不正确的。

(4) 根据与(3)相同的原因，两个力对轴的合力矩为零时，它们的合力不一定为零。这种说法也是不正确的。

本题答案应为(B)。

【4-2】 关于力矩有以下几种说法：

(1) 对某个定轴转动刚体而言，内力矩不会改变刚体的角加速度；

(2) 一对作用力和反作用力对同一轴的力矩之和必为零；

(3) 质量相等，形状和大小不同的两个刚体，在相同力矩的作用下，它们的运动状态一定相同。

对上述说法，下述判断正确的是(　)。

(A) 只有(2)是正确的　　(B) (1)、(2)是正确的

(C) (2)、(3)是正确的　　(D) (1)、(2)、(3)都是正确的

解　(1) 刚体内任意两质点间的内力都是成对出现的，它们是作用力与反作用力的关系，不但大小相等、方向相反，而且在同一作用线上，它们对转轴的合力矩为零。因此，内力矩不会改变刚

体的角加速度。这种说法是正确的。

(2) 如上所述,一对作用力和反作用力对同一轴的力矩之和必为零。这种说法是正确的。

(3) 质量相等,形状和大小不同的两个刚体对各自转轴的转动惯量可能不同,在相同力矩作用下,它们的运动状态不一定相同。即使是质量相等、形状和大小也相同的两个刚体,在相同力矩作用下,它们的运动状态也不一定相同。这种说法是错误的。

本题答案应为(B)。

【4-3】 均匀细棒 OA 可绕通过其一端 O 而与棒垂直的水平固定光滑轴转动,如图 4-1(a)所示。今使棒从水平位置由静止开始自由下落,在棒摆到竖直位置的过程中,下述说法正确的是(　)。

(A) 角速度从小到大,角加速度不变　　(B) 角速度从小到大,角加速度从小到大

(C) 角速度从小到大,角加速度从大到小　　(D) 角速度不变,角加速度为零

解　如图 4-1(b)所示,当细棒转过角度 θ 时,细棒受到的力矩为

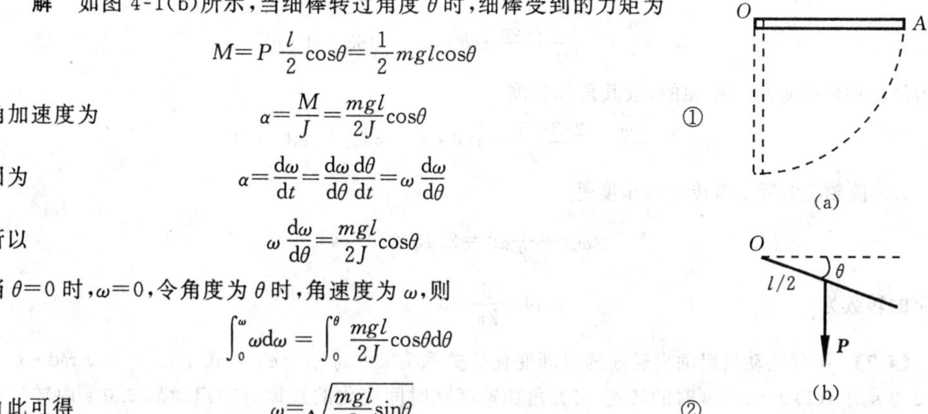

图 4-1

$$M=P\frac{l}{2}\cos\theta=\frac{1}{2}mgl\cos\theta$$

角加速度为

$$\alpha=\frac{M}{J}=\frac{mgl}{2J}\cos\theta \qquad ①$$

因为

$$\alpha=\frac{d\omega}{dt}=\frac{d\omega}{d\theta}\frac{d\theta}{dt}=\omega\frac{d\omega}{d\theta}$$

所以

$$\omega\frac{d\omega}{d\theta}=\frac{mgl}{2J}\cos\theta$$

当 $\theta=0$ 时,$\omega=0$,令角度为 θ 时,角速度为 ω,则

$$\int_0^{\omega}\omega d\omega=\int_0^{\theta}\frac{mgl}{2J}\cos\theta d\theta$$

由此可得

$$\omega=\sqrt{\frac{mgl}{J}\sin\theta} \qquad ②$$

①式和②式说明,在细棒从水平位置向竖直位置摆动的过程中,角加速度从大到小,而角速度则从小到大。本题答案应为(C)。

【4-4】 一圆盘绕通过盘心且垂直于盘面的水平轴转动,轴间摩擦不计。如图 4-2 所示射来两个质量相同、速度大小相同、方向相反并在一条直线上的子弹,它们同时射入圆盘并且留在盘内,在子弹射入后的瞬间,对于圆盘和子弹系统的角动量 L 以及圆盘的角速度 ω 则有(　)。

(A) L 不变,ω 增大　(B) 两者均不变　(C) L 不变,ω 减小　(D) 两者均不确定

解　以 $\boldsymbol{L}_{01}$、$\boldsymbol{L}_{02}$、$\boldsymbol{L}_{03}$ 分别表示两个子弹和子弹射入前圆盘的角动量,其中 $\boldsymbol{L}_{01}=-\boldsymbol{L}_{02}$,圆盘和子弹系统的角动量为

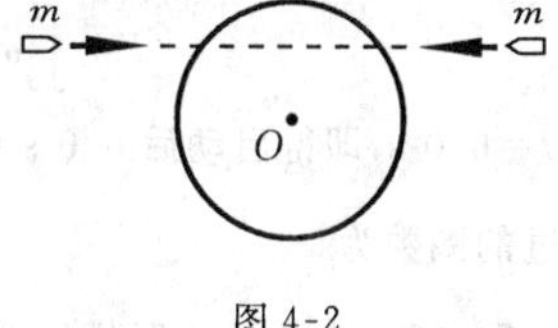

图 4-2

$$\boldsymbol{L}_0=\boldsymbol{L}_{01}+\boldsymbol{L}_{02}+\boldsymbol{L}_{03}=\boldsymbol{L}_{03}$$

两个子弹射入圆盘后,该系统的角动量以 $\boldsymbol{L}$ 表示。在子弹进入圆盘的短暂过程中,对系统的合外力矩为零,因此系统的角动量守恒,没有发生变化,于是有

$$\boldsymbol{L}=\boldsymbol{L}_0=\boldsymbol{L}_{03}$$

就圆盘而言,子弹进入前后,它的角动量没有变化。以 J_0 和 J 分别表示子弹进入前后圆盘的转动惯量,ω_0 和 ω 分别表示子弹进入前后圆盘的角速度,则有

$$J\omega=J_0\omega_0$$

子弹进入后,$J>J_0$,因此 $\omega<\omega_0$,这表明角速度减小了。本题答案应为(C)。

【4-5】 假设卫星环绕地球中心作椭圆运动,则在运动过程中,卫星对地球中心的(　)。

(A) 角动量守恒,动能守恒　　(B) 角动量守恒,机械能守恒

(C) 角动量不守恒,机械能守恒　　(D) 角动量不守恒,动量也不守恒

(E) 角动量守恒,动量也守恒

解　地球对卫星的引力方向通过地球中心,因此,引力对地球中心的力矩为零,卫星对地球中心的角动量就是守恒的。卫星在近地点和远地点的角动量的大小分别为 mv_1r_1 和 mv_2r_2,且

$$mv_1r_1=mv_2r_2$$

由于 $r_2>r_1$,因此 $v_2<v_1$,可见卫星的速度是变化的,因而卫星的动能和动量也是变化的。在卫星和地球构成的系统中,可以忽略外力的作用,内力是万有引力,是一种保守力,因此这一系统的机械能是守恒的。本题答案为(B)。

【4-6】 一汽车发动机曲轴的转速在 12 s 内由 $1.2\times10^3\ \text{r}\cdot\text{min}^{-1}$ 均匀地增加到 $2.7\times10^3\ \text{r}\cdot\text{min}^{-1}$。(1) 求曲轴转动的角加速度;(2) 在此时间内,曲轴转了多少转?

解　(1)

$$\omega_1=\frac{1.2\times10^3\times2\pi}{60}\ \text{rad}\cdot\text{s}^{-1}=126\ \text{rad}\cdot\text{s}^{-1}$$

$$\omega_2=\frac{2.7\times10^3\times2\pi}{60}\ \text{rad}\cdot\text{s}^{-1}=283\ \text{rad}\cdot\text{s}^{-1}$$

因为曲轴的转速是均匀增加的,故其角加速度

$$\alpha=\frac{\omega_2-\omega_1}{t}=\frac{283-126}{12}\ \text{rad}\cdot\text{s}^{-2}=13.1\ \text{rad}\cdot\text{s}^{-2}$$

(2) 曲轴在时间 t 内转过的角度是

$$\theta=\omega_1t+\frac{1}{2}\alpha t^2=2.45\times10^3\ \text{rad}$$

相应的转数为

$$N=\frac{\theta}{2\pi}=390\ \text{r}$$

【4-7】 某种电动机启动后转速随时间变化的关系为 $\omega=\omega_0\ (1-\text{e}^{\frac{-t}{\tau}})$,式中,$\omega_0=9.0\ \text{rad}\cdot\text{s}^{-1}$,$\tau=2.0$ s。求:(1) $t=6.0$ s时的转速;(2) 角加速度随时间变化的规律;(3)启动后 6.0 s 内转过的圈数。

解　(1) 将 $t=6.0$ s 代入 ω 的表示式中,得到此时电动机的转速为

$$\omega_1=9.0(1-\text{e}^{-\frac{6.0}{2.0}})\ \text{rad}\cdot\text{s}^{-1}=8.6\ \text{rad}\cdot\text{s}^{-1}$$

(2) 角加速度随时间变化的规律为

$$\alpha=\frac{\text{d}\omega}{\text{d}t}=\frac{\omega_0}{\tau}\text{e}^{-\frac{t}{\tau}}=4.5\text{e}^{-\frac{t}{2}}\ \text{rad}\cdot\text{s}^{-2}$$

(3) 启动后时间 t 内转过的角度为

$$\theta=\int_0^t\omega\text{d}t=\int_0^t\omega_0(1-\text{e}^{-t/\tau})\text{d}t=\omega_0(t-\tau+\tau\text{e}^{-t/\tau})$$

令 $t=6.0$ s,即得启动后 6.0 s 内转过的角度为　　$\theta=36.9$ rad

转过的圈数为

$$N=\frac{\theta}{2\pi}=5.87\ \text{r}$$

【4-8】 水分子的形状如图 4-3 所示。从光谱分析得知水分子对 AA' 轴的转动惯量 $J_{AA'}=1.93\times10^{-47}\ \text{kg}\cdot\text{m}^2$,对 BB'轴的转动惯量 $J_{BB'}=1.14\times10^{-47}\ \text{kg}\cdot\text{m}^2$。试由此数据和各原子的质量求出氢和氧原子间的距离 d 和夹角 θ。假设各原子都可视为质点。

解　水分子对 AA'轴的转动惯量为

$$J_{AA'}=2m_{\text{H}}(d\sin\theta)^2 \quad ①$$

对 BB'轴的转动惯量为

$$J_{BB'}=2m_{\text{H}}(d\cos\theta)^2 \quad ②$$

由①式和②式可得

$$d=\sqrt{\frac{J'_{AA'}+J_{BB'}}{2m_{\text{H}}}}=9.59\times10^{-11}\ \text{m},\quad \tan\theta=\sqrt{\frac{J_{AA'}}{J_{BB'}}}=1.30,\quad \theta=52.4°$$

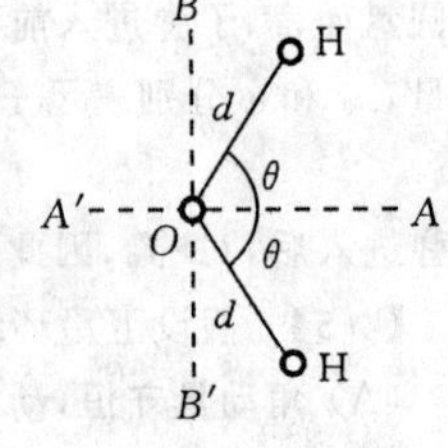

图 4-3

【4-9】 一飞轮由一直径为 30 cm，厚度为 2.0 cm 的圆盘和两个直径都为 10 cm，长为 8.0 cm 的共轴圆柱体组成，设飞轮的密度为 $7.8\times10^3\ \mathrm{kg\cdot m^{-3}}$，求飞轮对轴的转动惯量。

解 圆盘的质量为
$$m_1=\frac{1}{4}\pi d_1^2h_1\rho=11\ \mathrm{kg}$$

圆柱体的质量为
$$m_2=\frac{1}{4}\pi d_2^2h_2\rho=4.9\ \mathrm{kg}$$

飞轮对轴的转动惯量为
$$J=\frac{1}{2}m_1R_1^2+2\times\frac{1}{2}m_2R_2^2=\frac{1}{8}(m_1d_1^2+2m_2d_2^2)=0.136\ \mathrm{kg\cdot m^2}$$

【4-10】 如图 4-4 所示，圆盘的质量为 m，半径为 R。求：(1) 以 O 为中心，将半径为 $R/2$ 的部分挖去，剩余部分对 OO 轴的转动惯量；(2) 剩余部分对 $O'O'$ 轴（即通过圆盘边缘且平行于盘中心轴）的转动惯量。

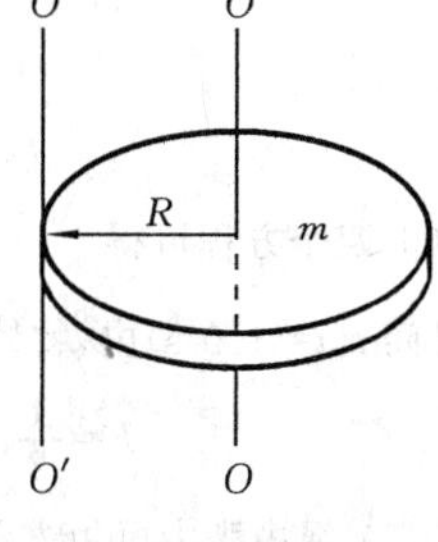

图 4-4

解 (1) 圆盘被挖以前对 OO 轴的转动惯量为
$$J_{1OO}=\frac{1}{2}mR^2$$

被挖去部分对 OO 轴的转动惯量为
$$J_{2OO}=\frac{1}{2}\left[\frac{\pi(R/2)^2}{\pi R^2}m\right]\left(\frac{R}{2}\right)^2=\frac{1}{32}mR^2$$

剩余部分对 OO 轴的转动惯量为
$$J_{OO}=J_{1OO}-J_{2OO}=\frac{15}{32}mR^2$$

(2) 剩余圆盘的质心为 O，根据平行轴定理，它对 $O'O'$ 的转动惯量为
$$J_{O'O'}=J_{OO}+\left(m-\frac{1}{4}m\right)R^2=\frac{39}{32}mR^2$$

【4-11】 用落体观察法测定飞轮的转动惯量，是将半径为 R 的飞轮支承在 O 点上，然后在绕过飞轮的绳子的一端挂一质量为 m 的重物，令重物以初速度为零下落，带动飞轮转动（图 4-5(a)）。记下重物下落的距离和时间，就可算出飞轮的转动惯量。试写出它的计算式。（假设轴承间无摩擦。）

解 图 4-5(b)分别表示了飞轮和重物的受力情况。对飞轮应用转动定律有
$$\alpha=\frac{M}{J}=\frac{TR}{J}\qquad ①$$

对重物应用牛顿第二定律有
$$mg-T=ma\qquad ②$$

其中 a 与 α 的关系是
$$a=R\alpha\qquad ③$$

假定在时间 t 内，重物从静止开始下落的距离为 h，则
$$h=\frac{1}{2}at^2\qquad ④$$

(a)　(b)

图 4-5

由方程①～④即可求出
$$J=mR^2\left(\frac{gt^2}{2h}-1\right)$$

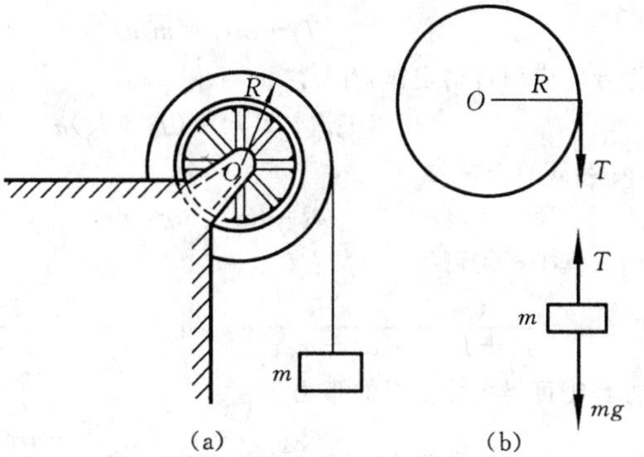

【4-12】 一燃气轮机在试车时，燃气作用在涡轮上的力矩为 $2.03\times10^3\ \mathrm{N\cdot m}$，涡轮的转动惯量为 $25.0\ \mathrm{kg\cdot m^2}$。当涡轮的转速由 $2.80\times10^3\ \mathrm{r\cdot min^{-1}}$ 增大到 $1.12\times10^4\ \mathrm{r\cdot min^{-1}}$ 时，所经历的时间 t 为多少？

解 涡轮的角加速度为
$$\alpha=\frac{M}{J}=81.2\ \mathrm{rad\cdot s^{-2}}$$

涡轮的转速由 ω_1 增加到 ω_2 所经历的时间

$$t=\frac{\omega_2-\omega_1}{\alpha}=10.8\ \text{s}$$

【4-13】 如图 4-6 所示，质量 $m_1=16$ kg 的实心圆柱体 A，其半径为 $r=15$ cm，可以绕其固定水平轴转动，阻力忽略不计。一条轻的柔绳绕在圆柱体上，其另一端系一个质量 $m_2=8.0$ kg 的物体 B，求：(1) 物体 B 由静止开始下降 1.0 s 后的距离；(2) 绳的张力。

解 (1) 设绳中张力为 T，对物体 B 应用牛顿第二定律，有

$$m_2g-T=m_2a \qquad ①$$

对圆柱体应用转动定律，有

$$Tr=J\alpha \qquad ②$$

式中，

$$J=\frac{1}{2}m_1r^2 \qquad ③$$

$$\alpha=\frac{a}{r} \qquad ④$$

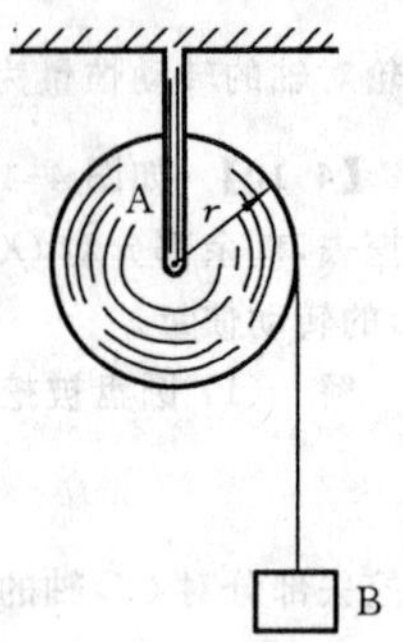

由以上四个方程可得

$$a=\frac{2m_2}{2m_2+m_1}g$$

图 4-6

在时间 $t(t=1.0\ \text{s})$ 内，物体由静止开始下降的距离

$$h=\frac{1}{2}at^2=\frac{m_2}{2m_2+m_1}gt^2=2.45\ \text{m}$$

(2) 绳中张力可由方程①得出，即

$$T=m_2(g-a)=\frac{m_1m_2}{2m_2+m_1}g=39.2\ \text{N}$$

【4-14】 质量为 m_1 和 m_2 的两物体 A、B 分别悬挂在如图 4-7 所示的组合轮两端。设两轮的半径分别为 R 和 r，两轮的转动惯量分别为 J_1 和 J_2，轮与轴承间、绳索与轮间的摩擦力均略去不计，绳的质量也略去不计。试求两物体的加速度和绳的张力。

解 设大轮上绳的张力为 T_1，小轮上绳的张力为 T_2。物体 A、B 的加速度分别为 a_1、a_2，两轮具有相同的角加速度，以 α 表示。假定组合轮顺时针转动，对 A、B 两物体分别应用牛顿第二定律，有

$$m_1g-T_1=m_1a_1 \qquad ①$$

$$T_2-m_2g=m_2a_2 \qquad ②$$

对组合轮应用转动定律，有

$$(T_1R-T_2r)=(J_1+J_2)\alpha \qquad ③$$

a_1、a_2 与 α 的关系为

$$a_1=R\alpha,\quad a_2=r\alpha \qquad ④$$

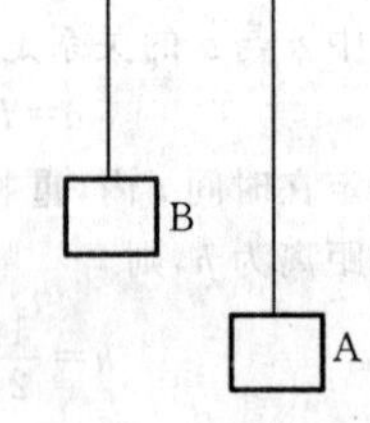

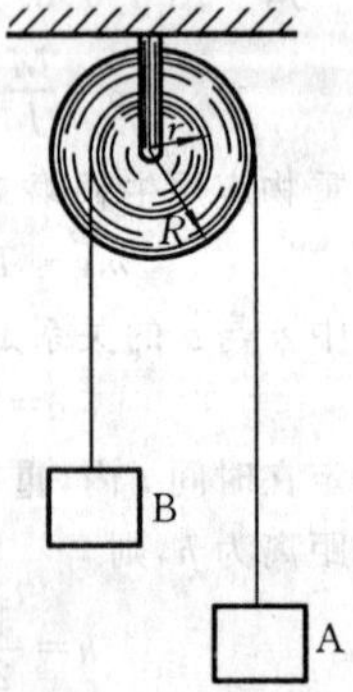

图 4-7

应用方程①～④可得

$$a_1=\frac{(m_1R-m_2r)R}{J_1+J_2+m_1R^2+m_2r^2}g,\quad a_2=\frac{(m_1R-m_2r)r}{J_1+J_2+m_1R^2+m_2r^2}g$$

由方程①可得大轮上绳的张力

$$T_1=m_1(g-a_1)=\frac{J_1+J_2+m_2r^2+m_2rR}{J_1+J_2+m_1R^2+m_2r^2}m_1g$$

由方程②可得

$$T_2=m_2(g+a_2)=\frac{J_1+J_2+m_1R^2+m_1rR}{J_1+J_2+m_1R^2+m_2r^2}m_2g$$

【4-15】 如图 4-8 所示装置，定滑轮的半径为 r，绕转轴的转动惯量为 J，滑轮两边分别悬挂质量为 m_1 和 m_2 的物体 A、B。A 置于倾角为 θ 的斜面上，它和斜面间的摩擦因数为 μ，若 B 向下作加速运动，求：(1) 其下落的加速度大小；(2) 滑轮两边绳子的张力。(设绳的质量及伸长均不计，绳与滑轮间无滑动，滑轮轴光滑。)

解 (1) 物体 A、B 具有相同的加速度，以 a 表示，滑轮的角加速度以 α 表示。对两物体分别

应用牛顿第二定律，有

$$T_1 - m_1 g\sin\theta - \mu m_1 g\cos\theta = m_1 a \quad ①$$

$$m_2 g - T_2 = m_2 a \quad ②$$

对滑轮应用转动定律，有　$(T_2 - T_1)r = J\alpha$　③

a 和 α 的关系是　$a = r\alpha$　④

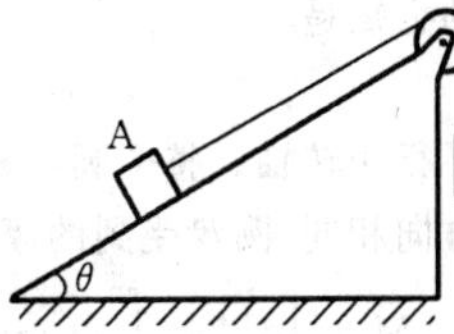

由方程①～④可得

$$a = \frac{[m_2 - m_1(\sin\theta + \mu\cos\theta)]r^2}{J + (m_1 + m_2)r^2} g \quad ⑤$$

A
B
θ

图 4-8

(2) 将方程⑤代入方程①，可得

$$T_1 = \frac{m_2 r^2(1 + \sin\theta + \mu\cos\theta) + J(\sin\theta + \mu\cos\theta)}{J + (m_1 + m_2)r^2} m_1 g$$

将方程⑤代入方程②，可得

$$T_2 = \frac{m_1 r^2(1 + \sin\theta + \mu\cos\theta) + J}{J + (m_1 + m_2)r^2} m_2 g$$

【4-16】 如图 4-9 所示，飞轮的质量为 60 kg，直径为 0.50 m，转速为 $1.0\times10^3\ \mathrm{r\cdot min^{-1}}$。现用闸瓦制动使其在 5.0 s 内停止转动，求制动力 F。设闸瓦与飞轮之间的摩擦因数 $\mu = 0.40$；飞轮的质量全部分布在轮缘上。

解　由题 $m = 60\ \mathrm{kg}$，$d = 0.50\ \mathrm{m}$，$t = 5.0\ \mathrm{s}$，$\omega = 1.0\times10^3\ \mathrm{r\cdot min^{-1}} = \frac{2\pi\times1.0\times10^3}{60}\ \mathrm{rad\cdot s^{-1}} = 105\ \mathrm{rad\cdot s^{-1}}$。又 $l_1 = 0.75\ \mathrm{m}$，$l_2 = 0.50\ \mathrm{m}$。飞轮的转动惯量 $J = m\left(\frac{d}{2}\right)^2$。

设闸瓦对杠杆的作用力为 $\boldsymbol{F}'$（方向向上），由于杠杆没有转动，力 $\boldsymbol{F}$ 和 $\boldsymbol{F}'$ 对杆的转轴的力矩是平衡的，因此

$$F(l_1 + l_2) = F' l_2$$

$$F = \frac{l_2}{l_1 + l_2} F' \quad ①$$

对飞轮来说，F' 也是压力，同时在轮的边缘上产生与转动方向相反的摩擦力 f。此力对转轴 O 形成的阻力矩 M 使飞轮减速，经过时间 t 而停止转动。设制动前飞轮的角动量为 L，则

$$L = J\omega = m\left(\frac{d}{2}\right)^2 \omega$$

制动时阻力矩大小为

$$M = f\left(\frac{d}{2}\right) = \mu F'\left(\frac{d}{2}\right)$$

根据角动量定理有 $Mt = 0 - L$，即

$$\mu F'\left(\frac{d}{2}\right)t = m\left(\frac{d}{2}\right)^2 \omega$$

$$F' = \frac{md\omega}{2\mu t} \quad ②$$

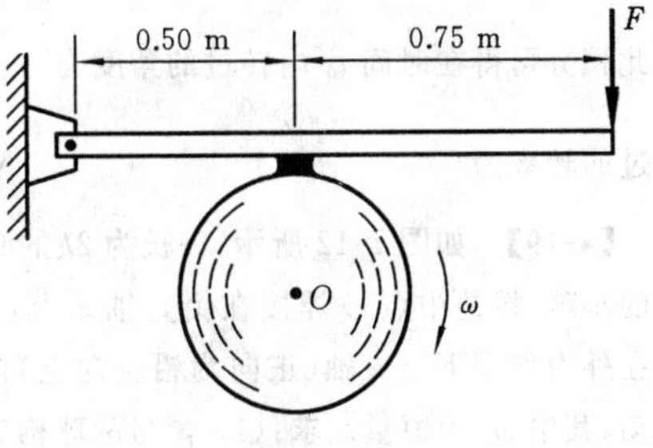

0.50 m
0.75 m
F
O
ω

图 4-9

将②式代入①式，得制动力　$F = \frac{md\omega l_2}{2(l_1 + l_2)\mu t} = 314\ \mathrm{N}$

【4-17】 一半径为 R、质量为 m 的匀质圆盘，以角速度 ω 绕其中心轴转动，现将它平放在一水平板上，盘与板表面的摩擦因数为 μ。(1) 求圆盘所受的摩擦力矩。(2) 问经多少时间后，圆盘转动才能停止？

解　(1) 在圆盘上取以 O 为中心，半径为 r，宽为 $\mathrm{d}r$ 的圆环（图 4-10）。以 σ 表示圆盘的质量面密度，$\mathrm{d}S$ 表示圆环面积，则圆环质量为

$$\mathrm{d}m = \sigma\mathrm{d}S = 2\pi\sigma r\mathrm{d}r$$

圆环对平板的压力是$(\mathrm{d}m)g$,圆盘转动时,此圆环与平板间的摩擦力是$\mathrm{d}f=\mu(\mathrm{d}m)g$,此摩擦力对转轴的力矩是

$$\mathrm{d}M=r\mathrm{d}f=2\pi\mu\sigma gr^2\mathrm{d}r$$

方向平行于转轴。整个圆盘是由半径从O到R连续变化的许多圆环组成的,每个圆环受到的摩擦力矩方向相同,圆盘受到的摩擦力矩是各圆环所受摩擦力矩之和,即

$$M=\int\mathrm{d}M=\int_0^R 2\pi\mu\sigma gr^2\mathrm{d}r=\frac{2}{3}\pi\mu\sigma gR^3=\frac{2}{3}\mu mgR$$

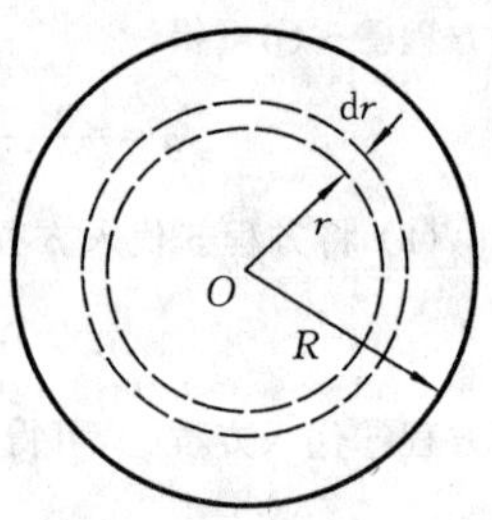

图 4-10

(2) 圆盘的转动惯量$J=\frac{1}{2}mR^2$,圆盘的角加速度

$$\alpha=\frac{M}{J}=\frac{4\mu g}{3R}$$

以ω'表示末角速度,因为α是常量,所以

$$\omega-\omega'=\alpha t$$

令$\omega'=0$,则t是圆盘放到木板上后它所转动的时间

$$t=\frac{\omega}{\alpha}=\frac{3R\omega}{4\mu g}$$

【4-18】 如图4-11所示,一通风机的转动部分以初角速度ω_0绕其轴转动,空气的阻力矩与角速度成正比,比例系数c为一常量。若转动部分对其轴的转动惯量为J,问:(1) 经过多少时间后其转动角速度减少为初角速度的一半?(2) 在此时间内共转过多少转?

解 (1) 阻力矩与角速度的关系为$M=-c\omega$。根据转动定律,角加速度

$$\frac{\mathrm{d}\omega}{\mathrm{d}t}=\frac{M}{J}=-\frac{c}{J}\omega$$

因此
$$\int_{\omega_0}^{\omega}\frac{\mathrm{d}\omega}{\omega}=\int_0^t-\frac{c}{J}\mathrm{d}t$$

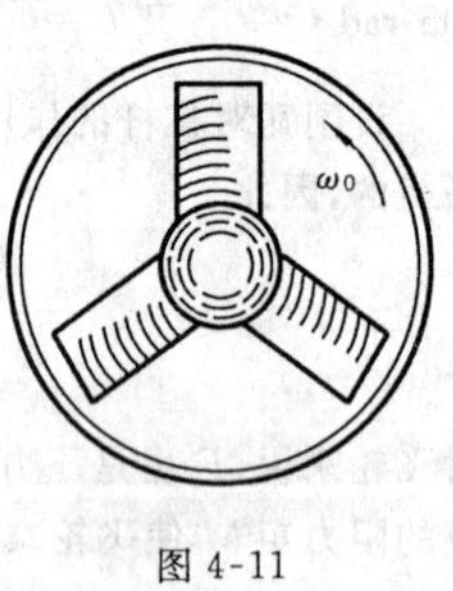

图 4-11

积分后得到角速度与时间的关系为 $\omega=\omega_0\mathrm{e}^{-\frac{c}{J}t}$

令$\omega=\frac{1}{2}\omega_0$,即可解得时间 $t_0=\frac{J}{c}\ln2$

(2) $\frac{\mathrm{d}\theta}{\mathrm{d}t}=\omega=\omega_0\mathrm{e}^{-\frac{c}{J}t}$, $\int_0^{\theta}\mathrm{d}\theta=\int_0^{t_0}\omega_0\mathrm{e}^{-\frac{c}{J}t}\mathrm{d}t$

解此积分可得在时间t_0内转过的角度为 $\theta=\frac{J\omega_0}{2c}$

转过的转数为 $N=\frac{\theta}{2\pi}=\frac{J\omega_0}{4\pi c}$

【4-19】 如图4-12所示,一长为$2l$的细棒AB,其质量不计,它的两端牢固地连接着质量各为m的小球,棒的中点O焊接在铅直轴z上,并且棒与z轴成θ角,若棒在外力作用下绕z轴(正向为铅直向上)以角速度$\omega=\omega_0(1-\mathrm{e}^{-t})$转动,其中$\omega_0$为恒量。求:(1) 棒与两球构成的系统在时刻$t$对$z$轴的角动量;(2) 在$t=0$时刻系统所受外力对$z$轴的合外力矩。

解 (1) 棒与两球构成的系统对z轴的转动惯量为

$$J=2m(l\sin\theta)^2=2ml^2\sin^2\theta$$

在时刻t系统对z轴的角动量为

$$L=J\omega=2ml^2\omega_0\sin^2\theta(1-\mathrm{e}^{-t})$$

(2) 在时刻t,系统对z轴的角加速度为

$$\alpha=\frac{\mathrm{d}\omega}{\mathrm{d}t}=\omega_0\mathrm{e}^{-t}$$

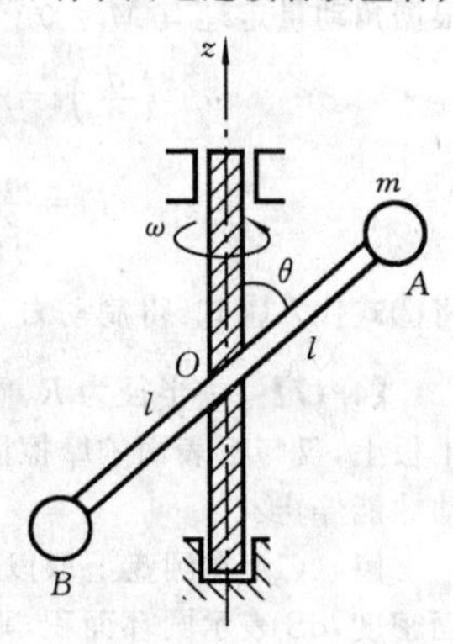

图 4-12

合外力矩为　　$M=J\alpha=2ml^2\omega_0\sin^2\theta e^{-t}$

令 $t=0$,得到此时的合外力矩为　　$M_0=2ml^2\omega_0\sin^2\theta$

【4-20】 一质量为 m'、半径为 R 的均匀圆盘,通过其中心且与盘面垂直的水平轴以角速度 ω 转动,若在某时刻,一质量为 m 的小碎块从盘边缘裂开,且恰好沿垂直方向上抛,问它可能达到的高度是多少？破裂后圆盘的角动量为多大？

解 小碎块从盘边缘脱开时,其速度大小为 $v=R\omega$,方向竖直向上,因此它可能达到的高度为

$$h=\frac{v^2}{2g}=\frac{R^2\omega^2}{2g}$$

把碎块和破裂后的圆盘作为一个系统,在破裂前后无外力矩作用,因而系统角动量是守恒的。在破裂前,系统就是完整的圆盘,其角动量

$$L_0=J\omega=\frac{1}{2}m'R^2\omega \qquad ①$$

破裂后圆盘的角动量用 L_1 表示,碎块的角动量用 L_2 表示。碎块对转轴的转动惯量为 mR^2,因此

$$L_2=mR^2\omega \qquad ②$$

角动量守恒的表示式为　　$L_0=L_1+L_2$

将方程①、②代入后,得到　　$L_1=\left(\frac{1}{2}m'-m\right)R^2\omega$

【4-21】 在光滑的水平面上有一木杆,其质量 $m_1=1.0$ kg,长 $l=40$ cm,可绕通过其中点并与之垂直的轴转动。一质量为 $m_2=10$ g的子弹,以 $v=2.0\times10^2$ m · s^{-1} 的速度射入杆端,其方向与杆及轴正交。若子弹陷入杆中,试求所得到的角速度。

解 把子弹和杆作为一个系统,在子弹陷入杆中前后,系统没有受到外力矩作用,角动量是守恒的。在子弹射入木杆前,木杆是静止的,系统的角动量就是子弹对转轴的角动量,以 L_0 表示,由图4-13可知

$$L_0=m_2v\frac{l}{2} \qquad ①$$

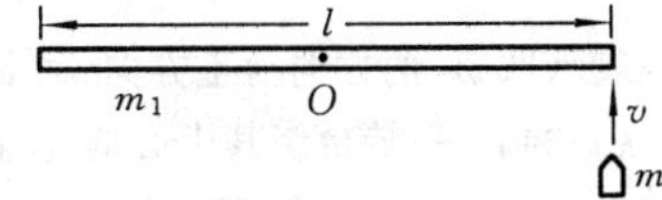

图 4-13

子弹射入杆中后,系统对转轴的转动惯量 J 是木杆的转动惯量 J_1 和子弹的转动惯量 J_2 之和:

$$J=J_1+J_2=\frac{1}{12}m_1l^2+m_2\left(\frac{l}{2}\right)^2=\frac{1}{12}(m_1+3m_2)l^2$$

系统的角动量　　$L=J\omega=\frac{1}{12}(m_1+3m_2)l^2\omega$　　②

系统的角动量守恒表示为 $L_0=L$,将方程①、②代入 $L_0=L$ 后,得到杆的角速度为

$$\omega=\frac{6m_2v}{(m_1+3m_2)l}=29.1\ \text{rad}\cdot\text{s}^{-1}$$

【4-22】 半径分别为 r_1、r_2 的两个薄伞形轮,它们各自对通过盘心且垂直盘面转轴的转动惯量为 J_1 和 J_2。开始时轮Ⅰ以角速度 ω_0 转动,问与轮Ⅱ成正交啮合(图 4-14)后,两轮的角速度分别为多大？

解 两薄伞形齿轮的截面图如图 4-14 所示,其中 AB 段就是它们在啮合时相互接触的部分。从开始啮合到它们都达到稳定的角速度这段时间 Δt 里,轮Ⅰ对轮Ⅱ有垂直于 AB 向下的作用力 F,此力对轮Ⅱ产生力矩 Fr_2,使它开始转动并达到稳定的角速度 ω_2。设在时间 Δt 内,F 的平均值为 $\overline{F}$,在此时间内,作用于轮Ⅱ的冲量矩为 $\overline{F}r_2\Delta t$,根据角动量定理,有

$$\overline{F}r_2\Delta t=J_2\omega_2 \qquad ①$$

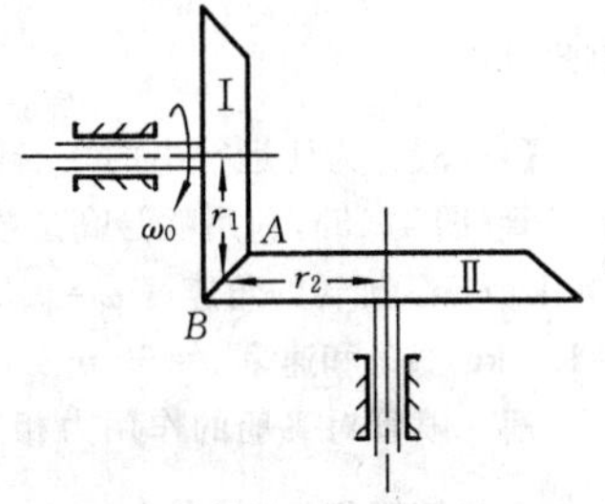

图 4-14

显然,轮Ⅱ对轮Ⅰ有反作用力($-\overline{F}$),在时间 Δt 内,作用于轮Ⅰ的冲量矩($-\overline{F}r_1\Delta t$)使它的角速度由 ω_0 降为 ω_1,因此

$$-\overline{F}r_1\Delta t=J_1(\omega_1-\omega_0) \quad ②$$

由于两轮相互啮合而转动,它们的边缘具有相同的线速度,因而

$$r_1\omega_1=r_2\omega_2 \quad ③$$

由以上三个方程①、②、③可解得

$$\omega_1=\frac{r_2^2J_1}{r_1^2J_2+r_2^2J_1}\omega_0,\quad \omega_2=\frac{r_1r_2J_1}{r_1^2J_2+r_2^2J_1}\omega_0$$

【4-23】 一质量为 20.0 kg 的小孩,站在一半径为 3.00 m、转动惯量为 450 kg · m^2 的静止水平转台边缘上,此转台可绕通过转台中心的竖直轴转动,转台与轴间的摩擦不计。如果此小孩相对转台以 1.00 m · s^{-1} 的速率沿转台边缘行走,问转台的角速率有多大?

解 以小孩和转台作为一个系统,在转动过程中,系统不受外力矩作用,其角动量是守恒的。转台和小孩对转轴的转动惯量分别用 J_1、J_2 表示,转台和小孩对地面参考系的角速度分别用 ω_1、ω_2 表示。因为系统开始时是静止的,所以角动量守恒可以表示为

$$J_1\omega_1+J_2\omega_2=0 \quad ①$$

以 v_r 表示小孩相对转台的速度,v_1 表示转台边缘对地的线速度,v_2 表示小孩对地的速度。根据相对运动的速度公式,有

$$v_2=v_r+v_1$$

以地面为参考系,小孩对转轴的角速度

$$\omega_2=\frac{v_2}{R}=\frac{v_r}{R}+\frac{v_1}{R}=\frac{v_r}{R}+\omega_1 \quad ②$$

将方程②代入方程①,并考虑到 $J_2=mR^2$,可得

$$\omega_1=-\frac{mRv_r}{J_1+mR^2}=-9.52\times10^{-2}\ \text{rad}\cdot\text{s}^{-1}$$

负号表示取 $\boldsymbol{\omega}_2$ 的方向为正方向,而 $\boldsymbol{\omega}_1$ 的方向与 $\boldsymbol{\omega}_2$ 的方向相反。

【4-24】 一转台绕其中心的竖直轴以角速度 $\omega_0=\pi\ \text{s}^{-1}$ 转动,转台对转轴的转动惯量为 $J_0=4.0\times10^{-3}$ kg · m^2。今有砂粒以 $Q=2t$(Q 的单位为 g · s^{-1},t 的单位为 s)的流量竖直落至转台,并粘附于台面形成一圆环,若环的半径为 $r=0.10$ m,求砂粒下落 $t=10$ s 时,转台的角速度。

解 在时间 $t\to t+\mathrm{d}t$ 内,转台上砂粒质量的增量为

$$\mathrm{d}m=Q\mathrm{d}t=2t\mathrm{d}t$$

$t=0$ 时,$Q=0$,转台上无砂粒;$t=10$ s 时,转台上砂粒质量

$$m=\int_0^{10}2t\mathrm{d}t=100\ \text{g}=0.10\ \text{kg}$$

砂粒形成一个圆环,它对转轴的转动惯量为 $J=mr^2$。将转台和转台上的砂粒看成一个系统,在 0→10 s时间内,系统没有外力矩的作用,角动量是守恒的,即

$$J_0\omega_0=(J_0+J)\omega=(J_0+mr^2)\omega$$

由此可得

$$\omega=\frac{J_0\omega_0}{J_0+mr^2}=0.8\ \pi\ \text{rad}\cdot\text{s}^{-1}$$

【4-25】 为使运行中的飞船停止绕其中心轴的转动,可在飞船的侧面对称地安装两个切向控制喷管(图 4-15),利用喷管高速喷射气体来制止旋转。若飞船绕其中心轴的转动惯量 $J=2.0\times10^3$ kg · m^2,旋转的角速度 $\omega=0.2$ rad · s^{-1},喷口与轴线之间的距离 $r=1.5$ m;喷气以恒定的流量 $Q=1.0$ kg · s^{-1}和速率 $u=50$ m · s^{-1} 从喷口喷出。问为使该飞船停止旋转,喷气应喷射多长时间?

解 喷管对飞船的作用力相当于火箭发动机对火箭的推力,只不过喷管对飞船的作用力的方向与飞船侧面相切,其大小为 $f=u\dfrac{\mathrm{d}m'}{\mathrm{d}t}=uQ$。两个喷管的作用力对飞船轴线的合力矩为

$$M=2fr=2Qur$$

在这个力矩作用下，飞船获得角加速度

$$\alpha=\frac{M}{J}=\frac{2Qur}{J}$$

这个角加速度与飞船转动的角速度方向相反，使飞船旋转减速。设经过时间 t 飞船停止了旋转，则

$$t=\frac{\omega}{\alpha}=\frac{J\omega}{2Qur}=2.67\ \text{s}$$

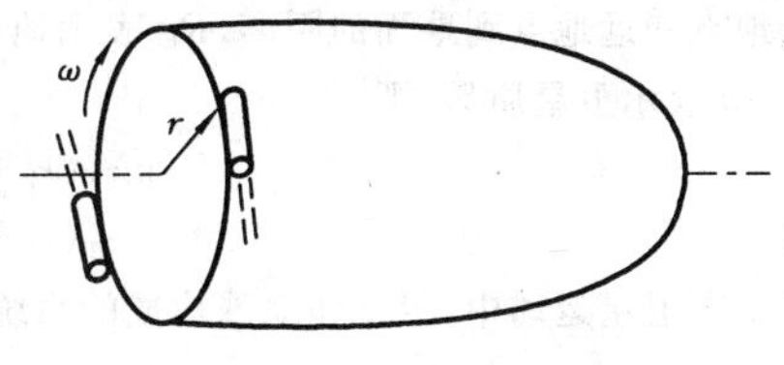

图 4-15

【4-26】 一质量为 m'、半径为 R 的转台，以角速度 ω_a 转动，转轴的摩擦略去不计，(1)有一质量为 m 的蜘蛛垂直地落在转台边缘上，此时，转台的角速度 ω_b 为多少？(2)若蜘蛛随后慢慢地爬向转台中心，当它离转台中心的距离为 r 时，转台的角速度 ω_c 为多少？设蜘蛛下落前距离转台很近。

解 (1) 在蜘蛛落在转台前后，蜘蛛-转台系统无外力矩作用，系统角动量守恒，以 J'、J_1 分别表示转台和蜘蛛的转动惯量，则

$$J'\omega_a=(J'+J_1)\omega_b$$

式中，$J'=\frac{1}{2}m'R^2$，$J_1=mR^2$。因此　$\omega_b=\frac{J'}{J'+J_1}\omega_a=\frac{m'}{m'+2m}\omega_a$

(2) 蜘蛛在转台上爬动，也只存在系统内部相互作用，系统角动量还是守恒的。以 J_2 表示蜘蛛距转轴为 r 时的转动惯量，则

$$J'\omega_a=(J'+J_2)\omega_c$$

式中，$J_2=mr^2$。因此　$\omega_c=\frac{J'}{J'+J_2}\omega_a=\frac{m'R^2}{m'R^2+2mr^2}\omega_a$

【4-27】 一质量为 1.12 kg，长为 1.0 m 的均匀细棒，支点在棒的上端点，开始时棒自由悬挂。当以 100 N 的力打击它的下端点，打击时间为 0.02 s 时，(1)若打击前棒是静止的，求打击时其角动量的变化；(2)求棒的最大偏转角。

解 (1) 设力 $\boldsymbol{F}$ 垂直于棒的方向打击它的下端点(图 4-16)，对支点形成的力矩 $M=Fl$，在打击时间 Δt 内的冲量矩为 $M\Delta t=Fl\Delta t$。打击前棒静止，角动量为零。设打击后棒的角动量为 L，根据角动量定理有

$$L=Fl\Delta t=2.0\ \text{N}\cdot\text{m}\cdot\text{s}$$

(2) 棒被击打后发生偏转，在偏转过程中无外力作功，杆和地球构成的系统的机械能是守恒的。设棒对支点的转动惯量为 J，棒开始偏转时的角速度为 ω，则 $L=J\omega$，棒的动能

$$E_{k1}=\frac{1}{2}J\omega^2=\frac{L^2}{2J}$$

设棒的最大偏转角为 θ，棒位于此位置时，其质心的高度增加了 h。取棒静止时质心处为势能零点，则棒偏转角为 θ 时，其势能为

$$E_{p2}=mgh$$

因为 $E_{p1}=0$，$E_{k2}=0$，所以根据机械能守恒定律有 $E_{k1}=E_{p2}$，即

$$\frac{L^2}{2J}=mgh$$

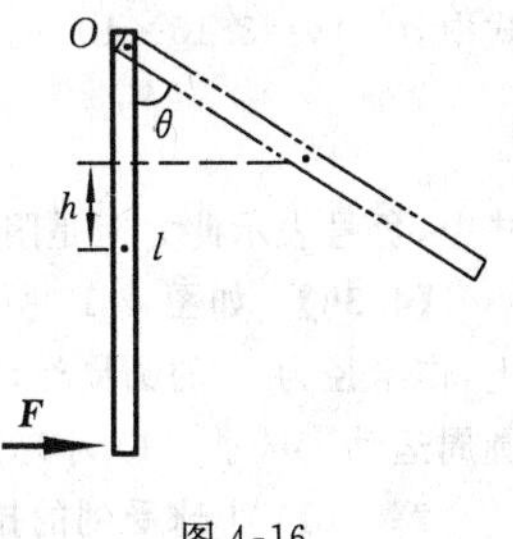

图 4-16

将 $J=\frac{1}{3}ml^2$，$h=\frac{l}{2}(1-\cos\theta)$ 代入上式后得到

$$\cos\theta=1-\frac{3L^2}{m^2l^3g}=0.0238,\quad \theta=88°38'$$

【4-28】 我国 1970 年 4 月 24 日发射的第一颗人造卫星，其近地点为 4.39×10^5 m，远地点为 2.38×10^6 m。试计算卫星在近地点和远地点的速率。(设地球半径为 6.38×10^6 m。)

解 不计其他星体的影响，卫星在运动中对地心的角动量是守恒的。以 r_1、r_2 分别表示卫星

近地点和远地点到地面的距离，R_E 表示地球半径，v_1 和 v_2 分别表示卫星在近地点和远地点的速率，m 表示卫星质量，则

$$mv_1(r_1+R_E)=mv_2(r_2+R_E)$$

或
$$v_1(r_1+R_E)=v_2(r_2+R_E) \quad ①$$

在卫星运动中，卫星和地球构成的系统的机械能也是守恒的，因此有

$$-G\frac{mm_E}{(r_1+R_E)}+\frac{1}{2}mv_1^2=-G\frac{mm_E}{(r_2+R_E)}+\frac{1}{2}mv_2^2$$

或
$$v_1^2-\frac{2Gm_E}{(r_1+R_E)}=v_2^2-\frac{2Gm_E}{(r_2+R_E)} \quad ②$$

式中，m_E 为地球的质量。由方程①和②可得

$$v_1=\sqrt{\frac{2Gm_E(r_2+R_E)}{(r_1+R_E)(r_1+r_2+2R_E)}}=8.11\times10^3\ \text{m}\cdot\text{s}^{-1}$$

将 v_1 值代入方程①中可得 $v_2=\dfrac{r_1+R_E}{r_2+R_E}v_1=6.31\times10^3\ \text{m}\cdot\text{s}^{-1}$

【4-29】 地球对自转轴的转动惯量为 $0.33\ m_E R^2$，其中 m_E 为地球的质量，R 为地球的半径。(1) 求地球自转时的动能；(2) 由于潮汐的作用，地球自转的角速度逐渐减小，一年内自转周期增加 3.5×10^{-5} s，求潮汐对地球的平均力矩。

解 (1) 地球自转周期 $T=24\ \text{h}=86400\ \text{s}$，故其角速度 $\omega=\dfrac{2\pi}{T}=7.27\times10^{-5}\ \text{rad}\cdot\text{s}^{-1}$，地球的转动惯量

$$J=0.33m_E R^2=0.33\times5.98\times10^{24}\times(6.38\times10^6)^2\ \text{kg}\cdot\text{m}^2=8.03\times10^{37}\ \text{kg}\cdot\text{m}^2$$

地球的自转动能 $E_k=\dfrac{1}{2}J\omega^2=2.12\times10^{29}\ \text{J}$

(2) 地球自转周期的增量 $\Delta T=3.5\times10^{-5}$ s，地球自转角速度的增量

$$\Delta\omega=\frac{2\pi}{T_2}-\frac{2\pi}{T_1}=\frac{2\pi(T_1-T_2)}{T_1T_2}$$

因为 ΔT 比 T 小很多，所以 $T_1\approx T_2\approx T$，则 $\Delta\omega=\dfrac{-2\pi\Delta T}{T^2}$。

若 $\Delta T>0$，则 $\Delta\omega<0$，说明自转角速度是减小的。在一年内地球自转的平均角加速度为

$$\bar{\alpha}=\frac{\Delta\omega}{t}=\frac{-2\pi\Delta T}{tT^2}$$

式中，$t=1\text{y}=3.15\times10^7$ s。地球受到潮汐对它作用的平均力矩为

$$\overline{M}=J\bar{\alpha}=-\frac{2\pi J\Delta T}{tT^2}=-7.5\times10^{16}\ \text{N}\cdot\text{m}$$

式中，负号表示此力矩是阻力矩。

【4-30】 如图 4-17 所示，一质量为 m 的小球由一绳索系着，以角速度 ω_0 在无摩擦的水平面上，作半径为 r_0 的圆周运动。如果在绳的另一端作用一竖直向下的拉力，则小球作半径为 $r_0/2$ 的圆周运动。试求：(1) 小球新的角速度；(2) 拉力所作的功。

解 (1) 小球受到的拉力的方向通过转动中心，对小球无力矩作用，小球的角动量守恒。以 J 表示小球的转动惯量，ω 表示被拉后新的角速度，则

$$J\omega=J_0\omega_0$$

式中，$J_0=mr_0^2$，$J=m\left(\dfrac{r_0}{2}\right)^2=\dfrac{1}{4}mr_0^2$。因此

$$\omega=\frac{J_0}{J}\omega_0=4\omega_0$$

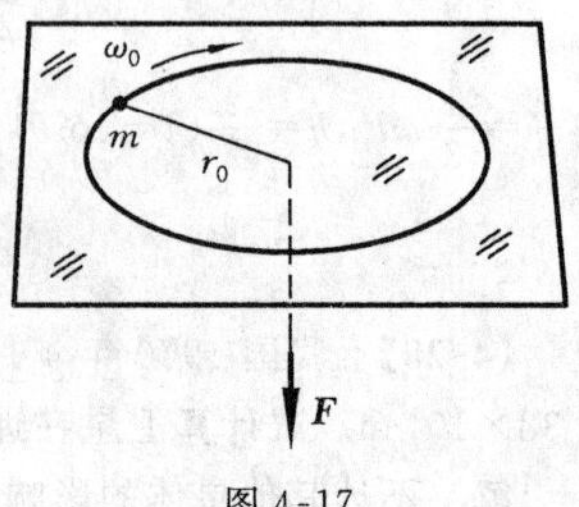

图 4-17

(2) 以 W 表示拉力所作的功，根据动能定理

$$W=\frac{1}{2}J\omega^2-\frac{1}{2}J_0\omega_0^2=\frac{1}{2}\left(\frac{1}{4}mr_0^2\right)(4\omega_0)^2-\frac{1}{2}(mr_0^2)\omega_0^2=\frac{3}{2}mr_0^2\omega_0^2$$

【4-31】 质量为 0.50 kg，长为 0.40 m 的均匀细棒，可绕垂直于棒的一端的水平轴转动。如将此棒放在水平位置，然后任其落下，求：(1)当棒转过60°时的角加速度和角速度；(2)下落到竖直位置时的动能；(3)下落到竖直位置时的角速度。

解 (1) 当棒从水平位置自由转过角 θ 时，由图 4-18 可知，它受到重力 $\boldsymbol{P}$ 对转轴 O 的力矩，其值为

$$M=P\frac{l}{2}\cos\theta=\frac{1}{2}mgl\cos\theta$$

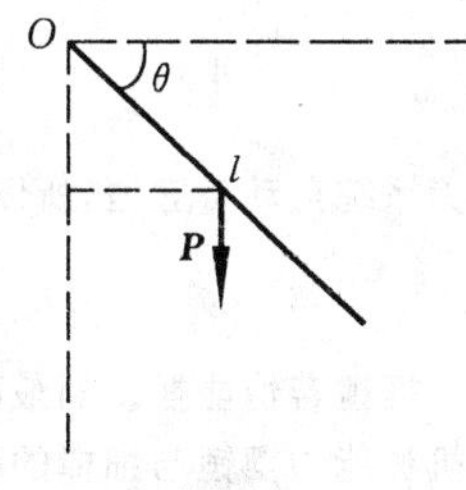

图 4-18

棒对转轴的转动惯量 $J=\frac{1}{3}ml^2$，根据转动定律知，这时棒的角加速度为

$$\alpha=\frac{M}{J}=\frac{3g\cos\theta}{2l}=18.4\ \text{rad}\cdot\text{s}^{-2}$$

棒在转动过程中，它和地球构成的系统不受外力作用，机械能是守恒的。取棒静止于水平位置时的势能为零，则系统的初始机械能为零。当它下落到与水平位置夹角为 θ 时，机械能为

$$E=E_\text{k}+E_\text{p}=\frac{1}{2}J\omega^2-mg\frac{l}{2}\sin\theta$$

由 $E=0, J=\frac{1}{3}ml^2$ 可得　　$\omega=\sqrt{\frac{3g\sin\theta}{l}}=7.98\ \text{rad}\cdot\text{s}^{-1}$

(2) 根据机械能守恒知，$E_\text{k}+E_\text{p}=0$。棒下落到竖直位置时，其动能

$$E_\text{k}=-E_\text{p}=mg\frac{l}{2}=0.98\ \text{J}$$

(3) 因为 $E_\text{k}=\frac{1}{2}J\omega^2, J=\frac{1}{3}ml^2$，所以 $\omega=\sqrt{\frac{6E_\text{k}}{ml^2}}=8.57\ \text{rad}\cdot\text{s}^{-1}$。

【4-32】 如图 4-19 所示，A 与 B 两飞轮的轴杆可由摩擦啮合器使之连接，A 轮的转动惯量 $J_1=10.0\ \text{kg}\cdot\text{m}^2$，开始时 B 轮静止，A 轮以 $n_1=600\ \text{r}\cdot\text{min}^{-1}$ 的转速转动，然后使 A 与 B 连接，因而 B 轮得到加速而 A 轮减速，直到两轮的转速都等于 $n=200\ \text{r}\cdot\text{min}^{-1}$ 为止。求：(1) B 轮的转动惯量；(2) 在啮合过程中损失的机械能。

解 (1) A 轮的初始角速度

$$\omega_1=\frac{2\pi n_1}{60}=62.8\ \text{rad}\cdot\text{s}^{-1}$$

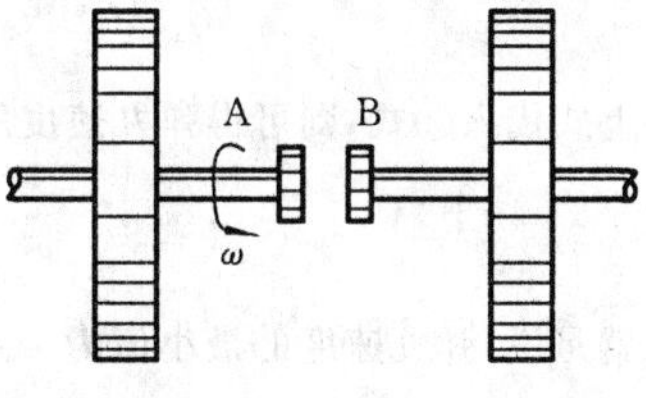

两轮达到的共同角速度

$$\omega=\frac{2\pi n}{60}=20.9\ \text{rad}\cdot\text{s}^{-1}$$

图 4-19

对两轮构成的系统来说，啮合过程中无外力矩作用，角动量是守恒的。系统的初始角动量 $L_0=J_1\omega_1$，啮合后的角动量 $L=(J_1+J_2)\omega$。因为 $L=L_0$，所以

$$(J_1+J_2)\omega=J_1\omega_1,\quad J_2=\left(\frac{\omega_1}{\omega}-1\right)J_1=20.0\ \text{kg}\cdot\text{m}^2$$

(2) 在啮合过程中系统损失的机械能为

$$E_{\text{k}1}-E_{\text{k}2}=\frac{1}{2}J_1\omega_1^2-\frac{1}{2}(J_1+J_2)\omega^2=1.32\times10^4\ \text{J}$$

【4-33】 在题 3-30 的冲击摆问题中，若以质量为 m' 的均匀细棒代替柔绳，弹丸速度的最小值应是多少？

解 如果题 3-30 中以细棒代替柔绳，弹丸对棒端摆锤的冲击会使细棒围绕过 O 点的水平轴

转动，这就是一个刚体绕定轴转动的问题。在弹丸穿过摆锤的过程中，由弹丸、摆锤和细棒组成的系统没有受到外力矩的作用，系统的角动量是守恒的。在弹丸穿过摆锤前，只是弹丸对转轴有角动量，系统的角动量为

$$L_0 = mvl \quad ①$$

弹丸穿过摆锤后，假定摆锤和细棒的角速度是 ω，则系统的角动量

$$L=\frac{1}{2}mvl+(J_1+J_2)\omega$$

式中，J_1、J_2 分别是摆锤和细棒对转轴的转动惯量，且 $J_1=m'l^2$，$J_2=\frac{1}{3}m'l^2$。因此

$$L=\frac{1}{2}mvl+\frac{4}{3}m'l^2\omega \quad ②$$

因为系统角动量守恒，所以 $L=L_0$，将①、②两式代入 $L=L_0$ 后，可得

$$v=\frac{8m'}{3m}l\omega \quad ③$$

摆锤若恰能摆动到最高点，取摆锤的最低点作为势能零点，则由摆锤、细棒和地球组成的系统的机械能为摆锤与细棒的势能之和：

$$E=E_{p1}+E_{p2}$$

式中，$E_{p1}=m'g(2l)=2mg'l$，$E_{p2}=m'g\left(\frac{3}{2}l\right)=\frac{3}{2}m'gl$（$\frac{3}{2}l$ 是细棒质心对摆锤最低点的高度）。因此

$$E=\frac{7}{2}m'gl$$

摆锤在最低点时，系统机械能为 $E_0=E_{k0}+E_{p0}$

式中，E_{k0} 是摆锤与细棒的动能，E_{p0} 是细棒的势能。

$$E_{k0}=\frac{1}{2}(m'l^2)\omega^2+\frac{1}{2}\left(\frac{1}{3}m'l^2\right)\omega^2=\frac{2}{3}m'l^2\omega^2,\quad E_{p0}=m'g\left(\frac{l}{2}\right)=\frac{1}{2}m'gl$$

因此

$$E_0=\frac{2}{3}m'l^2\omega^2+\frac{1}{2}m'gl$$

在摆锤向最高点运动的过程中，系统不受外力作用，机械能是守恒的。因此，如果 $E_0\geqslant E$，摆锤就能在竖直平面内完成一个完全的圆周运动。由 $E_0\geqslant E$ 可得

$$\omega\geqslant 3\sqrt{\frac{g}{2l}}$$

将上式代入③式，则可得弹丸速度所应满足的条件为

$$v\geqslant\frac{4m'}{m}\sqrt{2gl}$$

也就是说，弹丸速度的最小值为 $v_{\min}=\frac{4m'}{m}\sqrt{2gl}$。

【4-34】 如图 4-20 所示，有一空心圆环可绕竖直轴 OO' 自由转动，转动惯量为 J_0，环的半径为 R，初始的角速度为 ω_0，今有一质量为 m 的小球静止在环内 A 点，由于微小扰动使小球向下滑动。问小球到达 B、C 点时，环的角速度与小球相对于环的速度各为多少？（假设环内壁光滑。）

解 当小球到达 B 点时，小球和圆环构成的系统对 OO' 的转动惯量为

$$J=J_0+mR^2 \quad ①$$

小球所受重力的方向与转轴平行，对转轴不形成力矩，这个系统并无外力矩的作用，它的角动量是守恒的。设小球在 B 点时环的角速度是 ω，则有

$$J\omega=J_0\omega_0,\quad 即\quad (J_0+mR^2)\omega=J_0\omega_0$$

由此可得此时环的角速度为

$$\omega=\frac{J_0\omega_0}{J_0+mR^2} \quad ②$$

在环的转动过程中，系统机械能也是守恒的。因此小球位于 B 点时，若取该点为重力势能零点，则有

$$mgR+\frac{1}{2}J_0\omega_0^2=\frac{1}{2}J\omega^2+\frac{1}{2}mv^2 \quad ③$$

将①式和②式代入③式，经整理后解得

$$v=\sqrt{2gR+\frac{J_0\omega_0^2R^2}{J_0+mR^2}}$$

小球到达 C 点时，系统转动惯量没有变化，$J=J_0$，因而角速度也没有变化，$\omega=\omega_0$。取 C 点作为重力势能零点，机械能守恒可用数学式表示为

$$mg(2R)+\frac{1}{2}J_0\omega_0^2=\frac{1}{2}J\omega^2+\frac{1}{2}mv^2$$

因为 $J=J_0$，$\omega=\omega_0$，所以小球速度为 $v=\sqrt{4gR}$

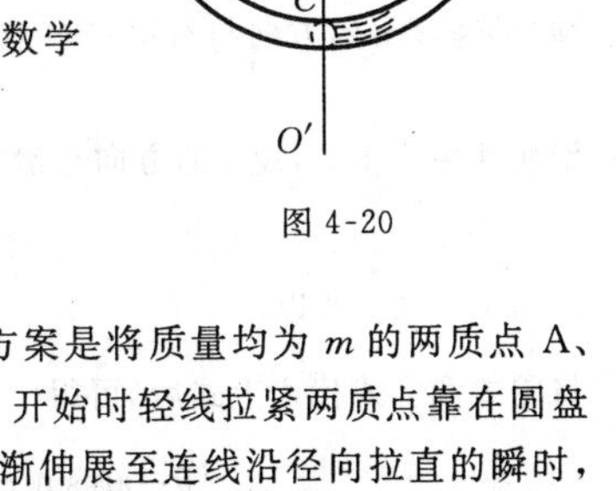

图 4-20

【4-35】 为使运行中飞船停止绕其中心轴转动，一种可能方案是将质量均为 m 的两质点 A、B，用长为 l 的两根轻线系于圆盘状飞船的直径两端(图 4-21)。开始时轻线拉紧两质点靠在圆盘的边缘，圆盘与质点一起以角速度旋转；当质点离开圆盘边缘逐渐伸展至连线沿径向拉直的瞬时，割断质点与飞船的连线。为使此时的飞船正好停止转动，连线应取何长度？(设飞船可看作质量为 m'、半径为 R 的匀质圆盘。)

解 当质点尚未离开圆盘边缘时，质点和圆盘构成的系统的角动量为

$$L=(J_1+J_2)\omega$$

式中，$J_1=\frac{1}{2}m'R^2$，是圆盘的转动惯量；$J_2=2mR^2$，是两质点的转动惯量。在质点离开圆盘边缘逐渐伸展的过程中，无外力矩作用，系统角动量是守恒的。在连线沿径向拉直的瞬时，若圆盘恰好停止转动，设两质点的角速度为 ω'，则系统的角动量为

$$L'=J_2'\omega'$$

式中，$J_2'=2m(l+R)^2$。因为 $L'=L$，所以

$$2m(l+R)^2\omega'=\left(\frac{1}{2}m'R^2+2mR^2\right)\omega \quad ①$$

质点与圆盘系统的机械能也是守恒的，因此

$$\frac{1}{2}[2m(l+R)^2]\omega'^2=\frac{1}{2}\left[\frac{1}{2}m'R^2+2mR^2\right]\omega^2 \quad ②$$

由①、②两式可得 $\omega'=\omega$，再代入①式中，可得

$$l=\left(\sqrt{1+\frac{m'}{4m}}-1\right)R$$

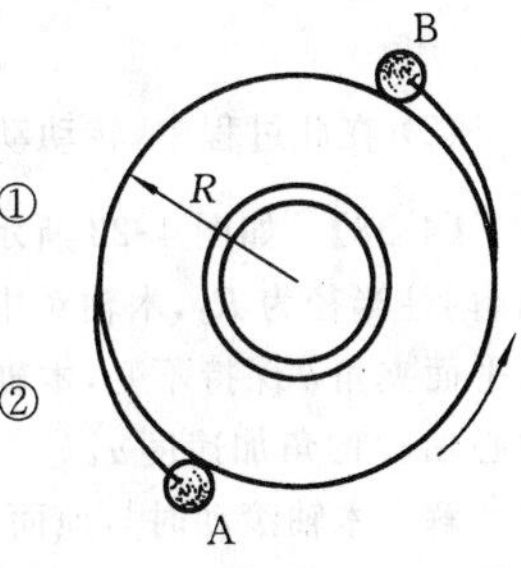

图 4-21

【4-36】 如图 4-22 所示，在光滑的水平面上有一轻质弹簧(其劲度系数为 k)，它的一端固定，另一端系一质量为 m' 的滑块。最初滑块静止时，弹簧呈自然长度 l_0，今有一质量为 m 的子弹以速度 v_0 沿水平方向并垂直于弹簧轴线射向滑块且留在其中，滑块在水平面内滑动，当弹簧被拉伸至长度 l 时，求滑块速度的大小和方向(用已知量和 v_0 表示)。

解 在子弹射击滑块前后，在速度 v_0 的方向上，由它们构成的系统没有受到外力的作用，系统的动量是守恒的。在射击滑块前，系统动量 $p_0=mv_0$，设射击滑块后，子弹和滑块的共同速度为 v'，则系统动量 $p=(m+m')v'$。因为 $p=p_0$，所以

$$v'=\frac{mv_0}{m+m'} \quad ①$$

在子弹击中滑块后，直到弹簧伸长为 l 时，没有外力对由子弹、滑块和弹簧构成的系统作功，系

统的机械能守恒，因此有

$$\frac{1}{2}(m+m')v'^2=\frac{1}{2}(m+m')v^2+\frac{1}{2}k(l-l_0)^2$$

将①式代入上式后可得

$$v=\sqrt{\left(\frac{m}{m+m'}\right)^2 v_0^2-\frac{k(l-l_0)^2}{m+m'}} \quad ②$$

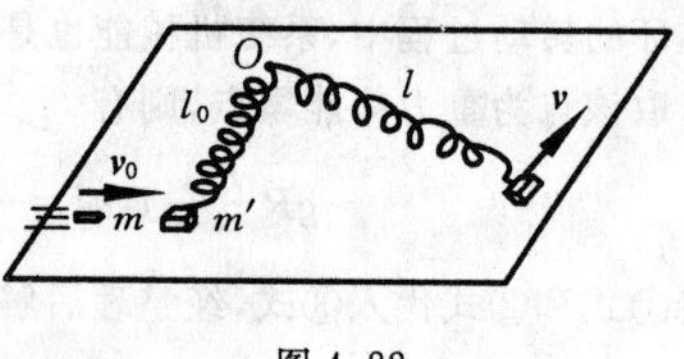

图 4-22

在子弹击中滑块到弹簧长度为 l 的过程中，作用于滑块的弹性力的方向总是指向 O 点，因此对 O 点的力矩为零，由子弹和滑块组成的系统对 O 点的角动量守恒。在过程开始时，滑块（含子弹）的速度 $\boldsymbol{v}'$ 的方向与滑块对 O 点的位置矢量的方向相互垂直，系统的角动量

$$L_1=(m+m')l_0 v'$$

滑块速度为 $\boldsymbol{v}$ 时，设 $\boldsymbol{v}$ 的方向与滑块对 O 点的位置矢量的方向间的夹角为 θ，则系统的角动量

$$L_2=(m+m')lv\sin\theta$$

因为 $L_1=L_2$，所以

$$\sin\theta=\frac{l_0 v'}{lv}$$

将①式和②式代入上式后，可得

$$\theta=\arcsin\frac{ml_0 v_0}{l(m+m')}\left[\left(\frac{m}{m+m'}\right)^2 v_0^2-\frac{k(l-l_0)^2}{m+m'}\right]^{-1/2}$$

【4-37】 一长为 l、质量为 m 的均匀细棒，在光滑的平面上绕质心作无滑动的转动，其角速度为 ω，若棒突然改绕其一端转动；求：(1) 以端点为转轴的角速度 ω'；(2) 在此过程中转动动能的改变。

解 (1) 细棒绕质心转动时，其转动惯量 $J=\frac{1}{12}ml^2$，绕其一端转动时，其转动惯量 $J'=\frac{1}{3}ml^2$。在棒由绕质心转动改变为绕端点转动时，外力作用于新转动中心，对它不构成力矩，棒的角动量不变，因此 $J\omega=J'\omega'$，即

$$\frac{1}{12}ml^2\omega=\frac{1}{3}ml^2\omega',\quad \omega'=\frac{1}{4}\omega$$

(2) 在此过程中，转动动能的增量 $\Delta E_k=\frac{1}{2}J'\omega'^2-\frac{1}{2}J\omega^2=-\frac{1}{32}ml^2\omega^2$。

【4-38】 如图 4-23 所示，一绕有细绳的大木轴放置在水平面上，木轴质量为 m，外轮半径为 R_1，内柱半径为 R_2，木轴对中心轴 O 的转动惯量为 J_C。现用一恒定外力 $\boldsymbol{F}$ 拉细绳一端，设细绳与水平面夹角 θ 保持不变，木轴滚动时与地面无相对滑动。求木轴滚动时的质心加速度 a_C 和木轴绕中心轴 O 的角加速度 α。

解 木轴滚动时与地面无相对滑动，说明地面对木轴存在方向水平向左的摩擦力 f。对木轴的平动可列出方程

$$F\cos\theta-f=ma_C \quad ①$$

力 $\boldsymbol{F}$ 与内柱表面是相切的，它对中心轴的力矩为 $M_1=FR_2$，摩擦力对中心轴的力矩为 $M_2=fR_1$。这两个力矩的方向是相同的，外力对中心轴的合力矩为

$$M=M_1+M_2=FR_2+fR_1$$

对木轴绕中心轴的转动可列出方程

$$FR_2+fR_1=J_C\alpha \quad ②$$

因为木轴是纯滚动，所以

$$a_C=R_1\alpha \quad ③$$

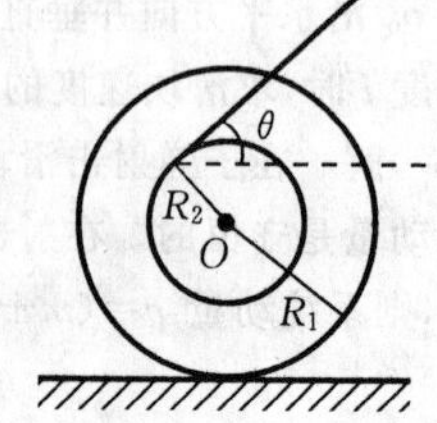

图 4-23

由方程①～③，可解得

$$a_C=\frac{FR_1(R_2+R_1\cos\theta)}{J_C+mR_1^2},\quad \alpha=\frac{F(R_2+R_1\cos\theta)}{J_C+mR_1^2}$$

第5章 静 电 场

内容提要

1. 电荷守恒定律

在孤立系统中，不管系统中的电荷如何迁移，系统的电荷的代数和保持不变。

2. 库仑定律

在真空中，两个静止的点电荷之间的相互作用力的大小与它们的电荷的乘积成正比，与它们之间的距离的二次方成反比；作用力的方向沿着两点电荷的连线，同号电荷相斥，异号电荷相吸。即

$$\boldsymbol{F}_{12}=\frac{q_1 q_2}{4\pi\varepsilon_0 r^2}\boldsymbol{e}_r,\quad \varepsilon_0=8.85\times10^{-12}\ \mathrm{F\cdot m^{-1}}$$

3. 电场强度

电场强度定义 $\boldsymbol{E}=\dfrac{\boldsymbol{F}}{q_0}$

点电荷的电场强度 $\boldsymbol{E}=\dfrac{Q}{4\pi\varepsilon_0 r^2}\boldsymbol{e}_r$

电场强度叠加原理：点电荷系所激发的电场中某点处的电场强度等于各个点电荷单独存在时对该点所激起的电场强度的矢量和。即

$$\boldsymbol{E}=\sum_{i=1}^{n}\boldsymbol{E}_i=\sum_{i=1}^{n}\frac{Q_i}{4\pi\varepsilon_0 r_i^2}\boldsymbol{e}_{ri}$$

此原理也适用于连续分布电荷系统所激发的电场，数学表达式为

$$\boldsymbol{E}=\int_Q\frac{\mathrm{d}q}{4\pi\varepsilon_0 r^2}\boldsymbol{e}_r$$

对于电荷的体分布、面分布和线分布三种情况，上式具体化为

体分布 $\boldsymbol{E}=\displaystyle\int_V\frac{\rho\boldsymbol{e}_r}{4\pi\varepsilon_0 r^2}\mathrm{d}V$

面分布 $\boldsymbol{E}=\displaystyle\int_S\frac{\sigma\boldsymbol{e}_r}{4\pi\varepsilon_0 r^2}\mathrm{d}S$

线分布 $\boldsymbol{E}=\displaystyle\int_l\frac{\lambda\boldsymbol{e}_r}{4\pi\varepsilon_0 r^2}\mathrm{d}l$

电场强度叠加原理是求解电场强度分布的第一种方法。应用此方法时应注意两点。第一，电场强度的叠加是矢量叠加，要正确画出矢量合成图；第二，对于连续均匀分布的电荷系统，通常用积分法求电场强度分布。为此，先要求出电荷线(面、体)密度，其次要找出电荷分布的对称轴，对称电荷元在轴上一点产生的电场强度的某个分量将会抵消，从而可把矢量积分简化为数量积分。

4. 高斯定理

电场强度通量的计算：

通过面积 S 的电场强度通量 $\Phi_\mathrm{e}=\displaystyle\int_S\boldsymbol{E}\cdot\mathrm{d}\boldsymbol{S}$

通过闭合曲面的电场强度通量 $\Phi_\mathrm{e}=\displaystyle\oint_S\boldsymbol{E}\cdot\mathrm{d}\boldsymbol{S}$

高斯定理:在真空中,通过任一闭合曲面的电场强度通量,等于该曲面所包围的所有电荷的代数和除以 ε_0。即

$$\Phi_e = \oint_S \boldsymbol{E} \cdot d\boldsymbol{S} = \frac{1}{\varepsilon_0}\sum_{i=1}^{n} q_i^{in}$$

高斯定理是求解电场强度分布的第二种方法。这种方法在数学上较简单,在应用范围上有局限性。通常它可应用于均匀带电球面或球体、无限长均匀带电直线、无限长均匀带电圆柱面或圆柱体、无限大均匀带电平面等几种电荷系统的电场强度分布的计算。

均匀带电球面或球体的电场分布具有球对称性:与球心等远处的电场强度大小相等,方向平行于球心至该处的位矢方向。因此,欲求空间某点电场强度,则可作过此点的同心球面为高斯面,然后应用高斯定理。

无限长均匀带电直线、圆柱面或圆柱体的电场分布具有轴对称性:与轴等远处电场强度大小相等,方向平行于该处至轴线的垂线。因此,欲求某点电场强度,通过该点作一任意长度的共轴圆柱面为高斯面,然后应用高斯定理。

无限大均匀带电平面的电场分布具有面对称性:与平面等距的点的电场强度大小相等(事实上在有限距离内所有点的电场强度大小都相等),方向与平面垂直。因此,欲求某点场强,过该点作一任意长度、任意半径,轴线与平面垂直且与平面相交的圆柱面为高斯面,然后应用高斯定理。

均匀带电球壳的电场强度 $\boldsymbol{E}=\begin{cases}\boldsymbol{0} & (r<R)\\ \dfrac{Q}{4\pi\varepsilon_0 r^2}\boldsymbol{e}_r & (r>R)\end{cases}$

无限长均匀带电直线的电场强度 $\boldsymbol{E}=\dfrac{\lambda}{2\pi\varepsilon_0 r}\boldsymbol{e}_r$

无限大均匀带电平面的电场强度 $\boldsymbol{E}=\dfrac{\sigma}{2\varepsilon_0}\boldsymbol{e}_n$

以上是几个常用公式。应用这些公式和电场强度叠加原理,还可以求解同心的均匀带电球壳(球面)系统、平行的无限长均匀带电直线系统、共轴的无限长均匀带电圆柱面系统、平行的无限大均匀带电平面系统的电场强度分布。

5. 静电场的环路定理

在静电场中电场强度 $\boldsymbol{E}$ 的环流为零,即 $\oint_l \boldsymbol{E} \cdot d\boldsymbol{l} = 0$

6. 电势

电势定义 $V_A = \int_{A\infty} \boldsymbol{E} \cdot d\boldsymbol{l}$ (以无限远处为电势零点)

点电荷 q_0 在点 A 处的电势能 $E_{pA}=q_0 V_A$

电场力所作的功与电势差的关系

$$W_{AB}=q_0(V_A-V_B)$$

点电荷电场中的电势 $V=\dfrac{q}{4\pi\varepsilon_0 r}$

电势叠加原理:点电荷系所激发的电场中某点的电势,等于各点电荷单独存在时在该点建立的电势的代数和。即

$$V = \sum_{i=1}^{n} \frac{q_i}{4\pi\varepsilon_0 r_i}$$

此原理也适用于电荷连续分布的带电体所激发的电场,数学表达式为

$$V = \int_q \frac{dq}{4\pi\varepsilon_0 r}$$

求解电场中的电势分布有两种方法。一种是定义法,一种是叠加法。已知电场强度分布时用

定义法，已知电荷分布时用叠加法。

几个常用的电势分布公式：

均匀带电圆环轴线上的电势分布　　$V=\dfrac{1}{4\pi\varepsilon_0}\dfrac{q}{\sqrt{x^2+R^2}}$

均匀带电球壳的电势分布　　$V=\begin{cases}\dfrac{Q}{4\pi\varepsilon_0 R} & (r\leqslant R)\\[2mm] \dfrac{Q}{4\pi\varepsilon_0 r} & (r\geqslant R)\end{cases}$

无限长均匀带电直线的电势

$$V=\frac{\lambda}{2\pi\varepsilon_0}\ln\frac{r_B}{r}\quad (V_B=0)$$

7. 电场强度与电势梯度的关系

$$\boldsymbol{E}=-\frac{\mathrm{d}V}{\mathrm{d}l_{\mathrm{n}}}\boldsymbol{e}_{\mathrm{n}}$$

分量式　　$E_x=-\dfrac{\partial V}{\partial x},\quad E_y=-\dfrac{\partial V}{\partial y},\quad E_z=-\dfrac{\partial V}{\partial z}$

已知电势的空间分布，可求出电场强度分布，这是求电场强度分布的第三种方法。

习题解答

【5-1】 电荷面密度均为$+\sigma$的两块"无限大"均匀带电的平行平板如图 5-1(a)放置，其周围空间各点电场强度 $\boldsymbol{E}$(设电场强度方向向右为正、向左为负)随位置坐标 x 变化的关系曲线(图 5-1(b))为(　)。

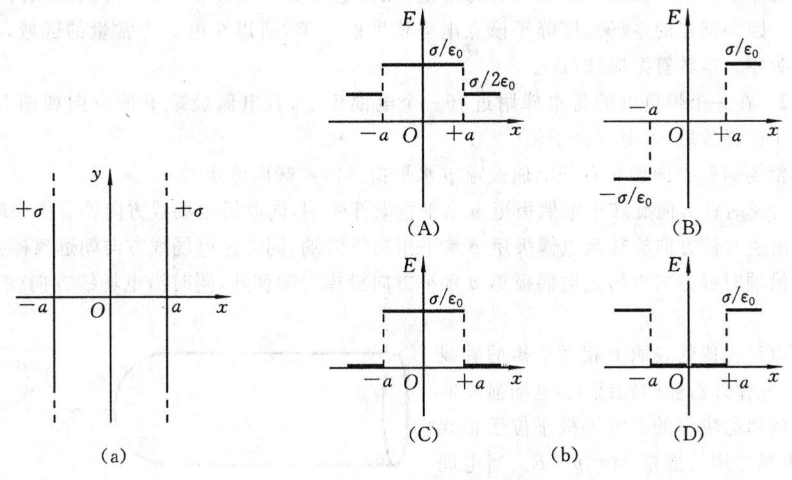

图 5-1

解　整个空间可分为三个区域，在各区域的电场强度分布如下：

区域Ⅰ($x<-a$)　　$E=-\dfrac{\sigma}{2\varepsilon_0}+\left(-\dfrac{\sigma}{2\varepsilon_0}\right)=-\dfrac{\sigma}{\varepsilon_0}$

区域Ⅱ($-a<x<a$)　　$E=\dfrac{\sigma}{2\varepsilon_0}+\left(-\dfrac{\sigma}{2\varepsilon_0}\right)=0$

区域Ⅲ($x>a$)　　$E=\dfrac{\sigma}{2\varepsilon_0}+\dfrac{\sigma}{2\varepsilon_0}=\dfrac{\sigma}{\varepsilon_0}$

本题答案应选(B)。

【5-2】 下列说法正确的是（ ）。

(A) 闭合曲面上各点电场强度都为零时，曲面内一定没有电荷

(B) 闭合曲面上各点电场强度都为零时，曲面内电荷的代数和必定为零

(C) 闭合曲面的电通量为零时，曲面上各点的电场强度必定为零

(D) 闭合曲面的电通量不为零时，曲面上任意一点的电场强度都不可能为零

解 高斯定理的数学表示式为$\oint \boldsymbol{E}\cdot \mathrm{d}\boldsymbol{S}=\dfrac{1}{\varepsilon_0}\sum_{i=1}^{n}q_i^{\text{in}}$，式中，$\oint \boldsymbol{E}\cdot \mathrm{d}\boldsymbol{S}=\oint E\cos\theta \mathrm{d}S$，当闭合曲面上各点都有 $E=0$ 时，即有 $\sum_{i=1}^{n}q_i^{\text{in}}=0$，它说明曲面内电荷的代数和为零，而不是曲面内一定没有电荷。

当闭合曲面的电通量$\oint \boldsymbol{E}\cdot \mathrm{d}\boldsymbol{S}=\oint E\cos\theta \mathrm{d}S=0$ 时，并不要求积分号内 E 处处为零，也就是说，曲面上各点的电场强度不一定为零。当$\oint \boldsymbol{E}\cdot \mathrm{d}\boldsymbol{S}=\oint E\cos\theta \mathrm{d}S\neq 0$ 时，也不要求积分号内 E 处处不为零，也就是说，曲面上各点的电场强度不一定都不为零。总之，闭合曲面的电通量是否为零，不能说明曲面上各点电场强度都为零或都不为零。

本题答案应选(B)。

【5-3】 下列说法正确的是（ ）。

(A) 电场强度为零的点，电势也一定为零　　(B) 电场强度不为零的点，电势也一定不为零

(C) 电势为零的点，电场强度也一定为零

(D) 电势在某一区域内为常量，则电场强度在该区域内必定为零

解 电场中某点的电势是大是小，是零非零，与电势零点的人为选择有关，而该点电场强度的大小和方向则与电势零点的选择无关。因此，不能根据某点电场强度是否为零判断该点电势是否为零。反之亦然。电势在某一区域内若为常量，无论它的大小是多少，都说明该区域内电势梯度处处为零。因为某点的电场强度等于该点电势梯度的负值，所以在电势为常量的区域，电场强度必定处处为零。本题答案应选(D)。

【5-4】 在一个带负电的带电棒附近有一个电偶极子，其电偶极矩 $\boldsymbol{p}$ 的方向如图 5-2 所示。当电偶极子被释放后，该电偶极子将（ ）。

(A) 沿逆时针方向旋转直到电偶极矩 $\boldsymbol{p}$ 水平指向棒尖端而停止

(B) 沿逆时针方向旋转至电偶极矩 $\boldsymbol{p}$ 水平指向棒尖端，同时沿电场线方向朝着棒尖端移动

(C) 沿逆时针方向旋转至电偶极矩 $\boldsymbol{p}$ 水平指向棒尖端，同时逆电场线方向朝远离棒尖端移动

(D) 沿顺时针方向旋转至电偶极矩 $\boldsymbol{p}$ 水平方向沿棒尖端朝外，同时沿电场线方向朝着棒尖端移动

解 电荷在棒的表面上相对于棒的轴线对称分布，在棒外右侧的轴线上，电场强度的方向是指向棒的尖端的。电偶极子位于轴线上，受到电场作用的力矩 $\boldsymbol{M}=\boldsymbol{p}\times\boldsymbol{E}$。当电偶极子被释放后，这力矩使电偶极子逆时针方向旋转至电偶极矩方向指向棒的尖端。这时组成电偶极子的正电荷距带电棒较近，受到较大的引力，负电荷距带电棒较远，受到较小的斥力，因此电偶极子将沿电场线方向朝着棒尖端移动。本题答案应选(B)。

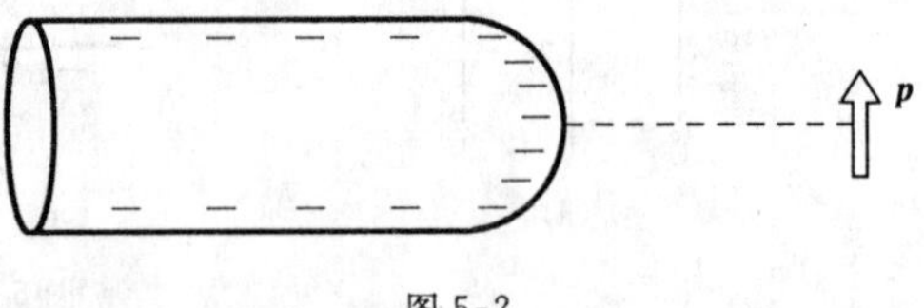

图 5-2

【5-5】 精密实验表明，电子与质子电荷量差值的最大范围不会超过$\pm 10^{-21}e$，而中子电量与零差值的最大范围也不会超过$\pm 10^{-21}e$，由最为极端的情况考虑，一个有 8 个电子、8 个质子和 8 个中子构成的氧原子所带的最大可能净电荷是多少？若将原子视作质点，试比较两个氧原子间的库仑力和万有引力的大小。

解 一个电子的电量为 $q_e=-e\pm10^{-21}e$，一个质子的电量为 $q_p=e\pm10^{-21}e$，一个中子的电量为 $q_n=0\pm10^{-21}e$。误差综合的一种最极端情况是：$q_{e1}=-e+10^{-21}e$，$q_{p1}=e+10^{-21}e$，$q_{n1}=0+10^{-21}e$。在这种情况下，一个氧原子所带的最大可能净电荷是

$$q_1=2(q_{e1}+q_{p1}+q_{n1})=2.4\times10^{-20}e$$

（另一种最极端的情况是，一个氧原子所带的最大可能净电荷 $q_2=-2.4\times10^{-20}e$）

在上述极端情况下，两个氧原子间的库仑力的大小为

$$F_e=\frac{q_1^2}{4\pi\varepsilon_0 r^2}$$

两个氧原子间的万有引力的大小为 $$F_G=G\frac{m^2}{r^2}$$

式中，m 是氧原子质量，$m=2.67\times10^{-26}$ kg。

$$\frac{F_e}{F_G}=\frac{q_1^2}{4\pi\varepsilon_0 Gm^2}=2.8\times10^{-6},\quad F_e\ll F_G$$

【5-6】 1964 年，盖尔曼等人提出基本粒子是由更基本的夸克构成，中子就是由一个带 $2e/3$ 的上夸克和两个带 $-e/3$ 的下夸克构成。将夸克作为经典粒子处理（夸克线度约为 10^{-20} m），中子内的两个下夸克之间相距 2.60×10^{-15} m，求它们之间的斥力。

解 两个下夸克之间的斥力为 $$F=\frac{q^2}{4\pi\varepsilon_0 r^2}=3.78\ \text{N}$$

【5-7】 质量为 m，电荷为 $-e$ 的电子以圆轨道绕氢核旋转，其初动能为 E_k。证明电子的旋转频率满足 $\nu^2=\frac{32\varepsilon_0^2E_k^3}{me^4}$，式中，$\varepsilon_0$ 是真空电容率。电子的运动可视为遵守经典力学定律。

解 氢核对电子的引力提供了电子作圆周运动所需之向心力，因此

$$\frac{mv^2}{r}=\frac{e^2}{4\pi\varepsilon_0 r^2}$$

由此可得电子动能 $$E_k=\frac{1}{2}mv^2=\frac{e^2}{8\pi\varepsilon_0 r} \qquad ①$$

电子的旋转频率 $$\nu=\frac{v}{2\pi r}$$

因此 $$\nu^2=\frac{v^2}{4\pi^2r^2}=\frac{E_k}{2\pi^2mr^2} \qquad ②$$

从方程①和②中消去 r，即得 $$\nu^2=\frac{32\varepsilon_0^2E_k^3}{me^4}$$

【5-8】 在氯化铯晶体中，一价氯离子 Cl^- 与其最邻近的 8 个一价铯离子 Cs^+ 构成如图 5-3 所示的立方晶格结构。(1)求氯离子所受的库仑力；(2)假设图中箭头所指处缺少一个铯离子（称作晶格缺陷），求此时氯离子所受的库仑力。

解 (1) 在立方晶格中每一条对角线两端的铯离子对位于晶格中心的氯离子产生两个大小相等、方向相反的静电力，这两个力的合力为零，因此 8 个铯离子对氯离子作用力的合力为零。

(2) 若晶格中缺少 1 个铯离子，则氯离子受到与该空位处于对角位置的铯离子的静电引力，其值为

$$F=\frac{e^2}{4\pi\varepsilon_0 r^2}$$

以 l 表示相邻两铯离子间距离，则

$$r=\frac{\sqrt{3}}{2}l$$

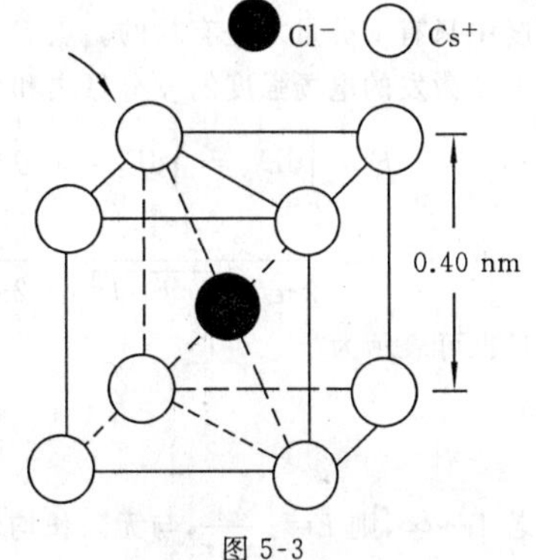

图 5-3

将上式代入 F 的表示式，得到

$$F=\frac{4}{3}\left(\frac{e^2}{4\pi\varepsilon_0 l^2}\right)=1.92\times10^{-9}\ \mathrm{N}$$

【5-9】 若电荷 Q 均匀地分布在长为 L 的细棒上，求证：

(1) 在棒的延长线上，且离棒中心为 r 处的电场强度为 $E=\frac{1}{\pi\varepsilon_0}\frac{Q}{4r^2-L^2}$；

(2) 在棒的垂直平分线上，离棒为 r 处的电场强度为 $E=\frac{1}{2\pi\varepsilon_0 r}\frac{Q}{\sqrt{4r^2+L^2}}$。

若棒为无限长（即 $L\to\infty$），试将结果与无限长均匀带电直线的电场强度相比较。

解　(1) 取棒中心 O 为原点，沿棒长向右的方向为 x 轴（图 5-4(a)）。在棒上坐标为 x 处取长为 $\mathrm{d}x$ 的一段棒，因为电荷在棒上均匀分布，单位长度上的电荷（即电荷线密度）为

$$\lambda=\frac{Q}{L}$$

所以长为 $\mathrm{d}x$ 的一段棒上的电荷为

$$\mathrm{d}q=\lambda\mathrm{d}x$$

它可以看成是一个点电荷，它在点 P 处激发的电场强度为

$$\mathrm{d}E=\frac{\mathrm{d}q}{4\pi\varepsilon_0(r-x)^2}=\frac{\lambda\mathrm{d}x}{4\pi\varepsilon_0(r-x)^2}$$

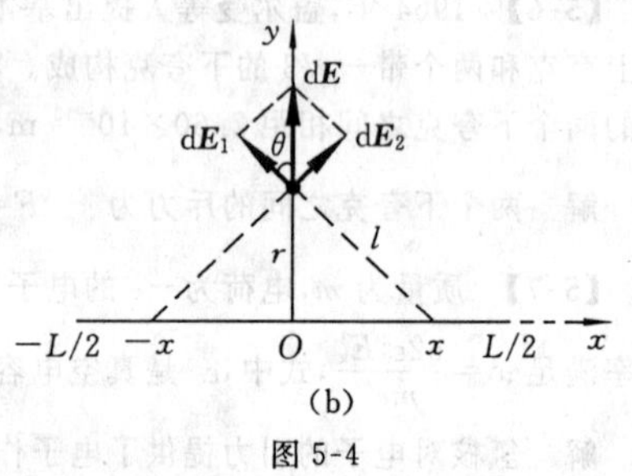

图 5-4

棒上所有电荷在 P 点激发的电场方向都是相同的，因此 P 点的电场强度等于棒上所有电荷在 P 点激发的电场强度的数量和，即

$$E=\int\mathrm{d}E=\int_{-L/2}^{L/2}\frac{\lambda\mathrm{d}x}{4\pi\varepsilon_0(r-x)^2}=\frac{\lambda L}{\pi\varepsilon_0(4r^2-L^2)}=\frac{Q}{\pi\varepsilon_0(4r^2-L^2)}$$

(2) 取棒中心 O 为原点，沿棒长方向为 x 轴，棒的中垂线为 y 轴（图 5-4(b)），在棒上坐标为 x 处取长为 $\mathrm{d}x$ 的一段，其电荷 $\mathrm{d}q=\lambda\mathrm{d}x$。此点电荷在点 P 处激发的电场方向如图 5-4(b)所示，电场强度的大小为

$$\mathrm{d}E_1=\frac{\mathrm{d}q}{4\pi\varepsilon_0 l^2}=\frac{\lambda\mathrm{d}x}{4\pi\varepsilon_0(r^2+x^2)}$$

棒上的电荷相对于 O 点是对称分布的，在坐标为 $-x$ 处取与前一点电荷对称的另一点电荷 $\mathrm{d}q$，它在点 P 处激发的电场强度 $\mathrm{d}\boldsymbol{E}_2$ 的大小 $\mathrm{d}E_2=\mathrm{d}E_1$，$\mathrm{d}\boldsymbol{E}_2$ 的方向与 y 轴的夹角和 $\mathrm{d}\boldsymbol{E}_1$ 的方向与 y 轴的夹角相等，因此，$\mathrm{d}\boldsymbol{E}_1$ 沿 x 轴方向的分量与 $\mathrm{d}\boldsymbol{E}_2$ 沿 x 轴方向的分量大小相等，方向相反，相互抵消；$\mathrm{d}\boldsymbol{E}_1$ 和 $\mathrm{d}\boldsymbol{E}_2$ 沿 y 轴方向的分量则大小相等，方向相同。可见点电荷 $\mathrm{d}q$ 在点 P 处激发的电场强度中只有 y 分量才是有效的。点 P 处的电场强度 $\boldsymbol{E}$ 的方向沿 y 轴方向，其大小为棒上各点电荷在该点激发的电场强度的 y 分量之和，即

$$E=\int\mathrm{d}E_{1y}=\int\mathrm{d}E_1\cdot\cos\theta=\int_{-L/2}^{L/2}\frac{\lambda r\mathrm{d}x}{4\pi\varepsilon_0(r^2+x^2)^{3/2}}=\frac{\lambda r}{4\pi\varepsilon_0}\left[\frac{x}{r^2(r^2+x^2)^{1/2}}\right]_{-L/2}^{L/2}$$

$$=\frac{\lambda L}{2\pi\varepsilon_0 r\sqrt{4r^2+L^2}}=\frac{Q}{2\pi\varepsilon_0 r\sqrt{4r^2+L^2}}$$

E 也可表示为

$$E=\frac{\lambda}{2\pi\varepsilon_0 r\sqrt{4r^2/L^2+1}}$$

若 $L\to\infty$，则 $E=\frac{\lambda}{2\pi\varepsilon_0 r}$，与无限长均匀带电直线的电场强度表示式是一致的。

【5-10】 一半径为 R 的半球壳，均匀地带有电荷，电荷面密度为 σ。求球心处电场强度的大小。

解 以球心 O 为原点建立空间直角坐标系，使半球大圆平面位于 Oxz 平面上(图 5-5)。在半球面上 P 点(坐标为 R,θ,φ)取一面积元 $\mathrm{d}S$，它可表示为

$$\mathrm{d}S=R^2\sin\theta\mathrm{d}\theta\mathrm{d}\varphi$$

面积元上电量为

$$\mathrm{d}q=\sigma\mathrm{d}S=\sigma R^2\sin\theta\mathrm{d}\theta\mathrm{d}\varphi$$

它在 O 点激发的电场强度 $\mathrm{d}\boldsymbol{E}_1$ 的方向如图 5-5 所示，与 y 轴的夹角为$\pi-\theta$。$\mathrm{d}E_1$ 的大小为

$$\mathrm{d}E_1=\frac{\mathrm{d}q}{4\pi\varepsilon_0 R^2}=\frac{\sigma\sin\theta}{4\pi\varepsilon_0}\mathrm{d}\theta\mathrm{d}\varphi$$

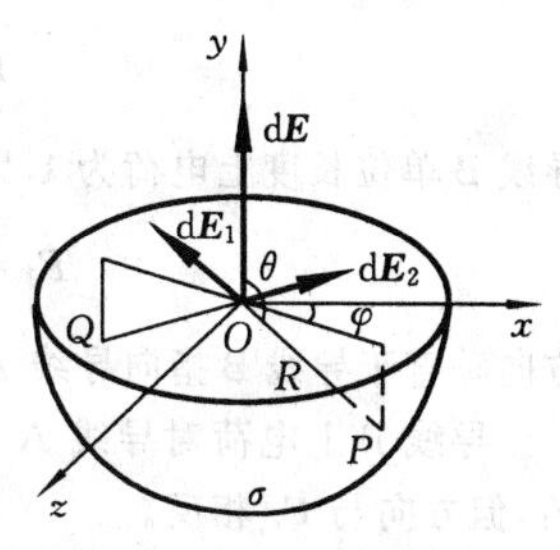

图 5-5

半球面上的电荷相对于 y 轴是对称分布的，在 P 点的对称点 Q(坐标为 $R,\theta,\varphi+\pi$)取另一面积元 $\mathrm{d}S$，面积元上电荷在 O 点激发的电场强度 $\mathrm{d}\boldsymbol{E}_2$ 的大小与 $\mathrm{d}\boldsymbol{E}_1$ 相等，方向与 $\mathrm{d}\boldsymbol{E}_1$ 的方向相对于 y 轴对称(即 $\mathrm{d}\boldsymbol{E}_1$、$\mathrm{d}\boldsymbol{E}_2$ 的方向与 y 轴在同一平面上，且它们的方向分别与 y 轴形成的夹角相等)，它们的合矢量 $\mathrm{d}\boldsymbol{E}$ 的方向与 y 轴方向相同，大小为

$$\mathrm{d}E=2\mathrm{d}E_1\cos(\pi-\theta)=-\frac{\sigma\sin\theta}{2\pi\varepsilon_0}\cos\theta\mathrm{d}\theta\mathrm{d}\varphi$$

半球面上每一电荷元都存在与之对称的相同电荷元，因此整个半球面上电荷在 O 点激发的电场强度的方向沿 y 轴方向，大小为

$$E=\int\mathrm{d}E=-\frac{\sigma}{2\pi\varepsilon_0}\int_{\pi/2}^{\pi}\sin\theta\cos\theta\mathrm{d}\theta\int_0^{\pi}\mathrm{d}\varphi=\frac{\sigma}{4\varepsilon_0}$$

【5-11】 水分子 H_2O 中氧原子和氢原子的等效电荷中心如图 5-6 所示，假设氧原子和氢原子的等效电荷中心间距为 r_0。试计算在分子的对称轴线上，距分子较远处的电场强度。

解 两个氢原子各带电荷$+e$，由于位置相对于轴线 OP 对称，它们的电荷中心位于轴线上，与 O 点相距 $\Delta r=r_0\cos\theta$；氧原子带有电荷$-2e$，电荷中心即为 O 点。在 OP 轴上距 O 点为 x 处，电场强度大小为

$$E=E_+-E_-=\frac{2e}{4\pi\varepsilon_0(x-\Delta r)^2}-\frac{2e}{4\pi\varepsilon_0 x^2}$$

$$=\frac{2e}{4\pi\varepsilon_0 x^2}\left[\frac{1}{\left(1-\frac{\Delta r}{x}\right)^2}-1\right] \quad ①$$

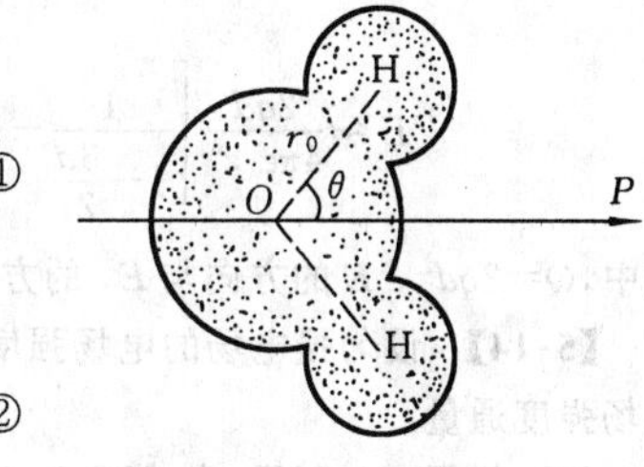

图 5-6

在轴线上较远处，$x\gg\Delta r$，

$$\left(1-\frac{\Delta r}{x}\right)^{-2}\approx 1+\frac{2\Delta r}{x} \quad ②$$

将②式代入①式后得到

$$E=\frac{e\Delta r}{\pi\varepsilon_0 x^3}=\frac{er_0\cos\theta}{\pi\varepsilon_0 x^3}$$

【5-12】 两条无限长平行直导线相距为 r，均匀带有等量异号电荷，电荷线密度为 λ。(1) 求两导线构成的平面上任意一点的电场强度(设该点到其中一线的垂直距离为 x)；(2) 求每一根导线上单位长度导线受到另一根导线上电荷作用的电场力。

解 (1) 两条无限长平行直导线将它们所构成的平面分为三个区域(图 5-7)。在区域Ⅱ上任意点 P，两带电导线在该点激发的电场强度方向相同，点 P 的电场强度大小为

$$E=E_++E_-=\frac{\lambda}{2\pi\varepsilon_0 x}+\frac{\lambda}{2\pi\varepsilon_0(r-x)}=\frac{r\lambda}{2\pi\varepsilon_0 x(r-x)}$$

可以证明，这也是区域Ⅰ和Ⅲ电场强度表示式。在区域Ⅰ，$x<0$，因此$E<0$，表示该区域电场强度

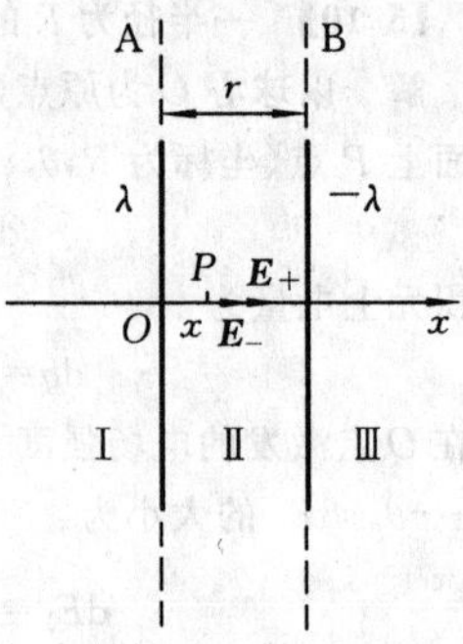

图 5-7

方向与 x 轴方向相反。在区域Ⅲ，$x>0$ 且 $x>r$，也有 $E<0$，电场强度方向也与 x 轴方向相反。

(2) 导线 A 在导线 B 处激发的电场强度的大小为

$$E_1=\frac{\lambda}{2\pi\varepsilon_0 r}$$

导线 B 单位长度上电荷为 λ，因此受到电场的作用力的大小为

$$F_1=E_1\lambda=\frac{\lambda^2}{2\pi\varepsilon_0 r}$$

方向垂直于导线 B 指向导线 A。

导线 B 上电荷对导线 A 上单位长度的电荷作用力的大小 $F_2=F_1$，但方向与 $\boldsymbol{F}_1$ 相反。

【5-13】 如图 5-8 为电四极子，电四极子是由两个大小相等、方向相反的电偶极子构成的。试求在两个电偶极子延长线上距中心为 z 的一点 P 的电场强度（假设 $z\gg d$）。

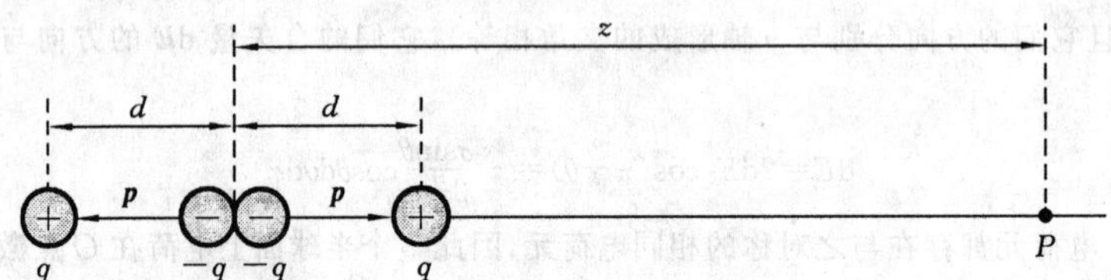

图 5-8

解 电四极子在 P 点激发的电场强度等于组成它的两个反向电偶极子在该点激发的电场强度的代数和：

$$E=E_1+E_2=\frac{2qd}{4\pi\varepsilon_0\left(z-\frac{d}{2}\right)^3}-\frac{2qd}{4\pi\varepsilon_0\left(z+\frac{d}{2}\right)^3}=\frac{2qd}{4\pi\varepsilon_0 z^3}\left[\frac{1}{\left(1-\frac{d}{2z}\right)^3}-\frac{1}{\left(1+\frac{d}{2z}\right)^3}\right]$$

$\frac{d}{2z}\ll 1$ 略去，则

$$E\approx\frac{2qd}{4\pi\varepsilon_0 z^3}\left[\frac{1}{1-\frac{3d}{2z}}-\frac{1}{1+\frac{3d}{2z}}\right]=\frac{2qd}{4\pi\varepsilon_0 z^3}\frac{\frac{3d}{z}}{1-\left(\frac{3d}{2z}\right)^2}\approx\frac{3(2qd^2)}{4\pi\varepsilon_0 z^4}=\frac{3Q}{4\pi\varepsilon_0 z^4}$$

式中，$Q=2qd^2$。$\boldsymbol{E}$ 的方向与 $\boldsymbol{E}_1$ 的方向（即右方电偶极子的电矩方向）相同。

【5-14】 设匀强电场的电场强度 $\boldsymbol{E}$ 与半径为 R 的半球面对称轴平行，试计算通过此半球面的电场强度通量。

解 如图 5-9 所示，半球面 S_1 和它的底面 S_2 组成一个闭合曲面 S，通过 S 的电场强度通量等于通过 S_1、S_2 的电场强度通量之和：

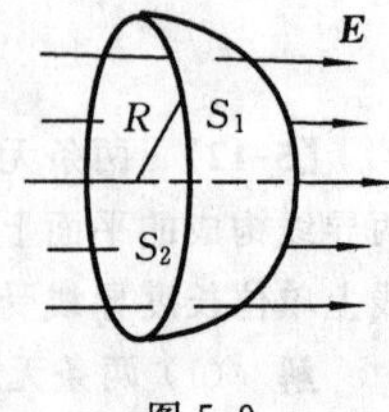

图 5-9

$$\Phi_e=\oint_S\boldsymbol{E}\cdot d\boldsymbol{S}=\int_{S_1}\boldsymbol{E}\cdot d\boldsymbol{S}+\int_{S_2}\boldsymbol{E}\cdot d\boldsymbol{S}$$

在闭合曲面 S 内不包含电荷，即 $q=0$。根据高斯定理，$\Phi_e=\frac{q}{\varepsilon_0}=0$，即

$$\int_{S_1}\boldsymbol{E}\cdot d\boldsymbol{S}+\int_{S_2}\boldsymbol{E}\cdot d\boldsymbol{S}=0,\quad \int_{S_1}\boldsymbol{E}\cdot d\boldsymbol{S}=-\int_{S_2}\boldsymbol{E}\cdot d\boldsymbol{S}$$

因为 $\boldsymbol{E}$ 与半球面对称轴平行，所以 $\boldsymbol{E}$ 与底面垂直，半球底面法线方向与 $\boldsymbol{E}$ 的方向相反，因此

$$\int_{S_2}\boldsymbol{E}\cdot d\boldsymbol{S}=-\int_{S_2}EdS=-ES_2=-\pi R^2E$$

通过半球面的电场强度通量即为 $\Phi_{e1}=\int_{S_1}\boldsymbol{E}\cdot d\boldsymbol{S}=\pi R^2 E$

【5-15】 如图 5-10 所示，边长为 a 的立方体，其表面分别平行于 Oxy,Oyz 和 Ozx 平面，立方体的一个顶点为坐标原点。现将立方体置于电场强度为 $\boldsymbol{E}=(E_1+kx)\boldsymbol{i}+E_2\boldsymbol{j}$ 的非均匀电场中，求立方体各表面及立方体的电场强度通量(k、E_1、E_2 均为常量)。

解 立方体的六个表面的电场强度通量如下。

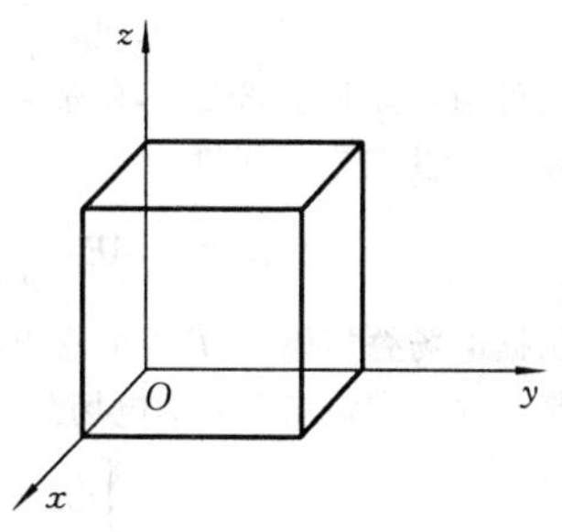

图 5-10

前表面：$\boldsymbol{S}_1=a^2\boldsymbol{i}, x=a$

$\Phi_{e1}=\boldsymbol{E}\cdot\boldsymbol{S}_1=[(E_1+ka)\boldsymbol{i}+E_2\boldsymbol{j}]\cdot a^2\boldsymbol{i}=(E_1+ka)a^2$

后表面：$\boldsymbol{S}_2=a^2(-\boldsymbol{i}), x=0$

$$\Phi_{e2}=\boldsymbol{E}\cdot\boldsymbol{S}_2=-E_1a^2$$

左表面：$\boldsymbol{S}_3=a^2(-\boldsymbol{j})$

$\Phi_{e3}=\boldsymbol{E}\cdot\boldsymbol{S}_3=[(E_1+kx)\boldsymbol{i}+E_2\boldsymbol{j}]\cdot a^2(-\boldsymbol{j})=-E_2a^2$

右表面：$\boldsymbol{S}_4=a^2\boldsymbol{j}$

$\Phi_{e4}=\boldsymbol{E}\cdot\boldsymbol{S}_4=[(E_1+kx)\boldsymbol{i}+E_2\boldsymbol{j}]\cdot a^2\boldsymbol{j}=E_2a^2$

上表面：$\boldsymbol{S}_5=a^2\boldsymbol{k}$ $\Phi_{e5}=[(E_1+kx)\boldsymbol{i}+E_2\boldsymbol{j}]\cdot a^2\boldsymbol{k}=0$

下表面：$\boldsymbol{S}_6=a^2(-\boldsymbol{k})$ $\Phi_{e6}=[(E_1+kx)\boldsymbol{i}+E_2\boldsymbol{j}]\cdot a^2(-\boldsymbol{k})=0$

立方体的电场强度通量为 $\Phi_e=\Phi_{e1}+\Phi_{e2}+\cdots+\Phi_{e6}=ka^3$

【5-16】 地球周围的大气犹如一部大电机，由于雷雨云和大气气流的作用，在晴天区域大气电离层总是带有大量的正电荷，地球表面必然带有负电荷。晴天大气电场平均电场强度约为 120 $\mathrm{V\cdot m^{-1}}$，方向指向地面。试求地球表面单位面积所带的电荷(以每平方厘米的电子数表示)。

解 把地球表面看作球面，在接近地表的大气中作一与地球同心的球面，在球面上电场强度方向与球面外法线方向相反，大小可看成是相同的，则通过此球面的电场强度通量

$$\Phi_e=\oint_S\boldsymbol{E}\cdot d\boldsymbol{S}=-\oint E dS=-E\oint dS=-ES$$

设地球表面电荷面密度为 σ，则球面 S 包围的电荷为

$$q=\sigma S$$

根据高斯定理 $q=\varepsilon_0\Phi_e$，可得 $\sigma=-\varepsilon_0E$

若以电子数表示电荷，则 $\sigma=\dfrac{-\varepsilon_0E}{-e}=6.63\times10^9\ \mathrm{m^{-2}}=6.63\times10^5\ \mathrm{cm^{-2}}$

【5-17】 设在半径为 R 的球体内，其电荷为对称分布，电荷体密度为

$$\rho=kr\quad(0\leqslant r\leqslant R),\quad \rho=0\quad(r>R)$$

k 为一常量。试分别用高斯定理和电场叠加原理求电场强度 $\boldsymbol{E}$ 与 r 的函数关系。

解 先讨论球体内 $\boldsymbol{E}$ 与 r 的关系。因为 ρ 只是 r 的函数，所以电荷分布有球对称性。在球体内作任意半径 r 的同心球面，球面上各点 $\boldsymbol{E}$ 的方向垂直于球面向外(如果是正电荷)，且各点 E 值相同，因此这个球面的电场强度通量为

$$\Phi_e=\oint\boldsymbol{E}\cdot d\boldsymbol{S}=\oint E dS=E\oint dS=4\pi r^2E$$

在这个球面内包围的电荷为 $q=\int\rho dV=\int_0^r(kr)4\pi r^2 dr=\pi kr^4$

根据高斯定理，$\varepsilon_0\Phi_e=q$，因此有 $4\pi\varepsilon_0 r^2E=\pi kr^4$， $E=\dfrac{kr^2}{4\varepsilon_0}$

考虑方向，则 $\boldsymbol{E}=\dfrac{kr^2}{4\varepsilon_0}\boldsymbol{e}_r\quad(r\leqslant R)$

在球体外作任意半径 r 的同心球面，这个球面的电场强度通量仍然是

$$\Phi_e=4\pi r^2E$$

球面包围了全部电荷，其值是
$$q=\pi kR^4$$
应用高斯定理即可得到
$$\boldsymbol{E}=\frac{kR^4}{4\varepsilon_0 r^2}\boldsymbol{e}_r \quad (r\geqslant R)$$

用电场叠加原理求解的方法如下。

在球体内作任意半径 r'、厚为 $\mathrm{d}r'$ 的同心球壳(图 5-11)，其电荷为
$$\mathrm{d}q=\rho 4\pi r'^2\,\mathrm{d}r'=4\pi k r'^3\,\mathrm{d}r'$$
电荷均匀分布于球壳上，此带电球壳在球体内距球心为 $r(r\geqslant r')$ 的一点 P 产生的电场强度为
$$\mathrm{d}E=\frac{\mathrm{d}q}{4\pi\varepsilon_0 r^2}=\frac{kr'^3\,\mathrm{d}r'}{\varepsilon_0 r^2}$$
根据电场叠加原理，P 点的总电场强度是半径从 $0\rightarrow r$ 连续变化的无数带电球壳在该点产生的电场强度之和，即
$$E=\int \mathrm{d}E=\int_0^r \frac{kr'^3\,\mathrm{d}r'}{\varepsilon_0 r^2}=\frac{kr^2}{4\varepsilon_0}$$

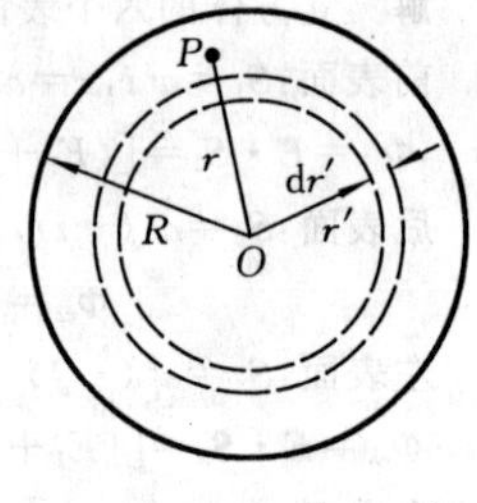

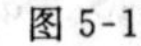
图 5-11

考虑方向，则
$$\boldsymbol{E}=\frac{kr^2}{4\varepsilon_0}\boldsymbol{e}_r \quad (r\leqslant R)$$
在以上讨论中，没有考虑 $r'>r$ 的带电球壳在 P 点产生的电场，这是因为 P 点位于这样的带电球壳的内部，而均匀带电球壳在其内部是不产生电场的，所以不予考虑。

如果 P 点在球体外，根据上述讨论，其电场强度为
$$E=\int_0^R \frac{kr'^3\,\mathrm{d}r'}{\varepsilon_0 r^2}=\frac{kR^4}{4\varepsilon_0 r^2}$$
写成矢量式，即
$$\boldsymbol{E}=\frac{kR^4}{4\varepsilon_0 r^2}\boldsymbol{e}_r \quad (r\geqslant R)$$

【5-18】 如图 5-12 所示，一无限大均匀带电薄平板，电荷面密度为 σ。在平板中部有一个半径为 r 的小圆孔。求圆孔中心轴线上与平板相距为 x 的一点 P 的电场强度。

解 设想用半径为 r，电荷面密度为 σ 的薄圆板将图 5-12 中平板上的圆孔填补，平板就成了一块完整的无限大均匀带电平板，在图中 P 点处电场强度为
$$E_1=\frac{\sigma}{2\varepsilon_0}$$
在此电场强度中，包含了用以填补的带电薄圆板在该点激发的电场的电场强度，其值为(见教科书上册第 160 页)
$$E_2=\frac{\sigma}{2\varepsilon_0}\left(1-\frac{x}{\sqrt{x^2+r^2}}\right)$$
$\boldsymbol{E}_1$ 和 $\boldsymbol{E}_2$ 的方向相同，都垂直于带电平板。因此有圆孔的无限大均匀带电薄平板在圆孔中心轴线上与平板相距 x 处的电场强度的大小为
$$E=E_1-E_2=\frac{\sigma x}{2\varepsilon_0\sqrt{x^2+r^2}}$$

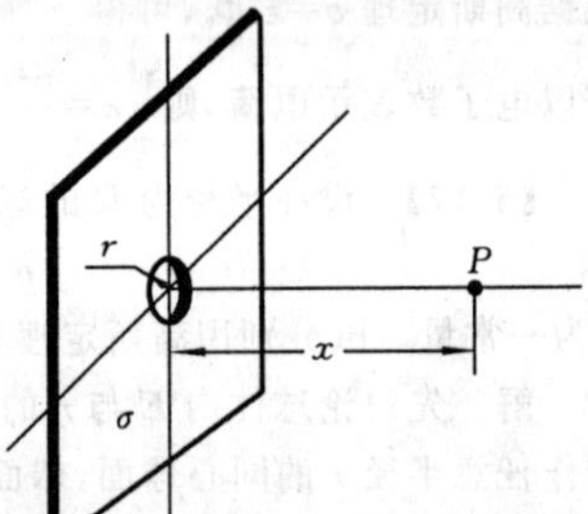

图 5-12

方向与 $\boldsymbol{E}_1$ 方向相同。

【5-19】 如图 5-13(a)所示，在电荷体密度为 ρ 的均匀带电球体中，存在一个球形空腔。如将带电体球心 O 指向球形空腔球心 O' 的矢量用 $\boldsymbol{a}$ 表示，试证明球形空腔中任意点的电场强度为
$$\boldsymbol{E}=\frac{\rho}{3\varepsilon_0}\boldsymbol{a}$$

解 本题也可用填充法求解。设想用一个半径与球形空腔半径相同、电荷体密度为 ρ 的均匀带电球体将空腔填充，就成了一个电荷体密度为 ρ 的完整的均匀带电球体。可以证明(见附注)，

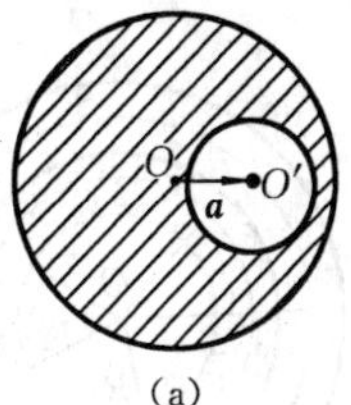

(a)

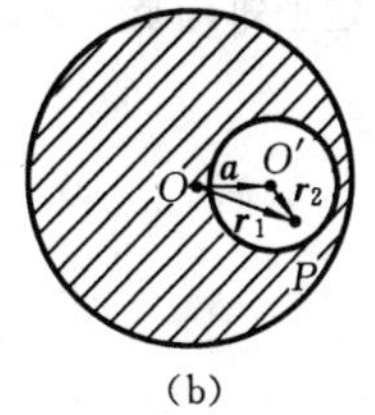

(b)

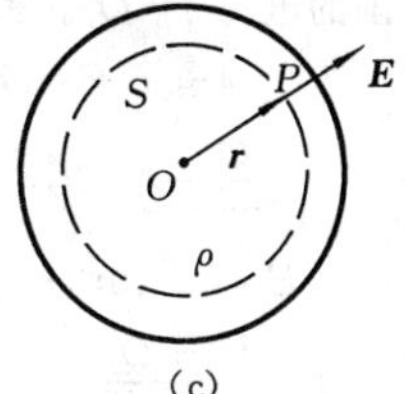

(c)

图 5-13

在这样的球体内，在相对于球心 O 的位置矢量为 $\boldsymbol{r}_1$ 的一点 P，其电场强度为

$$\boldsymbol{E}_1=\frac{\rho}{3\varepsilon_0}\boldsymbol{r}_1$$

在这个电场强度中，包含有作为填充物的均匀带电球体在点 P 激发的电场强度，它是

$$\boldsymbol{E}_2=\frac{\rho}{3\varepsilon_0}\boldsymbol{r}_2$$

式中，$\boldsymbol{r}_2$ 是点 P 相对于中心 O' 的位置矢量(图 5-13(b))。因此在球形空腔未被填充时，在空腔内任意点 P 的电场强度为

$$\boldsymbol{E}=\boldsymbol{E}_1-\boldsymbol{E}_2=\frac{\rho}{3\varepsilon_0}(\boldsymbol{r}_1-\boldsymbol{r}_2)=\frac{\rho}{3\varepsilon_0}\boldsymbol{a}$$

从 $\boldsymbol{E}$ 的表达式可知，它与 P 点位置无关，空腔内是均匀电场。

附注 证明在电荷体密度为 ρ 的均匀带电球体内，任意点 P 的电场强度为 $\boldsymbol{E}=\frac{\rho}{3\varepsilon_0}\boldsymbol{r}$，式中，$\boldsymbol{r}$ 是点 P 对球心 O 的位置矢量。

过点 P 作一与带电球体共心的球面(图 5-13(c))，由于电荷分布的球对称性，在此球面上电场强度的大小处处相等，方向与球面垂直，通过此球面的电场强度通量为

$$\Phi_e=\oint_S\boldsymbol{E}\cdot d\boldsymbol{S}=4\pi r^2E$$

球面所包围的电荷 $$q=\rho\frac{4}{3}\pi r^3$$

根据高斯定理知，$\varepsilon_0\Phi_e=q$，将 Φ_e 和 q 的表示式代入 $\varepsilon_0\Phi_e=q$ 后，即得

$$E=\frac{\rho}{3\varepsilon_0}r$$

考虑到 $\rho>0$，$\boldsymbol{E}$ 与 $\boldsymbol{r}$ 的方向一致，电场强度即可表示为

$$\boldsymbol{E}=\frac{\rho}{3\varepsilon_0}\boldsymbol{r}$$

【5-20】 一个内外半径分别为 R_1 和 R_2 的均匀带电球壳，总电荷为 Q_1，球壳外同心罩一个半径为 R_3 的均匀带电球面，球面电荷为 Q_2。求电场分布。电场强度是否为离球心距离 r 的连续函数？试分析。

解 整个带电系统的电荷分布相对于中心 O 具有球对称性，电荷所激发的电场的分布也具有球对称性：空间某点电场的方向与该点对于 O 点的位置矢量方向平行；与中心 O 等远处电场强度大小相等。整个带电系统将空间分为四个区域，先讨论区域 $R_2\leqslant r<R_3$ 中的电场强度分布。过点 P 作一半径为 r、球心为 O 的球面 S(图 5-14(a))，通过此球面的电场强度通量

$$\Phi_e=\oint_S\boldsymbol{E}\cdot d\boldsymbol{S}$$

假定 Q_1 是正电荷，在球面上 $\boldsymbol{E}$ 与 $d\boldsymbol{S}$ 的方向总是相同的，$\boldsymbol{E}\cdot d\boldsymbol{S}=EdS$，而且球面上电场强度的大小是恒量，因此

$$\Phi_e=\oint_S\boldsymbol{E}\cdot d\boldsymbol{S}=E\oint_S dS=4\pi r^2E$$

在球面 S 内包围的电荷 $q=Q_1$。根据高斯定理知，$\varepsilon_0\Phi_e=q$，即

$$4\pi\varepsilon_0 r^2 E=Q_1$$

$$E=\frac{Q_1}{4\pi\varepsilon_0 r^2}\quad(R_2\leqslant r<R_3)\qquad ①$$

同理可以证明 $$E=0\quad(0\leqslant r\leqslant R_1)\qquad ②$$

$$E=\frac{Q_1+Q_2}{4\pi\varepsilon_0 r^2}\quad(r>R_3)\qquad ③$$

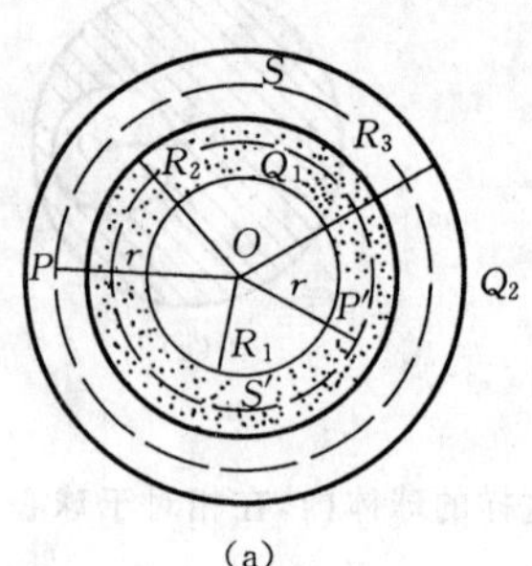

(a)

过区域 $R_1\leqslant r\leqslant R_2$ 内某点 P' 作一半径为 r、球心为 O 的球面 S'，通过 S' 的电场强度通量仍为

$$\Phi_e=\oint_{S'}\boldsymbol{E}\cdot \mathrm{d}\boldsymbol{S}=4\pi r^2 E$$

球壳内电荷体密度 $\rho=\dfrac{Q_1}{\dfrac{4}{3}\pi(R_2^3-R_1^3)}$

球面 S' 所包围的电荷

$$q=\rho V=\frac{Q_1}{\dfrac{4}{3}\pi(R_2^3-R_1^3)}\cdot\frac{4}{3}\pi(r^3-R_1^3)=\frac{r^3-R_1^3}{R_2^3-R_1^3}Q_1$$

应用高斯定理 $\varepsilon_0\Phi_e=q$，可得

$$E=\frac{(r^3-R_1^3)Q_1}{4\pi\varepsilon_0(R_2^3-R_1^3)r^2}\quad(R_1\leqslant r\leqslant R_2)\qquad ④$$

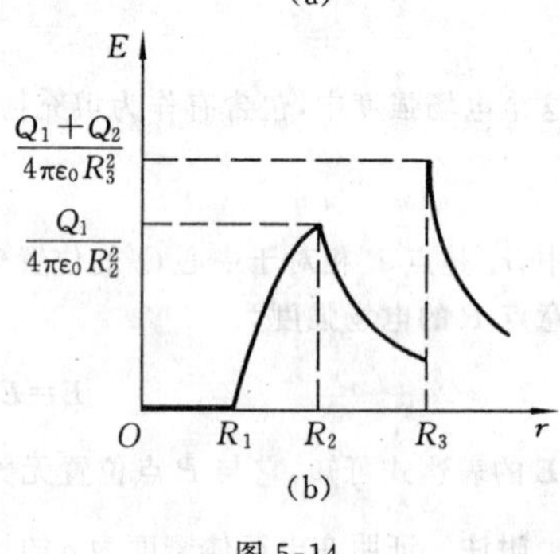

(b)

图 5-14

根据①～④式可以绘出 E-r 曲线(图 5-14(b))，由图可知，E 作为 r 的函数在 $r=R_3$ 处是不连续的，其原因是在 $r=R_3$ 处存在一个带电球面。实际上，真正的、几何意义上的带电球面是不存在的，它只不过是带电薄球壳的抽象。在带电薄球壳及两侧，电场强度是快速然而连续地变化的。例如在图 5-14(b)中，若 $R_1\approx R_2$，情况就是如此；若 $R_1=R_2$，也会出现电场强度不连续的情况。

【5-21】 两个带有等量异号电荷的无限长同轴圆柱面，半径分别为 R_1 和 $R_2(R_1<R_2)$，单位长度上的电荷为 λ。求离轴线为 r 处的电场强度 E：(1) $r<R_1$；(2) $R_1<r<R_2$；(3) $r>R_2$。

解 两无限长同轴圆柱面上的电荷是均匀分布的，这种分布对于圆柱面轴线具有对称性，因而电荷所激发的电场分布对轴线也有对称性：在距轴线等远处电场强度大小相等；某点电场的方向与该点到轴线的垂线平行。两个同轴圆柱面将空间分为三个区域，以下求区域 $R_1<r<R_2$ 中的电场分布。

点 P 是区域中一点，与轴线相距为 r，过 P 点作一半径为 r、高为 l 且与带电圆柱面同轴的闭合圆柱面 S(图 5-15)。这个闭合圆柱面由侧面 S_1、两个底面 S_2、S_3 组成。通过闭合圆柱面的电场强度通量

$$\Phi_e=\oint_S\boldsymbol{E}\cdot \mathrm{d}\boldsymbol{S}=\int_{S_1}\boldsymbol{E}\cdot \mathrm{d}\boldsymbol{S}+\int_{S_2}\boldsymbol{E}\cdot \mathrm{d}\boldsymbol{S}+\int_{S_3}\boldsymbol{E}\cdot \mathrm{d}\boldsymbol{S}$$

在侧面上，$\boldsymbol{E}$ 与 $\mathrm{d}\boldsymbol{S}$ 的方向相同，$\boldsymbol{E}\cdot \mathrm{d}\boldsymbol{S}=E\mathrm{d}S$，而且侧面上各点电场强度的大小是相等的，因此

$$\int_{S_1}\boldsymbol{E}\cdot \mathrm{d}\boldsymbol{S}=E\int_{S_1}\mathrm{d}S=ES_1=2\pi rlE$$

在两个底面上，$\boldsymbol{E}$ 与 $\mathrm{d}\boldsymbol{S}$ 的方向垂直，$\boldsymbol{E}\cdot \mathrm{d}\boldsymbol{S}=0$，因此

$$\int_{S_2}\boldsymbol{E}\cdot \mathrm{d}\boldsymbol{S}=\int_{S_3}\boldsymbol{E}\cdot \mathrm{d}\boldsymbol{S}=0$$

于是 $$\Phi_e=2\pi rlE$$

闭合圆柱面包围的电荷为 $q=\lambda l$，根据高斯定理 $\varepsilon_0\Phi_e=q$，可得

$$E=\frac{\lambda}{2\pi\varepsilon_0 r}$$

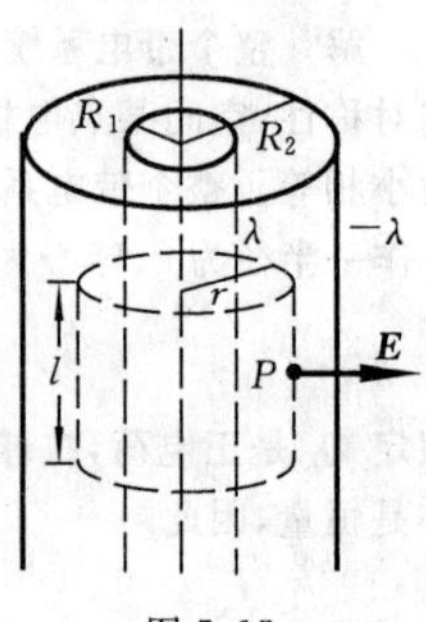

图 5-15

同理可求出区域 $r<R_1$ 和区域 $r>R_2$ 中的电场分布。因为在区域$r<R_1$中无电荷;在区域 $r>R_2$ 中所作的同轴闭合圆柱面所包围的正、负电荷相等,代数和为零,所以在这两个区域都不存在电场,即 $E=0$。

【5-22】 如图 5-16 所示,有三个点电荷 Q_1、Q_2、Q_3 沿一条直线等间距分布,且 $Q_1=Q_3=Q$。已知其中任一点电荷所受合力均为零,求在固定 Q_1、Q_3 的情况下,将 Q_2 从 O 点推到无穷远处外力所作的功。

解 在图示情况下,在 Q_1、Q_3 所激发的电场中点电荷 Q_2 所在处的电势为

$$V=2\frac{Q}{4\pi\varepsilon_0 d}=\frac{Q}{2\pi\varepsilon_0 d}$$

在无穷远处电势为零,将 Q_2 从图示处 O 点推到无穷远处电场力作的功为

$$W=Q_2V=\frac{Q_2Q}{2\pi\varepsilon_0 d}$$

外力作的功则为

$$W'=-W=-\frac{Q_2Q}{2\pi\varepsilon_0 d} \qquad ①$$

三点电荷中任一点电荷所受合力均为零,对 Q_1 来说,则有

$$F_1=\frac{Q}{4\pi\varepsilon_0}\left(\frac{Q_2}{d^2}+\frac{Q}{4d^2}\right)=0$$

由此可确定 $Q_2=-Q/4$,将 $Q_2=-Q/4$ 代入①式即得

$$W'=\frac{Q^2}{8\pi\varepsilon_0 d}$$

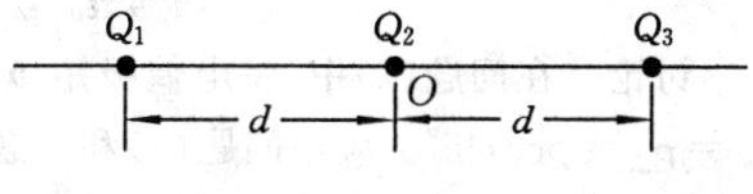

图 5-16

【5-23】 已知均匀带电直线附近的电场强度近似为

$$\boldsymbol{E}=\frac{\lambda}{2\pi\varepsilon_0 r}\boldsymbol{e}_r$$

式中,λ 为电荷线密度。(1) 求在 $r=r_1$ 和 $r=r_2$ 两点间的电势差;(2) 在点电荷的电场中,我们曾取 $r\to\infty$处的电势为零,求均匀带电直线附近的电势时能否这样取?试说明。

解 (1) 所求电势差为

$$V_1-V_2=\int_{r_1}^{r_2}\boldsymbol{E}\cdot\mathrm{d}\boldsymbol{r}=\int_{r_1}^{r_2}E\mathrm{d}r=\int_{r_1}^{r_2}\frac{\lambda}{2\pi\varepsilon_0 r}\mathrm{d}r=\frac{\lambda}{2\pi\varepsilon_0}\ln\frac{r_2}{r_1}$$

(2) 当电荷分布在有限空间时,可以取 $r\to\infty$处的电势为零,当电荷分布在无限空间时(如无限长带电直线,无限大带电平板),对它来说,无限远是没有意义的,因此不能取 $r\to\infty$处的电势为零。

【5-24】 水分子电偶极矩 $\boldsymbol{p}$ 的大小为 6.2×10^{-30} C·m。求在下述情况下,距离分子为 $r=5.00\times10^{-9}$ m处的电势。(1) $\theta=0°$;(2) $\theta=45°$;(3) $\theta=90°$。θ 为 $\boldsymbol{r}$ 与 $\boldsymbol{p}$ 之间的夹角。

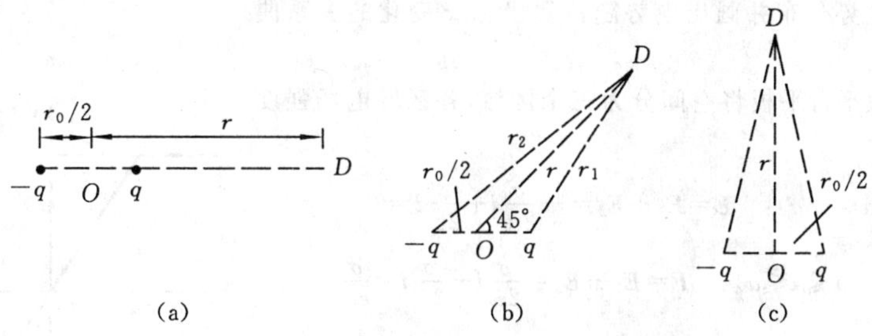

图 5-17

解 (1) 在图 5-17(a)中,水分子电偶极矩在点 D 处激发的电势为

$$V_1=\frac{q}{4\pi\varepsilon_0\left(r-\frac{r_0}{2}\right)}+\frac{-q}{4\pi\varepsilon_0\left(r+\frac{r_0}{2}\right)}=\frac{qr_0}{4\pi\varepsilon_0\left(r^2-\frac{r_0^2}{4}\right)}\approx\frac{qr_0}{4\pi\varepsilon_0 r^2}=\frac{p}{4\pi\varepsilon_0 r^2}=2.23\times10^{-3}\ \mathrm{V}$$

(2) 在图 5-17(b)中,正电荷 q 与点 D 的距离为

$$r_1=\sqrt{r^2+\left(\frac{r_0}{2}\right)^2-rr_0\cos45^\circ}\approx r\left(1-\frac{r_0}{r}\cos45^\circ\right)^{1/2}\approx r\left(1-\frac{r_0}{2r}\cos45^\circ\right)$$

负电荷与点 D 的距离

$$r_2=\sqrt{r^2+\left(\frac{r_0}{2}\right)^2-rr_0\cos135^\circ}\approx r\left(1+\frac{r_0}{2r}\cos45^\circ\right)^{1/2}$$

水分子电偶极矩在点 D 处激发的电势为

$$V=\frac{q}{4\pi\varepsilon_0 r_1}+\frac{-q}{4\pi\varepsilon_0 r_2}=\frac{q}{4\pi\varepsilon_0 r}\left(\frac{1}{1-\frac{r_0}{2r}\cos45^\circ}-\frac{1}{1+\frac{r_0}{2r}\cos45^\circ}\right)=\frac{q}{4\pi\varepsilon_0 r}\frac{\frac{r_0}{r}\cos45^\circ}{1-\left(\frac{r_0}{2r}\right)^2\cos^2 45^\circ}$$

$$\approx\frac{qr_0\cos45^\circ}{4\pi\varepsilon_0 r^2}=\frac{p\cos45^\circ}{4\pi\varepsilon_0 r^2}=1.58\times10^{-3}\ \text{V}$$

(3) 由图 5-17(c)可得 D 点电势为

$$V_2=\frac{q}{4\pi\varepsilon_0\ \sqrt{r^2+r_0^2/4}}+\frac{-q}{4\pi\varepsilon_0\ \sqrt{r^2+r_0^2/4}}=0$$

讨论 在问题(2)中,将电偶极矩 $\boldsymbol{p}$ 分解为与 OD 平行的分量 $p_{\parallel}$ 和与 OD 垂直的分量 $p_{\perp}$,则 $p_{\parallel}=p_{\perp}=p\cos45^\circ$。应用问题(1)和问题(3)的结果,可直接得出问题(2)的结果。

【5-25】 一个球形雨滴,半径为 0.40 mm,带有电荷量 1.6 pC,它表面的电势有多大?两个这样的雨滴相遇后合并为一个较大的雨滴,这个雨滴表面的电势又是多大?

解 假定电荷在球形雨滴上是均匀分布的,则在它表面上的电势为

$$V=\frac{q}{4\pi\varepsilon_0 R}$$

已知 $q=1.6\times10^{-12}$ C,$R=4.0\times10^{-4}$ m,代入上式后得到 $V=36$ V。

设两个这样的雨滴合并形成的大雨滴的半径为 R',则因为大雨滴的体积是小雨滴体积的两倍,所以

$$\frac{4}{3}\pi R'^3=2\times\frac{4}{3}\pi R^3,\quad R'=2^{1/3}R$$

大雨滴表面上的电势为 $V'=\dfrac{q'}{4\pi\varepsilon_0 R'}=\dfrac{2q}{4\pi\varepsilon_0(2^{1/3}R)}=57$ V

【5-26】 电荷面密度分别为$+\sigma$和$-\sigma$的两块“无限大”均匀带电的平行平板,如图 5-18(a)放置,取坐标原点为零电势点,求空间各点的电势分布并画出电势随位置坐标 x 变化的关系曲线。

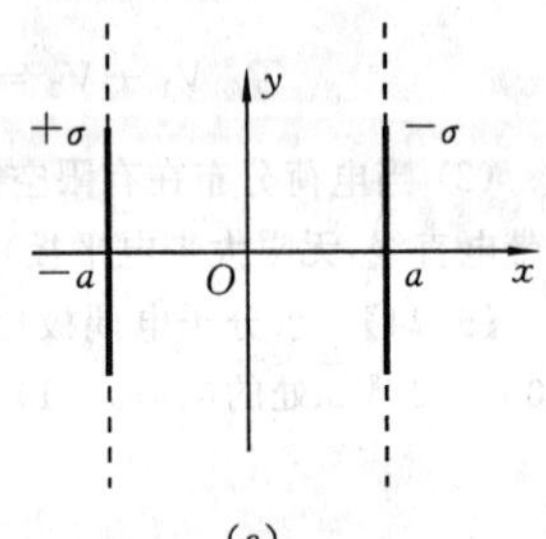

(a)

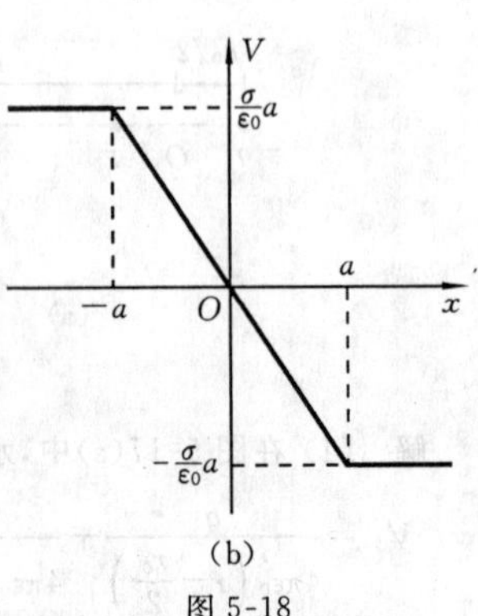

(b)

图 5-18

解 两块平行平板将空间分为三个区域,各区域电场强度分布如下。

左区域($x\leqslant -a$): $\boldsymbol{E}=\boldsymbol{E}_1+\boldsymbol{E}_2=-\dfrac{\sigma}{2\varepsilon_0}\boldsymbol{i}+\dfrac{\sigma}{2\varepsilon_0}\boldsymbol{i}=0$

中区域($-a\leqslant x\leqslant a$): $\boldsymbol{E}=\boldsymbol{E}_1+\boldsymbol{E}_2=\dfrac{\sigma}{2\varepsilon_0}\boldsymbol{i}+\dfrac{\sigma}{2\varepsilon_0}\boldsymbol{i}=\dfrac{\sigma}{\varepsilon_0}\boldsymbol{i}$

右区域($x\geqslant a$): $\boldsymbol{E}=\boldsymbol{E}_1+\boldsymbol{E}_2=\dfrac{\sigma}{2\varepsilon_0}\boldsymbol{i}-\dfrac{\sigma}{2\varepsilon_0}\boldsymbol{i}=0$

根据电势的定义,可以计算各区域的电势。

左区域($x\leqslant -a$):

$$V=\int_x^0\boldsymbol{E}\cdot\mathrm{d}x=\int_x^{-a}\boldsymbol{E}\cdot\mathrm{d}x+\int_{-a}^0\boldsymbol{E}\cdot\mathrm{d}x$$

式中，$d\boldsymbol{x}=dx\boldsymbol{i}$，因此

$$V=\int_{-a}^{0}\frac{\sigma}{\varepsilon_0}dx=\frac{\sigma}{\varepsilon_0}a$$

中区域($-a\leqslant x\leqslant a$)：

$$V=\int_{x}^{0}\boldsymbol{E}\cdot d\boldsymbol{x}=\int_{x}^{0}\frac{\sigma}{\varepsilon_0}dx=\frac{-\sigma}{\varepsilon_0}x$$

右区域($x\geqslant a$)：

$$V=\int_{x}^{0}\boldsymbol{E}\cdot d\boldsymbol{x}=\int_{x}^{a}\boldsymbol{E}\cdot d\boldsymbol{x}+\int_{a}^{0}\boldsymbol{E}\cdot d\boldsymbol{x}=\int_{a}^{0}\frac{\sigma}{\varepsilon_0}dx=-\frac{\sigma}{\varepsilon_0}a$$

由以上计算可画出电势 V 随位置坐标 x 变化的曲线，如图 5-18(b)所示。

【5-27】 两个同心球面的半径分别为 R_1 和 R_2，各自带有电荷 Q_1 和 Q_2。求(1) 各区域电势的分布，并画出分布曲线；(2) 两球面上的电势差为多少？

解 (1) 已知半径为 R、电荷为 Q 的均匀带电球面的电势分布为

$$V=\begin{cases}\dfrac{Q}{4\pi\varepsilon_0 R} & (r\leqslant R,\text{球面内})\\ \dfrac{Q}{4\pi\varepsilon_0 r} & (r\geqslant R,\text{球面外})\end{cases} \quad ①$$

两个同心球面将空间分为三个区域，各区域电势分布讨论如下。

区域Ⅰ：$r\leqslant R_1$。假定 $R_1<R_2$，此区域即在两个球面的内部，根据①式及电势叠加原理，此区域是等势区，电势为

$$V=\frac{Q_1}{4\pi\varepsilon_0 R_1}+\frac{Q_2}{4\pi\varepsilon_0 R_2}\quad (r\leqslant R_1) \quad ②$$

区域Ⅱ：$R_1\leqslant r\leqslant R_2$，此区域位于半径为 R_1 的球面外，半径为 R_2 的球面内，因此电势分布为

$$V=\frac{Q_1}{4\pi\varepsilon_0 r}+\frac{Q_2}{4\pi\varepsilon_0 R_2}\quad (R_1\leqslant r\leqslant R_2) \quad ③$$

区域Ⅲ：$r\geqslant R_2$，此区域位于两个球面的外部。其电势分布为

$$V=\frac{Q_1+Q_2}{4\pi\varepsilon_0 r}\quad (r\geqslant R_2) \quad ④$$

根据②～④式，可绘制空间电势分布曲线，如图 5-19 所示。

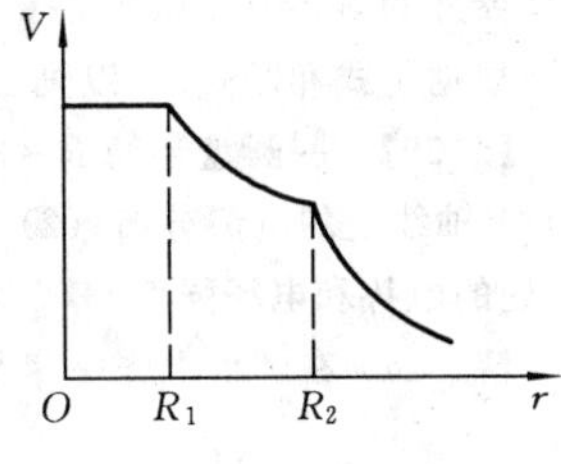

图 5-19

(2) 在③式中令 $r=R_1$，即得小球面上电势为

$$V_1=\frac{Q_1}{4\pi\varepsilon_0 R_1}+\frac{Q_2}{4\pi\varepsilon_0 R_2}$$

令 $r=R_2$，则得到大球面上电势为

$$V_2=\frac{Q_1+Q_2}{4\pi\varepsilon_0 R_2}$$

两球面上的电势差为

$$V_1-V_2=\frac{Q_1}{4\pi\varepsilon_0 R_1}-\frac{Q_1}{4\pi\varepsilon_0 R_2}$$

【5-28】 一半径为 R 的无限长带电细棒，其内部的电荷均匀分布，电荷体密度为 ρ。现取棒表面为零电势，求空间电势分布并画出电势分布曲线。

解 本题求解过程可分为三步。首先求出无限长均匀带电细棒的电场强度分布，再根据电势定义求出电势分布，最后根据计算结果画出电势分布曲线。

棒内某点 P 与棒的轴线相距为 r，为求点 P 的电场强度，在棒内过点 P 作一半径为 r、高为 l 且与棒共轴的闭合圆柱面 S(图 5-20(a))，它由侧面 S_1 和两个底面 S_2、S_3 组成。通过闭合圆柱面 S 的电场强度通量

$$\Phi_e=\oint_S \boldsymbol{E}_1\cdot d\boldsymbol{S}=\int_{S_1}\boldsymbol{E}_1\cdot d\boldsymbol{S}+\int_{S_2}\boldsymbol{E}_1\cdot d\boldsymbol{S}+\int_{S_3}\boldsymbol{E}_1\cdot d\boldsymbol{S}$$

在无限长均匀带电细棒上电荷分布具有轴对称性，电场强度分布也有轴对称性，由此可得(参见题5-21)

$$\Phi_e=2\pi r l E_1$$

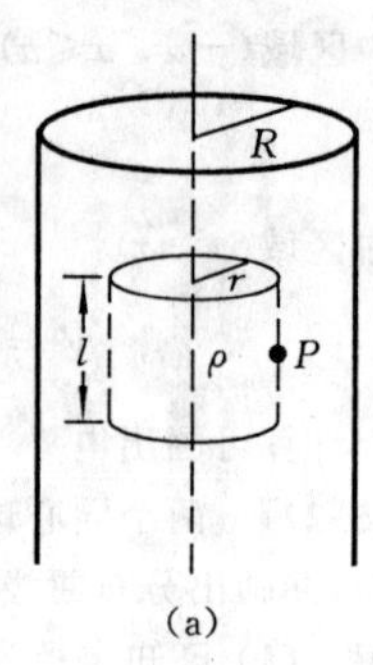

(a)

闭合圆柱面包围的电荷为

$$q=\rho V=\rho\pi r^2 l$$

根据高斯定理 $\varepsilon_0\Phi_e=q$ 即得棒内的电场强度分布为

$$E_1=\frac{\rho}{2\varepsilon_0}r\quad (r\leqslant R)$$

同理可证，棒外的电场强度分布为

$$E_2=\frac{R^2\rho}{2\varepsilon_0 r}\quad (r\geqslant R)$$

取棒表面为零电势，则点 P 电势为

$$V_1=\int_r^R \boldsymbol{E}_1\cdot d\boldsymbol{r}$$

积分路径沿垂直于轴线方向由点 P 到棒表面，则 $\boldsymbol{E}_1$ 的方向与 $d\boldsymbol{r}$ 方向相同，即

$$V_1=\int_r^R E_1 dr=\int_r^R \frac{\rho r}{2\varepsilon_0}dr=\frac{\rho}{4\varepsilon_0}(R^2-r^2)\quad (r\leqslant R)\qquad ①$$

这是棒内的电势分布函数。

若点 P 在棒外，则其电势

$$V_2=\int_r^R \boldsymbol{E}_2\cdot d\boldsymbol{r}$$

(b)

图 5-20

积分路径仍沿垂直于轴线方向从点 P 到棒表面，这时 $\boldsymbol{E}_2$ 与 $d\boldsymbol{r}$ 方向相反，因此 $\boldsymbol{E}_2\cdot d\boldsymbol{r}=-E_2|d\boldsymbol{r}|$。从点 P 到棒表面，r 是减小的，$dr=-|dr|$，于是

$$V_2=\int_r^R E_2 dr=\int_r^R \frac{R^2\rho}{2\varepsilon_0 r}dr=\frac{R^2\rho}{2\varepsilon_0}\ln\frac{R}{r}\quad (r\geqslant R)\qquad ②$$

这是棒外的电势分布函数。

根据①式和②式，可以画出电势分布曲线，如图 5-20(b)所示。

【5-29】 一圆盘半径 $R=3.00\times10^{-2}$ m，圆盘均匀带电，电荷面密度 $\sigma=2.00\times10^{-5}$ C·m^{-2}。(1) 求轴线上的电势分布；(2) 根据电场强度和电势梯度的关系求电场分布；(3) 计算离盘心 30.0 cm 处的电势和电场强度。

解 (1) 在圆盘上作一半径为 r，宽为 dr，与圆盘共轴的细圆环(图 5-21)。环上电荷为

$$dq=\sigma dS=\sigma(2\pi r dr)$$

这个带电圆环在其轴线上的 P 点处激发的电势为

$$dV=\frac{1}{4\pi\varepsilon_0}\frac{dq}{\sqrt{r^2+x^2}}=\frac{\sigma r dr}{2\varepsilon_0\sqrt{r^2+x^2}}$$

整个圆盘是由半径从 O 到 R 连续变化的诸细圆环所组成，根据电势叠加原理知，圆盘在 P 点处激发的电势为

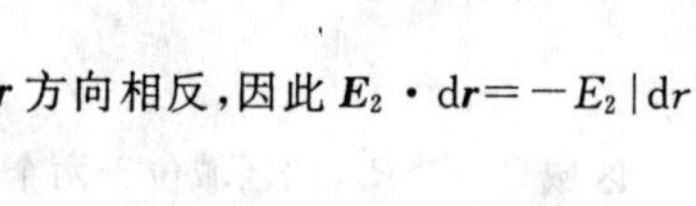

$$V=\int dV=\int_0^R \frac{\sigma dr}{2\varepsilon_0\sqrt{r^2+x^2}}$$

$$=\frac{\sigma}{2\varepsilon_0}(\sqrt{R^2+x^2}-x)\qquad ①$$

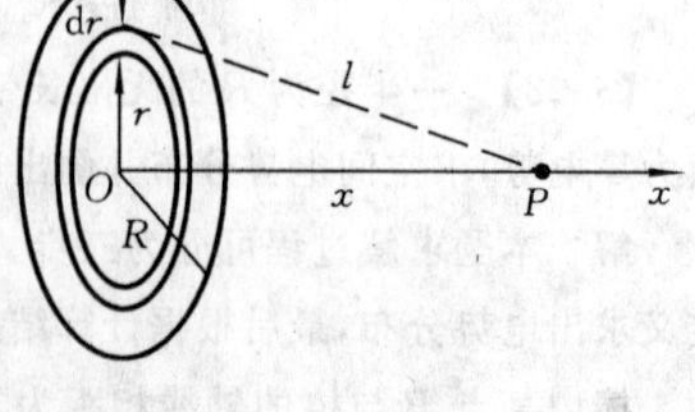

图 5-21

(2) 在轴线上，根据电场强度和电势梯度的关系知，电场强度大小为

$$E=-\frac{\mathrm{d}V}{\mathrm{d}x}=\frac{\sigma}{2\varepsilon_0}\left(1-\frac{x}{\sqrt{R^2+x^2}}\right) \quad ②$$

因为均匀带电圆盘的电荷相对于轴线对称分布，所以轴线上电场强度的方向与 x 轴同向。

(3) 将 $x=30\ \text{cm}=0.300\ \text{m}$ 分别代入①式和②式，得到

$$V=1\ 690\ \text{V},\quad E=5\ 607\ \text{V}\cdot\text{m}^{-1}$$

【5-30】 两根很长的同轴圆柱面($R_1=3.00\times10^{-2}\ \text{m}, R_2=0.10\ \text{m}$)，带有等量异号的电荷，两者的电势差为 450 V。求：(1) 圆柱面单位长度上带有多少电荷？(2) $r=0.05\ \text{m}$ 处的电场强度 E。

解 (1) 题 5-21 中已证明，两无限长带有等量异号电荷的同轴圆柱面之间的电场强度为

$$E=\frac{\lambda}{2\pi\varepsilon_0 r}$$

两圆柱面的电势差

$$V_1-V_2=\int_{R_1}^{R_2}\boldsymbol{E}\cdot\mathrm{d}\boldsymbol{r}=\int_{R_1}^{R_2}\frac{\lambda}{2\pi\varepsilon_0 r}\mathrm{d}r=\frac{\lambda}{2\pi\varepsilon_0}\ln\frac{R_2}{R_1}$$

$$\lambda=\frac{2\pi\varepsilon_0(V_1-V_2)}{\ln(R_2/R_1)}=2.1\times10^{-8}\ \text{C}\cdot\text{m}^{-1}$$

(2) $r=0.05\ \text{m}$ 处的电场强度为

$$E=\frac{\lambda}{2\pi\varepsilon_0 r}=7.48\times10^3\ \text{V}\cdot\text{m}^{-1}$$

【5-31】 轻原子核(如氢及其同位素氘、氚的原子核)结合成为较重原子核的过程叫做核聚变。在此过程中可以释放出巨大的能量。例如四个氢原子核(质子)结合成一个氦原子核(α 粒子)时，可以放出25.9 MeV的能量，即

$$4\,{}_1^1\text{H}\longrightarrow{}_4^2\text{He}+2\,{}_1^0\text{e}+25.9\ \text{MeV}$$

这类聚变反应提供了太阳发光、发热的能源。如果我们能够在地球上实现核聚变，就能获得丰富的廉价能源。但是要实现核聚变难度相当大，只有在极高的温度下，原子热运动的速率非常大时，才能使原子核相碰而结合，故核聚变反应又称热核反应。试估算：(1) 一个质子(${}_1^1\text{H}$)以怎样的动能(用电子伏特表示)才能从很远处到达与另一个质子相接触的距离；(2) 平均热运动动能达到此值时，气体温度有多高。(质子的平均半径约为 1.0×10^{-15} m。)

解 (1) 把质子看成点电荷，两质子的最小距离(接触时的距离)为质子的直径，它们接触时的电势能为

$$E_{\text{p}}=eV=\frac{e^2}{4\pi\varepsilon_0(2r)}=\frac{e^2}{8\pi\varepsilon_0 r}$$

式中，r 是质子半径。静电力是保守力，质子运动过程中动能和电势能之和是守恒的。假定一个质子不动，另一个质子与它相距很远时的动能为 E_{k}，与它接触时动能恰为零，则

$$E_{\text{k}}=E_{\text{p}}=\frac{e^2}{8\pi\varepsilon_0 r}=1.152\times10^{-13}\ \text{J}=7.2\times10^5\ \text{eV}$$

(2) 根据公式$\overline{\varepsilon_{\text{kt}}}=\frac{3}{2}kT$，可以估算气体温度为

$$T=\frac{2\,\overline{\varepsilon_{\text{kt}}}}{3k}=\frac{2E_{\text{k}}}{3k}=5.6\times10^9\ \text{K}$$

【5-32】 在一次典型的闪电中，两个放电点间的电势差约为 10^9 V，被迁移的电荷约为 30 C。(1) 如果释放出来的能量都用来使 0℃ 的冰熔化成 0℃ 的水，则可熔化多少冰(冰的熔化热 $L=3.34\times10^5\ \text{J}\cdot\text{kg}^{-1}$)？(2) 假设每一个家庭一年消耗的能量为 3 000 kW · h，则可为多少个家庭提供一年的能量消耗？

解 (1) 闪电所释放的能量

$$W=q(V_2-V_1)$$

设它所能熔解的冰的质量为 m，则

$$mL=q(V_2-V_1),\quad m=\frac{q(V_2-V_1)}{L}=8.98\times10^4\ \text{kg}$$

(2) 设一个家庭一年消耗的能量为 W'，一次闪电所释放的能量能为 n 个家庭提供一年所需能量，则

$$n=\frac{W}{W'}=\frac{q(V_2-V_1)}{W'}$$

式中，$W'=3\times10^3\ \text{kW}\cdot\text{h}=3\times10^3\times10^3\times3.6\times10^3\ \text{J}=1.08\times10^{10}\ \text{J}$，代入上式后，得到 $n=2.8$。

【5-33】 两个半径为 R 的圆环分别带等量异号电荷 $\pm q$，圆环如图 5-22 相对 O 点对称平行放置，其间距为 l，并且有 $l\ll R$。(1) 以两环的对称中心 O 为坐标原点，两环圆心连线为 x 轴，试求 x 轴上的电势分布；(2) 若取无穷远处为零电势，证明当 $x\gg R$ 时，轴线上电势 $V=\dfrac{ql}{4\pi\varepsilon_0 x^2}$。

解 (1) 一均匀带电圆环在轴线上距圆心 x 处的电势为

$$V=\frac{q}{4\pi\varepsilon_0(R^2+x^2)^{1/2}}$$

因此，在图 5-22 所示双环轴线上距对称中心 x 处的电势为

$$\begin{aligned}V&=V_1+V_2=\frac{q}{4\pi\varepsilon_0[R^2+(x-l/2)^2]^{1/2}}-\frac{q}{4\pi\varepsilon_0[R^2+(x+l/2)^2]^{1/2}}\\&=\frac{q}{4\pi\varepsilon_0}\left\{\frac{1}{[R^2+(x-l/2)^2]^{1/2}}-\frac{1}{[R^2+(x+l/2)^2]^{1/2}}\right\}\end{aligned}$$

(2) 在上式中

$$\begin{aligned}\left[R^2+\left(x-\frac{l}{2}\right)^2\right]^{-1/2}&=\left(R^2+x^2-xl+\frac{l^2}{4}\right)^{-1/2}\\&=\frac{1}{x}\left(1-\frac{l}{x}+\frac{R^2}{x^2}+\frac{l^2}{4x^2}\right)^{-1/2}\end{aligned}$$

因为 $x\gg R\gg l$，忽略二次方小量，所以有

$$\left[R^2+\left(x-\frac{l}{2}\right)^2\right]^{-1/2}=\frac{1}{x}\left(1-\frac{l}{x}\right)^{-1/2}=\frac{1}{x}\left(1+\frac{l}{2x}\right)$$

同理
$$\left[R^2+\left(x+\frac{l}{2}\right)^2\right]^{-1/2}=\frac{1}{x}\left(1-\frac{l}{2x}\right)$$

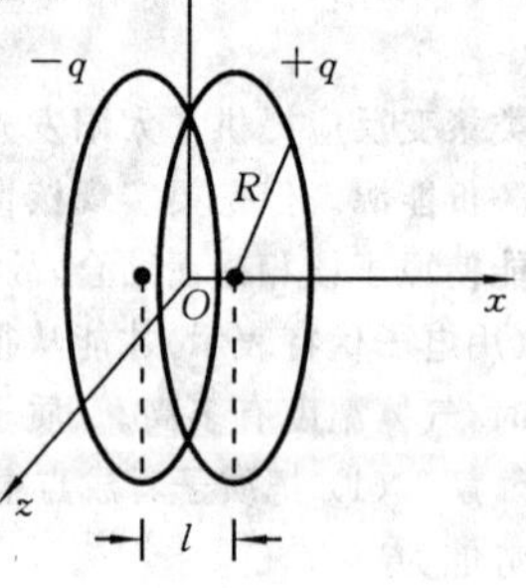

图 5-22

代入 V 的表示式中，则有 $V=\dfrac{ql}{4\pi\varepsilon_0 x^2}$。这与电偶极子在其轴线上的电势表示式一致，说明在远处看来，这一对带电圆环相当于一电偶极子。

【5-34】 如图 5-23 所示，在 Oxy 平面上倒扣着半径为 R 的半球面，在半球面上电荷均匀分布，其电荷面密度为 σ。A 点的坐标为 $(0,R/2)$，B 点的坐标为 $(3R/2,0)$，求电势差 U_{AB}。

解 电荷面密度为 σ、半径为 R 的均匀带电球面上的电荷为

$$q=4\pi R^2\sigma$$

均匀带电球面的电势分布为

$$V_{内}=\frac{q}{4\pi\varepsilon_0 R}=\frac{R\sigma}{\varepsilon_0}\quad（球内）$$

$$V_{外}=\frac{q}{4\pi\varepsilon_0 r}=\frac{R^2\sigma}{\varepsilon_0 r}\quad（球外）$$

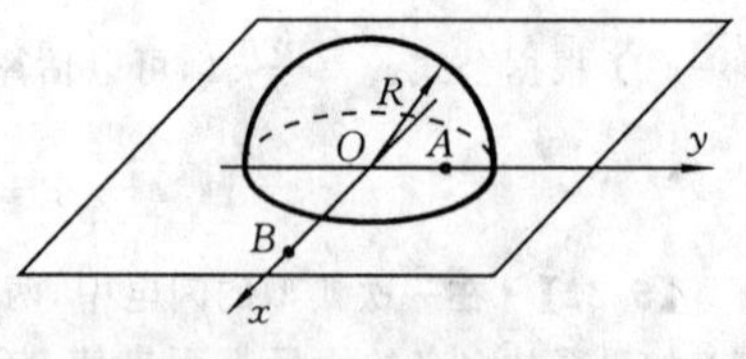

图 5-23

球面内 A 点的电势是以过 A 点的 Oxy 平面为分界面的两个半球面上的电荷共同产生的，而且因为电荷分布相对于 Oxy 平面来说是对称的。对称的电荷元在 A 点产生相同的电势，所以两个半球面在 A 点产生的电势是相同的。当只有半个球面存在时，A 点电势就是

$$V_A=\frac{V_{内}}{2}=\frac{R\sigma}{2\varepsilon_0}$$

根据同样的原因，B 点电势是

$$V_B=\frac{V_{外}}{2}=\frac{R^2\sigma}{2\varepsilon_0 r}=\frac{R^2\sigma}{2\varepsilon_0\left(\frac{3}{2}R\right)}=\frac{R\sigma}{3\varepsilon_0}$$

A、B 两点电势差 $$U_{AB}=V_A-V_B=\frac{R\sigma}{6\varepsilon_0}$$

【5-35】 在玻尔的氢原子模型中，电子沿半径为 0.53×10^{-10} m 的圆周绕原子核旋转。(1) 若把电子从原子中拉出来需要克服电场力作多少功？(2) 电子的电离能为多少？

解 (1) 氢原子中电子的电势为

$$V_1=\frac{e}{4\pi\varepsilon_0 r}$$

电子电荷 $q=-e$，将电子从原子中拉出来后，它所在处电势 $V_2=0$，因此拉出来的过程中，克服电场力所作的功

$$W=q(V_2-V_1)=\frac{e^2}{4\pi\varepsilon_0 r}=4.38\times10^{-18}\ \text{J}=27.2\ \text{eV}$$

(2) 氢原子中电子的电势能为

$$E_{\text{p}}=qV_1=-\frac{e^2}{4\pi\varepsilon_0 r}$$

电子的动能为 $$E_{\text{k}}=\frac{1}{2}mv^2$$

因为电子作圆周运动所受向心力即静电引力，

$$\frac{mv^2}{r}=\frac{e^2}{4\pi\varepsilon_0 r^2}$$

所以 $$E_{\text{k}}=\frac{e^2}{8\pi\varepsilon_0 r}$$

电子的总能量 $$E=E_{\text{k}}+E_{\text{p}}=-\frac{e^2}{8\pi\varepsilon_0 r}$$

电子脱离质子后，其最小能量为零。因此，为使它脱离，外界所需提供能量(即电离能)为

$$E'=0-E=\frac{e^2}{8\pi\varepsilon_0 r}=13.6\ \text{eV}$$

第 6 章　静电场中的导体与电介质

内容提要

1. 静电场中的导体

静电平衡条件：① 导体内部电场强度处处为零；② 导体表面处电场强度的方向都与导体表面垂直。

推论：静电平衡时，导体是等势体，导体表面是等势面。

静电平衡时导体上电荷的分布：只分布在导体表面上，导体内无净电荷。

导体表面附近的电场强度：$\boldsymbol{E}=\dfrac{\sigma}{\varepsilon_0}\boldsymbol{e}_n$，$\boldsymbol{e}_n$ 是表面外法线方向的单位矢量。

静电屏蔽：空腔导体（无论接地与否）将使腔内空间不受外电场的影响，而接地空腔导体将使外部空间不受空腔内的电场的影响。

2. 静电场中的电介质

电介质的极化：在外电场作用下介质表面产生极化电荷的现象。介质中 $E=\dfrac{E_0}{\varepsilon_r}$。

电极化强度：
$$\boldsymbol{P}=\frac{\sum \boldsymbol{p}}{\Delta V}=(\varepsilon_r-1)\varepsilon_0\boldsymbol{E},\quad P=\sigma'$$

电位移：
$$\boldsymbol{D}=\varepsilon_0\varepsilon_r\boldsymbol{E}=\varepsilon\boldsymbol{E}$$

有电介质时的高斯定理：在静电场中，通过任意闭合曲面的电位移通量等于该闭合曲面内所包围的自由电荷的代数和。即
$$\oint_S \boldsymbol{D}\cdot \mathrm{d}\boldsymbol{S}=\sum_{i=1}^{n}Q_{0i}$$

3. 电容　电容器

孤立导体的电容：
$$C=\frac{Q}{V}$$

电容器的电容：
$$C=\frac{Q}{U}$$

平板电容器的电容：
$$C=\frac{\varepsilon_0\varepsilon_r S}{d}$$

圆柱形电容器的电容：
$$C=\frac{2\pi\varepsilon_0\varepsilon_r l}{\ln\dfrac{R_2}{R_1}}$$

球形电容器的电容：
$$C=4\pi\varepsilon_0\varepsilon_r\left(\frac{R_1R_2}{R_2-R_1}\right)$$

求解电容器电容的步骤：① 设电容器带有电荷，求出电容器内电场强度分布；② 根据电场强度分布求出两极板电势差；③ 根据电容器电容的定义求出电容。

电容器的并联与串联：

并联电容器的电容　$C=C_1+C_2\quad (U_1=U_2)$

串联电容器的电容　$C=\dfrac{C_1C_2}{C_1+C_2}\quad (Q_1=Q_2)$

4. 静电场的能量

电容器的电能　　$W_e=\dfrac{Q^2}{2C}=\dfrac{1}{2}CU^2=\dfrac{1}{2}QU$

静电场的能量　　$W_e=\int_V w_e \mathrm{d}V$

式中，$w_e=\dfrac{1}{2}\varepsilon E^2$，是电场的能量密度。

习题解答

【6-1】 将一个带正电的带电体 A 从远处移到一个不带电的导体 B 附近，导体 B 的电势将(　)。

(A) 升高　　(B) 降低　　(C) 不会发生变化　　(D) 无法确定

解　在带正电的带电体的电场中，越靠近带电体的位置，电势越高。将带正电的带电体 A 从远处移到一个不带电的导体 B 附近，缩短了两者之间的距离，因此导体 B 的电势将升高。本题答案应选(A)。

【6-2】 将一带负电的物体 M 靠近一不带电的导体 N，在 N 的左端感应出正电荷，右端感应出负电荷。若将导体 N 的左端接地(如图 6-1 所示)，则(　)。

(A) N 上的负电荷入地　　(B) N 上的正电荷入地

(C) N 上的所有电荷入地　　(D) N 上所有的感应电荷入地

解　导体 N 位于带负电的物体 M 的电场中，它的电势低于地的电势(若视地的电势为零，则导体 N 的电势是负的)。将导体 N 接地时(无论在何处将导体接地)，导体上的负电荷将向地移动，而正电荷不会向地移动。从力的角度看，物体 M 对物体 N 上的正电荷有引力，对负电荷有斥力，因此将 N 接地时，负电荷将入地。本题答案应选(A)。

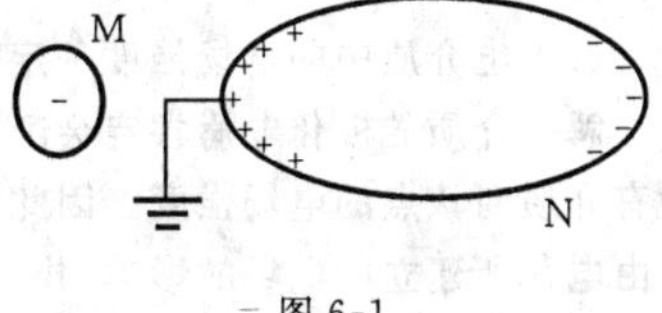

图 6-1

【6-3】 如图 6-2 所示将一个电荷量为 q 的点电荷放在一个半径为 R 的不带电的导体球附近，点电荷距导体球球心为 d，参见附图。设无穷远处为零电势，则在导体球球心 O 点有(　)。

(A) $E=0,V=\dfrac{q}{4\pi\varepsilon_0 d}$　　(B) $E=\dfrac{q}{4\pi\varepsilon_0 d^2},V=\dfrac{q}{4\pi\varepsilon_0 d}$

(C) $E=0,V=0$　　(D) $E=\dfrac{q}{4\pi\varepsilon_0 d^2},V=\dfrac{q}{4\pi\varepsilon_0 R}$

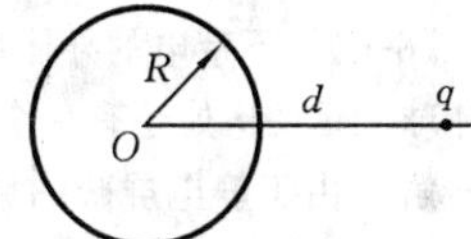

图 6-2

解　静电平衡时，导体球内电场强度处处为零，故在球心处 $E=0$。感应电荷分布在导体球表面，正的和负的感应电荷相等，而且每一电荷元到球心的距离相等。因此，每一电荷元在球心处的电势都会被另一等量异号的电荷元在该处的电势所抵消，全部感应电荷在球心处的总的电势就是零。点电荷在球心处的电势为 $V=\dfrac{q}{4\pi\varepsilon_0 d}$，这也就是球心 O 处的电势。本题答案应为(A)。

【6-4】 根据电介质中的高斯定理，在电介质中电位移矢量沿任意一个闭合曲面的积分等于这个曲面所包围自由电荷的代数和。下列推论正确的是(　)。

(A) 若电位移矢量沿任意一个闭合曲面的积分等于零，曲面内一定没有自由电荷

(B) 若电位移矢量沿任意一个闭合曲面的积分等于零，曲面内电荷的代数和一定等于零

(C) 若电位移矢量沿任意一个闭合曲面的积分不等于零，曲面内一定有极化电荷

(D) 介质中的高斯定理表明电位移矢量仅仅与自由电荷的分布有关

(E) 介质中的电位移矢量与自由电荷和极化电荷的分布有关

解 介质中的高斯定理的数学表示式是$\oint \boldsymbol{D}\cdot \mathrm{d}\boldsymbol{S}=\sum_{i=1}^{n} q_{0i}$。若$\oint \boldsymbol{D}\cdot \mathrm{d}\boldsymbol{S}=0$，则$\sum_{i=1}^{n} q_{0i}=0$。它说明若电位移矢量沿任意一个闭合曲面的积分等于零，则曲面内自由电荷的代数和一定等于零，但并不说明曲面内一定没有自由电荷，也不说明曲面内极化电荷代数和一定等于零，因此不能说曲面内电荷的代数和一定等于零。由此可以判断(A)、(B)两个推论是错误的。

若电位移矢量沿任何一个闭合曲面的积分不等于零，只说明曲面内一定有自由电荷，并不说明曲面内一定有极化电荷。例如，介质分布在曲面外部，在曲面内就不会有极化电荷，但可以有自由电荷。因此推论(C)也是错误的。

介质中的高斯定理只说明电位移矢量沿闭合曲面的通量与自由电荷的关系，而不说明电位移矢量与自由电荷的关系。电位移矢量的定义式为$\boldsymbol{D}=\varepsilon_0\varepsilon_r\boldsymbol{E}$，式中，$\boldsymbol{E}$是介质中的电场强度，它是自由电荷的电场强度$\boldsymbol{E}_0$与极化电荷的电场强度$\boldsymbol{E}'$的叠加，即$\boldsymbol{E}=\boldsymbol{E}_0+\boldsymbol{E}'$。因此$\boldsymbol{D}=\varepsilon_0\varepsilon_r(\boldsymbol{E}_0+\boldsymbol{E}')$。可见，介质中的电位移矢量与自由电荷和极化电荷的分布都有关。判断(D)是错误的，而判断(E)是正确的。

【6-5】 对于各向同性的均匀电介质，下列概念正确的是(　　)。

(A) 电介质充满整个电场并且自由电荷的分布不发生变化时，介质中的电场强度一定等于没有电介质时该点电场强度的$1/\varepsilon_r$倍

(B) 电介质中的电场强度一定等于没有介质时该点电场强度的$1/\varepsilon_r$倍

(C) 在电介质充满整个电场时，电介质中的电场强度一定等于没有电介质时该点电场强度的$1/\varepsilon_r$倍

(D) 电介质中的电场强度一定等于没有介质时该点电场强度的ε_r倍

解 介质的极化电荷肯定会削弱自由电荷所建立的电场，所以电介质中的电场强度一定小于没有介质时该点的电场强度。因此说法(D)是错误的。在一般情况下，很难准确确定极化电荷对自由电荷所建立的电场的影响，找出电介质中电场强度与没有介质时该点电场强度的数学关系，但是在各向同性的均匀介质充满整个电场时，这种关系可以确定为$E=\dfrac{E_0}{\varepsilon_r}$，不过这时自由电荷的分布必须是稳定的，若这种分布频繁改变，E和E_0就没有这种比例关系了，所以说法(B)、(C)都是错误的，而说法(A)是正确的。

【6-6】 不带电的导体球A含有两个球形空腔，两空腔中心分别有一点电荷q_b、q_c，导体球外距导体球较远的r处还有一个点电荷q_d(如图6-3所示)。试求点电荷q_b、q_c、q_d各受多大的电场力。

解 由于静电屏蔽的原因，点电荷q_b和q_d不能在点电荷q_c所在的空腔内激发电场。因此，q_c受到的作用力$f_c=0$。同理，q_b受到的作用力$f_b=0$。

在导体内作一闭合曲面包围q_b所在空腔，导体内场强处处为零，因此，闭合曲面的电通量为零。根据高斯定理，空腔壁上有电荷$-q_b$。同理，在q_c所在空腔壁上也有电荷$-q_c$。这导体本身的总电荷为零，可见在导体球外表面上的电荷为(q_b+q_c)。由于q_d距导体球很远，忽略它对导体球外表面电荷分布的影响，则电荷在外表面上是均匀分布的，形成一个均匀带电球面。由于导体的屏蔽，点电荷q_b和q_c不能直接作用于q_d。均匀带电球面在q_d处产生的电场强度为

$$E=\frac{q_b+q_c}{4\pi\varepsilon_0 r^2}$$

q_d受到均匀带电球面对它的作用力为

$$f_d=q_dE=\frac{q_d(q_b+q_c)}{4\pi\varepsilon_0 r^2}$$

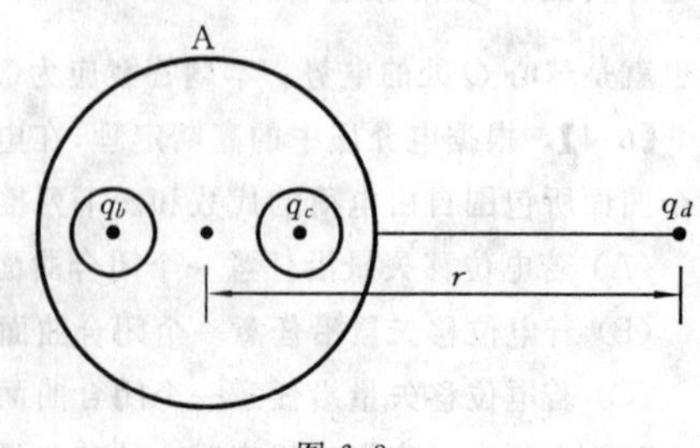

图 6-3

【6-7】 一真空二极管，其主要构件是一个半径 $R_1=5.0\times10^{-4}$ m 的圆柱型阴极和一个套在阴极外、半径为 $R_2=4.5\times10^{-3}$ m 的同轴圆筒型阳极。阳极电势比阴极电势高 300 V，阴极与阳极的长均为 $L=2.5\times10^{-2}$ m。假设电子从阴极射出时的初速度为零，求：(1) 该电子到达阳极时所具有的动能和速率；(2) 电子刚从阴极射出时所受的力。

解 (1) 电子到达阳极时所具有的动能等于它从阴极到阳极的过程中电场力所作的功，即

$$E_k=e(V_2-V_1)=300\ \text{eV}=4.8\times10^{-17}\ \text{J}$$

电子的速率

$$v=\sqrt{\frac{2E_k}{m}}=1.03\times10^7\ \text{m}\cdot\text{s}^{-1}$$

(2) 由于 $R_2-R_1\ll L$，可把管中两电极近似看成是两个带有等量异号电荷的无限长同轴圆柱面，应用题 5-30 的结果，可知两电极间电势差可表示为

$$V_2-V_1=\frac{\lambda}{2\pi\varepsilon_0}\ln\frac{R_2}{R_1}$$

在阴极表面附近，电场强度大小为

$$E=\frac{\lambda}{2\pi\varepsilon_0 R_1}=\frac{V_2-V_1}{R_1\ln(R_2/R_1)}$$

方向垂直且指向阴极表面。电子受力的大小为

$$F=eE=\frac{e(V_2-V_1)}{R_1\ln(R_2/R_1)}=4.37\times10^{-14}\ \text{N}$$

方向垂直于阴极表面并指向阳极。

【6-8】 一导体球半径为 R_1，外罩一半径为 R_2 的同心薄导体球壳，外球壳所带总电荷为 Q，而内球的电势为 V_0。求此系统的电势和电场分布。

解 导体球和薄导体球壳的电荷都均匀地分布在它们的表面上，因此它们的电势和电场分布等同于两个同心均匀带电球面的电势和电场分布。应用均匀带电球面的电势和电场分布公式及叠加原理，就可以求出题中带电系统的电势和电场分布。

设一均匀带电球面半径为 R，电荷为 q，则其电势和电场分布如下。

$$V=\begin{cases}\dfrac{q}{4\pi\varepsilon_0 R} & (r\leqslant R)\\[2ex] \dfrac{q}{4\pi\varepsilon_0 r} & (r\geqslant R)\end{cases},\quad E=\begin{cases}0 & (r<R)\\[2ex] \dfrac{q}{4\pi\varepsilon_0 r^2} & (r>R)\end{cases}$$

设导体球所带电荷为 Q'。因为导体球位于两个均匀带电球面的内部，所以它的电势

$$V_0=\frac{Q'}{4\pi\varepsilon_0 R_1}+\frac{Q}{4\pi\varepsilon_0 R_2}$$

由此可确定

$$Q'=\left(4\pi\varepsilon_0 V_0-\frac{Q}{R_2}\right)R_1$$

电荷分别为 Q' 和 Q 的两个同心球面将空间分为三个区域，在这些区域中电势和电场分布如下。

区域Ⅰ：导体球区域

$$V=V_0\quad(r\leqslant R_1)$$

$$E=0\quad(r<R_1)$$

区域Ⅱ：导体球和薄球壳之间的区域

$$V=\frac{Q'}{4\pi\varepsilon_0 r}+\frac{Q}{4\pi\varepsilon_0 R_2}=\frac{R_1V_0}{r}+\frac{(r-R_1)Q}{4\pi\varepsilon_0 rR_2}\quad(R_1\leqslant r\leqslant R_2)$$

$$E=\frac{Q'}{4\pi\varepsilon_0 r^2}=\frac{R_1V_0}{r^2}-\frac{R_1Q}{4\pi\varepsilon_0 R_2 r^2}\quad(R_1<r<R_2)$$

区域Ⅲ：薄球壳外部区域

$$V=\frac{Q'}{4\pi\varepsilon_0 r}+\frac{Q}{4\pi\varepsilon_0 r}=\frac{R_1V_0}{r}+\frac{(R_2-R_1)Q}{4\pi\varepsilon_0 R_2 r}\quad(r\geqslant R_2)$$

$$E=\frac{Q'}{4\pi\varepsilon_0 r^2}+\frac{Q}{4\pi\varepsilon_0 r^2}=\frac{R_1V_0}{r^2}+\frac{(R_2-R_1)Q}{4\pi\varepsilon_0 R_2 r^2}\quad (r>R_2)$$

【6-9】 如图 6-4 所示，在一半径为 $R_1=6.0$ cm 的金属球 A 外面套有一个同心的金属球壳 B。已知球壳 B 的内、外半径分别为 $R_2=8.0$ cm，$R_3=10.0$ cm。设球 A 带有总电荷 $Q_A=3.0\times10^{-8}$ C，球壳 B 带有总电荷 $Q_B=2.0\times10^{-8}$ C。求：(1) 球壳 B 内、外表面上所带的电荷以及球 A 和球壳 B 的电势；(2) 将球壳 B 接地后断开，再把金属球 A 接地，求金属球 A 和球壳 B 内、外表面上所带的电荷以及球 A 和球壳 B 的电势。

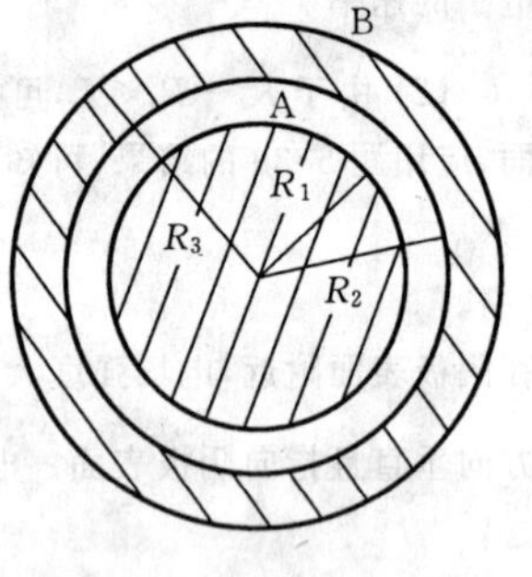

解 (1) 在球壳 B 内作一闭合曲面，由于静电平衡时导体内无电场，故此闭合曲面的电场强度通量 Φ_e 为零。假定球壳 B 的内表面有电荷 Q_{B1}，则闭合曲面所包围的电荷为

$$q=Q_{B1}+Q_A$$

根据高斯定理，$\varepsilon_0\Phi_e=q$。因为 $\Phi_e=0$，所以 $q=0$，球壳 B 内表面所带电荷即为

$$Q_{B1}=-Q_A=-3.0\times10^{-8}\ \text{C}$$

外表面所带电荷 Q_{B2} 为

$$Q_{B2}=Q_B-Q_{B1}=5.0\times10^{-8}\ \text{C}$$

图 6-4

由以上讨论可知，球体 A 和球壳 B 上的电荷是分别均匀地分布于三个同心球面上，这三个球面的半径分别是 R_1、R_2、R_3，三个球面上的电荷分别是 Q_A、Q_{B1}、Q_{B2}。由一个均匀带电球面的电势分布规律为

$$V=\frac{q}{4\pi\varepsilon_0 r}\ (\text{球面外}),\quad V=\frac{q}{4\pi\varepsilon_0 R}\ (\text{球面内})$$

在球体 A 内任意一点是位于三个带电球面之内的，因此它的电势为

$$V_A=\frac{Q_A}{4\pi\varepsilon_0 R_1}+\frac{Q_{B1}}{4\pi\varepsilon_0 R_2}+\frac{Q_{B2}}{4\pi\varepsilon_0 R_3}=5.6\times10^3\ \text{V}$$

静电平衡时，导体是一等势体，因此这也就是球 A 的电势。球壳 B 内任意一点是位于半径为 R_1 和 R_2 的两个球面外，而位于半径为 R_3 的球面内。设该点到球 A 中心的距离为 r，则此点电势为

$$V_B=\frac{Q_A}{4\pi\varepsilon_0 r}+\frac{Q_{B1}}{4\pi\varepsilon_0 r}+\frac{Q_{B2}}{4\pi\varepsilon_0 R_3}=\frac{Q_{B2}}{4\pi\varepsilon_0 R_3}=4.5\times10^3\ \text{V}$$

这就是球壳 B 的电势。

(2) 将球壳 B 接地时，其电势为零，球体 A 电荷不变，根据高斯定理，B 的内表面电荷也不变，为使 B 的电势为零，其外表面将无电荷。将 B 与地断开时，情况也是如此。再将球 A 接地时，A 的电势为零。在 A 的表面和 B 的内外两个表面上的电荷分布既要满足高斯定理，也要满足 $V'_A=0$ 以及电荷守恒定律。设这时三个表面上的电荷分别为 Q'_A、Q'_{B1} 和 Q'_{B2}。根据高斯定理，应有 $Q'_{B1}=-Q'_A$；根据电荷守恒定律，应有 $Q'_{B1}+Q'_{B2}=Q_{B1}$，为满足 $V'_A=0$，则有

$$\frac{Q'_A}{4\pi\varepsilon_0 R_1}+\frac{Q'_{B1}}{4\pi\varepsilon_0 R_2}+\frac{Q'_{B2}}{4\pi\varepsilon_0 R_3}=0,\quad \frac{1}{4\pi\varepsilon_0}\left(-\frac{Q'_{B1}}{R_1}+\frac{Q'_{B1}}{R_2}+\frac{Q_{B1}-Q'_{B1}}{R_3}\right)=0$$

解此方程得到 $Q'_{B1}=-2.1\times10^{-8}$ C，$Q'_A=2.1\times10^{-8}$ C，$Q'_{B2}=-0.9\times10^{-8}$ C。这时球壳 B 的电势为

$$V'_B=\frac{Q'_A}{4\pi\varepsilon_0 r}+\frac{Q'_{B1}}{4\pi\varepsilon_0 r}+\frac{Q'_{B2}}{4\pi\varepsilon_0 R_3}=\frac{Q'_{B2}}{4\pi\varepsilon_0 R_3}=-7.92\times10^2\ \text{V}$$

【6-10】 两块带电量分别为 Q_1、Q_2 的导体平板平行相对放置(图 6-5)，假设导体平板面积为 S，两块导体平板间距为 d，并且 $\sqrt{S}\gg d$。试证明(1) 相向的两面电荷面密度大小相等、符号相反；(2) 相背的两面电荷面密度大小相等、符号相同。

解 设 σ_1、σ_2、σ_3、σ_4 分别依次是左、右两块平板的四个面上的电荷面密度，P、Q 是分别位于二平板内的两点。

(1) 因为$\sqrt{S}\gg d$,所以二导体板可看成是无限大平板。P点位于左导体板内。静电平衡时,其电场强度为零。设σ_1、σ_2、σ_3、σ_4都是正值,则有

$$E_P=\frac{1}{2\varepsilon_0}(\sigma_1-\sigma_2-\sigma_3-\sigma_4)=0 \qquad ①$$

同理,在Q点电场强度也为零,因此有

$$E_Q=\frac{1}{2\varepsilon_0}(\sigma_1+\sigma_2+\sigma_3-\sigma_4)=0 \qquad ②$$

由上述两个方程(①、②式)可得

$$\sigma_2=-\sigma_3$$

即二平行导体板相向的两面上,电荷面密度大小相等而符号相反。

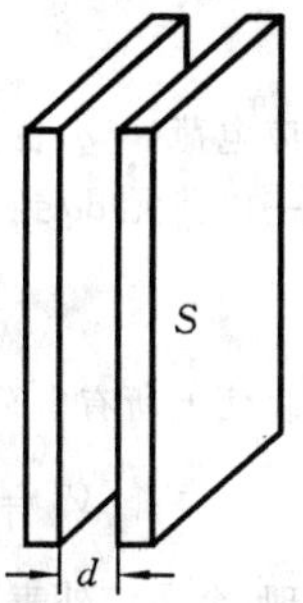

图 6-5

(2) 由以上两方程(①、②式)也可得到

$$\sigma_1=\sigma_4$$

即相背的两面上,电荷面密度大小相等且符号相同。

【6-11】 将带电量为Q的导体板 A 从远处移至不带电的导体板 B 附近(图6-6),两导体板几何形状完全相同,面积均为S,移近后两导体板距离为$d(d\ll\sqrt{S})$。(1) 忽略边缘效应求两导体板间的电势差;(2) 若将 B 接地,结果又将如何?

解　(1) 设σ_1、σ_2分别是导体板 A 左侧和右侧表面的电荷面密度,σ_3、σ_4分别是导体板 B 左侧和右侧表面的电荷面密度。当 A 板移近 B 板后,根据上题的结果有

$$\sigma_2=-\sigma_3,\quad \sigma_1=\sigma_4$$

因为 B 板原来是不带电的,受到静电感应后,感应电荷总量应为零,所以

$$(\sigma_3+\sigma_4)S=0,\quad \sigma_3=-\sigma_4$$

于是得到

$$\sigma_1=\sigma_2$$

A 板上电荷总量仍为Q,因此

$$(\sigma_1+\sigma_2)S=Q$$

即

$$2\sigma_2 S=Q,\quad \sigma_2=\frac{Q}{2S}$$

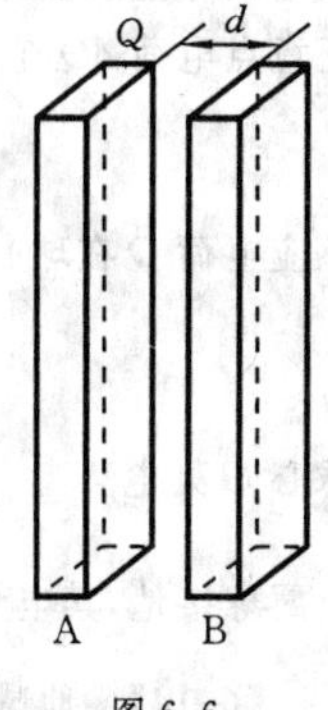

图 6-6

因为两导体板之间的距离$d\ll\sqrt{S}$,所以它们都可以被看作无限大均匀带电平板。在两板之间的空间是匀强电场,电场强度大小为$E=\sigma_2/\varepsilon_0$,电场方向垂直于平板,两板之间的电势差为

$$U_{AB}=Ed=\frac{\sigma_2 d}{\varepsilon_0}=\frac{Qd}{2\varepsilon_0 S}$$

(2) B 板接地后,其右侧表面无电荷;由于受到 A 板上电荷的吸引,B 板左侧表面上仍有电荷,即$\sigma_4=0$,$\sigma_3\neq0$。在 B 板接地的情况下,$\sigma_2=-\sigma_3$,$\sigma_1=\sigma_4$的关系仍然成立。因此有$\sigma_1=0$,电荷Q全部分布在 A 板右侧表面上,于是

$$\sigma_2=\frac{Q}{S}$$

两导体板间的电势差为

$$U_{AB}=\frac{\sigma_2 d}{\varepsilon_0}=\frac{Qd}{\varepsilon_0 S}$$

【6-12】 如图 6-7 所示球形金属腔带电量为$Q>0$,内半径为a,外半径为b,腔内距球心O为r处有一点电荷q,求球心的电势。

解　根据高斯定理,在球形金属腔内表面存在点电荷q的感应电荷$(-q)$。根据电荷守恒定律,在金属腔的外表面上分布有电荷$(Q+q)$。球心的电势就是来自于点电荷q和金属腔内外表面上分布的电荷。

在点电荷q的电场中,球心O处的电势为

$$V_1=\frac{q}{4\pi\varepsilon_0 r}$$

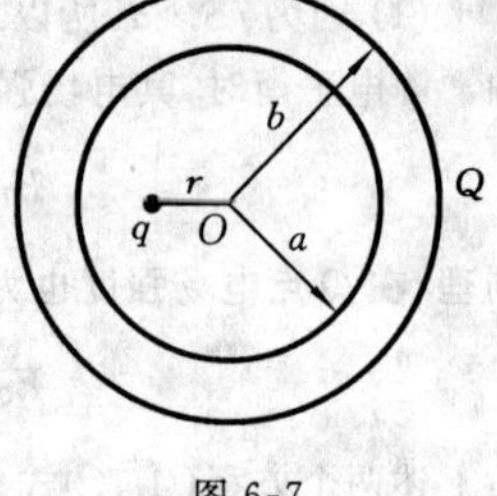

图 6-7

感应电荷($-q$)在金属腔内表面上的分布是不均匀的，但是内表面上任一电荷元 $\mathrm{d}q$ 到球心 O 的距离都是 a，在 O 点产生的电势都是

$$\mathrm{d}V_2=\frac{\mathrm{d}q}{4\pi\varepsilon_0 a}$$

内表面上所有电荷在 O 点产生的电势就是

$$V_2=\int \mathrm{d}V_2=\int\frac{\mathrm{d}q}{4\pi\varepsilon_0 a}=\frac{1}{4\pi\varepsilon_0 a}\int \mathrm{d}q=\frac{-q}{4\pi\varepsilon_0 a}$$

同理，金属腔外表面上电荷在 O 处产生的电势为

$$V_3=\frac{q+Q}{4\pi\varepsilon_0 b}$$

球心总的电势即为

$$V=V_1+V_2+V_3=\frac{q}{4\pi\varepsilon_0 r}-\frac{q}{4\pi\varepsilon_0 a}+\frac{q+Q}{4\pi\varepsilon_0 b}$$

【6-13】 如图 6-8 所示，在真空中将半径为 R 的金属球接地，在与球心 O 相距为 r($r>R$)处放置一点电荷 q，不计接地导线上电荷的影响，求金属球表面上的感应电荷总量。

解　点电荷 q 在球心 O 处激发的电势

$$V_1=\frac{q}{4\pi\varepsilon_0 r}$$

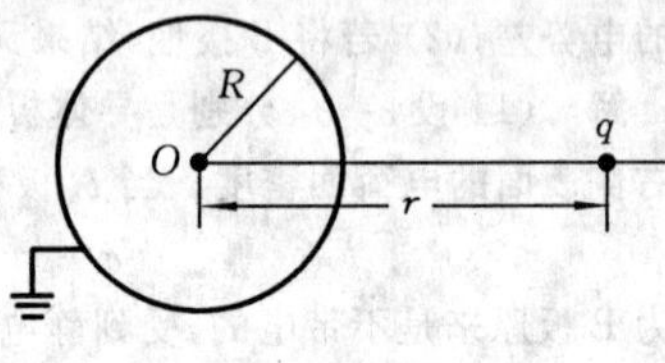

图 6-8

设金属球上感应电荷为 Q，Q 均分布于表面上。在表面上取任意点电荷 $\mathrm{d}Q$，它在球心处激发的电势

$$\mathrm{d}V_2=\frac{\mathrm{d}Q}{4\pi\varepsilon_0 R}$$

感应电荷 Q 在球心处激发的电势

$$V_2=\int \mathrm{d}V_2=\int\frac{\mathrm{d}Q}{4\pi\varepsilon_0 R}=\frac{Q}{4\pi\varepsilon_0 R}$$

球心 O 处电势

$$V=V_1+V_2=\frac{1}{4\pi\varepsilon_0}\left(\frac{q}{r}+\frac{Q}{R}\right)$$

金属球接地，其电势为零，因此

$$V=0,\quad Q=-\frac{R}{r}q$$

【6-14】 地球和电离层可当作一个球形电容器，它们之间相距约为 100 km，试估算地球-电离层系统的电容。设地球与电离层之间为真空。

解　无介质球形电容器电容的计算公式为

$$C=4\pi\varepsilon_0\frac{R_1R_2}{R_2-R_1}$$

令 $R_1=R_E=6.38\times10^6$ m，$R_2=6.48\times10^6$ m，可得

$$C=4.59\times10^{-2}\ \mathrm{F}$$

【6-15】 两条输电线的线径为 3.26 mm，两输电线中心相距0.50 m。输电线位于地面上空很高处，因而大地影响可以忽略。求输电线单位长度的电容。

解　图 6-9 是两条输电线的截面图。设它们分别均匀分布有等量异号电荷，电荷线密度为 λ。在两线构成的平面上，位于两线之间的某点 P，与带正电的输电线的轴线相距为 r。应用无限长均匀带电直线的电场强度公式及叠加原理，点 P 处电场强度大小为

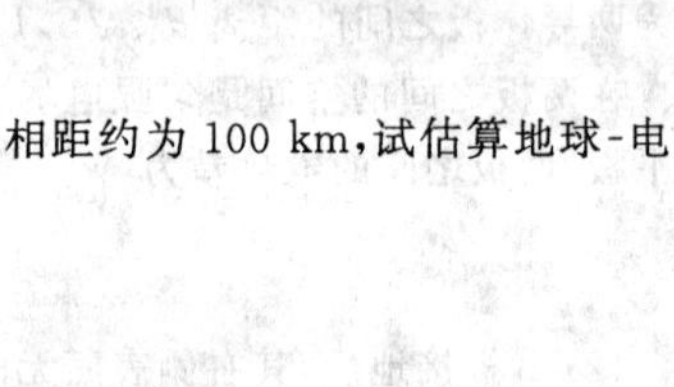

图 6-9

$$E=\frac{\lambda}{2\pi\varepsilon_0 r}+\frac{\lambda}{2\pi\varepsilon_0(l-r)}$$

电场方向垂直于输电线，并指向带负电的输电线。两输电线之间的电势差

$$U=\int_A^B \boldsymbol{E}\cdot \mathrm{d}\boldsymbol{l}=\int_{d/2}^{l-d/2} E\mathrm{d}r=\int_{d/2}^{l-d/2}\left[\frac{\lambda}{2\pi\varepsilon_0 r}+\frac{\lambda}{2\pi\varepsilon_0(l-r)}\right]\mathrm{d}r=\frac{\lambda}{\pi\varepsilon_0}\ln\left(\frac{2l}{d}-1\right)$$

由此可得输电线单位长度的电容　$C=\dfrac{\lambda}{U}=\dfrac{\pi\varepsilon_0}{\ln\left(\dfrac{2l}{d}-1\right)}=4.86\times10^{-12}$ F

【6-16】 电容式计算机键盘的每一个键下面连接一小块金属片，金属片与底板上的另一块金属片间保持一定空气间隙，构成一小电容器(图 6-10)。当按下按键时电容发生变化，通过与之相连的电子线路向计算机发出该键相应的代码信号。假设金属片面积为 50.0 mm^2，两金属片之间的距离是 0.600 mm。如果电路能检测出的电容变化量是 0.250 pF，试问按键需要按下多大的距离才能给出必要的信号？

解　设金属片的面积为 S，两金属片的距离为 d，则按键被按下前，电容器电容

$$C_1=\frac{\varepsilon_0 S}{d}$$

若将按键按下的距离为 d'，则电容器的电容变为

$$C_2=\frac{\varepsilon_0 S}{d-d'}$$

电容增量　$\Delta C=C_2-C_1=\varepsilon_0 S\left(\dfrac{1}{d-d'}-\dfrac{1}{d}\right)$

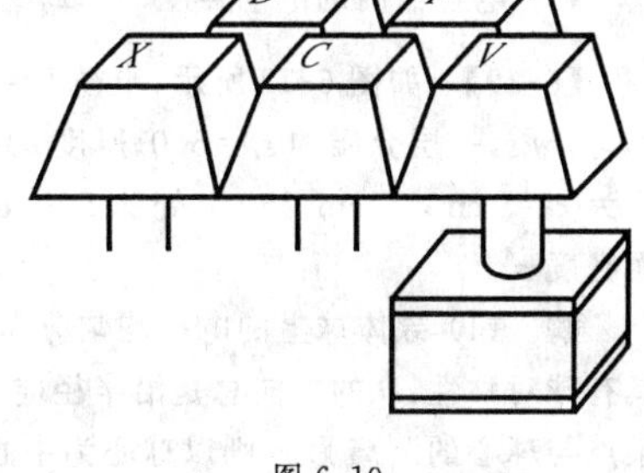

图 6-10

由此解出　$d'=d\left(1-\dfrac{\varepsilon_0 S}{d\Delta C+\varepsilon_0 S}\right)=1.52\times10^{-4}$ m$=0.152$ mm

【6-17】 盖革-米勒管可用来测量电离辐射，该管的基本结构如图 6-11 所示。半径为 R_1 的长直导线作为一个电极，半径为 R_2 的同轴圆柱筒为另一个电极，它们之间充以相对电容率 $\varepsilon_r\approx1$ 的气体。当电离粒子通过气体时，能使其电离。若两极间有电势差时，极间有电流，从而可测出电离粒子的数量。如以 E_1 表示半径为 R_1 的长直导线附近的电场强度。(1) 求两极间电势差的关系式；(2) 若 $E_1=2.0\times10^6$ V·m^{-1}，$R_1=0.30$ mm，$R_2=20.0$ mm，两极间的电势差为多少？

解　(1) 设 λ 为长直导线上的电荷线密度，则在距长直导线 r 处的电场强度大小为

$$E=\frac{\lambda}{2\pi\varepsilon_0 r}$$

电场强度方向垂直于长直导线。两极间的电势差

$$U=\int_{R_1}^{R_2}\boldsymbol{E}\cdot\mathrm{d}\boldsymbol{r}=\int_{R_1}^{R_2}E\mathrm{d}r=\int_{R_1}^{R_2}\frac{\lambda}{2\pi\varepsilon_0 r}\mathrm{d}r=\frac{\lambda}{2\pi\varepsilon_0}\ln\frac{R_2}{R_1}$$

在长直导线附近，$r=R_1$，电场强度为

$$E_1=\frac{\lambda}{2\pi\varepsilon_0 R_1}$$

得　$\lambda=2\pi\varepsilon_0 R_1 E_1$

代入 U 的表示式，得到　$U=R_1E_1\ln\dfrac{R_2}{R_1}$

(2) 将 E_1、R_1、R_2 的值代入上式后，得到两极间电势差为

$$U=2.52\times10^3\ \text{V}$$

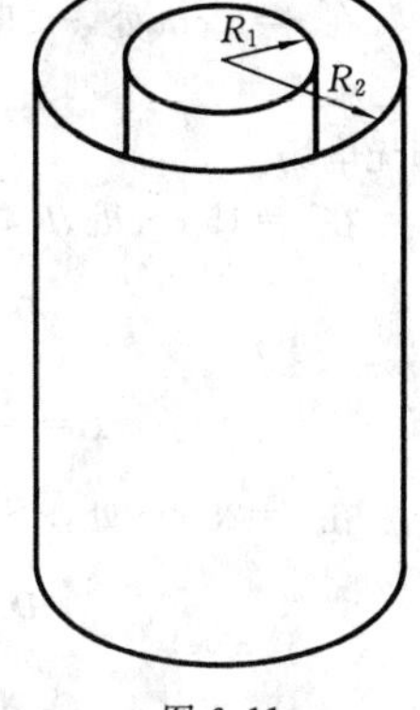

图 6-11

【6-18】 一片二氧化钛晶片，其面积为 1.0 cm^2，厚度为 0.10 mm，把平行平板电容器的两极板紧贴在晶片两侧。求：(1)电容器的电容；(2)电容器两极加上 12 V 电压时，极板上的电荷为多少，此时自由电荷和极化电荷的面密度各为多少？(3) 求电容器内的电场强度。

解　(1) 电容器的电容

$$C=\frac{\varepsilon_0\varepsilon_r S}{d}$$

式中，$\varepsilon_r=173$，$S=1.0\times10^{-4}\ \text{m}^2$，$d=0.10\times10^{-3}\ \text{m}$。因此

$$C=1.53\times10^{-9}\ \text{F}$$

(2) $U=12$ V时，极板上电荷

$$Q_0=CU=1.84\times10^{-8}\ \text{C}$$

自由电荷面密度 $\sigma_0=\dfrac{Q_0}{S}=1.84\times10^{-4}\ \text{C}\cdot\text{m}^{-2}$

极化电荷面密度 $\sigma'=\dfrac{\varepsilon_r-1}{\varepsilon_r}\sigma_0=1.83\times10^{-4}\ \text{C}\cdot\text{m}^{-2}$

(3) 电容器内的电场强度 $E=\dfrac{E_0}{\varepsilon_r}=\dfrac{\sigma_0}{\varepsilon_0\varepsilon_r}=1.2\times10^5\ \text{V}\cdot\text{m}^{-1}$

【6-19】 如图6-12所示，半径$R=0.10$ m的导体球带有电荷$Q=1.0\times10^{-8}$ C，导体外有两层均匀介质，一层介质的$\varepsilon_r=5.0$，厚度$d=0.10$ m。另一层介质为空气，充满其余空间。求：(1)离球心为$r=5$ cm，15 cm，25 cm处的$\boldsymbol{D}$和$\boldsymbol{E}$；(2)离球心为$r=5$ cm，15 cm，25 cm处的V；(3)极化电荷面密度σ'。

解 (1) 导体球上的电荷均匀分布于其表面，具有球对称性，因此电场中电位移$\boldsymbol{D}$的分布也具有球对称性：$\boldsymbol{D}$的方向总是沿半径向外（如果电荷是正的），与球心等远处$\boldsymbol{D}$的值相等。设空间某点与球心的距离为r，则以球心为中心，以r为半径作一球面S，此球面的电位移通量为

$$\oint_S\boldsymbol{D}\cdot\mathrm{d}\boldsymbol{S}=\oint_S D\mathrm{d}S=D\oint_S\mathrm{d}S=DS=4\pi r^2D$$

设这个球面包围的自由电荷为q_0，则根据有介质时的高斯定理，有

$$4\pi r^2D=q_0,\quad D=\frac{q_0}{4\pi r^2}$$

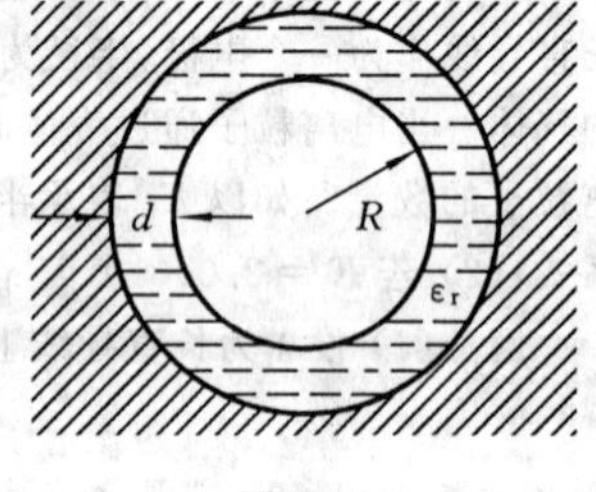

图 6-12

考虑到$\boldsymbol{D}$的方向，则 $\boldsymbol{D}=\dfrac{q_0}{4\pi r^2}\boldsymbol{e}_r$ ①

根据电场强度与电位移的关系，$\boldsymbol{D}=\varepsilon_0\varepsilon_r\boldsymbol{E}$，可得

$$\boldsymbol{E}=\frac{\boldsymbol{D}}{\varepsilon_0\varepsilon_r}=\frac{q_0}{4\pi\varepsilon_0\varepsilon_r r^2}\boldsymbol{e}_r \quad ②$$

在$r=5$ cm处，$r<R$，$q_0=0$，代入①、②两式，得到该处的

$$\boldsymbol{D}=\boldsymbol{0},\quad \boldsymbol{E}=\boldsymbol{0}$$

即无电场。

在$r=15$ cm处，$R<r<R+d$，$q_0=Q=1.0\times10^{-8}$ C，$\varepsilon_r=5.0$，代入①、②两式，得到该处的

$$\boldsymbol{D}=\frac{1.0\times10^{-8}}{4\times3.14\times0.15^2}\ \text{C}\cdot\text{m}^{-2}\boldsymbol{e}_r=3.5\times10^{-8}\ \text{C}\cdot\text{m}^{-2}\boldsymbol{e}_r$$

$$\boldsymbol{E}=\frac{\boldsymbol{D}}{\varepsilon_0\varepsilon_r}=\frac{3.5\times10^{-8}}{8.85\times10^{-12}\times5.0}\ \text{V}\cdot\text{m}^{-1}\boldsymbol{e}_r=8.0\times10^2\ \text{V}\cdot\text{m}^{-1}\boldsymbol{e}_r$$

在$r=25$ cm处，$r>R+d$，$q_0=Q=1.0\times10^{-8}$ C，$\varepsilon_r=1$，代入①、②两式，得到该处的

$$\boldsymbol{D}=\frac{1.0\times10^{-8}}{4\times3.14\times0.25^2}\ \text{C}\cdot\text{m}^{-2}\boldsymbol{e}_r=1.3\times10^{-8}\ \text{C}\cdot\text{m}^{-2}\boldsymbol{e}_r$$

$$\boldsymbol{E}=\frac{1.3\times10^{-8}}{8.85\times10^{-12}\times1}\ \text{V}\cdot\text{m}^{-1}\boldsymbol{e}_r=1.4\times10^3\ \text{V}\cdot\text{m}^{-1}\boldsymbol{e}_r$$

(2) 整个空间可分为三个区域：导体球、$\varepsilon_r=5.0$的介质层和空气层。在这三个区域中，电场强度分布是不同的。在导体球($r<R$)，$E_1=0$；在介质层($R<r<R+d$)，$E_2=\dfrac{Q}{4\pi\varepsilon_0\varepsilon_r r^2}$；在空气层($r>R+d$)，$E_3=\dfrac{Q}{4\pi\varepsilon_0 r^2}$。在这三个区域中，电势分布也是不同的。在导体球内，$r<R$，电势分布为

$$V=\int_r^{\infty}\boldsymbol{E}\cdot d\boldsymbol{r}=\int_r^{\infty}E dr=\int_r^{R}E_1 dr+\int_R^{R+d}E_2 dr+\int_{R+d}^{\infty}E_3 dr$$
$$=\int_R^{R+d}\frac{Q dr}{4\pi\varepsilon_0\varepsilon_r r^2}+\int_{R+d}^{\infty}\frac{Q dr}{4\pi\varepsilon_0 r^2}=\frac{Q}{4\pi\varepsilon_0}\left[\frac{1}{\varepsilon_r}\left(\frac{1}{R}-\frac{1}{R+d}\right)+\frac{1}{R+d}\right] \quad ③$$

在 $r=5$ cm 处，将已知值代入③式后，得到该处电势

$$V=540\ \text{V}$$

在 $\varepsilon_r=5.0$ 的介质内，$r>R$，电势分布为

$$V=\int_r^{\infty}E dr=\int_r^{R+d}E_2 dr+\int_{R+d}^{\infty}E_3 dr=\int_r^{R+d}\frac{Q dr}{4\pi\varepsilon_0\varepsilon_r r^2}+\int_{R+d}^{\infty}\frac{Q dr}{4\pi\varepsilon_0 r^2}$$
$$=\frac{Q}{4\pi\varepsilon_0}\left[\frac{1}{\varepsilon_r}\left(\frac{1}{r}-\frac{1}{R+d}\right)+\frac{1}{R+d}\right] \quad ④$$

将 $r=0.15$ m 代入④式，得到该处电势为

$$V=480\ \text{V}$$

在空气层，$r>R+d$，电势分布为

$$V=\int_r^{\infty}E_3 dr=\int_r^{\infty}\frac{Q dr}{4\pi\varepsilon_0 r^2}=\frac{Q}{4\pi\varepsilon_0 r} \quad ⑤$$

将 $r=0.25$ m 代入⑤式，得到该处电势为

$$V=360\ \text{V}$$

(3) 在 $\varepsilon_r=5.0$ 的介质的内表面，极化电荷是负电荷，电荷面密度为

$$\sigma_1'=-P=-(\varepsilon_r-1)\varepsilon_0 E_1'=-\frac{(\varepsilon_r-1)Q}{4\pi\varepsilon_r R^2}=-6.4\times10^{-8}\ \text{C}\cdot\text{m}^{-2}$$

在介质的外表面，极化电荷是正电荷，电荷面密度为

$$\sigma_2'=P=(\varepsilon_r-1)\varepsilon_0 E_2'=\frac{(\varepsilon_r-1)Q}{4\pi\varepsilon_r(R+d)^2}=1.6\times10^{-8}\ \text{C}\cdot\text{m}^{-2}$$

【6-20】 人体的某些细胞壁两侧带有等量的异号电荷。设某细胞壁厚为 5.2×10^{-9} m，两表面所带电荷面密度为 $\pm5.2\times10^{-3}\ \text{C}\cdot\text{m}^{-2}$，内表面为正电荷。如果细胞壁物质的相对电容率为 6.0，求(1) 细胞壁内的电场强度；(2) 细胞壁两表面间的电势差。

解　可将细胞壁看作平行板电容器。由题 $d=5.2\times10^{-9}$ m，$\sigma=5.2\times10^{-3}\ \text{C}\cdot\text{m}^{-2}$，$\varepsilon_r=6.0$。

(1) 细胞壁内的电场强度　$E=\dfrac{\sigma}{\varepsilon_0\varepsilon_r}=9.8\times10^{7}\ \text{V}\cdot\text{m}^{-1}$

(2) 细胞壁两表面间的电势差 $U=Ed=0.51\ \text{V}=510\ \text{mV}$

【6-21】 有一个平板电容器，充电后极板上电荷面密度为 $\sigma_0=4.5\times10^{-5}\ \text{C}\cdot\text{m}^{-2}$，现将两极板与电源断开，然后再把相对电容率为 $\varepsilon_r=2.0$ 的电介质插入两极板之间。此时电介质中的 $\boldsymbol{D}$、$\boldsymbol{E}$ 和 $\boldsymbol{P}$ 各为多少？

解　插入电介质以前，电容器已与电源断开，极板上电荷面密度不再变化。作一闭合圆柱面，其轴线与板面垂直，一个底面在极板内，一个底面在介质内，底面面积为 S(图 6-13)。介质中电位移方向与极板垂直，因此在侧面上 $\boldsymbol{D}\cdot d\boldsymbol{S}=0$，在极板内的底面上，$D=0$，闭合圆柱面的电位移通量

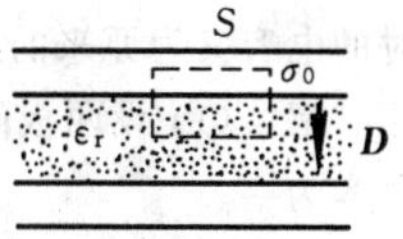

$$\oint\boldsymbol{D}\cdot d\boldsymbol{S}=DS$$

图 6-13

闭合圆柱面包围的自由电荷

$$Q_0=\sigma_0 S$$

根据有介质时的高斯定理可知，

$$DS=\sigma_0 S,\quad D=\sigma_0=4.5\times10^{-5}\ \text{C}\cdot\text{m}^{-2}$$

$\boldsymbol{D}$ 和 $\boldsymbol{E}$ 的关系为 $\boldsymbol{D}=\varepsilon_0\varepsilon_r\boldsymbol{E}$，因此

$$E=\frac{D}{\varepsilon_0\varepsilon_r}=\frac{\sigma_0}{\varepsilon_0\varepsilon_r}=2.5\times10^6\ \mathrm{V\cdot m^{-1}}$$

P 和 **E** 的关系为　　$\boldsymbol{P}=\varepsilon_0(\varepsilon_r-1)\boldsymbol{E}$

由此可得　　$P=\varepsilon_0(\varepsilon_r-1)E=2.2\times10^{-5}\ \mathrm{C\cdot m^{-2}}$

【6-22】 在一半径为 R_1 的长直导线外套有氯丁橡胶绝缘护套，护套外半径为 R_2，相对电容率为 ε_r，设沿轴线单位长度上导线的电荷密度为 λ，试求介质层内的 **D**、**E** 和 **P**。

解 长直导线均匀带电，电荷分布有轴对称性，电场分布也有轴对称性。过介质层内与轴线相距 r 的某点 P 作一闭合圆柱面，其半径为 r，高为 l，与长直导线共轴(图 6-14)。由于电场分布的轴对称性，通过闭合圆柱面的两底面的电位移通量为零，通过闭合圆柱面的电位移通量等于通过其侧面的电位移通量，即

$$\oint_S \boldsymbol{D}\cdot d\boldsymbol{S}=2\pi rlD$$

闭合圆柱面包围的自由电荷 $Q_0=\lambda l$，根据有介质时的高斯定理 $\oint \boldsymbol{D}\cdot d\boldsymbol{S}=Q_0$，则有

$$2\pi rlD=\lambda l,\quad D=\frac{\lambda}{2\pi r},\quad E=\frac{D}{\varepsilon_0\varepsilon_r}=\frac{\lambda}{2\pi\varepsilon_0\varepsilon_r r}$$

D 和 **E** 的方向都是垂直于轴线向外。P 的大小为

$$P=\varepsilon_0(\varepsilon_r-1)E=\left(1-\frac{1}{\varepsilon_r}\right)\frac{\lambda}{2\pi r}$$

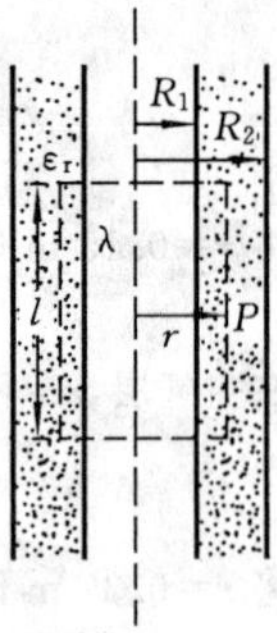

图 6-14

P 的方向也是垂直于轴线向外。

【6-23】 如图 6-15 所示，球形电极浮在相对电容率为 $\varepsilon_r=3.0$ 的油槽中，球的一半浸没在油中，另一半在空气中。已知电极所带净电荷 $Q_0=2.0\times10^{-6}$ C，问球的上下部分各有多少电荷？

解 上半球面的电容　　$C_1=2\pi\varepsilon_0 R$　　①

下半球面的电容　　$C_2=2\pi\varepsilon_0\varepsilon_r R$　　②

两半球面属于同一球形导体，具有相同的电势，因此

$$\frac{Q_1}{C_1}=\frac{Q_2}{C_2}\qquad③$$

又　　$Q_1+Q_2=Q_0$　　④

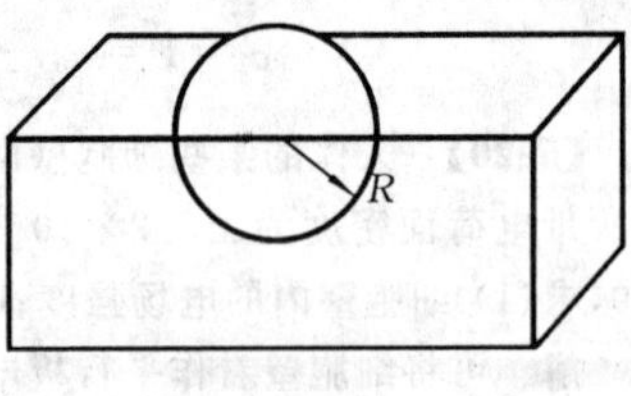

图 6-15

解③、④两方程，并应用①、②两式，得

$$Q_1=\frac{Q_0}{1+\varepsilon_r}=0.50\times10^{-6}\ \mathrm{C},\quad Q_2=\varepsilon_r Q_1=1.50\times10^{-6}\ \mathrm{C}$$

【6-24】 如图 6-16(a)所示，两块相距为 0.50 mm 的薄金属板 A、B 构成的空气平板电容器，被屏蔽在一个金属盒 K 内，金属盒上、下两壁与 A、B 分别相距 0.25 mm，金属板面积为 30×40 mm²。求：(1) 被屏蔽后的电容器电容变为原来的几倍；(2) 若电容器的一个引脚不慎与金属屏蔽盒相碰，问此时的电容又为原来的几倍。

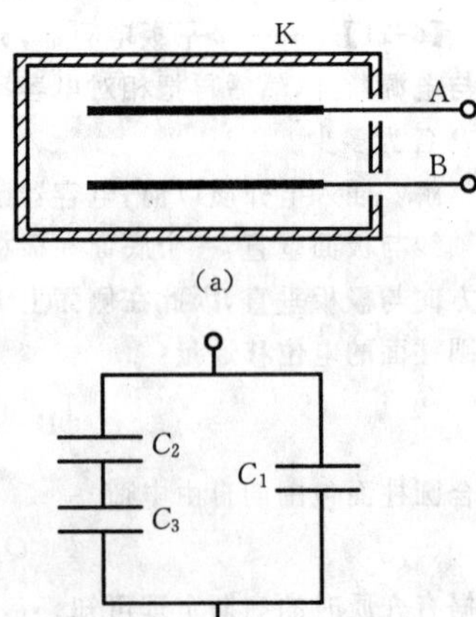

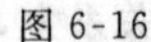
图 6-16

解 (1) 设两板间距为 d_1，面积为 S，则被屏蔽前电容器电容为

$$C_1=\frac{\varepsilon_0 S}{d_1}$$

设两板 A、B 到金属盒上、下两壁分别相距 d_2。电容器被金属盒屏蔽后，板 A 与上壁构成一个平行板电容器，其电容

$$C_2=\frac{\varepsilon_0 S}{d_2}$$

板 B 与下壁也构成一个平行板电容器，其电容 $C_3=C_2$。C_2 和 C_3 是串联组合关系，这个串联组合和平行板电容器是并联组合(图 6-16(b))。整个系统的电容

$$C=C_1+\frac{C_2C_3}{C_2+C_3}$$

因为 $d_1=2d_2$，所以 $C_2=2C_1$，又注意到 $C_2=C_3$，则

$$C=2C_1$$

(2) 如果引脚 A 与屏蔽盒相碰，则 C_2 被短路，整个系统就是 C_1 与 C_3 的并联，其电容

$$C'=C_1+C_3=3C_1$$

如果引脚 B 与屏蔽盒相碰，结果也是这样。

【6-25】 如图 6-17 所示，在点 A 和点 B 之间有五个电容器，其连接如图 6-17 所示。(1) 求 A、B 两点之间的等效电容；(2) 若 A、B 之间的电势差为 12 V，求 U_{AC}、U_{CD} 和 U_{DB}。

解　(1) 令 $C_1=4\ \mu\text{F}$，$C_2=8\ \mu\text{F}$，$C_3=6\ \mu\text{F}$，$C_4=2\ \mu\text{F}$，$C_5=24\ \mu\text{F}$，则

$$C_{AC}=C_1+C_2=12\ \mu\text{F},\quad C_{CD}=C_3+C_4=8\ \mu\text{F}$$

$$C_{AD}=\frac{C_{AC}C_{CD}}{C_{AC}+C_{CD}}=4.8\ \mu\text{F}$$

$$C_{AB}=\frac{C_{AD}C_{DB}}{C_{AD}+C_{DB}}=4\ \mu\text{F}$$

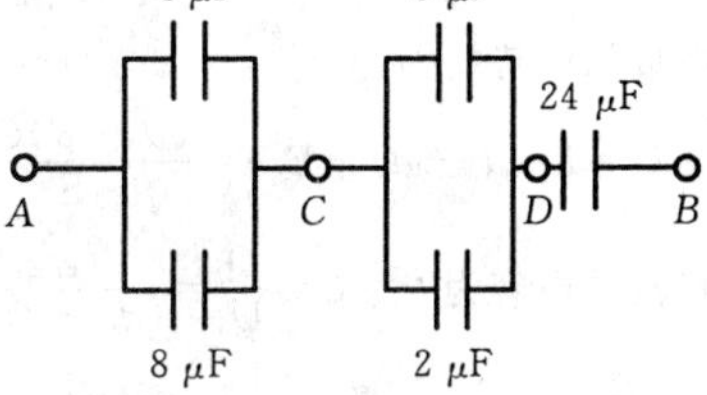

4 μF　6 μF　24 μF　A　C　D　B　8 μF　2 μF

图 6-17

(2) $U_{AC}C_{AC}=U_{CD}C_{CD}=U_{DB}C_5$，因此

$$U_{CD}=\frac{C_{AC}}{C_{CD}}U_{AC}=\frac{3}{2}U_{AC}$$

$$U_{DB}=\frac{C_{AC}}{C_5}U_{AC}=\frac{1}{2}U_{AC},\quad U_{AB}=U_{AC}+U_{CD}+U_{DB}=3U_{AC}$$

因为 $U_{AB}=12$ V，所以　　$U_{AC}=4$ V，　$U_{CD}=6$ V，　$U_{DB}=2$ V

【6-26】 如图 6-18 所示，有一空气平板电容器，其极板面积为 S，间距为 d。现将该电容器接在端电压为 U 的电源上充电。当(1) 充足电；(2) 然后平行插入一块面积相同，厚度为 $\delta(\delta<d)$，相对电容率为 ε_r 的电介质板；(3) 将上述电介质换为相同大小的导体板时，分别求极板上的电荷 Q、极板间的电场强度 E 和电容器的电容 C。

解　(1) 平板电容器的电容

$$C_1=\frac{\varepsilon_0 S}{d}$$

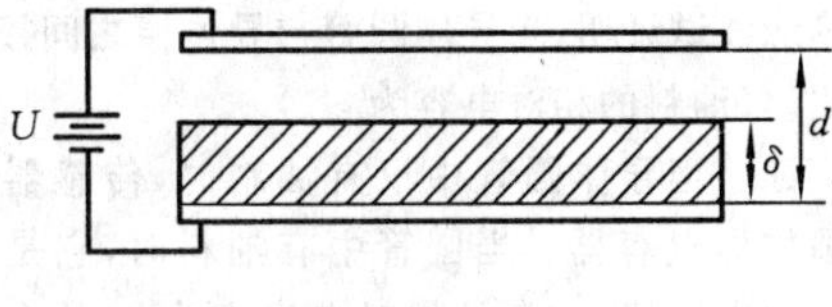

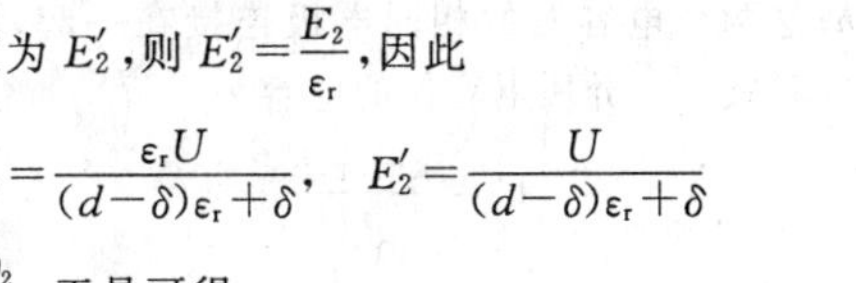

图 6-18

极板上电荷　　$Q_1=C_1U=\dfrac{\varepsilon_0 SU}{d}$

极板间电场强度　　$E_1=\dfrac{U}{d}$

(2) 设空气中电场强度为 E_2，介质板中电场强度为 E_2'，则 $E_2'=\dfrac{E_2}{\varepsilon_r}$，因此

$$U=(d-\delta)E_2+\delta E_2'=\left(d-\delta+\frac{\delta}{\varepsilon_r}\right)E_2,\quad E_2=\frac{\varepsilon_r U}{(d-\delta)\varepsilon_r+\delta},\quad E_2'=\frac{U}{(d-\delta)\varepsilon_r+\delta}$$

设电容器极板上电荷面密度为 σ，则 $E_2=\dfrac{\sigma}{\varepsilon_0}=\dfrac{Q_2}{\varepsilon_0 S}$，于是可得

$$Q_2=\varepsilon_0 SE_2=\frac{\varepsilon_0\varepsilon_r SU}{(d-\delta)\varepsilon_r+\delta}$$

电容器电容　　$$C_2=\frac{Q_2}{U}=\frac{\varepsilon_0\varepsilon_r S}{(d-\delta)\varepsilon_r+\delta}$$

(3) 将介质板换为相同尺寸的导体板后，它又成为一个空气平板电容器，其电容

$$C_3=\frac{\varepsilon_0 S}{d-\delta}$$

极板上电荷　　$Q_3=C_3U=\dfrac{\varepsilon_0 SU}{d-\delta}$

空气中电场强度　　$E_3=\dfrac{U}{d-\delta}$

导体板中　　$E_3'=0$

【6-27】 为了实时检测纺织品、纸张等材料的厚度(待测材料可视作相对电容率为 ε_r 的电介质),通常在生产流水线上设置如图 6-19(a)所示的传感装置,其中 A、B 为平板电容器的导体极板.d_0 为两极板间的距离。试说明检测原理,并推出直接测量量电容 C 与间接测量量厚度 d 之间的函数关系。如果要检测铜板等金属材料的厚度,结果又将如何?

解 传感装置中的电容器如图 6-19(b)所示。设极板上电荷为 Q,极板面积为 S,则电荷面密度为 $\sigma=\dfrac{Q}{S}$,电容器空气中和介质中的电场强度分别为

$$E_1=\frac{\sigma}{\varepsilon_0}=\frac{Q}{\varepsilon_0 S},\quad E_2=\frac{\sigma}{\varepsilon_0\varepsilon_r}=\frac{Q}{\varepsilon_0\varepsilon_r S}$$

两极板间电势差为

$$U=E_1(d_0-d)+E_2 d=\frac{(d_0-d)Q}{\varepsilon_0 S}+\frac{dQ}{\varepsilon_0\varepsilon_r S}$$

电容器的电容为　$C=\dfrac{Q}{U}=\dfrac{\varepsilon_0\varepsilon_r S}{(d_0-d)\varepsilon_r+d}$

由此可解得　$d=\dfrac{\varepsilon_r}{\varepsilon_r-1}d_0-\dfrac{\varepsilon_0\varepsilon_r S}{(\varepsilon_r-1)C}$　①

若要检测的是金属薄带,则电容器的电容为

$$C=\frac{\varepsilon_0 S}{d_0-d},\quad d=d_0-\frac{\varepsilon_0 S}{C}\qquad ②$$

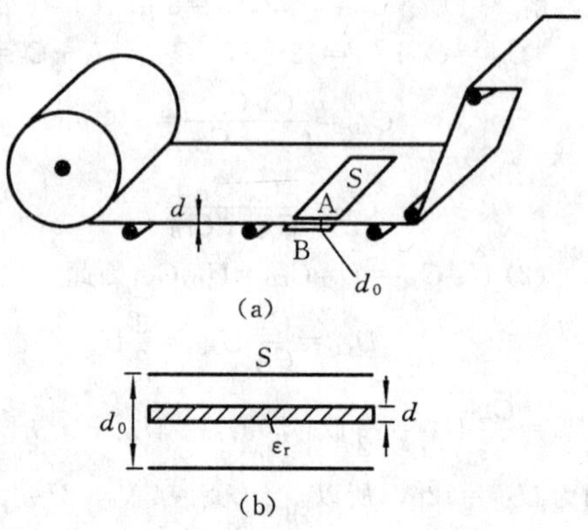

图 6-19

①、②两式说明,通过测量电容器的电容,可以测出薄带的厚度;通过测量电容器电容的变化情况,可以测出薄带厚度的均匀程度。

【6-28】 利用电容传感器测量油料液面高度,其原理如图6-20所示。导体圆管 A 与储油罐 B 相连,圆管的内径为 D,管中心同轴插入一根外径为 d 的导体棒 C,d 和 D 均远小于管长 L 并且相互绝缘。试证明,当导体圆管与导体棒之间接上电压为 U 的电源时,圆管上的电荷与液面高度成正比。(油料的相对电容为 ε_r。)

证 当导体圆管中没有油料时,传感器是一个圆柱形电容器。当圆管中有油料时,它是两个圆柱形电容器,一个是相对电容率为 ε_r 的介质电容器,其长度为 h;一个是空气电容器,其长度为 $L-h$;这两个电容器的相同电极连接在一起,因此是并联关系。介质电容器的电容为

$$C_1=\frac{2\pi\varepsilon_0\varepsilon_r h}{\ln\dfrac{D}{d}}$$

空气电容器的电容为

$$C_2=\frac{2\pi\varepsilon_0(L-h)}{\ln\dfrac{D}{d}}$$

电容传感器的电容为

$$C=C_1+C_2=\frac{2\pi\varepsilon_0}{\ln\dfrac{D}{d}}[L+(\varepsilon_r-1)h]$$

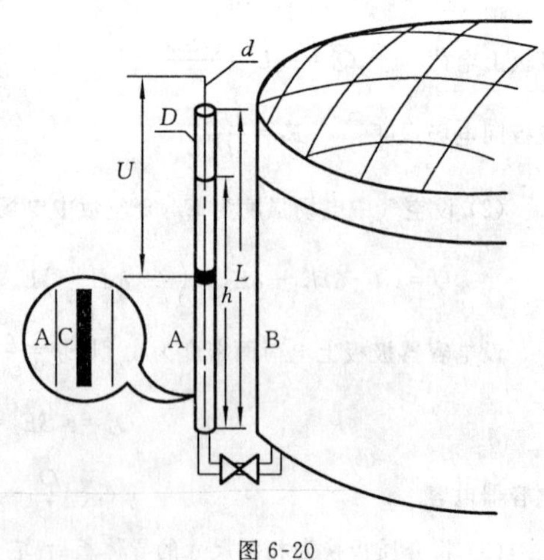

图 6-20

当传感器接上电压为 U 的电源时,圆管上的电荷为

$$Q=CU=\frac{2\pi\varepsilon_0 U}{\ln\dfrac{D}{d}}[L+(\varepsilon_r-1)h]$$

此式说明,圆管上电荷与油料液面高度有线性关系,当液面上升时,圆管上电荷按此关系线性上升。

讨论　传感器上电荷与液面高度不会是正比关系,若是正比关系,则当传感器中无油料时,其电荷应为零。事实上,传感器中无油料时,它仍是一个电容器,加上电压时,圆管上是会有电荷的。

【6-29】 有一电容为 0.50 μF 的平行平板电容器,两极板间被厚度为 0.01 mm 的聚四氟乙烯薄膜所隔开。(1) 求该电容器的额定电压;(2) 求电容器存储的最大能量。

解　(1) 由教科书表 6-2 查得,聚四氟乙烯的击穿电场强度 $E_b=60\times10^3\ \mathrm{V\cdot mm^{-1}}$,平行板电容器中电场强度应保持小于 E_b,因此它的电压

$$U=Ed<E_b d=600\ \mathrm{V}$$

电容器的额定电压即是 600 V。

(2) 电容器存储的最大能量为

$$W_e=\frac{1}{2}CU^2=0.09\ \mathrm{J}$$

【6-30】 半径为 0.10 cm 的长直导线,外面套有内半径为 1.0 cm 的共轴导体圆筒,导线与圆筒间为空气。略去边缘效应,求:(1) 导线表面最大电荷面密度;(2) 沿轴线单位长度的最大电场能量。

解　(1) 在半径为 R_1 的长直导线上均匀分布有电荷线密度为 λ 的电荷时,在表面附近的电场强度

$$E=\frac{\lambda}{2\pi\varepsilon_0 R_1}$$

以 E_b 表示空气的击穿电场强度,则电荷线密度的最大值

$$\lambda_{max}=2\pi\varepsilon_0 R_1 E_b \quad ①$$

导线单位长度上的表面积为 $S=2\pi R_1$,因此导线表面电荷面密度的最大值为

$$\sigma_{max}=\frac{\lambda_{max}}{S}=\varepsilon_0 E_b$$

已知 $E_b=3\times10^6\ \mathrm{V\cdot m^{-1}}$,代入后得到 $\sigma_{max}=2.66\times10^{-5}\ \mathrm{C\cdot m^{-2}}$。

(2) 在距导线的轴线为 r 处,电场强度为

$$E=\frac{\lambda}{2\pi\varepsilon_0 r}$$

电场能量密度为

$$w_e=\frac{1}{2}\varepsilon_0 E^2=\frac{\lambda^2}{8\pi^2\varepsilon_0 r^2}$$

在导线与导体圆筒之间,作一共轴薄圆筒,其半径为 r,厚为 $\mathrm{d}r$,高为单位长度,则其体积为 $\mathrm{d}V=2\pi r\mathrm{d}r$。体积内的电场能量为

$$\mathrm{d}W_e=w_e\mathrm{d}V=\frac{\lambda^2}{4\pi\varepsilon_0 r}\mathrm{d}r$$

在导线与导体圆筒之间,沿轴线单位长度的空间内的电场能量为

$$W_e=\int_{R_1}^{R_2}\frac{\lambda^2}{4\pi\varepsilon_0 r}\mathrm{d}r=\frac{\lambda^2}{4\pi\varepsilon_0}\ln\frac{R_2}{R_1}$$

由此式可知,当电荷线密度达到最大值时,单位长度的电场能量也达到最大值,其值为

$$W_{emax}=\frac{\lambda_{max}^2}{4\pi\varepsilon_0}\ln\frac{R_2}{R_1} \quad ②$$

将①式代入②式后

$$W_{emax}=\pi\varepsilon_0 R_1^2 E_b^2\ln\frac{R_2}{R_1}=5.76\times10^{-4}\ \mathrm{J\cdot m^{-1}}$$

【6-31】 一空气平板电容器,空气层厚 1.5 cm,两极间电压为 40 kV,这电容器会被击穿吗?

现将一厚度为 0.30 cm 的玻璃板插入此电容器，并与两板平行，若该玻璃的相对电容率 $\varepsilon_r=7.0$，击穿电场强度为 10 MV · m^{-1}，这时电容器会被击穿吗？

解 空气平板电容器中的电场强度

$$E=\frac{U}{d}=2.67\times10^6\ \mathrm{V\cdot m^{-1}}$$

空气的击穿电场强度 $E_b=3\times10^6\ \mathrm{V\cdot m^{-1}}$，$E<E_b$，电容器不会被击穿。

设电容器中插入厚度为 $d'=0.30\ \mathrm{cm}=0.0030\ \mathrm{m}$ 的玻璃板后，空气中电场强度为 E_1，玻璃板中场强为 E_2，则

$$U=E_1(d-d')+E_2d'$$

将 $E_2=\dfrac{E_1}{\varepsilon_r}$代入上式后可得

$$E_1=\frac{\varepsilon_r U}{\varepsilon_r d-(\varepsilon_r-1)d'}=3.2\times10^6\ \mathrm{V\cdot m^{-1}}$$

$E_1>E_b$，空气首先被击穿。这时全部电压加在玻璃板两侧，玻璃板内电场强度

$$E_2'=\frac{U}{d'}=1.33\times10^7\ \mathrm{V\cdot m^{-1}}$$

玻璃的击穿电场强度 $E_b'=1.0\times10^7\ \mathrm{V\cdot m^{-1}}$，$E_2'>E_b'$，故玻璃接着也被击穿了，整个电容器都被击穿了。

【6-32】 某介质的相对电容率为 $\varepsilon_r=2.8$，击穿电场强度为 18 MV · m^{-1}，如果用它来作平板电容器的电介质，要获得电容为0.047 μF而耐压为 4000 V 的电容器，它的极板面积至少要多大？

解 电容器内电场强度 E 应小于其击穿电场强度 E_b，在电压一定的条件下，两极板间距离

$$d=\frac{U}{E}>\frac{U}{E_b}$$

介质电容器的电容

$$C=\frac{\varepsilon_0\varepsilon_r S}{d}$$

由此可得到对极板面积的要求为

$$S=\frac{Cd}{\varepsilon_0\varepsilon_r}>\frac{CU}{\varepsilon_0\varepsilon_r E_b}=0.42\ \mathrm{m^2}$$

此式说明极板的最小面积为 $S_{min}=0.42\ \mathrm{m^2}$。

【6-33】 一平行板空气电容器，极板面积为 S，极板间距为 d，充电至带电 Q 后与电源断开，然后用外力缓缓地把两极间距拉开到 $2d$，求：(1) 电容器能量的改变；(2) 在此过程中外力所作的功，并讨论此过程中的功能转换关系。

解 (1) 平行板空气电容器的电容

$$C=\frac{\varepsilon_0 S}{d}$$

当充有电荷 Q 时，其能量

$$W_e=\frac{Q^2}{2C}$$

当电容器两极板间距由 d 增至 $2d$ 时，其能量增量

$$W_{e2}-W_{e1}=\frac{Q^2}{2}\left(\frac{1}{C_2}-\frac{1}{C_1}\right)=\frac{Q^2}{2\varepsilon_0 S}(2d-d)=\frac{Q^2d}{2\varepsilon_0 S}$$

(2) 在拉开极板的过程中，Q 保持不变。一个极板 A 在另一个极板 B 处激发的电场强度

$$E=\frac{\sigma}{2\varepsilon_0}=\frac{Q}{2\varepsilon_0 S}$$

A 板对 B 板的作用力

$$F=QE=\frac{Q^2}{2\varepsilon_0 S}$$

它也是不变的。当拉开距离为 d 时，外力作的功

$$W=Fd=\frac{Q^2d}{2\varepsilon_0 S}$$

$W=W_{e2}-W_{e1}$，说明外力作的功转化为电容器中电场所增加的能量。

第7章　恒定磁场

内容提要

1. 电流密度

电流密度与漂移速度的关系：

$$j = env_{\mathrm{d}}, \quad e = 1.60 \times 10^{-19}\ \mathrm{C}$$

电流密度与电流强度的关系：

$$I = \int_S \boldsymbol{j} \cdot \mathrm{d}\boldsymbol{S}$$

2. 电动势

电动势是指单位正电荷绕闭合回路一周时，非静电力所作的功。即

$$\mathscr{E} = \oint_l \boldsymbol{E}_{\mathrm{k}} \cdot \mathrm{d}\boldsymbol{l}$$

如果 E_{k} 只存在于一段电路（电源）中，则

$$\mathscr{E} = \int_l \boldsymbol{E}_{\mathrm{k}} \cdot \mathrm{d}\boldsymbol{l}$$

3. 毕奥-萨伐尔定律

$$\mathrm{d}\boldsymbol{B} = \frac{\mu_0}{4\pi}\frac{I\mathrm{d}\boldsymbol{l} \times \boldsymbol{e}_r}{r^2}, \quad \mu_0 = 4\pi \times 10^{-7}\ \mathrm{N \cdot A^{-2}}$$

任意载流导线在某点的磁感强度

$$\boldsymbol{B} = \int \frac{\mu_0}{4\pi}\frac{I\mathrm{d}\boldsymbol{l} \times \boldsymbol{e}_r}{r^2}$$

毕奥-萨伐尔定律是求解磁感强度分布的基本方法。

4. 运动电荷的磁感强度

$$\boldsymbol{B} = \frac{\mu_0}{4\pi}\frac{q\boldsymbol{v} \times \boldsymbol{e}_r}{r^2}$$

5. 磁场的高斯定理

通过任意闭合曲面的磁通量必等于零。即

$$\oint_S \boldsymbol{B} \cdot \mathrm{d}\boldsymbol{S} = 0$$

6. 安培环路定理

在真空的稳恒磁场中，磁感强度 $\boldsymbol{B}$ 沿任一闭合路径的积分的值，等于 μ_0 乘以该闭合路径所包围的电流的代数和。即

$$\oint_l \boldsymbol{B} \cdot \mathrm{d}\boldsymbol{l} = \mu_0 \sum_{i=1}^{n} I_i$$

安培环路定理也可用于计算磁感强度的分布。应用这个定理求 B 时，首先要根据电流分布分析其磁感线的形状。欲求空间某点的磁感强度，过该点作一闭合曲线，此曲线的每一部分必须与磁感线重合，或者与磁感线垂直，而且在与磁感线重合的部分曲线上，各点 B 的值相等，然后应用安培定理。

7. 几种特殊形状载流导体的磁感强度

(1) 载流直导线的磁感强度

一段载流直导线的磁感强度

$$B=\frac{\mu_0 I}{4\pi r_0}(\cos\theta_1-\cos\theta_2)$$

无限长载流直导线的磁感强度

$$B=\frac{\mu_0 I}{2\pi r_0}$$

(2) 圆形载流导线轴线上的磁感强度

$$B=\frac{\mu_0 R^2 I}{2(R^2+x^2)^{3/2}}$$

圆心处的磁感强度 $B=\frac{\mu_0 I}{2R}$

弧长为 l 的一段载流导线在圆心处的磁感强度

$$B=\frac{l}{2\pi R}\left(\frac{\mu_0 I}{2R}\right)$$

(3) 载流直螺线管的磁感强度

有限长直螺线管 $B=\frac{\mu_0 nI}{2}(\cos\beta_2-\cos\beta_1)$

无限长直螺线管 $B=\mu_0 nI$

半无限长直螺线管 $B=\frac{1}{2}\mu_0 nI$

(4) 载流螺绕环内的磁感强度 $B=\frac{\mu_0 NI}{2\pi R}$

8. 洛伦兹力

$$\boldsymbol{F}_{\mathrm{m}}=q\boldsymbol{v}\times\boldsymbol{B}$$

9. 安培定律

磁场对电流元$I\mathrm{d}\boldsymbol{l}$作用的力,在数值上等于电流元的大小、电流元所在处的磁感强度大小以及电流元 $I\mathrm{d}\boldsymbol{l}$ 和磁感强度 $\boldsymbol{B}$ 之间的夹角 φ 的正弦之乘积,即

$$\mathrm{d}\boldsymbol{F}=I\mathrm{d}\boldsymbol{l}\times\boldsymbol{B}$$

10. 磁场对载流线圈作用的力矩

$$\boldsymbol{M}=\boldsymbol{m}\times\boldsymbol{B}\quad(\boldsymbol{m}=NIS\boldsymbol{e}_{\mathrm{n}})$$

11. 磁化强度

$$\boldsymbol{M}=\frac{\sum\boldsymbol{m}}{\Delta V}$$

12. 磁场强度

$$\boldsymbol{H}=\frac{\boldsymbol{B}}{\mu_0}-\boldsymbol{M}$$

磁场强度与磁化强度的关系 $\boldsymbol{M}=\kappa\boldsymbol{H}$

磁场强度与磁感强度的关系 $\boldsymbol{B}=\mu\boldsymbol{H}$

$$\mu=\mu_0\mu_{\mathrm{r}},\quad \mu_{\mathrm{r}}=1+\kappa$$

13. 磁介质中的安培环路定理

磁场强度沿任何闭合回路的线积分,等于该回路所包围的传导电流的代数和。即

$$\oint_l \boldsymbol{H}\cdot\mathrm{d}\boldsymbol{l}=\sum I$$

习题解答

【7-1】 两根长度相同的细导线分别密绕在半径为 R 和 r 的两个长直圆筒上形成两个螺线管，两个螺线管的长度相同，$R=2r$，螺线管通过的电流相同，为 I，螺线管中的磁感强度大小 B_R、B_r 满足（ ）。

(A) $B_R=2B_r$ (B) $B_R=B_r$ (C) $2B_R=B_r$ (D) $B_R=4B_r$

解 设导线长度为 l，则两螺线管线圈的匝数分别为 $N_r=\dfrac{l}{2\pi r}$，$N_R=\dfrac{l}{2\pi R}$；设螺线管的长度为 L，则两螺线管单位长度上线圈的匝数分别为 $n_r=\dfrac{N_r}{L}=\dfrac{l}{2\pi rL}$，$n_R=\dfrac{N_R}{L}=\dfrac{l}{2\pi RL}$。当两螺线管通有电流 I 时，它们内部的磁感强度分别为 $B_r=\mu_0 n_r I=\dfrac{\mu_0 lI}{2\pi rL}$，$B_R=\mu_0 n_R I=\dfrac{\mu_0 lI}{2\pi RL}$。因为 $R=2r$，所以 $B_r=2B_R$。本题答案应选(C)。

【7-2】 一个半径为 r 的半球面如图 7-1 所示放在均匀磁场中，通过半球面的磁通量为（ ）。

(A) $2\pi r^2 B$ (B) $\pi r^2 B$ (C) $2\pi r^2 B\cos\alpha$ (D) $-\pi r^2 B\cos\alpha$

解 半球面和它的底面构成一个闭合曲面，以 S_1 和 S_2 分别表示半球面和底面，则通过闭合曲面的磁通量为

$$\Phi=\int_{S_1}\boldsymbol{B}\cdot\mathrm{d}\boldsymbol{S}+\int_{S_2}\boldsymbol{B}\cdot\mathrm{d}\boldsymbol{S}$$

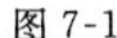

图 7-1

根据磁场的高斯定理，$\Phi=0$。因此

$$\int_{S_1}\boldsymbol{B}\cdot\mathrm{d}\boldsymbol{S}=-\int_{S_2}\boldsymbol{B}\cdot\mathrm{d}\boldsymbol{S} \quad ①$$

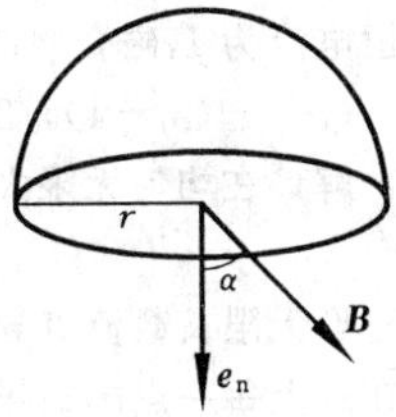

在底面上，$\boldsymbol{B}\cdot\mathrm{d}\boldsymbol{S}=B\cos\alpha\mathrm{d}S$，式中 B 和 α 都是恒量，于是可得

$$\int_{S_2}\boldsymbol{B}\cdot\mathrm{d}\boldsymbol{S}=\int_{S_2}B\cos\alpha\mathrm{d}S=B\cos\alpha\int_{S_2}\mathrm{d}S=BS_2\cos\alpha=\pi r^2 B\cos\alpha \quad ②$$

将②式代入①式得

$$\int_{S_1}\boldsymbol{B}\cdot\mathrm{d}\boldsymbol{S}=-\pi r^2 B\cos\alpha$$

本题答案应选(D)。

【7-3】 下列说法正确的是（ ）。

(A) 闭合回路上各点磁感强度都为零时，回路内一定没有电流穿过

(B) 闭合回路上各点磁感强度都为零时，回路内穿过电流的代数和必定为零

(C) 磁感强度沿闭合回路的积分为零时，回路上各点的磁感强度必定为零

(D) 磁感强度沿闭合回路的积分不为零时，回路上任意一点的磁感强度都不可能为零

解 安培环路定理的数学表示式为 $\oint_l \boldsymbol{B}\cdot\mathrm{d}\boldsymbol{l}=\mu_0\sum_{i=1}^{n}I_i$，由此式可知，闭合回路上各点磁感强度都为零时，$\oint\boldsymbol{B}\cdot\mathrm{d}\boldsymbol{l}=0$，$\sum_{i=1}^{n}I_i=0$，说明回路内穿过电流的代数和为零，但并不一定没有电流穿过。因此，说法(A)是错误的，说法(B)是正确的。

$\oint_l\boldsymbol{B}\cdot\mathrm{d}\boldsymbol{l}=0$ 时，只说明整个回路上磁感强度在回路方向上的投影的代数和为零，而不说明回路上每一点的磁感强度为零；同样，$\oint_l\boldsymbol{B}\cdot\mathrm{d}\boldsymbol{l}\neq0$ 时，也不说明回路上每一点的磁感强度都不为零。因此说法(C)和(D)都是错误的，本题答案应选(B)。

【7-4】 在图 7-2(a)、(b)中各有一半径相同的圆形回路 L_1、L_2，圆周内有电流 I_1、I_2，其分布相同，且均在真空中，但在图 7-2(b)中 L_2 回路外有电流 I_3，P_1、P_2 为两圆形回路上的对应点，则

( )。

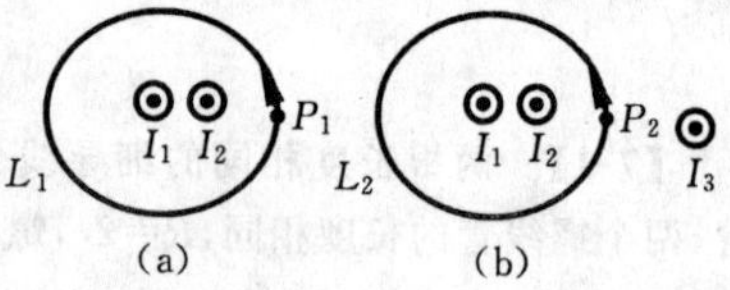

(A) $\oint_{L_1} \boldsymbol{B} \cdot \mathrm{d}\boldsymbol{l} = \oint_{L_2} \boldsymbol{B} \cdot \mathrm{d}\boldsymbol{l}, B_{P_1} = B_{P_2}$

(B) $\oint_{L_1} \boldsymbol{B} \cdot \mathrm{d}\boldsymbol{l} \neq \oint_{L_2} \boldsymbol{B} \cdot \mathrm{d}\boldsymbol{l}, B_{P_1} = B_{P_2}$

(C) $\oint_{L_1} \boldsymbol{B} \cdot \mathrm{d}\boldsymbol{l} = \oint_{L_2} \boldsymbol{B} \cdot \mathrm{d}\boldsymbol{l}, B_{P_1} \neq B_{P_2}$

(D) $\oint_{L_1} \boldsymbol{B} \cdot \mathrm{d}\boldsymbol{l} \neq \oint_{L_2} \boldsymbol{B} \cdot \mathrm{d}\boldsymbol{l}, B_{P_1} \neq B_{P_2}$

图 7-2

解 在安培环路定理中，只涉及穿过回路的电流，与不穿过回路的电流无关。图 7-2(a)、(b)的唯一区别是在图 7-2(b)中存在不穿过回路的电流 I_3，因此

$$\oint_{L_1} \boldsymbol{B} \cdot \mathrm{d}\boldsymbol{l} = \oint_{L_2} \boldsymbol{B} \cdot \mathrm{d}\boldsymbol{l} = I_1 + I_2$$

回路线元 $\mathrm{d}\boldsymbol{l}$ 上的磁感强度 $\boldsymbol{B}$ 是空间所有电流在该线元处产生的磁感强度的矢量和，而不仅仅是穿过回路的电流在该处产生的磁感强度的矢量和。因此，$B_{P_1} \neq B_{P_2}$。本题答案应选(C)。

【7-5】 半径为 R 的圆柱形无限长载流直导线置于均匀无限大磁介质之中，若导线中流过的稳恒电流为 I，磁介质的相对磁导率为 μ_r($\mu_r < 1$)，则磁介质内的磁化强度为( )。

(A) $-(\mu_r - 1)I/2\pi r$ (B) $(\mu_r - 1)I/2\pi r$ (C) $\mu_r I/2\pi r$ (D) $I/2\pi\mu_r r$

解 在均匀无限大磁介质中，磁化强度与磁场强度的数量关系为

$$M = (\mu_r - 1)H \quad ①$$

圆柱形无限长载流直导线的磁场分布具有轴对称性。作半径为 r ($r > R$)且以直导线为轴线的圆，则在圆上每一点的磁场强度相等，方向都与圆相切，磁场强度沿此圆的积分

$$\oint \boldsymbol{H} \cdot \mathrm{d}\boldsymbol{l} = \oint H \mathrm{d}l = H \oint \mathrm{d}l = 2\pi r H$$

应用安培环路定理有
$$2\pi r H = I, \quad H = \frac{I}{2\pi r} \quad ②$$

将②式代入①式，得到
$$M = \frac{(\mu_r - 1)I}{2\pi r}$$

本题答案应选(B)。

【7-6】 北京正负电子对撞机的储存环是周长为 240 m 的近似圆形轨道，当环中电子流强度为 8 mA 时，在整个环中有多少电子在运行？已知电子的速率接近光速。

解 设储存环周长为 l，电子在储存环中运行一周所需时间

$$t = \frac{l}{v} \approx \frac{l}{c}$$

在这段时间里，通过储存环任一截面的电量即等于整个环中电子的总电量，以 Q 表示，则

$$Q = It = \frac{Il}{c}$$

故电子总数
$$N = \frac{Q}{e} = \frac{Il}{ec} = 4 \times 10^{10} \text{ 个}$$

【7-7】 已知铜的摩尔质量 $M = 63.75\ \mathrm{g \cdot mol^{-1}}$，密度 $\rho = 8.9\ \mathrm{g \cdot cm^{-3}}$，在铜导线里，假设每一个铜原子贡献出一个自由电子。(1) 为了技术上的安全，铜线内最大电流密度 $j_m = 6.0\ \mathrm{A \cdot mm^{-2}}$，求此时铜线内电子的漂移速率；(2) 在室温下电子热运动的平均速率是电子漂移速率的多少倍？

解 (1) 铜导线中自由电子的数密度
$$n = \frac{\rho}{M} N_A$$

电子的漂移速率
$$v_d = \frac{j_m}{ne} = \frac{M j_m}{\rho N_A e} = 4.46 \times 10^{-4}\ \mathrm{m \cdot s^{-1}}$$

(2) 室温(20℃)下,电子热运动的平均速率

$$\bar{v}=\sqrt{\frac{8RT}{\pi M_e}}=1.08\times10^5\ \mathrm{m\cdot s^{-1}}=2.42\times10^8\ v_d$$

式中,$M_e=m_e N_A$。

【7-8】 有两个同轴导体圆柱面,它们的长度均为20 m,内圆柱面的半径为3.0 mm,外圆柱面的半径为9.0 mm。若两圆柱面之间有10 μA电流沿径向流过,求通过半径为6.0 mm的圆柱面上的电流密度。

解 在半径为r处圆柱面的面积为$S=2\pi rl$,式中,l是圆柱面的长度。电流方向垂直于圆柱面,因此圆柱面上电流密度为

$$j=\frac{I}{S}=\frac{I}{2\pi rl}$$

由题$I=10\ \mu\mathrm{A}=1.0\times10^{-5}\ \mathrm{A}$,$r=6.0\ \mathrm{mm}=6.0\times10^{-3}\ \mathrm{m}$,$l=20\ \mathrm{m}$,则

$$j=1.33\times10^{-5}\ \mathrm{A\cdot m^{-2}}=13.3\ \mu\mathrm{A\cdot m^{-2}}$$

【7-9】 已知地球北极地磁场磁感强度$\boldsymbol{B}$的大小为6.0×10^{-5} T。如图7-3所示,如设想此地磁场是由地球赤道上一圆电流所激发,此电流有多大?流向如何?

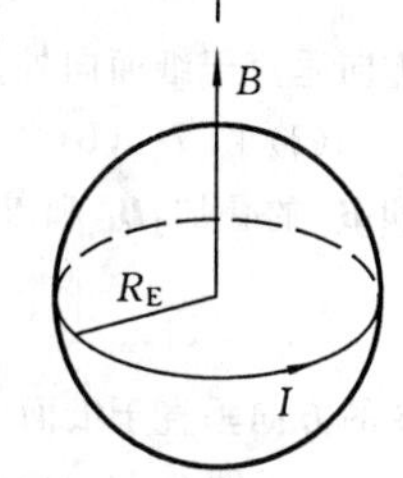

图 7-3

解 地球北极位于赤道圆电流的轴线上,与圆电流中心(地球中心)距离为R_E,圆电流半径也是R_E。在计算圆电流轴线上一点的磁感强度公式

$$B=\frac{\mu_0 R^2 I}{2(R^2+x^2)^{3/2}}$$

中,令$R=x=R_E$,则

$$B=\frac{\mu_0 I}{4\sqrt{2}R_E},\quad I=\frac{4\sqrt{2}R_E B}{\mu_0}=1.72\times10^9\ \mathrm{A}$$

我们知道,在地磁场的作用下,磁针的N极指向地北极,这说明地北极具有S极磁性,地球可以看成是一个永磁体,其地北极是S极,磁场方向应垂直于地面指向地心。因此,赤道圆电流的方向应与图7-3中所示方向相反。

【7-10】 如图7-4所示,有两根导线沿半径方向接到铁环的a、b两点,并与很远处的电源相接。求环心O的磁感强度。

解 环心O位于直线电流的延长线上,直线电流在该点不产生磁场。

设铁环的优弧(即较长的弧$\overset{\frown}{ab}$)长为l_1,电流为I_1;劣弧长为l_2,电流为I_2。因为优弧与劣弧电压相等,所以

$$I_1R_1=I_2R_2$$

铁环粗细均匀,因此电阻与长度成正比,于是有

$$I_1 l_1=I_2 l_2 \quad ①$$

优弧上电流在O点产生的磁场方向垂直于纸面向内。R为铁环半径,优弧上电流在O点产生的磁感强度大小为

$$B_1=\frac{l_1}{2\pi R}\cdot\frac{\mu_0 I_1}{2R}=\frac{\mu_0 I_1 l_1}{4\pi R^2}$$

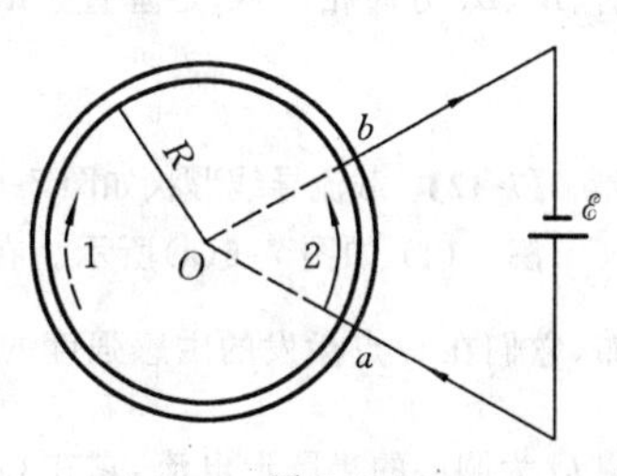

图 7-4

同理,劣弧上电流在O点产生的磁感强度大小为

$$B_2=\frac{\mu_0 I_2 l_2}{4\pi R^2}$$

方向垂直于纸面向外。O点总的磁感强度为

$$B=B_1-B_2=\frac{\mu_0}{4\pi R^2}(I_1 l_1-I_2 l_2) \quad ②$$

将①式代入②式得 $B=0$

【7-11】 如图 7-5 所示，几种载流导线在平面内分布，电流均为 I，它们在 O 点的磁感强度各为多少？

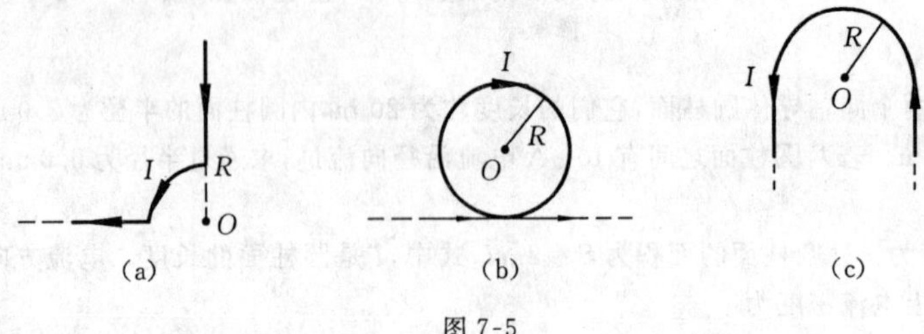

图 7-5

解 (1) 图 7-5(a)中载流直导线的延长线都通过 O 点，它们在 O 点不激发磁场；O 点位于四分之一圆弧电流的圆心，因为圆形电流上任意两个大小相等电流元在圆心激发的磁感强度是相等的，所以相同长度的圆弧在圆心激发的磁感强度相同，四分之一圆弧在圆心激发的磁感强度等于圆形电流在圆心激发的磁感强度的四分之一，即 O 点磁感强度为

$$B=\frac{1}{4}\frac{\mu_0 I}{2R}=\frac{\mu_0 I}{8R}$$

方向垂直于纸面向外。

(2) 图 7-5(b)中 O 点磁感强度是无限长直线电流和圆形电流分别在该点激发的磁感强度 $\boldsymbol{B}_1$ 和 $\boldsymbol{B}_2$ 的叠加，$\boldsymbol{B}_1$ 和 $\boldsymbol{B}_2$ 的方向相反，因此 O 点磁感强度为

$$B=B_2-B_1=\frac{\mu_0 I}{2R}-\frac{\mu_0 I}{2\pi R}$$

$\boldsymbol{B}$ 的方向垂直于纸面向内。

(3) 图 7-5(c)中载流导线是由两条半无限长直导线和一条半圆形导线组成。一段载流直导线在空间所激发的磁感强度的大小的计算公式是

$$B=\frac{\mu_0 I}{4\pi r_0}(\cos\theta_1-\cos\theta_2)$$

对于图中左侧的直导线，$r_0=R$，$\theta_1=\dfrac{\pi}{2}$，$\theta_2=\pi$，故

$$B_1=\frac{\mu_0 I}{4\pi R}$$

对于图中右侧的直导线，$r_0=R$，$\theta_1=0$，$\theta_2=\dfrac{\pi}{2}$，故

$$B_2=\frac{\mu_0 I}{4\pi R}$$

图中半圆形电流在 O 点激发的磁感强度为

$$B_3=\frac{\mu_0 I}{4R}$$

$\boldsymbol{B}_1$、$\boldsymbol{B}_2$、$\boldsymbol{B}_3$ 方向相同，都是垂直于纸面向外，因此点 O 的磁感强度为

$$B=B_1+B_2+B_3=\frac{\mu_0 I}{2\pi R}+\frac{\mu_0 I}{4R}$$

【7-12】 载流导线形状如图 7-6 所示(图中直线部分导线延伸到无穷远)，求 O 点的磁感强度 $\boldsymbol{B}$。

解 (1) 如图 7-6(a)所示。在 Oxy 平面上，两条半无限长载流直导线相对于 x 轴平行对称分布，它们在 O 点激发的磁感强度的大小为$\dfrac{\mu_0 I}{2\pi R}$(参见上题)，方向沿 z 轴反方向；在 Oyz 平面上是一以 O 为圆心的半圆形电流，它在 O 点激发的磁感强度的大小为$\dfrac{\mu_0 I}{4R}$，方向沿 x 轴反方向。因此，O

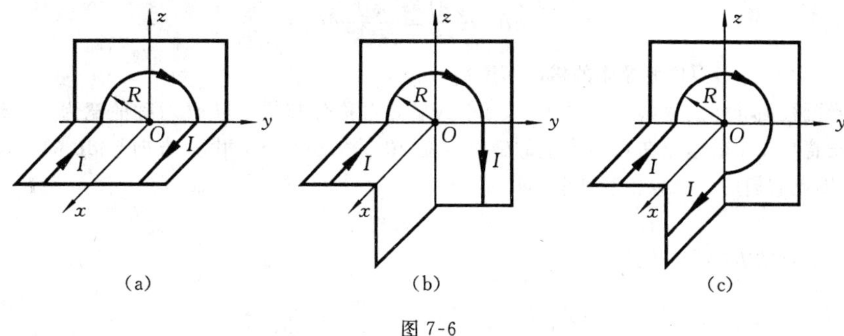

(a) (b) (c)

图 7-6

点的磁感强度为

$$\boldsymbol{B}=-\frac{\mu_0 I}{2\pi R}\boldsymbol{k}-\frac{\mu_0 I}{4R}\boldsymbol{i}$$

(2) 如图 7-6(b)所示。在 Oxy 平面上的半无限长直线电流在 O 点激发的磁感强度为

$$\boldsymbol{B}_1=\frac{-\mu_0 I}{4\pi R}\boldsymbol{k}$$

在 Oyz 平面上，半圆形电流在 O 点的磁感强度为

$$\boldsymbol{B}_2=-\left(\frac{\mu_0 I}{4R}+\frac{\mu_0 I}{4\pi R}\right)\boldsymbol{i}=-\left(1+\frac{1}{\pi}\right)\frac{\mu_0 I}{4R}\boldsymbol{i}$$

因此，O 点的磁感强度为 $$\boldsymbol{B}=\boldsymbol{B}_1+\boldsymbol{B}_2=-\frac{\mu_0 I}{4\pi R}\boldsymbol{k}-\left(1+\frac{1}{\pi}\right)\frac{\mu_0 I}{4R}\boldsymbol{i}$$

(3) 如图 7-6(c)所示。在 Oxy 平面上，半无限长直线电流在 O 点的磁感强度为

$$\boldsymbol{B}_1=-\frac{\mu_0 I}{4\pi R}\boldsymbol{k}$$

在 Oyz 平面上，四分之三圆电流在 O 点的磁感强度为

$$\boldsymbol{B}_2=-\frac{3}{4}\times\frac{\mu_0 I}{2R}\boldsymbol{i}=-\frac{3\mu_0 I}{8R}\boldsymbol{i}$$

在 Ozx 平面上，半无限长直线电流在 O 点的磁感强度为

$$\boldsymbol{B}_3=-\frac{\mu_0 I}{4\pi R}\boldsymbol{j}$$

O 点的磁感强度为

$$\boldsymbol{B}=\boldsymbol{B}_1+\boldsymbol{B}_2+\boldsymbol{B}_3=-\frac{3\mu_0 I}{8R}\boldsymbol{i}-\frac{\mu_0 I}{4\pi R}\boldsymbol{j}-\frac{\mu_0 I}{4\pi R}\boldsymbol{k}$$

【7-13】 如图 7-7(a)所示，一个半径为 R 的无限长半圆柱面导体，沿长度方向的电流 I 在柱面上均匀分布。求半圆柱面轴线 OO' 的磁感强度。

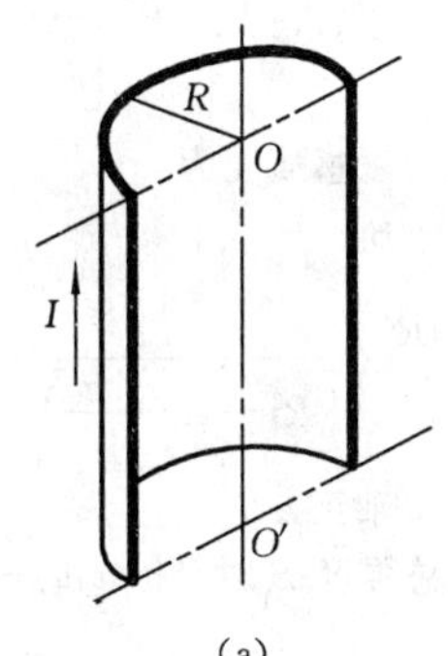

(a)

解 在半圆柱面导体的横截面(半圆弧)上，单位长度上的电流强度为

$$\lambda=\frac{I}{\pi R}$$

在半圆柱面导体上取一平行于轴线、宽为 $\mathrm{d}l$ 的无限长直导体，其中电流强度为

$$\mathrm{d}I=\lambda\mathrm{d}l=\frac{I}{\pi R}\mathrm{d}l$$

此电流在轴线上 O 点产生的磁感强度为

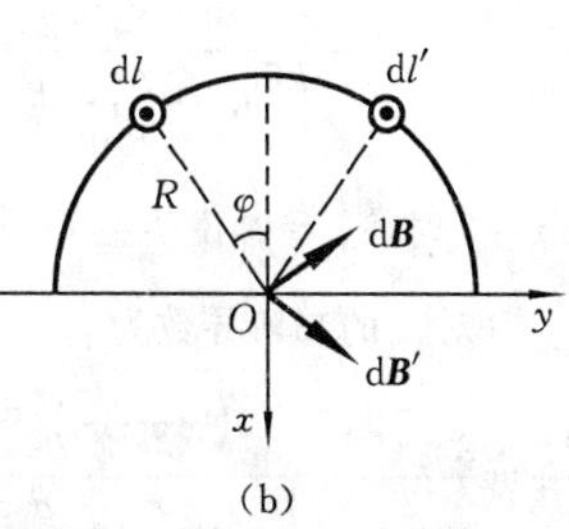

(b)

图 7-7

$$dB=\frac{\mu_0 dI}{2\pi R}=\frac{\mu_0 I}{2\pi^2 R^2}dl$$

方向如图 7-7(b)(半圆柱面导体的横截面图)所示。

在半圆柱面导体的横截面上,电流相对于 x 轴是对称分布的。与 dl 对称的宽为 dl'($dl'=dl$)的无限长直导体中的电流在 O 点产生的磁感强度 $d\boldsymbol{B}'$ 的大小与 dB 相等,方向与 $d\boldsymbol{B}$ 的方向相对 y 轴对称,因此它们的 x 分量相互抵消,即

$$dB_x+dB_x'=0$$

它们的 y 分量的方向是一致的,即

$$dB_y=dB_y'=dB\cos\varphi=\frac{\mu_0 I}{2\pi^2 R^2}\cos\varphi\ dl$$

因为 $dl=Rd\varphi$,所以

$$dB_y=\frac{\mu_0 I}{2\pi^2 R}\cos\varphi\ d\varphi$$

整个无限长半圆柱面导体中电流在其轴线上任一点产生的磁感强度大小为

$$B=\int dB_y=\int_{-\pi/2}^{\pi/2}\frac{\mu_0 I}{2\pi^2 R}\cos\varphi\ d\varphi=\frac{\mu_0 I}{\pi^2 R}$$

方向沿 y 轴方向。

【7-14】 实验室中常用所谓亥姆霍兹线圈在局部区域内获得一近似均匀磁场,其装置简图如图 7-8(a)所示。一对完全相同、彼此平行的线圈,它们的半径均为 R,通过的电流均为 I,且两线圈中电流的流向相同。试证明当两线圈中心之间的距离 d 等于线圈的半径 R 时,在两线圈中心连线的中点附近区域,磁场可看成是均匀磁场。

证 取 O 为坐标原点,沿两线圈轴线向右为 x 轴正方向。两线圈在轴线上产生的磁场方向相同,在距 O 点 x 处,它们的大小分别为

$$B_1=\frac{\mu_0}{2}\frac{IR^2}{\left[R^2+\left(x+\frac{d}{2}\right)^2\right]^{3/2}}$$

$$B_2=\frac{\mu_0}{2}\frac{IR^2}{\left[R^2+\left(x-\frac{d}{2}\right)^2\right]^{3/2}}$$

该处总的磁感强度为

$$B=B_1+B_2=\frac{\mu_0 IR^2}{2}\left\{\frac{1}{\left[R^2+\left(x+\frac{d}{2}\right)^2\right]^{3/2}}+\frac{1}{\left[R^2+\left(x-\frac{d}{2}\right)^2\right]^{3/2}}\right\}$$

方向沿 x 轴正方向。

磁感强度 B 对坐标 x 的一阶导数为

$$\frac{dB}{dx}=\frac{-3\mu_0 IR^2}{2}\left\{\frac{x+\frac{d}{2}}{\left[R^2+\left(x+\frac{d}{2}\right)^2\right]^{5/2}}+\frac{x-\frac{d}{2}}{\left[R^2+\left(x-\frac{d}{2}\right)^2\right]^{5/2}}\right\}$$

当 $x=0$ 时,$\frac{dB}{dx}=0$,说明在 O 点 B 有极值。

B 对 x 的二阶导数为

$$\frac{d^2B}{dx^2}=\frac{3\mu_0 IR^2}{2}\left\{\frac{4\left(x+\frac{d}{2}\right)^2-R^2}{\left[R^2+\left(x+\frac{d}{2}\right)^2\right]^{7/2}}+\frac{4\left(x-\frac{d}{2}\right)^2-R^2}{\left[R^2+\left(x-\frac{d}{2}\right)^2\right]^{7/2}}\right\}$$

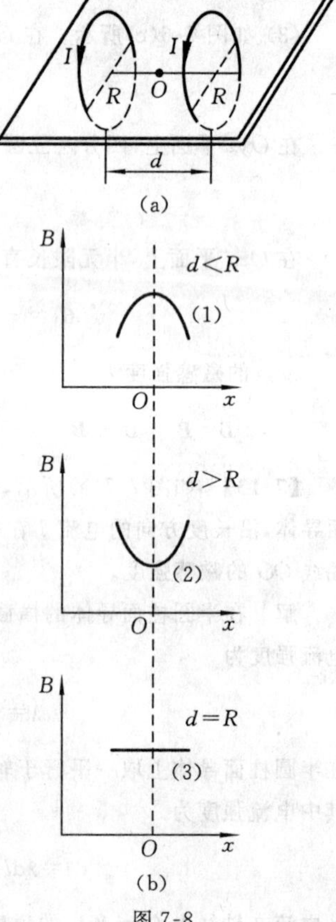

图 7-8

当 $x=0$ 时，
$$\frac{\mathrm{d}^2B}{\mathrm{d}x^2}=\frac{3\mu_0 IR^2(d^2-R^2)}{\left(R^2+\frac{d^2}{4}\right)^{7/2}}$$

由此式可以看出，当 $d<R$ 时，$\frac{\mathrm{d}^2B}{\mathrm{d}x^2}<0$，$B$ 在 O 点有极大值；当 $d>R$ 时，$\frac{\mathrm{d}^2B}{\mathrm{d}x^2}>0$，$B$ 在 O 点有极小值。图 7-8(b)中的曲线(1)和曲线(2)分别表示了在 $d<R$ 或 $d>R$ 时，在 O 点附近的 B-x 曲线。由此式还可以看出，d 越接近于 R，$\left|\frac{\mathrm{d}^2B}{\mathrm{d}x^2}\right|$ 越小，即(1)、(2)中曲线的斜率变化越慢，曲线变得越接近于平直。当 $d=R$ 时，$\frac{\mathrm{d}^2B}{\mathrm{d}x^2}=0$，在 O 点附近的 B-x 曲线就变得平直了(图 7-8(b)曲线(3))，说明 O 点附近的磁场变得均匀了。

【7-15】 如图 7-9(a)所示，载流长直导线的电流为 I。试求通过矩形面积的磁通量。

解 长直导线与矩形面积在同一平面上，在此平面上作 x 轴与导线垂直，原点在导线上(图 7-9(b))。在矩形面积上坐标为 x 处，作一宽为 $\mathrm{d}x$、长为 l 且与导线平行的条形面积。因为条形面积上各点与导线的距离相等，所以条形面积上各点磁感强度相等，其值为

$$B=\frac{\mu_0 I}{2\pi x}$$

方向垂直于纸面向内。因此通过条形面积的磁通量为

$$\mathrm{d}\Phi=B\mathrm{d}S=\frac{\mu_0 Il}{2\pi x}\mathrm{d}x$$

整个矩形面积是由到导线的距离连续变化的条形面积组成的，通过矩形面积的磁通量等于通过组成它的所有条形面积的磁通量之和，即

$$\Phi=\int_{d_1}^{d_2}\frac{\mu_0 Il}{2\pi x}\mathrm{d}x=\frac{\mu_0 Il}{2\pi}\ln\frac{d_2}{d_1}$$

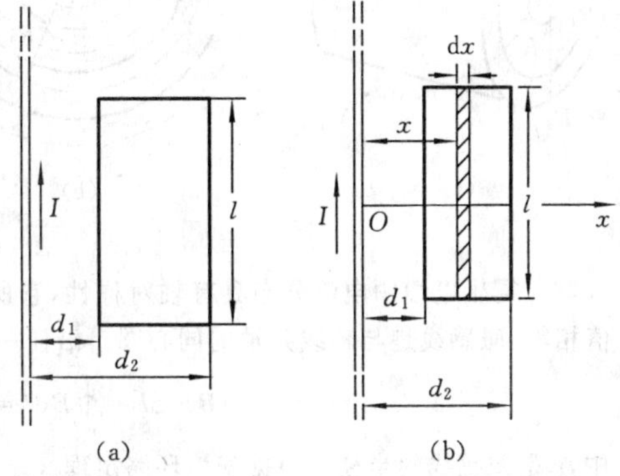

图 7-9

【7-16】 已知 10 mm² 裸铜线允许通过 50 A 电流而不致导线过热，电流在导线横截面上均匀分布。求：(1) 导线内、外磁感强度的分布；(2) 导线表面的磁感强度。

解 (1) 设此导线是一直导线，导线中电流分布相对于其轴线具有对称性。这种对称性使得电流激发的磁场的磁感线是与导线共轴的圆形曲线，且曲线上 B 值相等。图 7-10 是导线的横截面图，R 是导线半径，P 是横截面上一点，与轴线距离为 r，过 P 点作一与导线共轴的圆 l，这圆就是一条磁感线。因为在顺时针方向上，对圆上每一点都有 $\boldsymbol{B}\cdot\mathrm{d}\boldsymbol{l}=B\mathrm{d}l$，而且在圆上每一点，$B$ 值都相同，所以积分

$$\oint_l \boldsymbol{B}\cdot\mathrm{d}\boldsymbol{l}=\oint_l B\mathrm{d}l=B\oint_l \mathrm{d}l=2\pi rB$$

电流在导线截面上均匀分布，单位截面积上的电流为 $I/(\pi R^2)$，圆形曲线 l 所包围的电流

$$I'=\frac{I}{\pi R^2}\pi r^2=\frac{r^2}{R^2}I$$

根据安培环路定理知 $\oint_l \boldsymbol{B}\cdot\mathrm{d}\boldsymbol{l}=\mu_0 I'$，因此

$$2\pi rB=\mu_0\frac{r^2}{R^2}I,\quad B=\frac{\mu_0 Ir}{2\pi R^2}\quad (r\leqslant R)$$

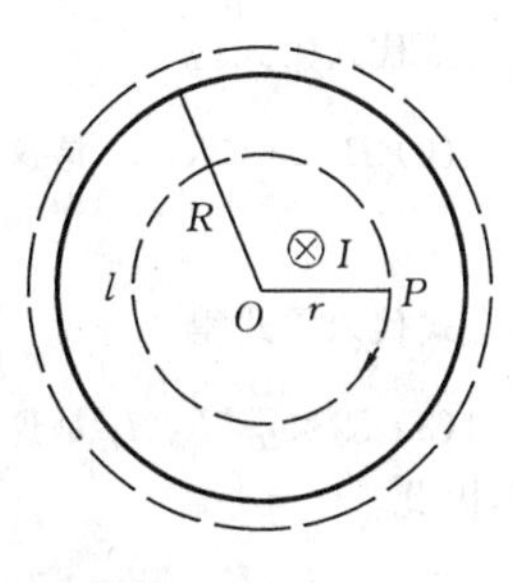

图 7-10

这是磁感强度在导线内的分布规律。将 P 点选在导线外($r\geqslant R$)，用同样的方法即可得到导线外磁感强度的分布规律为

$$B=\frac{\mu_0 I}{2\pi r}\quad (r\geqslant R)$$

(2) 在导线表面处($r=R$),磁感强度

$$B=\frac{\mu_0 I}{2\pi R}=\frac{\mu_0 I}{2\sqrt{\pi S}}=5.6\times10^{-3}\ \mathrm{T}$$

【7-17】 有一同轴电缆,其尺寸如图 7-11(a)所示。两导体中的电流均为 I,但电流的流向相反,导体的磁性可不考虑。试计算以下各处的磁感强度:(1) $r<R_1$;(2) $R_1<r<R_2$;(3) $R_2<r<R_3$;(4) $r>R_3$。画出 B-r 图线。

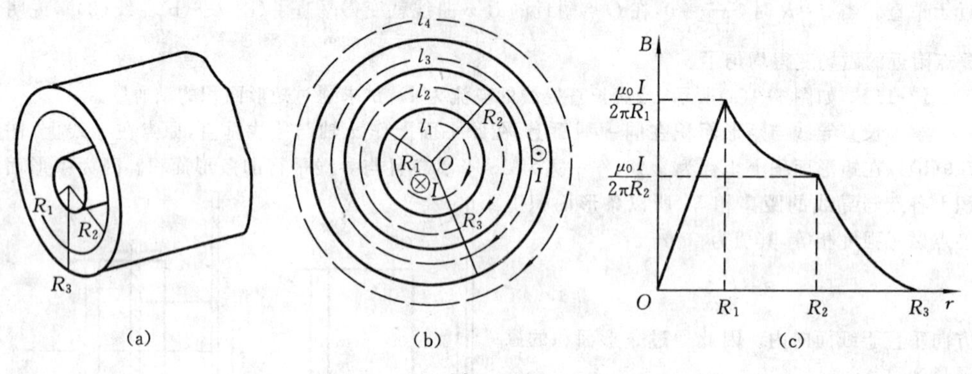

图 7-11

解 同轴电缆中电流分布具有轴对称性,它所激发的磁场分布也具轴对称性:距轴线等远处 B 值相等;磁感线是与轴线共轴的同心圆。沿任一磁感线方向的积分是

$$\oint_l \boldsymbol{B}\cdot \mathrm{d}\boldsymbol{l}=\oint_l B\mathrm{d}l=B\oint_l \mathrm{d}l=2\pi rB$$

式中,r 是磁感线的半径。根据安培环路定理

$$\oint_l \boldsymbol{B}\cdot \mathrm{d}\boldsymbol{l}=\mu_0 I'$$

则有
$$B=\frac{\mu_0 I'}{2\pi r}\qquad ①$$

式中,I'是作为积分路线的磁感线所包围的电流。图 7-11(b)是同轴电缆的横截面图,$l_1\sim l_4$ 是四个区域中的四条磁感线。根据①式即可求出各区域中的磁场分布。

(1) $r<R_1$:l_1 是这个区域中的一条磁感线,它所包围的电流为

$$I'=\frac{I}{\pi R_1^2}\pi r^2=\frac{r^2}{R_1^2}I$$

将上式代入①式得
$$B=\frac{\mu_0 Ir}{2\pi R_1^2}\quad (r<R_1)$$

(2) $R_1<r<R_2$:l_2 是这个区域中的一条磁感线,它所包围的电流为

$$I'=I$$

将上式代入①式得
$$B=\frac{\mu_0 I}{2\pi r}\quad (R_1<r<R_2)$$

(3) $R_2<r<R_3$:l_3 是这个区域中的一条磁感线,它所包围的电流中有两部分方向相反的电流,因此

$$I'=I-\frac{I}{\pi(R_3^2-R_2^2)}\pi(r^2-R_2^2)=\frac{R_3^2-r^2}{R_3^2-R_2^2}I$$

将上式代入①式得
$$B=\frac{\mu_0 (R_3^2-r^2)I}{2\pi(R_3^2-R_2^2)r}\quad (R_2<r<R_3)$$

(4) $r>R_3$：l_4 是这个区域中的一条磁感线，它包围了两部分大小相等、方向相反的电流，因此

$$I'=0$$

将上式代入①式得

$$B=0 \quad (r>R_3)$$

B-r 图线如图 7-11(c)所示。

【7-18】 如图 7-12 所示，N 匝线圈均匀密绕在截面为长方形的中空骨架上，求通入电流 I 后环内外磁场的分布。

解 这个器件是一个截面为长方形的螺绕环。通入电流时，电流相对于轴线是对称分布的，这使得它的磁场分布也有对称性：距轴线相等处磁感强度大小相同，磁场方向与环上电流回转方向满足右手螺旋关系。

在环内有某点 P，与轴线相距为 r。过 P 点作一半径为 r 的圆，其圆心在轴线上。此圆上各点 B 值相等，且 $\boldsymbol{B}$ 的方向与圆相切。因此，$\boldsymbol{B}$ 沿此圆的积分为

$$\oint_l \boldsymbol{B}\cdot \mathrm{d}\boldsymbol{l}=\oint_l B\mathrm{d}l = B\oint_l \mathrm{d}l = 2\pi rB$$

此圆所包围的总电流为 $\sum I = NI$。根据安培环路定理有

$$2\pi rB=\mu_0 NI$$

因此，P 点的磁感强度为

$$B=\frac{\mu_0 NI}{2\pi r} \quad (R_1<r<R_2)$$

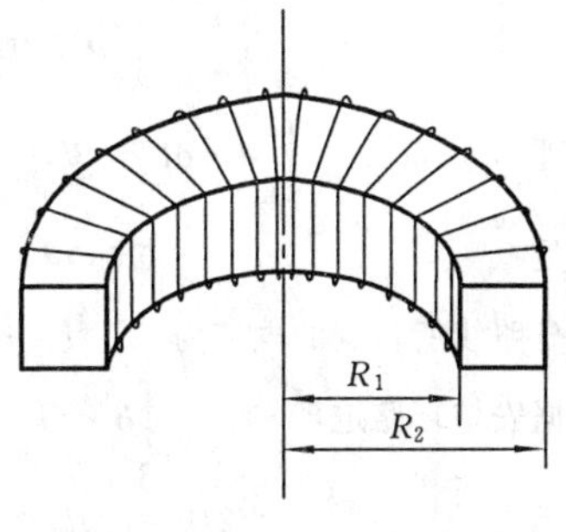

图 7-12

用同样的方法，可以证明，对于密绕螺绕环，其磁场全部集中于环内，环外无磁场，即

$$B=0 \quad (r<R_1 \text{ 或 } r>R_2)$$

【7-19】 电流 I 均匀地流过半径为 R 的圆形长直导线，试计算单位长度导线通过图 7-13(a)中所示剖面的磁通量。

解 如图 7-13(b)所示，在剖面上距轴线 x 处，平行于轴线取宽为 $\mathrm{d}x$，长为 1 m 的条形面积。根据无限长载流圆柱导体内的磁感强度分布公式，可知条形面积上各点磁感强度相同，其值为

$$B=\frac{\mu_0 Ix}{2\pi R^2}$$

方向与条形面积垂直。因此，条形面积上的磁通量

$$\mathrm{d}\Phi=B\mathrm{d}S=\frac{\mu_0 Ix}{2\pi R^2}\cdot 1\cdot \mathrm{d}x=\frac{\mu_0 Ix\mathrm{d}x}{2\pi R^2}$$

剖面上长为 1 m 的面积 S 上的磁通量即为

$$\Phi = \int \mathrm{d}\Phi = \int_0^R \frac{\mu_0 Ix}{2\pi R^2}\mathrm{d}x = \frac{\mu_0 I}{4\pi}$$

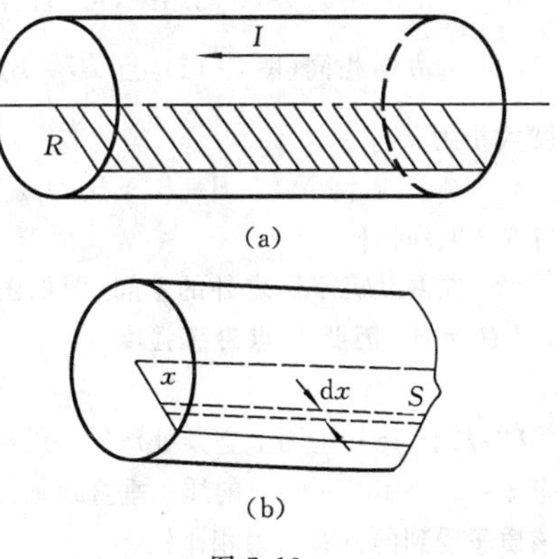

图 7-13

【7-20】 设电流均匀流过无限大导电平面，其面电流密度大小为 j。求导电平面两侧的磁感强度。

解 图 7-14 是导电平面的垂直于电流方向的截面图。P 是导电平面上方任意点，从 P 点向导电平面作垂线，垂足为 O，在 O 点两侧对称点分别取两直线电流 $\mathrm{d}I_1$ 和 $\mathrm{d}I_2$，且 $\mathrm{d}I_1=\mathrm{d}I_2$，两直线电流在 P 点激发的磁感强度 $\mathrm{d}\boldsymbol{B}_1$ 和 $\mathrm{d}\boldsymbol{B}_2$ 的方向如图 7-14 所示。由于 $\mathrm{d}I_1=\mathrm{d}I_2$，且相对于 O 点对称，使得 $\mathrm{d}B_1=\mathrm{d}B_2$，且 $\mathrm{d}\boldsymbol{B}_1$ 与 $\mathrm{d}\boldsymbol{B}_2$ 的合矢量 $\mathrm{d}\boldsymbol{B}$ 的方向与导电平面平行，指向左方。因为导电平面是无限大的，电流分布相对于 O 点是对称的，所以 P 点磁感强度 $\boldsymbol{B}$ 的方向与 $\mathrm{d}\boldsymbol{B}$ 的方向相同。P

点是导电平面上方任意点，因而导电平面上方空间中磁场方向都与 d$\boldsymbol{B}$ 同方向。根据同样的分析，可以证明在导电平面的下方，磁场方向都与 d$\boldsymbol{B}$ 方向相反。在判断了无限大且电流均匀分布的导电平面所激发的磁场方向后，根据对此无限大导电平面来说，空间相同距离内的点都是等价的，可以判断这些点的磁感强度的大小都是相同的。

计算 $\boldsymbol{B}$ 沿图中矩形路线 $ABCDA$（AB 和 CD 到导电平面距离相同）的积分，则有

$$\oint \boldsymbol{B} \cdot \mathrm{d}\boldsymbol{l} = \int_A^B \boldsymbol{B} \cdot \mathrm{d}\boldsymbol{l} + \int_B^C \boldsymbol{B} \cdot \mathrm{d}\boldsymbol{l} + \int_C^D \boldsymbol{B} \cdot \mathrm{d}\boldsymbol{l} + \int_D^A \boldsymbol{B} \cdot \mathrm{d}\boldsymbol{l}$$

在线段 AB 上，磁感强度 $\boldsymbol{B}$ 为常量，且 $\boldsymbol{B} \cdot \mathrm{d}\boldsymbol{l} = B\mathrm{d}l$，因此

$$\int_A^B \boldsymbol{B} \cdot \mathrm{d}\boldsymbol{l} = Bl$$

式中，l 是线段 AB 的长度。在线段 BC 上，$\boldsymbol{B}$ 与 d$\boldsymbol{l}$ 的方向垂直，$\boldsymbol{B} \cdot \mathrm{d}\boldsymbol{l} = 0$，因此

$$\int_B^C \boldsymbol{B} \cdot \mathrm{d}\boldsymbol{l} = 0$$

同理　$\int_C^D \boldsymbol{B} \cdot \mathrm{d}\boldsymbol{l} = Bl$，　$\int_D^A \boldsymbol{B} \cdot \mathrm{d}\boldsymbol{l} = 0$

于是　$\oint \boldsymbol{B} \cdot \mathrm{d}\boldsymbol{l} = 2Bl$

积分路线所包围的电流为　$I = jl$

根据安培环路定理　$\oint \boldsymbol{B} \cdot \mathrm{d}\boldsymbol{l} = \mu_0 I$

可得　$2Bl = \mu_0 jl$，　$B = \dfrac{1}{2}\mu_0 j$

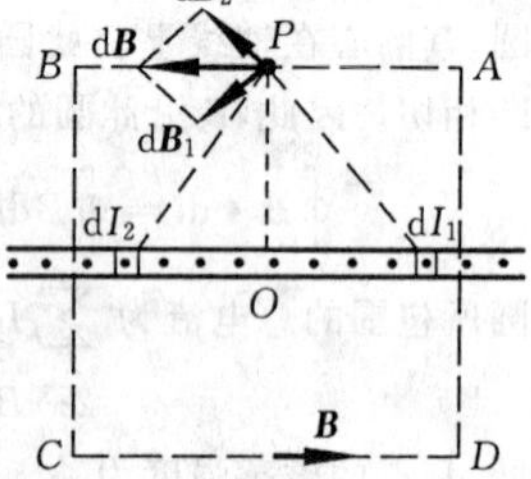

图 7-14

可见载流平面两侧的空间都是均匀磁场，磁感强度大小相等而方向相反。这类似于无限大均匀带电平面的电场分布。

【7-21】 设有两无限大平行载流平面，它们的面电流密度均为 j，电流流向相反。求：(1) 两载流平面之间的磁感强度；(2) 两载流平面之外空间的磁感强度。

解　(1) 利用题 7-20 的结果，可知在两载流平面之间任意点 P，两载流平面激发的磁感强度 $\boldsymbol{B}_1$ 和 $\boldsymbol{B}_2$ 的方向相同（图 7-15），且 $B_1 = B_2 = \dfrac{1}{2}\mu_0 j$。因此 P 点磁感强度大小为

$$B = B_1 + B_2 = \mu_0 j$$

$\boldsymbol{B}$ 与 $\boldsymbol{B}_1$($\boldsymbol{B}_2$)同向。

(2) 在两载流平面之外的空间，例如图中 P' 点，$\boldsymbol{B}_1$ 与 $\boldsymbol{B}_2$ 方向相反，而 $B_1 = B_2$，因此 P' 点磁感强度

$$B = B_1 - B_2 = 0$$

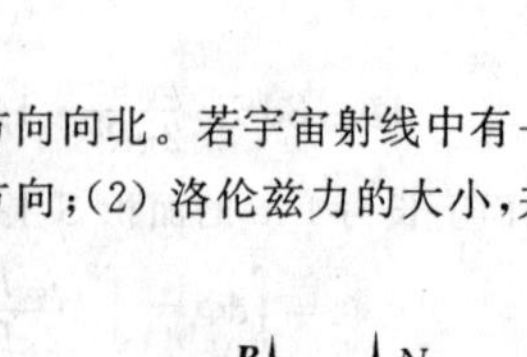

图 7-15

【7-22】 已知地面上空某处地磁场的磁感强度 $B = 0.4 \times 10^{-4}$ T，方向向北。若宇宙射线中有一速率 $v = 5.0 \times 10^7\ \mathrm{m \cdot s^{-1}}$ 的质子垂直地通过该处，求：(1) 洛伦兹力的方向；(2) 洛伦兹力的大小，并与该质子受到的万有引力相比较。

解　(1) 根据洛伦兹力公式

$$\boldsymbol{F}_{\mathrm{m}} = q\boldsymbol{v} \times \boldsymbol{B}$$

可以判断质子所受洛伦兹力的方向向东（图7-16）。

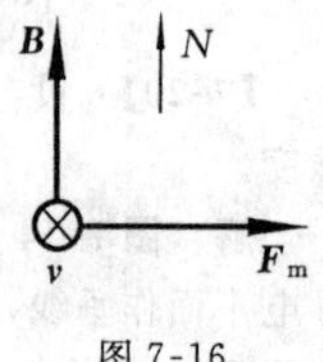

图 7-16

(2) 由于 $\boldsymbol{v}$ 与 $\boldsymbol{B}$ 的方向垂直，洛伦兹力的大小为

$$F_{\mathrm{m}} = evB = 3.2 \times 10^{-16}\ \mathrm{N}$$

质子受到的万有引力（即重力）为

$$F = mg = 1.64 \times 10^{-26}\ \mathrm{N}$$

可见 $F_{\mathrm{m}} \gg F$，质子将具有向东方向的加速度。

【7-23】 在一个显像管的电子束中，电子有 1.2×10^4 eV 的能量。这个显像管安放的位置使电子水平地由南向北运动，地球磁场的垂直分量 $B_\perp=5.5\times10^{-5}$ T，并且方向向下。求：(1) 电子束偏转方向；(2) 电子束在显像管内通过 20 cm 到达屏面时光点的偏转间距。

解 (1) 电子所受到的磁场作用力为

$$\boldsymbol{f}=-e\boldsymbol{v}\times\boldsymbol{B}_\perp$$

由图 7-17 可以看出，$\boldsymbol{f}$ 的方向向东，即电子束向东偏转。

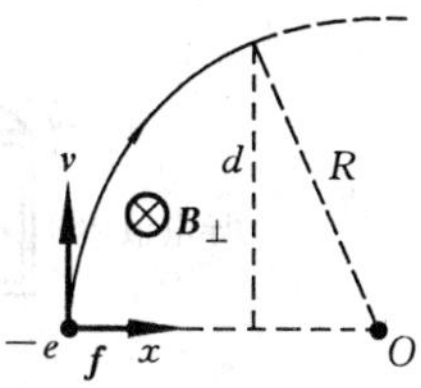

图 7-17

(2) 电子动能 $E_k=1.2\times10^4$ eV，因为 $E_k=\frac{1}{2}mv^2$，所以

$$v=\sqrt{\frac{2E_k}{m}}=\sqrt{\frac{2\times1.2\times10^4\times1.6\times10^{-19}}{9.1\times10^{-31}}}\ \mathrm{m\cdot s^{-1}}$$
$$=6.5\times10^7\ \mathrm{m\cdot s^{-1}}$$

在磁场作用下，电子沿弧形轨道运动，轨道半径为

$$R=\frac{mv}{eB_\perp}=6.7\ \mathrm{m}$$

电子束沿南北方向通过距离 d 时，由图可以看出，电子向东偏转的距离

$$x=R-\sqrt{R^2-d^2}$$

已知 $d=0.20$ m，代入上式后得

$$x=2.98\times10^{-3}\ \mathrm{m}$$

【7-24】 试证明霍耳电场强度与稳恒电场强度之比

$$E_H/E_e=B/(ne\rho)$$

这里 ρ 为材料电阻率，n 为载流子数密度。

解 根据欧姆定律的微分形式，稳恒电场强度 $E_e=\rho j$，j 是稳恒电流的电流密度，它与载流子数密度的关系为 $j=nev_d$，因此

$$E_e=\rho j=\rho nev_d$$

霍耳电场强度与磁感强度 B 的关系为 $E_H=v_dB$，因此

$$\frac{E_H}{E_e}=\frac{B}{ne\rho}$$

【7-25】 霍耳效应可用来测量血流的速度，其原理如图 7-18 所示。在动脉血管两侧分别安装电极并加以磁场。设血管直径为 2.0 mm，磁场为 0.080 T，毫伏表测出血管上下两端的电压为 0.10 mV，血流的流速为多大？

解 设血液中离子电荷为 q，经过磁场区时受到的磁力为

$$F_m=qvB$$

设血液中离子分布达到稳定时电场强度为 E，血管直径为 d，霍尔电压为 U，则离子受到的电场力为

$$F_e=qE=\frac{qU}{d}$$

达到稳定时，$F_e=F_m$，由此可得离子（血流）速度为

$$v=\frac{U}{Bd}=0.63\ \mathrm{m\cdot s^{-1}}$$

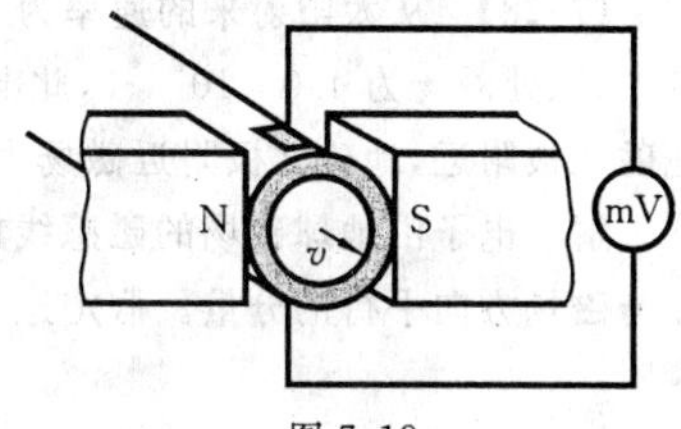

图 7-18

【7-26】 磁力可以用来输送导电液体，如液态金属、血液等而不需要机械活动组件，如图 7-19(a)所示是输送液态钠的管道，在长为 l 的部分加一横向磁场 $\boldsymbol{B}$，同时沿垂直于磁场和管道方向加一电流，其电流密度为 $\boldsymbol{j}$。(1) 证明在管内液体 l 段两端由磁力产生的压力差为 $\Delta p=jlB$，此压力差将驱动液体沿管道流动；(2) 要在 l 段两端产生 1.00 atm(1 atm=101 325 Pa)的压力差，电流密度应多大？($l=2.00$ cm，$B=1.50$ T。)

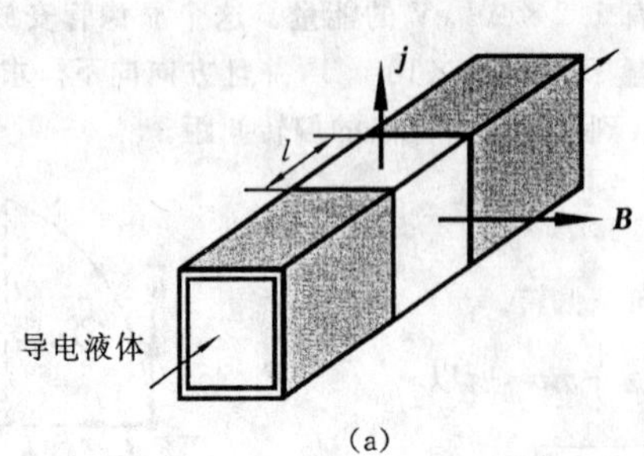

(a)

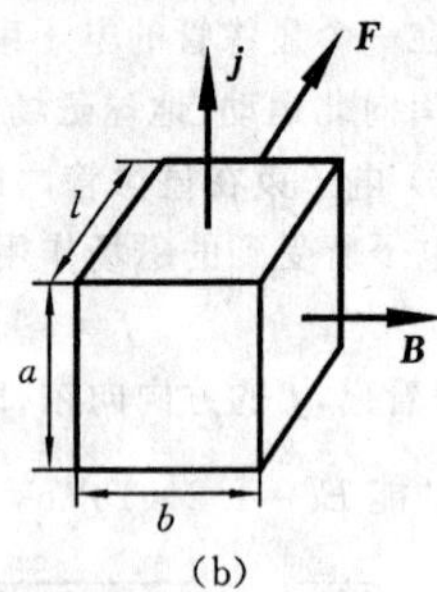

(b)

图 7-19

解　(1) 设管道横截面两边长分别为 a、b(图 7-19(b)),管内电流强度为

$$I=jlb$$

所受磁场作用力为

$$F=IBa=jlbBa$$

方向如图 7-19(b)所示。因此 l 段两端由磁力产生的压力差为

$$\Delta p=\frac{F}{ab}=jlB$$

(2) 由上式可得　$$j=\frac{\Delta p}{lB}=3.38\times10^{6}\ \mathrm{A\cdot m^{-2}}$$

【7-27】 带电粒子在过饱和液体中运动,会留下一串气泡显示出粒子运动的径迹。设在气泡室有一质子垂直于磁场飞过,留下一个半径为 3.5 cm 的圆弧径迹,测得磁感强度为 0.20 T,求此质子的动量和能量。

解　质子受到的磁场作用力　$F_{\mathrm{m}}=evB$

它的方向与质子运动方向垂直,使它作半径为 r 的圆弧运动,因此有

$$\frac{m_{\mathrm{p}}v^2}{r}=evB$$

由此可得质子的动量为

$$p=m_{\mathrm{p}}v=eBr=1.12\times10^{-21}\ \mathrm{kg\cdot m\cdot s^{-1}}$$

质子的动能为

$$E_{\mathrm{k}}=\frac{p^2}{2m_{\mathrm{p}}}=3.75\times10^{-16}\ \mathrm{J}=2.35\ \mathrm{keV}$$

【7-28】 从太阳射来的速率为 $0.80\times10^{8}\ \mathrm{m\cdot s^{-1}}$ 的电子进入地球赤道上空高层范艾伦辐射带中,该处磁场为 4.0×10^{-7} T,此电子回转轨道半径为多大?若电子沿地球磁场的磁感线旋进到地磁北极附近,地磁北极附近磁场为 2.0×10^{-5} T,其轨道半径又为多少?

解　电子沿地球磁场的磁感线旋进到地磁北极,说明电子速度并不完全与磁场方向垂直,存在与磁场方向平行的分量。假定这分量很小,则在赤道上空,电子回转轨道半径为

$$R=\frac{m_{\mathrm{e}}v}{eB}=1.1\times10^{3}\ \mathrm{m}$$

在地磁北极附近,轨道半径为　$$R'=\frac{m_{\mathrm{e}}v}{eB'}=23\ \mathrm{m}$$

【7-29】 如图 7-20(a)所示,一根长直导线载有电流 $I_1=30$ A,矩形回路载有电流 $I_2=20$ A。试计算作用在回路上的合力。已知 $d=1.0$ cm,$b=8.0$ cm,$l=0.12$ m。

解　矩形回路由四条边组成,各条边受力情况如下(图7-20(b)):

在 CD 边上磁感强度是相同的,其大小为

$$B=\frac{\mu_0 I_1}{2\pi d}$$

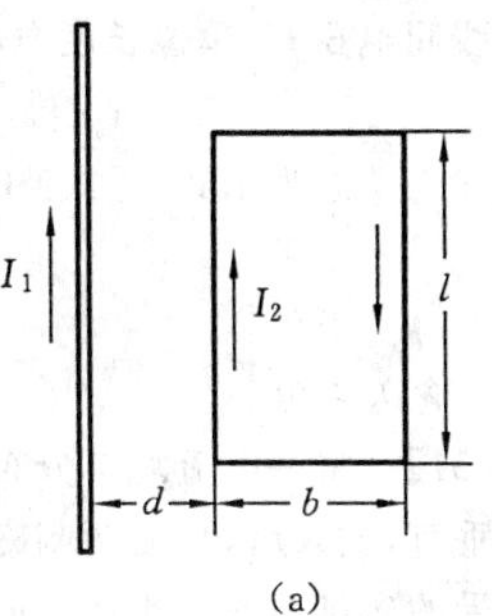

(a)

方向垂直纸面向内。因此 CD 边受到的安培力的大小为

$$F_{CD}=BI_2 l=\frac{\mu_0 I_1 I_2 l}{2\pi d}$$

方向向左。

同理可算得 EF 边受到的安培力大小为

$$F_{EF}=\frac{\mu_0 I_1 I_2 l}{2\pi(d+b)}$$

方向向右。

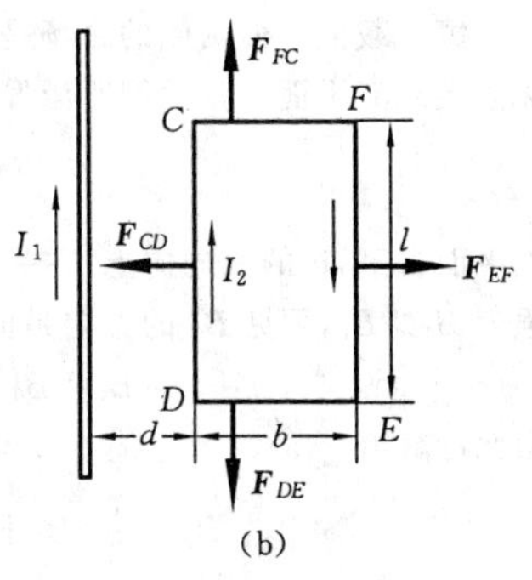

(b)

图 7-20

取 DE 边上任一电流元，则在 CF 边上存在一对应电流元，它们大小相等、方向相反，与电流 I_1 的距离也相等，因此它们所在处的磁感强度 $\boldsymbol{B}$ 相同。这样两个电流元受到的安培力大小相等、方向相反。DE 边上的电流元和 CF 边上的电流元存在一一对应的关系，而这两条边所受到的安培力分别是各自边上电流元所受安培力的合力，因此，这两条边所受安培力的大小相等、方向相反，即

$$\boldsymbol{F}_{DE}=-\boldsymbol{F}_{CF}$$

总之，对矩形回路而言，它受到的安培力为

$$\boldsymbol{F}=\boldsymbol{F}_{CD}+\boldsymbol{F}_{DE}+\boldsymbol{F}_{EF}+\boldsymbol{F}_{FC}=\boldsymbol{F}_{CD}+\boldsymbol{F}_{EF}$$

$\boldsymbol{F}_{CD}$ 与 $\boldsymbol{F}_{EF}$ 的方向相反，且 $F_{CD}>F_{EF}$，因此

$$F=F_{CD}-F_{EF}=\frac{\mu_0 I_1 I_2 lb}{2\pi d(d+b)}=1.28\times10^{-3}\ \mathrm{N}$$

方向同 $\boldsymbol{F}_{CD}$。

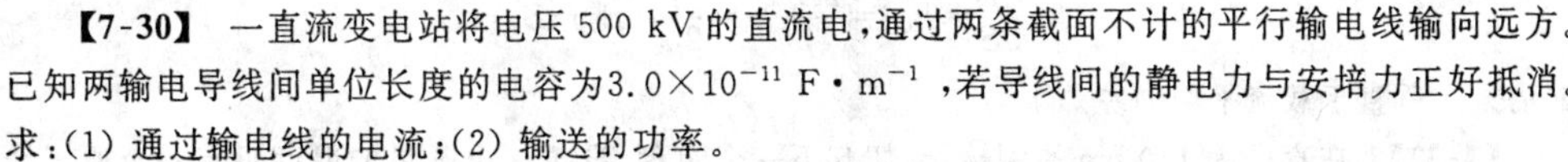

【7-30】 一直流变电站将电压 500 kV 的直流电，通过两条截面不计的平行输电线输向远方。已知两输电导线间单位长度的电容为 $3.0\times10^{-11}\ \mathrm{F\cdot m^{-1}}$，若导线间的静电力与安培力正好抵消。求：(1) 通过输电线的电流；(2) 输送的功率。

解 (1) 两条输电线上分别带有等量异号的电荷，通有大小相等、方向相反的电流(图 7-21)。因此两输电线间同时存在相互吸引的静电力和相互排斥的磁场力，在一定条件下，这两种力将相互抵消而使导线间保持一定距离。

设输电线上电荷线密度为 λ，两线间距为 r，则 A 线在 B 线处激发的电场强度

$$E=\frac{\lambda}{2\pi\varepsilon_0 r}$$

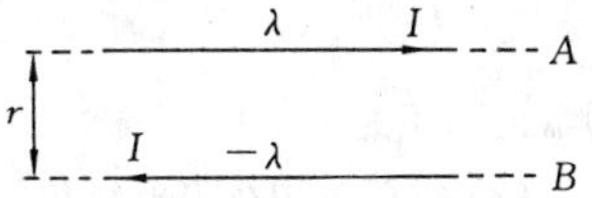

单位长度 B 线受到的静电力

$$F_e=\lambda E=\frac{\lambda^2}{2\pi\varepsilon_0 r}$$

图 7-21

设输电线内电流强度为 I，则 A 线在 B 线处激发的磁感强度为

$$B=\frac{\mu_0 I}{2\pi r}$$

单位长度 B 线受到的磁场力 $$F_m=IB=\frac{\mu_0 I^2}{2\pi r}$$

两种力达到平衡时，$F_m=F_e$，即 $$\frac{\mu_0 I^2}{2\pi r}=\frac{\lambda^2}{2\pi\varepsilon_0 r}$$

$$I=\frac{\lambda}{\sqrt{\varepsilon_0\mu_0}} \qquad ①$$

两输电线间电压 U、单位长度电容 C 和电荷线密度 λ 的关系是

$$CU=\lambda \quad ②$$

将②式代入 I 的表示式(①式)中，得到

$$I=\frac{CU}{\sqrt{\varepsilon_0\mu_0}}=4.5\times10^3\ \text{A}$$

(2) 输送的功率　$P=IU=2.25\times10^9\ \text{W}$

【7-31】 将一电流均匀分布的无限大载流平面放入磁感强度为 $\boldsymbol{B}_0$ 的均匀磁场中，电流方向与磁场垂直，放入后，平面两侧磁场的磁感强度分别为 $\boldsymbol{B}_1$ 和 $\boldsymbol{B}_2$(图 7-22)。求该载流平面上单位面积所受的磁场力的大小和方向。

解　载流平面两侧的磁场是外磁场 $\boldsymbol{B}_0$ 和平面电流所激发的磁场的叠加。无限大载流平面在其两侧所激发的磁感强度大小为(参阅题 7-20)

$$B'=\frac{1}{2}\mu_0 j$$

在平面右侧，$\boldsymbol{B}'$ 的方向向上，在平面左侧，$\boldsymbol{B}'$ 方向向下。平面两侧实际的磁感强度 $B_2>B_1$，可见 $\boldsymbol{B}_0$ 的方向是向上的，因此

$$B_1=B_0-B',\quad B_2=B_0+B'$$

由此可解得

$$B_0=\frac{1}{2}(B_2+B_1),\quad B'=\frac{1}{2}(B_2-B_1)$$

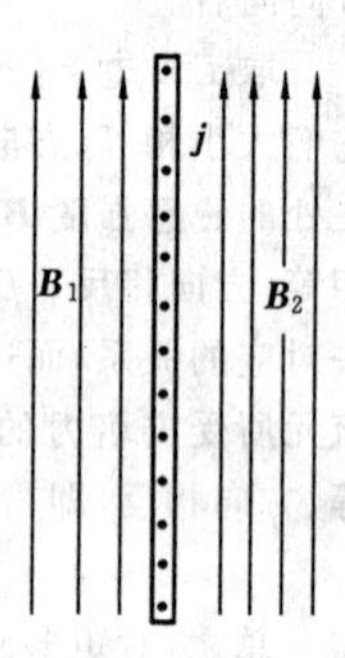

图 7-22

在载流平面上沿电流方向取长度 $\mathrm{d}x$，沿垂直于电流方向取长度 $\mathrm{d}y$，在面积元 $\mathrm{d}S(\mathrm{d}S=\mathrm{d}x\mathrm{d}y)$ 上的电流强度 $\mathrm{d}I=j\mathrm{d}y$，它所受到的磁场力大小为

$$\mathrm{d}F=B_0\mathrm{d}I\mathrm{d}x=B_0 j\mathrm{d}x\mathrm{d}y=B_0 j\mathrm{d}S$$

单位面积受到的磁场力大小为

$$F=\frac{\mathrm{d}F}{\mathrm{d}S}=B_0 j=\frac{2B_0B'}{\mu_0}=\frac{1}{2\mu_0}(B_2^2-B_1^2)$$

$\boldsymbol{F}$ 的方向垂直于载流平面向左。

【7-32】 在直径为 1.0 cm 的铜棒上，切割下一个圆盘，设想这个圆盘的厚度只有一个原子线度那么大，这样在圆盘上约有 6.2×10^{14} 个铜原子，而每个铜原子有 27 个电子，每个电子的自旋磁矩为 $\mu_e=9.3\times10^{-24}\ \text{A}\cdot\text{m}^2$。我们假设所有电子的自旋磁矩方向都相同，且平行于铜棒的轴线。求：(1) 圆盘的磁矩；(2) 如这磁矩是由圆盘上的电流产生的，那么圆盘边缘上需要有多大的电流？

解　(1) 圆盘上电子数目为

$$N=27\times6.2\times10^{14}=1.67\times10^{16}$$

圆盘的磁矩为　$m=N\mu_e=1.56\times10^{-7}\ \text{A}\cdot\text{m}^2$

(2) 设圆盘边缘上所需电流为 I，圆盘直径为 d，则

$$m=IS=\frac{1}{4}\pi d^2 I,\quad I=\frac{4m}{\pi d^2}=2.0\times10^{-3}\ \text{A}$$

【7-33】 在氢原子中，设电子以轨道角动量 $L=h/(2\pi)$ 绕质子作圆周运动，其半径为 $a_0=5.29\times10^{-11}$ m。求质子所在处的磁感强度。h 为普朗克常量，其值为 $6.63\times10^{-34}\ \text{J}\cdot\text{s}$。

解　电子作圆周运动时，其轨道角动量 $L=m_e va_0$，因此

$$m_e va_0=\frac{h}{2\pi},\quad v=\frac{h}{2\pi m_e a_0}$$

电子运动的周期为

$$T=\frac{2\pi a_0}{v}=\frac{4\pi^2 m_e a_0^2}{h}$$

电子运动所形成的等效电流为

$$I=\frac{e}{T}=\frac{eh}{4\pi^2 m_e a_0^2}$$

它在质子所在圆心处所激发的磁感强度为

$$B=\frac{\mu_0 I}{2a_0}=\frac{\mu_0 eh}{8\pi^2 m_e a_0^3}=12.5\ \mathrm{T}$$

【7-34】 如图 7-23(a)所示，半径为 R 的圆片均匀带电，电荷面密度为 σ，令该圆片以角速度 ω 绕通过其中心且垂直于圆平面的轴旋转。求轴线上距圆片中心为 x 处的 P 点的磁感强度和旋转圆片的磁矩。

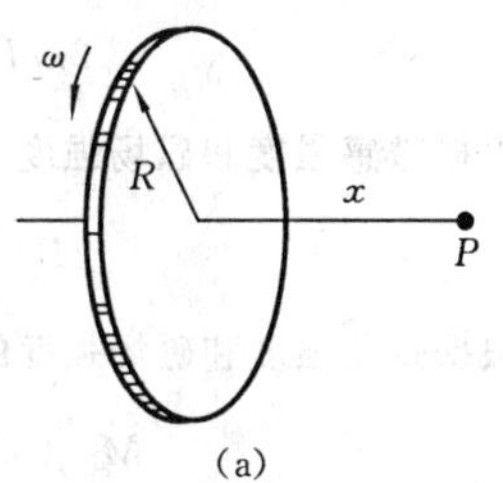

(a)

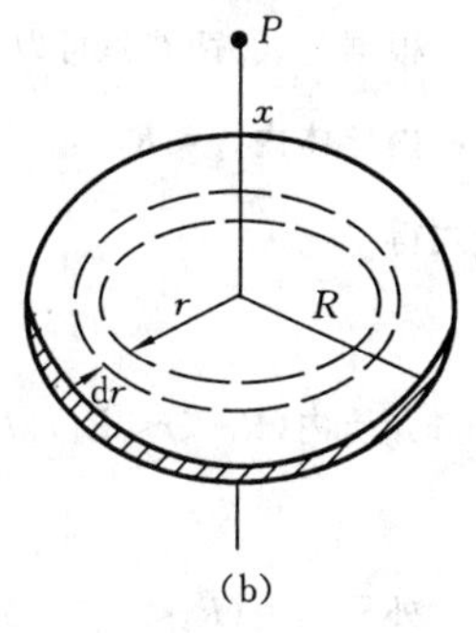

(b)

图 7-23

解 如图 7-23(b)所示，在圆片上取一半径为 r、宽为 $\mathrm{d}r$ 的同心圆环，环面积

$$\mathrm{d}S=2\pi r\mathrm{d}r$$

所带电荷

$$\mathrm{d}q=\sigma\mathrm{d}S=2\pi\sigma r\mathrm{d}r$$

当圆片以角速度 ω 旋转时，旋转频率为 $\frac{\omega}{2\pi}$，由于旋转而形成的圆形电流的电流强度

$$\mathrm{d}I=\frac{\omega}{2\pi}\mathrm{d}q=\sigma\omega r\mathrm{d}r$$

以 S 表示圆环所包围的圆面积，则 $S=\pi r^2$，圆形电流的磁矩

$$\mathrm{d}m=S\mathrm{d}I=\pi\sigma\omega r^3\mathrm{d}r$$

方向垂直于圆片表面。整个圆片是由半径连续变化的同心圆环组成的，整个旋转圆片的磁矩等于各圆环中电流的磁矩的和，即

$$m=\int\mathrm{d}m=\int_0^R \pi\sigma\omega r^3\mathrm{d}r=\frac{1}{4}\pi\sigma\omega R^4$$

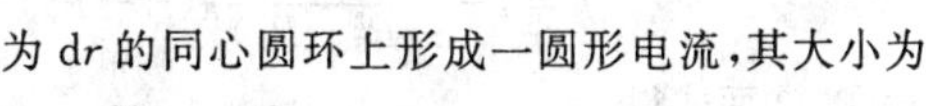

当圆片旋转时，圆片上半径为 r、宽为 $\mathrm{d}r$ 的同心圆环上形成一圆形电流，其大小为

$$\mathrm{d}I=\sigma\omega r\mathrm{d}r$$

此圆形电流在轴线上距圆片中心为 x 处的 P 点所形成的磁场的磁感强度大小为

$$\mathrm{d}B=\frac{\mu_0}{2}\frac{r^2\mathrm{d}I}{(r^2+x^2)^{3/2}}=\frac{\mu_0\sigma\omega r^3\mathrm{d}r}{2(r^2+x^2)^{3/2}}$$

方向平行于轴线指向 P 点(假定是正电荷)。圆片是由半径从 $0\rightarrow R$ 连续变化的同心圆环组成的，每个圆环上的电流在 P 点产生的磁场方向相同，因此 P 点的磁感强度为

$$B=\int_0^R \frac{\mu_0\sigma\omega r^3\mathrm{d}r}{2(r^2+x^2)^{3/2}}$$

令 $\lambda^2=r^2+x^2$，则 $r^4=(\lambda^2-x^2)^2$，$\mathrm{d}(r^4)=4(\lambda^3-x^2\lambda)\mathrm{d}\lambda$。当 $r=0$ 时，$\lambda=x$；当 $r=R$ 时，$\lambda=\sqrt{R^2+x^2}$。作此变换后，

$$B=\frac{\mu_0\sigma\omega}{2}\int_x^{\sqrt{R^2+x^2}}\left(1-\frac{x^2}{\lambda^2}\right)\mathrm{d}\lambda=\frac{\mu_0\sigma\omega}{2}\left[\frac{R^2+2x^2}{\sqrt{R^2+x^2}}-2x\right]$$

【7-35】 如图 7-24(a)所示，一根长直同轴电缆，内、外导体之间充满磁介质，磁介质的相对磁导率为 $\mu_r(\mu_r<1)$，导体的磁化可以略去不计。电缆沿轴向有稳恒电流 I 通过，内外导体上电流的方向相反。求：(1) 空间各区域内的磁感强度和磁化强度；(2) 磁介质表面的磁化电流。

解 (1) 电缆中电流相对于轴线对称分布，它所激发的磁场也有轴对称性：以任意半径作一与电缆同轴的圆，则圆上各点磁场强度大小相等，方向与圆相切。由于磁场具有这个特点，应用磁介质中的安培环路定理，可以求出空间各区域内的磁感强度和磁化强度。

作一半径为 r 且与电缆共轴的圆(图 7-24(b)),沿着此圆作积分 $\oint_l \boldsymbol{H}\cdot \mathrm{d}\boldsymbol{l}$,因为在圆上 $\boldsymbol{H}$ 与 $\mathrm{d}\boldsymbol{l}$ 同方向,且 $\boldsymbol{H}$ 为常量,所以

$$\oint_l \boldsymbol{H}\cdot \mathrm{d}\boldsymbol{l} = H\oint_l \mathrm{d}l = 2\pi r H$$

图 7-24

设此圆所包围的传导电流为 I',根据介质中的安培环路定理有

$$2\pi r H = I',\quad H=\frac{I'}{2\pi r}$$

根据磁感强度和磁场强度的关系有

$$B=\mu_0\mu_r H=\frac{\mu_0\mu_r I'}{2\pi r} \qquad ①$$

根据磁化强度和磁场强度的关系有

$$M=(\mu_r-1)H=\frac{(\mu_r-1)I'}{2\pi r} \qquad ②$$

根据①、②两式就可以具体确定空间各区域内的 B 和 M。

内导体内($r<R_1$):$I'=\dfrac{I}{\pi R_1^2}\pi r^2=\dfrac{r^2}{R_1^2}I$,$\mu_r=1$。分别代入①、②式得

$$B=\frac{\mu_0 I r}{2\pi R_1^2},\quad M=0$$

介质内($R_1<r<R_2$):$I'=I$,$\mu_r=\mu_r$。因此

$$B=\frac{\mu_0\mu_r I}{2\pi r},\quad M=\frac{(\mu_r-1)I}{2\pi r}$$

外导体内($R_2<r<R_3$):在外导体内作的半径为 r 的同轴圆包围了方向相反的两部分传导电流,因此

$$I'=I-\frac{I}{\pi(R_3^2-R_2^2)}\pi(r^2-R_2^2)=\frac{R_3^2-r^2}{R_3^2-R_2^2}I$$

此外,$\mu_r=1$,由①、②两式得

$$B=\frac{\mu_0 I}{2\pi r}\frac{R_3^2-r^2}{R_3^2-R_2^2},\quad M=0$$

外导体外($r\geqslant R_3$):$I'=0$,$\mu_r=1$,因此

$$B=0,\quad M=0$$

(2) 磁化电流存在于介质的两个表面,即

内表面:$$I_{s1}=M_1L_1=\frac{(\mu_r-1)I}{2\pi R_1}2\pi R_1=(\mu_r-1)I$$

外表面:$$I_{s2}=M_2L_2=\frac{(\mu_r-1)I}{2\pi R_2}2\pi R_2=(\mu_r-1)I$$

$\mu_r<1$,$I_{s1}=I_{s2}<0$,说明磁化电流的方向和传导电流方向相反,这是抗磁质的特点。

【7-36】 设长 $L=5.0$ cm,截面积 $S=1.0\ \mathrm{cm}^2$ 的铁棒中所有铁原子的磁偶极矩都沿轴向整齐排列,且每个铁原子的磁偶极矩 $m_0=1.8\times10^{-23}\ \mathrm{A\cdot m^2}$,求:(1) 铁棒的磁偶极矩;(2) 如果要使铁棒与磁感强度 $B_0=1.5$ T 的外磁场正交,需用多大的力矩?设铁的密度 $\rho=7.8\ \mathrm{g\cdot cm^{-3}}$,铁的摩尔质量 $M_0=55.85\ \mathrm{g\cdot mol^{-1}}$。

解　(1) 铁棒质量　$$Q=\rho V=\rho SL$$

铁棒内原子数　$$N=\frac{Q}{M_0}N_A=\frac{\rho SLN_A}{M_0}$$

铁棒的磁偶极矩　$$m=Nm_0=\frac{\rho SLN_A m_0}{M_0}=7.57\ \mathrm{A\cdot m^2}$$

(2) $\boldsymbol{m}$ 与 $\boldsymbol{B}_0$ 正交时，外磁场对铁棒作用的力矩大小为

$$M=mB_0=11.4\ \mathrm{N\cdot m}$$

因此，要保持铁棒与外磁场正交，所需力矩大小为 11.4 N·m。

【7-37】 在实验室，为了测试某种磁性材料的相对磁导率 μ_r，常将这种材料做成截面为矩形的环形样品，然后用漆包线绕成一螺绕环，设圆环的平均周长为 0.10 m，横截面积为 0.50×10^{-4} m^2，线圈的匝数为 200 匝，当线圈通以 0.10 A 的电流时测得穿过圆环横截面积的磁通为 6.0×10^{-5} Wb，求此时该材料的相对磁导率 μ_r。

解 在螺绕环内电流分布使其磁场具有对称性。在螺绕环内作一与其中心线重合的圆形曲线，曲线上各点 H 值相等，$\boldsymbol{H}$ 的方向与圆相切。沿着此圆作 $\boldsymbol{H}$ 的积分，则

$$\oint_L \boldsymbol{H}\cdot \mathrm{d}\boldsymbol{l}=H\oint_L \mathrm{d}l=HL$$

式中，L 是圆的周长。圆形曲线包围了全部电流。设螺绕环有 N 匝线圈，其中电流为 I，则圆形曲线所包围的电流为 NI。根据磁介质中的安培环路定理，则有

$$HL=NI,\quad H=\frac{NI}{L}$$

螺绕环中磁感强度

$$B=\mu_0\mu_r H=\frac{\mu_0\mu_r NI}{L}$$

通过环截面的磁通量

$$\Phi=BS=\frac{\mu_0\mu_r NIS}{L}$$

由此可得

$$\mu_r=\frac{L\Phi}{\mu_0 NIS}=4.78\times10^3$$

第8章 电磁感应 电磁场

内容提要

1. 电磁感应定律

当穿过闭合回路所围面积的磁通量发生变化时，不论这种变化是什么原因引起的，回路中都会建立起感应电动势，而且感应电动势等于磁通量对时间变化率的负值。即

$$\mathscr{E}_i=-\frac{d\Phi}{dt}$$

对于由 N 匝密绕线圈组成的回路，有

$$\mathscr{E}_i=-\frac{d(N\Phi)}{dt}=-\frac{d\Psi}{dt}$$

通过回路的感应电荷 $$q=\frac{1}{R}(\Phi_1-\Phi_2)$$

2. 楞次定律

闭合的导线回路中所出现的感应电流，总是使它自己所激发的磁场反抗任何引发电磁感应的原因。

3. 动生电动势

$$\mathscr{E}_i=\int_l \boldsymbol{E}_k\cdot d\boldsymbol{l}=\int_l(\boldsymbol{v}\times\boldsymbol{B})\cdot d\boldsymbol{l}$$

电动势的方向由 $\boldsymbol{E}_k$（非静电的电场强度）的方向决定。

4. 感生电动势

$$\mathscr{E}_i=\oint_l \boldsymbol{E}_k\cdot d\boldsymbol{l}=-\int_S\frac{d\boldsymbol{B}}{dt}\cdot d\boldsymbol{S}$$

式中，$\boldsymbol{E}_k$ 为感生电场。

5. 自感

自感的定义 $$L=\frac{\Psi}{I}$$

自感电动势 $$\mathscr{E}_L=-L\frac{dI}{dt}$$

求回路自感的一种方法：设回路中有电流，确定该回路的磁感强度分布；计算通过回路面积的磁通量和磁链；根据定义计算自感。

6. 互感

互感的定义 $$M=\frac{\Phi_{21}}{I_1}=\frac{\Phi_{12}}{I_2}$$

互感电动势 $$\mathscr{E}_{21}=-M\frac{dI_1}{dt},\quad \mathscr{E}_{12}=-M\frac{dI_2}{dt}$$

7. 磁场的能量

磁场的能量密度 $$w_m=\frac{1}{2\mu}B^2=\frac{1}{2}\mu H^2=\frac{1}{2}BH$$

体积 V 内磁场的能量 $$W_m=\int_V w_m dV$$

自感为 L 的回路中有电流 I 时，磁场的能量

$$W_m=\frac{1}{2}LI^2$$

8. 位移电流

位移电流密度　$$\boldsymbol{j}_d=\frac{\partial \boldsymbol{D}}{\partial t}$$

位移电流　$$I_d=\frac{d\Psi}{dt}$$

9. 麦克斯韦电磁场方程的积分形式

$$\oint_S \boldsymbol{D}\cdot d\boldsymbol{S}=\int_V \rho dV=q$$

$$\oint_l \boldsymbol{E}\cdot d\boldsymbol{l}=-\int_S \frac{\partial \boldsymbol{B}}{\partial t}\cdot d\boldsymbol{S}$$

$$\oint_S \boldsymbol{B}\cdot d\boldsymbol{S}=0$$

$$\oint_l \boldsymbol{H}\cdot d\boldsymbol{l}=\int_S\left(j+\frac{\partial \boldsymbol{D}}{\partial t}\right)\cdot d\boldsymbol{S}$$

习题解答

【8-1】 一根无限长直导线载有 I，一矩形线圈位于导线平面内沿垂直于载流导线方向以恒定速率运动(图 8-1)，则(　)。

(A) 线圈中无感应电流　(B) 线圈中感应电流为顺时针方向

(C) 线圈中感应电流为逆时针方向　(D) 线圈中感应电流方向无法确定

解　在载流无限长直导线激发的磁场中，某点的磁感强度的大小与该点到直导线的距离成反比。因此，当矩形线圈沿垂直于直导线方向远离直导线时，线圈面积上每一点的磁感强度都是在减少的，因而此面积上的磁通量也是在减少的，线圈中将出现感应电流。根据直导线中电流的方向，可以判断线圈面积上磁场方向是垂直于纸面向内的，因此，感应电流的方向是顺时针方向。本题答案应选(B)。

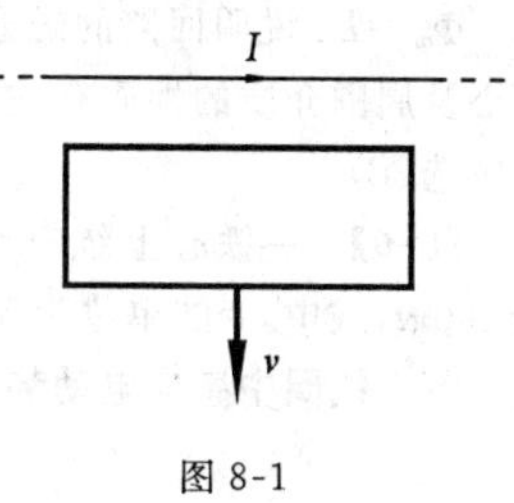

图 8-1

【8-2】 将形状完全相同的铜环和木环静止放置在交变磁场中，并假设通过两环面的磁通量随时间的变化率相等，不计自感时则(　)。

(A) 铜环中有感应电流，木环中无感应电流　(B) 铜环中有感应电流，木环中有感应电流

(C) 铜环中感应电场强度大，木环中感应电场强度小

(D) 铜环中感应电场强度小，木环中感应电场强度大

解　根据公式 $\mathscr{E}_i=\oint_l \boldsymbol{E}_k\cdot d\boldsymbol{l}=-\frac{d\Phi}{dt}$，对于形状完全相同的铜环和木环(即两个完全相同的积分回路)，在通过两环面(即两个回路所包围的面积)的磁通量随时间的变化率相等时，两环上的感生电动势是相等的，两环的对应点上的感应电场强度大小也是相等的。

虽然铜环和木环上有相同的感生电动势，但是木环的电阻率非常大，是绝缘体，因此，铜环中有电流，而木环中没有电流。本题答案应选(A)。

【8-3】 有两个线圈，线圈 1 对线圈 2 的互感系数为 M_{21}，而线圈 2 对线圈 1 的互感系数为 M_{12}，若它们分别流过 i_1 和 i_2 的变化电流且 $\left|\frac{di_1}{dt}\right|<\left|\frac{di_2}{dt}\right|$，并设由 i_2 变化在线圈 1 中产生的互感

电动势为 $\mathscr{E}_{12}$，由 i_1 变化在线圈 2 中产生的互感电动势为 $\mathscr{E}_{21}$，则论断正确的是（ ）。

(A) $M_{12}=M_{21}$，$\mathscr{E}_{21}=\mathscr{E}_{12}$　　(B) $M_{12}\neq M_{21}$，$\mathscr{E}_{21}\neq\mathscr{E}_{12}$

(C) $M_{12}=M_{21}$，$\mathscr{E}_{21}>\mathscr{E}_{12}$　　(D) $M_{12}=M_{21}$，$\mathscr{E}_{21}<\mathscr{E}_{12}$

解　两个线圈中，一个线圈对另一个线圈的互感系数和另一个线圈对这个线圈的互感系数是相等的，即 $M_{12}=M_{21}$，它们的互感电动势的大小与对方电流变化率的大小成正比，即

$$\mathscr{E}_{12}=M_{12}\left|\frac{\mathrm{d}i_2}{\mathrm{d}t}\right|,\quad \mathscr{E}_{21}=M_{21}\left|\frac{\mathrm{d}i_1}{\mathrm{d}t}\right|$$

如果 $\left|\frac{\mathrm{d}i_1}{\mathrm{d}t}\right|<\left|\frac{\mathrm{d}i_2}{\mathrm{d}t}\right|$，则 $\mathscr{E}_{21}<\mathscr{E}_{12}$。本题答案应选(D)。

【8-4】　对位移电流，下述说法正确的是（ ）。

(A) 位移电流的实质是变化的电场　　(B) 位移电流和传导电流一样是定向运动的电荷

(C) 位移电流服从传导电流遵循的所有定律　(D) 位移电流的磁效应不服从安培环路定理

解　位移电流的定义式是 $I_d=\frac{\mathrm{d}\Psi}{\mathrm{d}t}$，$\Psi$ 是描述电场的一个物理量，这个定义式说明，位移电流的实质就是变化的电场，它不是由定向运动的电荷形成的，它不服从传导电流的所有定律（例如欧姆定律），但是它能和传导电流一样激发磁场，因此才有全电流安培环路定理。本题答案应选(A)。

【8-5】　下列概念正确的是（ ）。

(A) 感应电场也是保守场　　(B) 感应电场的电场线是一组闭合曲线

(C) $\Phi_m=LI$，因而线圈的自感系数与回路的电流成反比

(D) $\Phi_m=LI$，回路的磁通量越大，回路的自感系数也一定大

解　感应电场沿闭合回路的积分 $\oint_l \boldsymbol{E}_k\cdot\mathrm{d}\boldsymbol{l}=\mathscr{E}_i$。一般情况下，$\mathscr{E}_i\neq0$，因此感应电场不是保守场，而是有旋场，描述感应电场的电场线是闭合曲线。

$\Phi_m=LI$ 说明回路的磁通量与回路中的电流强度成正比，L 是比例常量，它只与回路的形状、大小及周围介质的性质有关，与回路中电流强度无关，当然也与回路磁通量的大小无关。本题答案应选(B)。

【8-6】　一铁心上绕有线圈 100 匝，已知铁心中磁通量与时间的关系为 $\Phi=8.0\times10^{-5}\times\sin100\pi t$，式中，$\Phi$ 的单位为 Wb，t 的单位为 s。求在 $t=1.0\times10^{-2}$ s 时，线圈中的感应电动势。

解　线圈中感应电动势是变化的，与时间的关系为

$$\mathscr{E}_i=-\frac{\mathrm{d}N\Phi}{\mathrm{d}t}=-0.80\pi\cos100\pi t$$

将 t 值代入后，得到　$\mathscr{E}_i=2.51\ \mathrm{V}$

【8-7】　有两根相距为 d 的无限长平行直导线，它们通以大小相等、流向相反的电流，且电流均以 $\frac{\mathrm{d}I}{\mathrm{d}t}$ 的变化率增长。若有一边长为 d 的正方形线圈与两导线处于同一平面内，如图 8-2 所示，求线圈中的感应电动势。

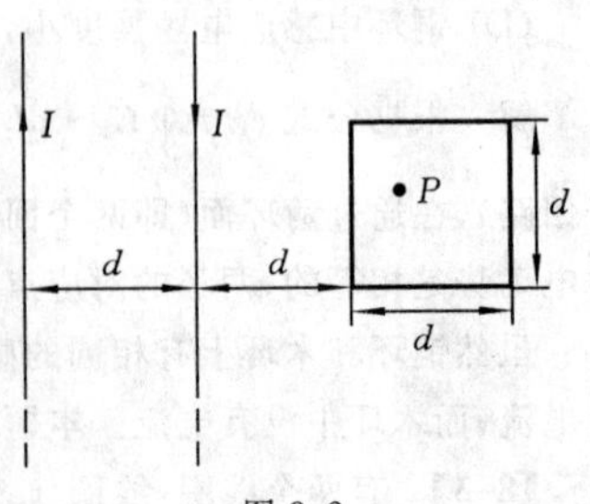

图 8-2

解　在距正方形线圈左边 x 处的 P 点，两直线电流产生的磁感强度分别为

$$B_1=\frac{\mu_0 I}{2\pi(2d+x)},\quad B_2=\frac{\mu_0 I}{2\pi(d+x)}$$

$\boldsymbol{B}_1$ 与 $\boldsymbol{B}_2$ 的方向相反，且 $B_2>B_1$，因此该处的磁感强度大小为

$$B=B_2-B_1=\frac{\mu_0 I}{2\pi}\left(\frac{1}{d+x}-\frac{1}{2d+x}\right)$$

$\boldsymbol{B}$ 的方向垂直于纸面向外。过 P 点作一长为 d，宽为 $\mathrm{d}x$，且平行于载流直导线的窄条，其面积 $\mathrm{d}S=d\mathrm{d}x$。通过此长条的磁通量为

$$\mathrm{d}\Phi=B\mathrm{d}S=\frac{\mu_0 Id}{2\pi}\left(\frac{1}{d+x}-\frac{1}{2d+x}\right)\mathrm{d}x$$

通过正方形线圈的磁通量则为

$$\Phi=\int\mathrm{d}\Phi=\int_0^d\frac{\mu_0 Id}{2\pi}\left(\frac{1}{d+x}-\frac{1}{2d+x}\right)\mathrm{d}x=\frac{\mu_0 Id}{2\pi}\ln\frac{4}{3}$$

当电流 I 以$\dfrac{\mathrm{d}I}{\mathrm{d}t}$的速率增长时，线圈中的感应电动势大小为

$$\mathscr{E}=\frac{\mathrm{d}\Phi}{\mathrm{d}t}=\frac{\mu_0 d}{2\pi}\left(\ln\frac{4}{3}\right)\frac{\mathrm{d}I}{\mathrm{d}t}$$

【8-8】 有一测量磁感强度的线圈，其截面积 $S=4.0\ \mathrm{cm}^2$，匝数 $N=160$ 匝，电阻 $R=50\ \Omega$。线圈与一内阻 $R_i=30\ \Omega$ 的冲击电流计相连。若开始时线圈平面与均匀磁场的磁感强度 $\boldsymbol{B}$ 相垂直，然后线圈的平面很快地转到与 $\boldsymbol{B}$ 的方向平行。此时从冲击电流计中测得电荷值 $q=4.0\times10^{-5}$ C。问此均匀磁场的磁感强度 B 的值为多少？

解 当线圈平面从与 $\boldsymbol{B}$ 的方向垂直转到与 $\boldsymbol{B}$ 的方向平行，通过线圈的磁链的变化为

$$\Psi_1-\Psi_2=NBS$$

通过线圈的感应电荷

$$q=\frac{1}{R+R_i}(\Psi_1-\Psi_2)=\frac{NBS}{R+R_i}$$

由此可得磁感强度

$$B=\frac{q(R+R_i)}{NS}=0.050\ \mathrm{T}$$

【8-9】 如图 8-3 所示，一长直导线中通有 $I=5.0$ A 的电流，在距导线 9.0 cm 处，放一面积为 0.10 cm^2，10 匝的小圆线圈，线圈中的磁场可看作是均匀的。今在1.0×10^{-2} s 内把此线圈移至距长直导线 10.0 cm 处。求：(1) 线圈中平均感应电动势；(2) 设线圈的电阻为$1.0\times10^{-2}\ \Omega$，求通过线圈横截面的感应电荷。

解 (1) 线圈位于初始位置时，通过它的磁链

$$\Psi_1=NB_1S=\frac{\mu_0 INS}{2\pi r_1}$$

线圈位于终止位置时，通过它的磁链

$$\Psi_2=NB_2S=\frac{\mu_0 INS}{2\pi r_2}$$

在此过程中，线圈中的平均感应电动势

$$\overline{\mathscr{E}}_i=-\frac{\Psi_2-\Psi_1}{\Delta t}=\frac{\mu_0 INS(r_2-r_1)}{2\pi\Delta t r_1 r_2}=1.11\times10^{-8}\ \mathrm{V}$$

(2) 通过线圈横截面的感应电荷

$$q=\frac{1}{R}(\Psi_1-\Psi_2)=\frac{\mu_0 INS(r_2-r_1)}{2\pi R r_1 r_2}=1.11\times10^{-8}\ \mathrm{C}$$

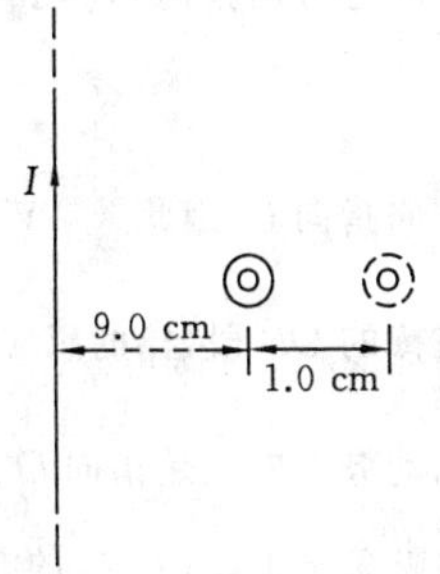

图 8-3

【8-10】 如图 8-4(a)所示，把一半径为 R 的半圆形导线 OP 置于磁感强度为 B 的均匀磁场中，当导线 OP 以匀速率 v 向右移动时，求导线中感应电动势 $\mathscr{E}_i$ 大小。哪一端电势较高？

解 设想半圆形导线和连接 OP 的直导线构成一闭合回路，当这个回路在均匀磁场中平移时，穿过它的面积的磁通量没有变化，回路中电动势为零。但是这并不说明回路中任何一部分都没有感应电动势。设半圆形导线内的感应电动势为 $\mathscr{E}_{i1}$，直导线内的感应电动势为 $\mathscr{E}_{i2}$，则回路的感应电动势

$$\mathscr{E}_i=\mathscr{E}_{i1}+\mathscr{E}_{i2}=0$$

显然 $\mathscr{E}_{i2}=Bv(2R)=2BvR$

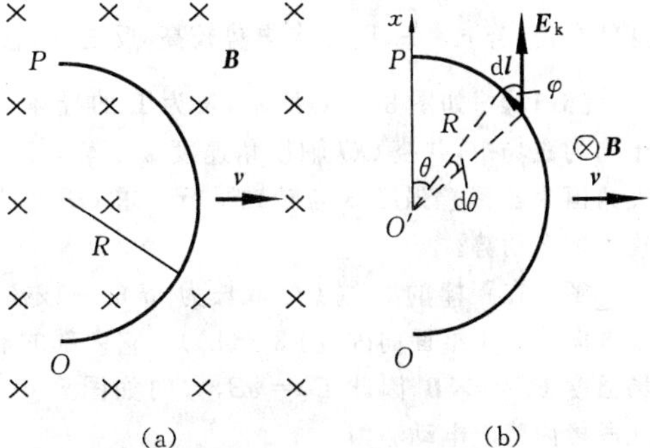

图 8-4

$\boldsymbol{v}\times\boldsymbol{B}$ 的方向从 O 指向 P，P 点电势较高。

$$\mathscr{E}_{i1}=-\mathscr{E}_{i2}=-2BvR$$

说明半圆形导线中感应电动势的大小也是 $2BvR$，负号说明在回路中 $\mathscr{E}_{i2}$ 与 $\mathscr{E}_{i1}$ 的方向是相反的，因此，就半圆形导线来说，也是 P 点电势较高。

另解　本题也可应用计算动生电动势的一般公式 $\left(\mathscr{E}_i=\int_{OP}\boldsymbol{E}_k\cdot d\boldsymbol{l}\right)$ 求解。

如图 8-4(b)所示，沿 OP 方向作 x 轴，在导线上任取一线元 $d\boldsymbol{l}$，它的位置由 θ 角确定。在此线元处，$\boldsymbol{E}_k=\boldsymbol{v}\times\boldsymbol{B}$，因 $\boldsymbol{v}\perp\boldsymbol{B}$，$E_k=vB$，$\boldsymbol{E}_k$ 的方向如图 8-4(b)所示，它与 $d\boldsymbol{l}$ 的方向的夹角为 φ。显然 $\varphi=\frac{\pi}{2}-\theta$。此线元的动生电动势

$$d\mathscr{E}_i=\boldsymbol{E}_k\cdot d\boldsymbol{l}=vB\cos\varphi\, dl$$

因为 $\cos\varphi=\sin\theta$，$dl=Rd\theta$，所以　　$d\mathscr{E}_i=vBR\sin\theta d\theta$

半圆形导线上的感应电动势

$$\mathscr{E}_i=\int d\mathscr{E}_i=\int_0^{\pi}vBR\sin\theta d\theta=2vBR$$

根据 $\boldsymbol{E}_k$ 的方向，可以判断 P 点电势较高。

【8-11】 长度为 L 的铜棒，以距端点 r 处为支点，并以角速率 ω 绕通过支点且垂直于铜棒的轴转动。设磁感强度为 $\boldsymbol{B}$ 的均匀磁场与轴平行，求棒两端的电势差。

解　在图 8-5 中，铜棒 CD 绕通过 O 点且垂直于纸面的轴转动。沿 OC 方向作 x 轴，在坐标为 x 处，取长为 dx 的一段棒，其速率 $v=x\omega$，方向如图 8-5 所示。这段棒上感应电动势为

$$d\mathscr{E}_{i1}=Bvdx=B\omega xdx$$

电动势方向指向 O 点。棒的 OC 段的感应电动势

$$\mathscr{E}_{i1}=\int d\mathscr{E}_{i1}=\int_0^{L-r}B\omega x\,dx=\frac{1}{2}B\omega(L-r)^2$$

方向指向 O，因此　　$V_O-V_C=\mathscr{E}_{i1}=\frac{1}{2}B\omega(L-r)^2$

在棒的 OD 段，棒的感应电动势为　　$\mathscr{E}_{i2}=\frac{1}{2}B\omega r^2$

电动势方向也是指向 O 点，因此　　$V_O-V_D=\frac{1}{2}B\omega r^2$

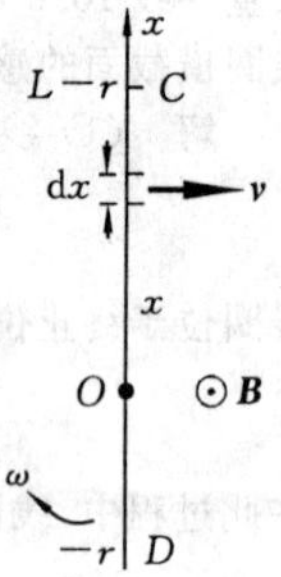

图 8-5

在整条棒上，$\mathscr{E}_{i1}$ 和 $\mathscr{E}_{i2}$ 的方向是相反的，总的感应电动势为

$$\mathscr{E}_i=\mathscr{E}_{i1}-\mathscr{E}_{i2}=\frac{1}{2}B\omega L(L-2r)$$

棒两端的电势差　$V_C-V_D=(V_C-V_O)+(V_O-V_D)=-\mathscr{E}_{i1}+\mathscr{E}_{i2}=-\mathscr{E}_i=\frac{1}{2}B\omega L(2r-L)$

这就是说，若 $r>\frac{L}{2}$，则 C 点电势较高；反之，D 点电势较高。

【8-12】 如图 8-6(a)所示，长为 L 的导体棒 OP，处于均匀磁场中，并绕 OO' 轴以角速度 ω 旋转，棒与转轴间夹角恒为 θ，磁感强度 $\boldsymbol{B}$ 与转轴平行。求 OP 棒在图示位置处的电动势。

解　在距棒的 O 端 l 处取长为 dl 的一段棒，它的速度方向垂直于纸面向内(图 8-6(b))。它内部的非静电电场强度 $\boldsymbol{E}_k=\boldsymbol{v}\times\boldsymbol{B}$，因此 $E_k=vB$，方向如图 8-6(b)所示。此段棒内感应电动势为

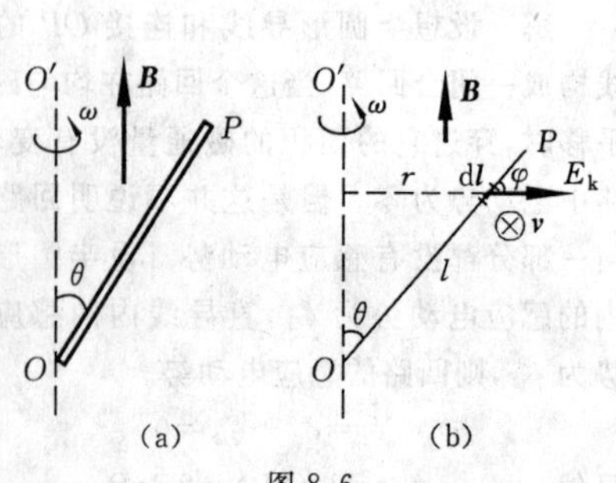

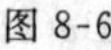
图 8-6

$$d\mathscr{E}_i=\boldsymbol{E}_k\cdot d\boldsymbol{l}=E_k dl\cos\varphi=vB\cos\varphi\, dl$$

式中 $v=r\omega=l\omega\sin\theta$，$\cos\varphi=\sin\theta$，因此

$$\mathrm{d}\mathscr{E}_{\mathrm{i}}=Bl\omega\sin^2\theta\mathrm{d}l$$

电动势的方向是指向 P 的。整个导体棒内感应电动势为

$$\mathscr{E}_{\mathrm{i}}=\int\mathrm{d}\mathscr{E}_{\mathrm{i}}=\int_0^L(B\omega\sin^2\theta)l\mathrm{d}l=\frac{1}{2}B\omega L^2\sin^2\theta$$

方向指向 P。

【8-13】 如图 8-7(a)所示，金属杆 AB 以匀速率 $v=2.0\ \mathrm{m\cdot s^{-1}}$ 平行于一长直导线移动，此导线通有电流 $I=40$ A。问：此杆中的感应电动势为多大？杆的哪一端电势较高？

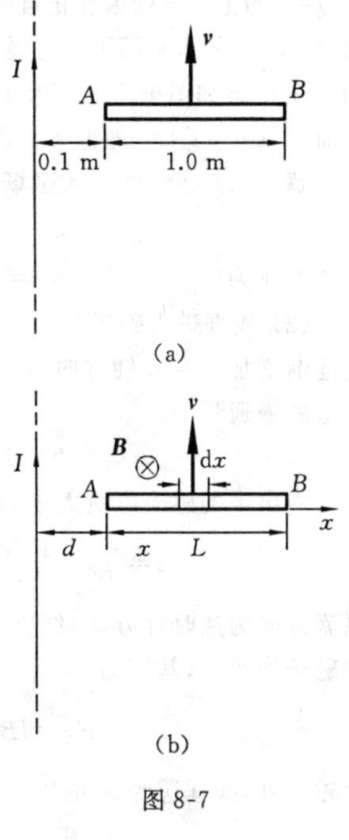

图 8-7

解　以杆的 A 端为原点，从 A 向 B 作 x 轴(图 8-7(b))。在杆上坐标为 x 处取长为 $\mathrm{d}x$ 的一段杆，此处磁感强度方向垂直于纸面向内。因此，当杆以速度 $\boldsymbol{v}$ 运动时，这段杆内的感应电动势为

$$\mathrm{d}\mathscr{E}_{\mathrm{i}}=Bv\mathrm{d}x$$

式中，

$$B=\frac{\mu_0 I}{2\pi(d+x)}$$

于是

$$\mathrm{d}\mathscr{E}_{\mathrm{i}}=\frac{\mu_0 Iv}{2\pi(d+x)}\mathrm{d}x$$

电动势方向指向 A 端。金属棒 AB 的感应电动势即为

$$\mathscr{E}_{\mathrm{i}}=\int\mathrm{d}\mathscr{E}_{\mathrm{i}}=\int_0^L\frac{\mu_0 Iv}{2\pi(d+x)}\mathrm{d}x=\frac{\mu_0 Iv}{2\pi}\ln\frac{L+d}{d}=3.84\times10^{-5}\ \mathrm{V}$$

方向指向 A，因此 A 端电势较高。

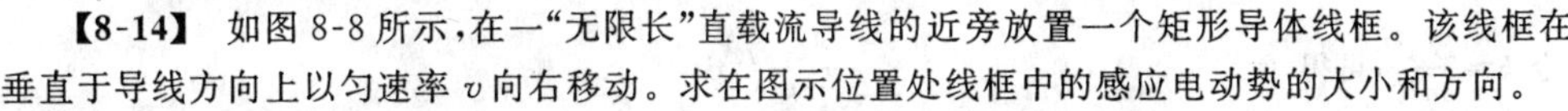

【8-14】 如图 8-8 所示，在一“无限长”直载流导线的近旁放置一个矩形导体线框。该线框在垂直于导线方向上以匀速率 v 向右移动。求在图示位置处线框中的感应电动势的大小和方向。

解　分别计算矩形导体线框四条边上的感应电动势，它们的代数和就是整个线框中的感应电动势。

线框的左边上各点磁感强度相同，其值为

$$B_1=\frac{\mu_0 I}{2\pi d}$$

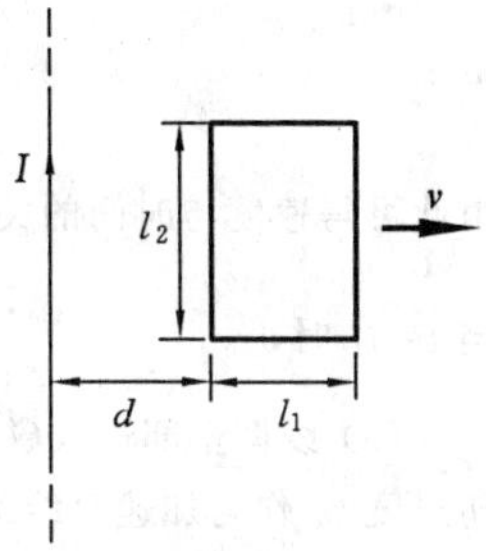

$\boldsymbol{B}_1$ 的方向垂直于纸面向内。因此左边内的感应电动势为

$$\mathscr{E}_{\mathrm{i1}}=B_1 vl_2=\frac{\mu_0 Ivl_2}{2\pi d}$$

方向向上，对线框来说是顺时针方向。

同理，线框的右边内的感应电动势为

$$\mathscr{E}_{\mathrm{i2}}=\frac{\mu_0 Ivl_2}{2\pi(d+l_1)}$$

方向也是向上，但对线框来说是逆时针方向。

图 8-8

线框的上边的非静电电场强度 $\boldsymbol{E}_{\mathrm{k}}$ ($\boldsymbol{E}_{\mathrm{k}}=\boldsymbol{v}\times\boldsymbol{B}$) 的方向垂直于线框上边导线向上，在此段导线的任一线元 $\mathrm{d}\boldsymbol{l}$ 上都有

$$\mathrm{d}\mathscr{E}_{\mathrm{i}}=\boldsymbol{E}_{\mathrm{k}}\cdot\mathrm{d}\boldsymbol{l}=0$$

因此，线框的上边内无感应电动势，线框的下边情况也是如此。

整个矩形导体线框中的感应电动势为

$$\mathscr{E}_{\mathrm{i}}=\mathscr{E}_{\mathrm{i1}}-\mathscr{E}_{\mathrm{i2}}=\frac{\mu_0 Ivl_1 l_2}{2\pi d(d+l_1)}$$

其方向是顺时针的。

【8-15】 有一长为 l，宽为 b 的矩形导线框架，其质量为 m，电阻为 R。在 $t=0$ 时，框架从距水平

面 $y=0$ 的上方 h 处由静止自由下落，如图 8-9 所示。磁场的分布为，在 $y=0$ 的水平面上方没有磁场；在 $y=0$ 的水平面下方有磁感强度为 $\boldsymbol{B}$ 的均匀磁场，$\boldsymbol{B}$ 的方向垂直纸面向里。已知框架在时刻 t_1 和 t_2 的位置如图中所示。求在下述时间内，框架的速度与时间的关系：(1) $t_1 \geqslant t > 0$，即框架进入磁场前；(2) $t_2 \geqslant t \geqslant t_1$，即框架进入磁场，但尚未全部进入磁场；(3) $t > t_2$，即框架全部进入磁场后。

解 (1) 在线框进入磁场之前，线框作自由落体运动，它的速度与时间的关系为

$$v=gt$$

它的末速为 $$v_1=\sqrt{2gh}$$

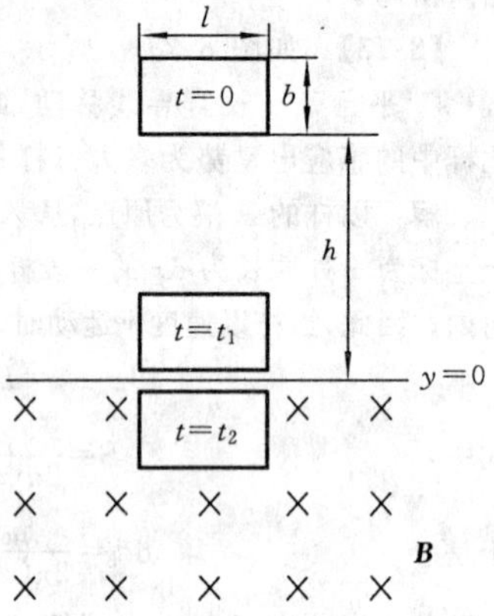

(2) 线框进入磁场后，在 $t_2 \geqslant t \geqslant t_1$ 这段时间里，线框磁通量逐渐增加。令 y 轴方向向下，当线框下边坐标为 y 时，通过线框的磁通量为

$$\Phi=BS=Bly$$

线框内出现的感应电流大小为

$$I=\frac{\mathscr{E}_i}{R}=\frac{1}{R}\frac{d\Phi}{dt}=\frac{Bl}{R}\frac{dy}{dt}=\frac{Blv}{R}$$

电流方向为逆时针方向，线框的下边中的电流受到方向向上的磁场作用力，其值为

$$F_m=IBl=\frac{B^2l^2v}{R}$$

图 8-9

除磁力外，线框还受到重力。按牛顿第二定律有

$$mg-\frac{B^2l^2v}{R}=m\frac{dv}{dt}$$

令 $k=\dfrac{B^2l^2}{mR}$，可得 $$\frac{dv}{g-kv}=dt$$

$t=t_1$ 时，线框速度 $v=v_1$，设时刻 t 时速度为 v，对上式积分

$$\int_{v_1}^{v}\frac{dv}{g-kv}=\int_{t_1}^{t}dt$$

得到 $$\ln\left(\frac{g-kv}{g-kv_1}\right)=-k(t-t_1)$$

由此可得速度与时间的关系为 $$v=\frac{1}{k}[g-(g-kv_1)e^{-k(t-t_1)}]$$

当 $t=t_2$ 时， $$v_2=\frac{1}{k}[g-(g-kv_1)e^{-k(t_2-t_1)}]$$

(3) 线框全部进入磁场后($t>t_2$)，磁通量不再变化，不再有磁力作用。线框在重力作用下，以初速度 v_2 作匀加速直线运动，速度作为时间的函数关系是

$$v=v_2+g(t-t_2)=\frac{1}{k}[g-(g-kv_1)e^{-k(t_2-t_1)}]+g(t-t_2)$$

【8-16】 有一磁感强度为 $\boldsymbol{B}$ 的均匀磁场，以恒定的变化率 dB/dt 在变化。把一块质量为 m 的铜，拉成截面半径为 r 的导线，并用它做成一个半径为 R 的圆形回路，圆形回路的平面与磁感强度 $\boldsymbol{B}$ 垂直。试证这回路中的感应电流为

$$I=\frac{m}{4\pi\rho d}\frac{dB}{dt}$$

式中，ρ 为铜的电阻率，d 为铜的密度。

解 设拉成的导线长度为 l，则 $\dfrac{m}{d}=\pi r^2 l$，$l=\dfrac{m}{\pi r^2 d}$

导线所围成的圆形回路的半径 $$R=\frac{l}{2\pi}=\frac{m}{2\pi^2r^2d}$$

圆形回路的面积　$S=\pi R^2=\frac{m^2}{4\pi^3 r^4 d^2}$

由于磁场变化，圆形回路中的感应电动势

$$\mathscr{E}_i=\frac{d\Phi}{dt}=\frac{d(BS)}{dt}=S\frac{dB}{dt}=\frac{m^2}{4\pi^3 r^4 d^2}\frac{dB}{dt}$$

以 S' 表示导线的截面积，则导线的电阻

$$R=\rho\frac{l}{S'}=\rho\frac{l}{\pi r^2}=\frac{\rho m}{\pi^2 r^4 d}$$

回路中感应电流　$I=\frac{\mathscr{E}_i}{R}=\frac{m}{4\pi\rho d}\frac{dB}{dt}$

【8-17】 半径 $R=2.0$ cm 的"无限长"直载流密绕螺线管，管内磁场可视为均匀磁场，管外磁场可近似看作零。若通电电流均匀变化，使得磁感强度 B 随时间的变化率 $\frac{dB}{dt}$ 为常量，且为正值。试求：(1) 管内外由磁场变化而激发的感生电场分布；(2) 如 $\frac{dB}{dt}=0.010\ \mathrm{T\cdot s^{-1}}$，求距螺线管中心轴 $r=5.0$ cm 处感生电场的大小和方向。

解　(1) 管内磁场分布具有对称性，当管内磁场变化时，在空间激发感生电场，而且感生电场也有对称性。在管内以管轴上一点 O 为圆心，以任意长度 $r(r<R)$ 为半径作圆，圆平面与管轴垂直(图 8-10)，则圆上每一点的感生电场的电场强度 $\boldsymbol{E}_k$ 的大小相等，方向与圆相切。沿此圆作 $\boldsymbol{E}_k$ 的积分，则有

$$\oint_l \boldsymbol{E}_k\cdot d\boldsymbol{l}=\oint_l E_k dl=E_k\oint_l dl=2\pi r E_k$$

这个圆面积上的磁通量为　$\Phi=BS=\pi r^2 B$

根据公式　$\oint_l \boldsymbol{E}_k\cdot d\boldsymbol{l}=-\frac{d\Phi}{dt}$

可得　$2\pi r E_k=-\frac{d\Phi}{dt}=-\pi r^2\frac{dB}{dt}$

因此　$E_k=-\frac{r}{2}\frac{dB}{dt}\quad(r\leqslant R)$

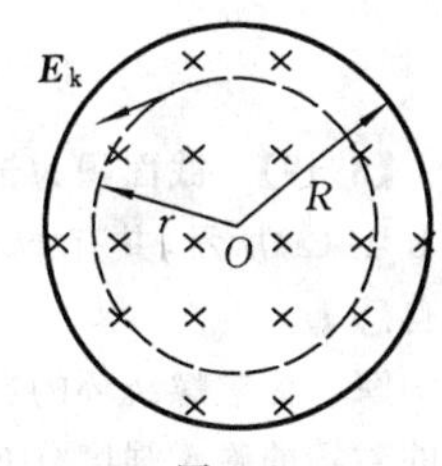

图 8-10

说明管内感生电场的大小与到管轴的距离成正比。

类似地，在管外也可作一半径为 $r(r>R)$ 的圆，$\boldsymbol{E}_k$ 沿此圆的积分仍为

$$\oint_l \boldsymbol{E}_k\cdot d\boldsymbol{l}=2\pi r E_k$$

此圆面积上的磁通量为　$\Phi=BS=\pi R^2 B$

因此　$2\pi r E_k=-\frac{d\Phi}{dt}=-\pi R^2\frac{dB}{dt},\quad E_k=-\frac{R^2}{2r}\frac{dB}{dt}\quad(r\geqslant R)$

说明管外感生电场的大小与到管轴距离成反比。

(2) $r=5.0$ cm 位于管外，感生电场的大小为

$$E_k=\frac{R^2}{2r}\frac{dB}{dt}=\frac{(2.0\times10^{-2})^2\times0.010}{2\times5.0\times10^{-2}}\ \mathrm{V\cdot m^{-1}}=4.0\times10^{-5}\ \mathrm{V\cdot m^{-1}}$$

$\boldsymbol{E}_k$ 的方向在与管轴垂直的平面内，与对 O 点的位矢垂直，并沿逆时针方向。

【8-18】 在半径为 R 的圆柱形空间中存在着均匀磁场，$\boldsymbol{B}$ 的方向与柱的轴线平行。如图 8-11(a)所示，有一长为 l 的金属棒放在磁场中，设 $\boldsymbol{B}$ 随时间的变化率 $\frac{dB}{dt}$ 为常量。试证棒上感应电动势的大小为

$$\mathscr{E}_i=\frac{dB}{dt}\frac{l}{2}\sqrt{R^2-\left(\frac{l}{2}\right)^2}$$

解 设想磁场中存在 OAB 三角形回路(图 8-11(b)),此回路面积为

$$S=\frac{1}{2}l\sqrt{R^2-\left(\frac{l}{2}\right)^2}$$

此面积的磁通量为 $\Phi=BS=\frac{1}{2}lB\sqrt{R^2-\left(\frac{l}{2}\right)^2}$

当磁场变化时,回路中感应电动势的大小为

$$\mathscr{E}_i=\frac{d\Phi}{dt}=S\frac{dB}{dt}=\frac{1}{2}l\sqrt{R^2-\left(\frac{l}{2}\right)^2}\frac{dB}{dt}$$

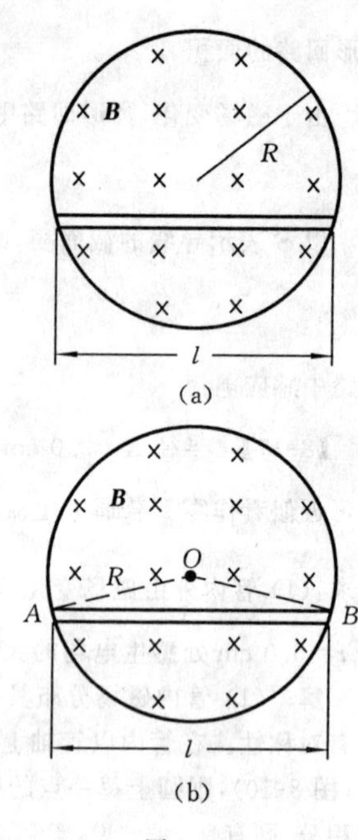

图 8-11

回路中感应电动势是组成回路的三条边上的感生电动势的代数和:

$$\mathscr{E}_i=\int_{OA}\boldsymbol{E}_k\cdot d\boldsymbol{l}+\int_{AB}\boldsymbol{E}_k\cdot d\boldsymbol{l}+\int_{BO}\boldsymbol{E}_k\cdot d\boldsymbol{l}$$

因为圆柱形空间中的均匀磁场对柱的轴线分布是对称的,所以磁场变化时所激发的感生电场的电场线是与柱共轴的同心圆,$\boldsymbol{E}_k$ 的方向总是与柱截面的半径相垂直的。也就是说,在半径上任取一线元 $d\boldsymbol{l}$,均有 $\boldsymbol{E}_k\cdot d\boldsymbol{l}=0$。因此

$$\int_{OA}\boldsymbol{E}_k\cdot d\boldsymbol{l}=\int_{BO}\boldsymbol{E}_k\cdot d\boldsymbol{l}=0$$

回路 OA、OB 两边上没有感生电动势,回路的感生电动势也就是金属棒 AB 内的感生电动势。因此棒上感应(即感生)电动势大小为

$$\mathscr{E}_i=\frac{1}{2}l\sqrt{R^2-\left(\frac{l}{2}\right)^2}\frac{dB}{dt}$$

【8-19】 截面积为长方形的环形均匀密绕螺绕环,其尺寸如图 8-12(a)所示,共有 N 匝(图中仅画出少量几匝),求该螺绕环的自感 L。

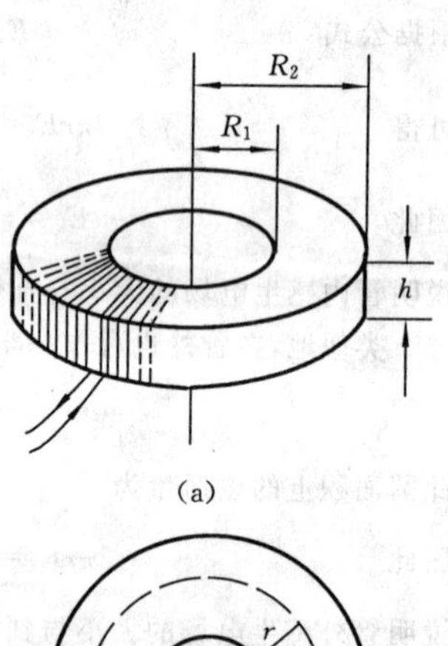

解 为求螺绕环的自感,可假设环内有电流 I,根据电流所激发的磁场的磁感强度分布公式,计算环截面上的磁通量,最后根据自感的定义就可计算自感的值。这也是其他求自感问题的一种解法。

图 8-12(b)是螺绕环的横截面图和纵截面图。如图所示,在环内作半径为 r 的圆。当线圈中电流为 I 时,圆上各点磁感强度为

$$B=\frac{\mu_0 NI}{2\pi r}$$

在螺绕环的纵截面上距轴线 r 处,取一宽为 dr、长为 h,与轴平行的窄条。窄条面积上磁通量为

$$d\Phi=BdS=\frac{\mu_0 NIh}{2\pi r}dr$$

整个截面上磁通量为

$$\Phi=\int_{R_1}^{R_2}\frac{\mu_0 NIh}{2\pi r}dr=\frac{\mu_0 NIh}{2\pi}\ln\frac{R_2}{R_1}$$

螺绕环的自感即为

$$L=\frac{N\Phi}{I}=\frac{\mu_0 N^2 h}{2\pi}\ln\frac{R_2}{R_1}$$

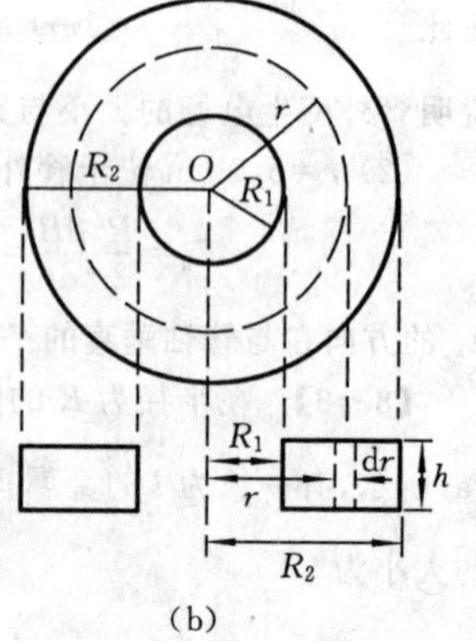

图 8-12

【8-20】 如图8-13所示，螺线管的管心是两个套在一起的同轴圆柱体，其截面积分别为 S_1 和 S_2，磁导率分别为 μ_1 和 μ_2，管长为 l，匝数为 N，求螺线管的自感。（设管的截面很小。）

解　设管的截面很小，则它可看成是无限长直螺线管。当管内有电流 I 时，两圆柱体内磁感强度分别为

$$B_1=\frac{\mu_1 NI}{l},\quad B_2=\frac{\mu_2 NI}{l}$$

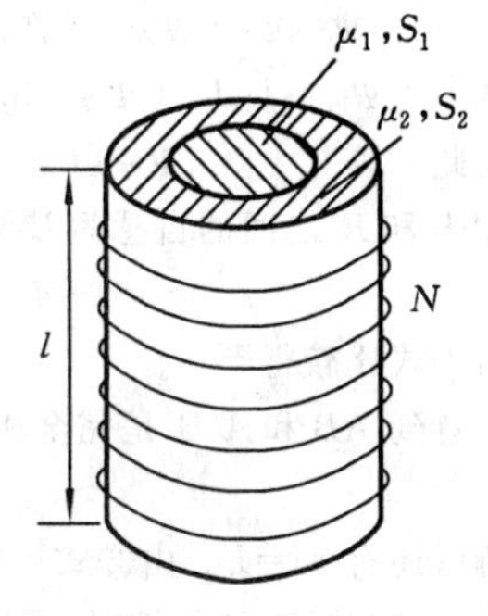

图 8-13

两圆柱体截面上的磁通量分别为

$$\Phi_1=B_1S_1=\frac{\mu_1 NIS_1}{l},\quad \Phi_2=B_2S_2=\frac{\mu_2 NIS_2}{l}$$

通过螺线管截面的磁通量为

$$\Phi=\Phi_1+\Phi_2=\frac{NI}{l}(\mu_1S_1+\mu_2S_2)$$

螺线管的自感为　$$L=\frac{N\Phi}{I}=\frac{N^2}{l}(\mu_1S_1+\mu_2S_2)$$

【8-21】 有两根半径均为 a 的平行长直导线，它们中心距离为 d。试求长为 l 的一对导线的自感。（导线内部的磁通量可略去不计。）

解　两平行长直导线在无限远处构成一回路。图8-14是两平行长直导线的纵剖面图。考虑两导线间长为 l 的矩形面积，在距左方导线为 r 处取一宽为 $\mathrm{d}r$ 的条形面积，当左方导线中电流为 I 时，在此面积上，磁感强度为

$$B_1=\frac{\mu_0 I}{2\pi r}$$

方向垂直于此面积，此面积的磁通量为

$$\mathrm{d}\Phi_1=B_1\mathrm{d}S=\frac{\mu_0 Il}{2\pi r}\mathrm{d}r$$

整个矩形面积的磁通量为

$$\Phi_1=\int_a^{d-a}\frac{\mu_0 Il}{2\pi r}\mathrm{d}r=\frac{\mu_0 Il}{2\pi}\ln\frac{d-a}{a}$$

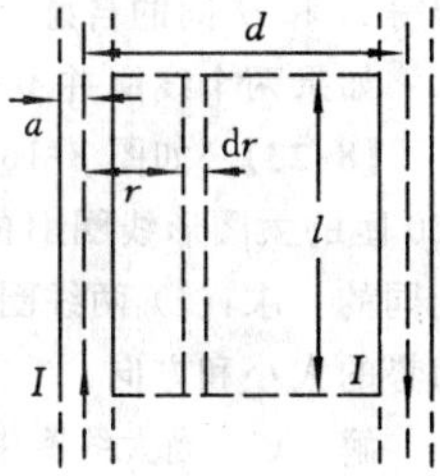

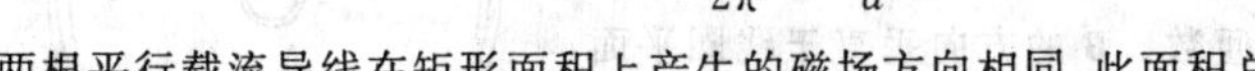
同理，右方导线中的电流在矩形面积上形成的磁通量为

图 8-14

$$\Phi_2=\Phi_1=\frac{\mu_0 Il}{2\pi}\ln\frac{d-a}{a}$$

两根平行载流导线在矩形面积上产生的磁场方向相同，此面积总磁通量为

$$\Phi=\Phi_1+\Phi_2=\frac{\mu_0 Il}{\pi}\ln\frac{d-a}{a}$$

这两根平行导线长为 l 的一段的自感为

$$L=\frac{\Phi}{I}=\frac{\mu_0 l}{\pi}\ln\frac{d-a}{a}$$

【8-22】 如图8-15所示，在一柱形纸筒上绕有两组相同线圈 AB 和 $A'B'$，每个线圈的自感均为 L，求：(1) A 和 A' 相接时，B 和 B' 间的自感 L_1；(2) A' 和 B 相接时，A 和 B' 间的自感 L_2。

解　(1) A 和 A' 相接时，两线圈中有相同电流 I，但是电流的绕向是相反的。以 Ψ_{11} 表示线圈 AB 中的电流在自身产生的磁链，Ψ_{12} 表示线圈 $A'B'$ 的电流在线圈 AB 中产生的磁链。因为两线圈中电流绕向是相反的，它们内部磁场方向也相反，所以对线圈 AB 来说，这两部分磁链是相互削弱的，线圈 AB 总的磁链

$$\Psi_A=\Psi_{11}-\Psi_{12}$$

同理，线圈 $A'B'$ 总的磁链

$$\Psi_{A'}=\Psi_{22}-\Psi_{21}$$

对 B 和 B' 来说，线圈 AB 和线圈 $A'B'$ 是同一线圈的两个部分，这个线圈的磁链

图 8-15

$$\Psi=\Psi_A+\Psi_{A'}=(\Psi_{11}-\Psi_{12})+(\Psi_{22}-\Psi_{21})$$

其中　$\Psi_{11}=L_AI$，　$\Psi_{12}=MI$，　$\Psi_{22}=L_{A'}I$，　$\Psi_{21}=MI$

因此　　　　$\Psi=(L_A+L_{A'}-2M)I$　　①

设 B 和 B' 之间的自感为 L_1，则

$$\Psi=L_1I$$

与①式比较得到　　　　$L_1=L_A+L_{A'}-2M$　　②

注意到 AB 和 $A'B'$ 是完全相同的线圈，又具有相同的电流，不但 $L_A=L_{A'}=L$，而且因为

$$\Psi_{11}=\Psi_{12},\quad \Psi_{21}=\Psi_{22}$$

所以还有 $M=L$。由②式可知　　　　$L_1=0$

(2) A' 和 B 相接时，两线圈中不但有相同的电流，而且电流的绕向也是相同的，两线圈中磁场方向是相同的。因此，对两线圈分别有

$$\Psi_A=\Psi_{11}+\Psi_{12},\quad \Psi_{A'}=\Psi_{22}+\Psi_{21}$$

把两线圈看成一个线圈时，这个线圈的磁链

$$\Psi=\Psi_A+\Psi_{A'}=(\Psi_{11}+\Psi_{12})+(\Psi_{22}+\Psi_{21})=(L_A+L_{A'}+2M)I$$

因此　　　　$L_2=L_A+L_{A'}+2M$　　③

考虑到　　　　$L_A=L_{A'}=M=L$

即得 A 和 B' 间的自感　　　　$L_2=4L$

如果两个线圈并不相同，关系式②和③也是成立的。

【8-23】 如图 8-16 所示，一面积为 4.0 cm² 共 50 匝的小圆形线圈 A，放在半径为 20 cm 共 100 匝的大圆形线圈 B 的正中央，此两线圈同心且同平面。设线圈 A 内各点的磁感强度可看作是相同的。求：(1) 两线圈的互感；(2) 当线圈 B 中电流的变化率为 $-50\ \mathrm{A\cdot s^{-1}}$ 时，线圈 A 中感应电动势的大小和方向。

解　(1) 当大线圈中有电流 I 时，小线圈平面上的磁感强度大小为

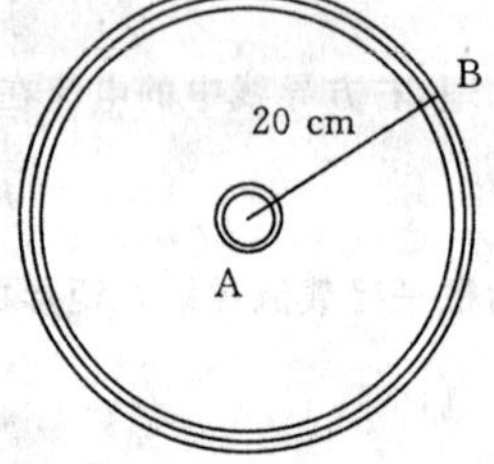

图 8-16

$$B=\frac{\mu_0N_1I}{2R}$$

式中，R 是大线圈半径，N_1 是它的匝数。$\boldsymbol{B}$ 的方向垂直于线圈平面，因此小线圈面积 S 上的磁通量为

$$\Phi=BS=\frac{\mu_0N_1IS}{2R}$$

以 N_2 表示小线圈的匝数，则小线圈的磁链为

$$\Psi=N_2\Phi=\frac{\mu_0N_1N_2IS}{2R}$$

两线圈的互感为　　$M=\dfrac{\Psi}{I}=\dfrac{\mu_0N_1N_2S}{2R}=6.28\times10^{-6}\ \mathrm{H}$

(2) 线圈 A 中的互感电动势

$$\mathscr{E}_i=-M\frac{\mathrm{d}I}{\mathrm{d}t}=3.14\times10^{-4}\ \mathrm{V}$$

【8-24】 如图 8-17 所示，两同轴单匝圆线圈 A、C 的半径分别为 R 和 r，两线圈相距为 d。若 r 很小，可认为线圈 A 在线圈 C 处所产生的磁场是均匀的。求两线圈的互感。若线圈 C 的匝数为 N 匝，则互感又为多少？

解　线圈C与线圈 A 同轴，线圈 A 中有电流 I 时，由于 r 很小，在线圈 C 的面积上的磁感强度

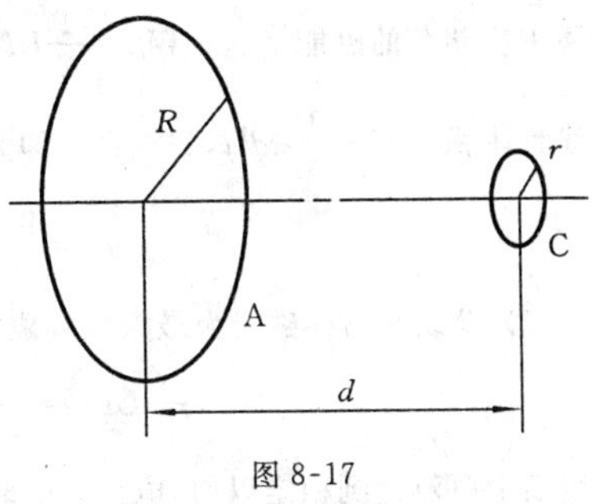

图 8-17

大小近似相等，其值为

$$B=\frac{\mu_0 R^2 I}{2(R^2+d^2)^{3/2}}$$

B 的方向与线圈 C 的面积垂直，通过线圈 C 的磁通量为

$$\Phi=BS=\frac{\pi\mu_0 R^2 r^2 I}{2(R^2+d^2)^{3/2}}$$

由此可得两线圈互感为

$$M=\frac{\Phi}{I}=\frac{\pi\mu_0 R^2 r^2}{2(R^2+d^2)^{3/2}}$$

若线圈 C 的匝数为 N 匝，则它的磁链

$$\Psi=N\Phi$$

两线圈的互感为

$$M'=\frac{\Psi}{L}=N\frac{\Phi}{I}=NM$$

【8-25】 如图 8-18 所示，螺绕环 A 中充满了铁磁质，管的截面积 S 为 2.0 cm²，沿环每厘米绕有 100 匝线圈，通有电流 $I_1=4.0\times10^{-2}$ A。在环上再绕一线圈 C，共 10 匝，其电阻为 0.10 Ω，今将电键 S 突然开启，测得线圈 C 中的感应电荷为 2.0×10^{-3} C。求：当螺绕环中通有电流 I_1 时，铁磁质中的 B 和铁磁质的相对磁导率 μ_r。

解　设螺绕环单位长度上的线圈匝数为 $n(n=1.0\times10^4\ \mathrm{m^{-1}})$，当线圈内电流为 I 时，螺绕环内（也就是线圈 C 中）的磁感强度为

$$B=\mu_0\mu_r nI \quad ①$$

线圈 C 的磁链

$$\Psi=N\Phi=NBS=\mu_0\mu_r NnSI$$

电键 S 开启后，线圈 C 的感应电动势为

$$\mathscr{E}_i=-\frac{d\Psi}{dt}=-\mu_0\mu_r NnS\frac{dI}{dt}$$

感应电流为　$$I_i=\frac{\mathscr{E}_i}{R}=\frac{-\mu_0\mu_r NnS}{R}\frac{dI}{dt}$$

感应电荷为

$$q=\int_0^\infty I_i dt=\int_{I_1}^0\frac{-\mu_0\mu_r NnS}{R}dI=\frac{\mu_0\mu_r NnSI_1}{R}$$

由此可得　$$\mu_r=\frac{qR}{\mu_0 NnSI_1} \quad ②$$

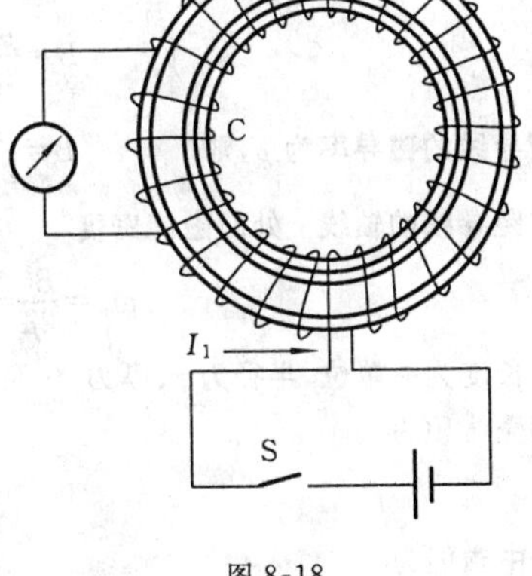

图 8-18

将 $q=2.0\times10^{-3}$ C，$R=0.10$ Ω，$N=10$ 及 n、S、I_1 的值代入②式，可得 $\mu_r=198$。

令①式中的 $I=I_1$，则在电键 S 开启前铁磁质中的磁感强度为

$$B=\mu_0\mu_r nI_1=0.10\ \mathrm{T}$$

【8-26】 一个直径为 0.01 m，长为 0.10 m 的长直密绕螺线管，共 1000 匝线圈，总电阻为 7.76 Ω。求：(1) 如把线圈接到电动势 $\mathscr{E}=2.0$ V 的电池上，电流稳定后，线圈中所储存的磁能有多少？磁能密度是多少？(2) 从接通电路时算起，要使线圈储存磁能为最大储存磁能的一半，需经过多少时间？

解　(1) 长直密绕螺线管的自感为

$$L=\mu_0\frac{N^2}{l}S=\frac{\pi\mu_0 N^2 d^2}{4l}$$

式中，d 为螺线管直径。管中电流强度为

$$I_0=\frac{\mathscr{E}}{R}$$

线圈中所储存的磁能 $$W_m=\frac{1}{2}LI_0^2=\frac{\pi\mu_0 N^2 d^2\mathscr{E}^2}{8lR^2}=3.27\times10^{-5}\ \text{J}$$

螺线管体积为 $V=\frac{1}{4}\pi d^2 l$，磁能密度即为

$$w_m=\frac{W_m}{V}=\frac{\mu_0 N^2\mathscr{E}^2}{2l^2R^2}=4.17\ \text{J}\cdot\text{m}^{-3}$$

(2) 设线圈储存磁能为最大储存磁能的一半时，线圈中电流为 I'，则

$$\frac{1}{2}LI'^2=\frac{1}{2}\left(\frac{1}{2}LI_0^2\right),\quad I'=\frac{1}{\sqrt{2}}I_0=\frac{1}{\sqrt{2}}\frac{\mathscr{E}}{R}$$

在线圈中电流达到稳定以前，电流是随时间变化的，其变化规律为

$$I=\frac{\mathscr{E}}{R}(1-\mathrm{e}^{-\frac{R}{L}t})$$

$I=I'$ 时有 $$1-\mathrm{e}^{-\frac{R}{L}t}=\frac{1}{\sqrt{2}}$$

由此解得 $$t=\frac{L}{R}\ln\frac{\sqrt{2}}{\sqrt{2}-1}=\frac{\pi\mu_0 N^2 d^2}{4lR}\ln\frac{\sqrt{2}}{\sqrt{2}-1}=1.56\times10^{-4}\ \text{s}$$

【8-27】 一无限长直导线，截面各处的电流密度相等，总电流为 I。试证：每单位长度导线内所储存的磁能为 $\mu I^2/(16\pi)$。

解 在电流均匀分布的无限长直导线(半径为 R)内部，磁感强度的分布为

$$B=\frac{\mu_0 Ir}{2\pi R^2}$$

若导线的磁导率为 μ，则 $$B=\frac{\mu Ir}{2\pi R^2}$$

在距导线的轴线 r 处的磁能密度

$$w_m=\frac{B^2}{2\mu}=\frac{\mu I^2 r^2}{8\pi^2 R^4}$$

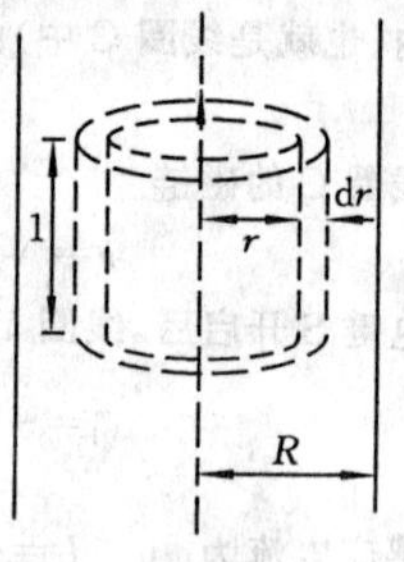

图 8-19

作长度为一单位、半径为 r、厚为 $\mathrm{d}r$ 且与导线共轴的薄壳圆柱(图8-19)，薄壳体积为

$$\mathrm{d}V=2\pi r\mathrm{d}r$$

其中磁能为 $$\mathrm{d}W_m=w_m\mathrm{d}V=\frac{\mu I^2 r^3\mathrm{d}r}{4\pi R^4}$$

单位长度导线内所储存的磁能 $$W_m=\int_0^R\frac{\mu I^2 r^3}{4\pi R^4}\mathrm{d}r=\frac{\mu I^2}{16\pi}$$

【8-28】 未来可能会利用超导线圈中持续大电流建立的磁场来储存能量。要储存 1 kW·h 的能量，利用 1.0 T 的磁场，需要多大体积的磁场？若利用线圈中 500 A 的电流储存上述能量，则该线圈的自感系数应该多大？

解 已知 $W_m=1\ \text{kW}\cdot\text{h}=3.6\times10^6\ \text{J}$，$B=1.0\ \text{T}$。设所需储能体积为 V，则

$$W_m=\frac{1}{2\mu_0}B^2V$$

因此 $$V=\frac{2\mu_0 W_m}{B^2}=9.0\ \text{m}^3$$

设线圈自感系数为 L，则有 $$W_m=\frac{1}{2}LI^2$$

因此 $$L=\frac{2W_m}{I^2}=29\ \text{H}$$

【8-29】 中子星表面的磁场估计为10^8 T,该处的磁能密度有多大?

解 该处磁能密度为

$$w_m=\frac{1}{2\mu_0}B^2=3.98\times10^{21}\ \text{J}\cdot\text{m}^{-3}$$

【8-30】 在真空中,若一均匀电场中的电场能量密度与一0.50 T的均匀磁场中的磁场能量密度相等,该电场的电场强度为多少?

解 在真空中,电场的能量密度 w_e 和磁场的能量密度 w_m 的表示式分别为

$$w_e=\frac{1}{2}\varepsilon_0E^2,\quad w_m=\frac{B^2}{2\mu_0}$$

若 $w_e=w_m$,则可得

$$E=\frac{B}{\sqrt{\varepsilon_0\mu_0}}=1.50\times10^8\ \text{V}\cdot\text{m}^{-1}$$

【8-31】 设有半径 $R=0.20$ m 的平行板电容器。两板之间为真空,板间距离 $d=0.50$ cm,以恒定电流 $I=2.0$ A 对电容器充电。求位移电流密度。(忽略平板电容器边缘效应,设电场是均匀的。)

解 设充电过程中某一时刻,电容器上电荷为 q,电压为 U,电容器内电场强度为 E,则

$$q=CU=\frac{\varepsilon_0S}{d}\cdot Ed=S\varepsilon_0E=SD$$

充电时,电荷 q 不断增加,且 $I=\frac{dq}{dt}=S\frac{dD}{dt}$,因此位移电流密度

$$j_d=\frac{dD}{dt}=\frac{I}{S}=\frac{I}{\pi R^2}=15.9\ \text{A}\cdot\text{m}^{-2}$$

第9章　振　　动

内容提要

1. 简谐运动

简谐运动：质点加速度 a 与位移 x 的大小成正比，而方向相反的运动。

$$a=-\omega^2 x$$

位移表达式：　$x=A\cos(\omega t+\varphi)$

速度表达式：　$v=-\omega A\sin(\omega t+\varphi)$

加速度表达式：　$a=-\omega^2 A\cos(\omega t+\varphi)$

2. 简谐运动的振幅、角频率及初相

振幅 A 取决于质点运动的初始条件：

$$A=\sqrt{x_0^2+v_0^2/\omega^2}$$

角频率 ω 取决于振动系统的性质：　$\omega=\sqrt{k/m}$

初相 φ 取决于运动的初始条件：　$\tan\varphi=-\dfrac{v_0}{\omega x_0}$

3. 旋转矢量

以 x 轴的原点 O 为起点作矢量 $\mathbf{A}$，其长度等于振幅 A，令它在它与 x 轴构成的平面上绕 O 点沿逆时针方向作匀角速转动，角速度的大小等于角频率 ω，且 $t=0$ 时，它与 x 轴的夹角等于初相 φ。这个矢量就是旋转矢量，它的端点在 x 轴上的投影点的运动就是简谐振动。

确定初相 φ 的三种方法如下。

(1) 已知 A、$x_0\left(\text{或}\dfrac{x_0}{A}\right)$和 $\boldsymbol{v}_0$ 的方向，由方程 $x_0=A\cos\varphi$ 算出 φ 的两个可能值；由方程 $v_0=-\omega A\sin\varphi$ 及 $\boldsymbol{v}_0$ 的方向(即 $v_0>0$ 或 $v_0<0$)最后确定 φ 的值。

(2) 已知 A、$x_0\left(\text{或}\dfrac{x_0}{A}\right)$和 $\boldsymbol{v}_0$ 的方向，画旋转矢量在 $t=0$ 时的位置，确定 φ 的值。若 $v_0<0$，则 $0\leqslant\varphi\leqslant\pi$；若 $v_0>0$，则 $\pi\leqslant\varphi\leqslant 2\pi$(或 $-\pi\leqslant\varphi\leqslant 0$)。

(3) 已知 x_0、v_0 和 ω，由公式 $\tan\varphi=-\dfrac{v_0}{\omega x_0}$ 计算出 φ 的两个可能值，由 x_0 或 v_0 的正负号最后确定 φ 的值。

4. 简谐运动的能量

简谐运动的动能　$E_k=\dfrac{1}{2}mA^2\omega^2\sin^2(\omega t+\varphi)$

简谐运动的势能　$E_p=\dfrac{1}{2}kA^2\cos^2(\omega t+\varphi)$

总能量　$E=E_k+E_p=\dfrac{1}{2}m\omega^2A^2=\dfrac{1}{2}kA^2$

5. 简谐运动的合成

两个同方向同频率简谐运动的合成：合成运动是原方向原频率的简谐运动，其振幅和初相分别为

$$A=\sqrt{A_1^2+A_2^2+2A_1A_2\cos(\varphi_2-\varphi_1)},\quad \tan\varphi=\frac{A_1\sin\varphi_1+A_2\sin\varphi_2}{A_1\cos\varphi_1+A_2\cos\varphi_2}$$

当$(\varphi_2-\varphi_1)=2k\pi(k=0,\pm1,\pm2,\cdots)$时，$A=A_1+A_2$；

当$(\varphi_2-\varphi_1)=(2k+1)\pi(k=0,\pm1,\pm2,\cdots)$时，$A=|A_1-A_2|$。

两个同方向不同频率简谐运动的合成：两振动的频率差与它们的频率相比很小时，合成后产生“拍”的现象，拍频为 $\nu=|\nu_2-\nu_1|$。

6. 无阻尼电磁振荡的振荡方程

$$q=Q_0\cos(\omega t+\varphi),\quad i=-I_0\sin(\omega t+\varphi)$$

7. 无阻尼电磁振荡的能量

$$E_e=\frac{Q_0^2}{2C}\cos^2(\omega t+\varphi),\quad E_m=\frac{1}{2}LI_0^2\sin^2(\omega t+\varphi)=\frac{Q_0^2}{2C}\sin^2(\omega t+\varphi)$$

$$E=E_e+E_m=\frac{1}{2}LI_0^2=\frac{Q_0^2}{2C}$$

习题解答

【9-1】 一个质点作简谐运动，振幅为 A，在起始时刻质点的位移为 $-\frac{A}{2}$，且向 x 轴正方向运动，代表此简谐运动的旋转矢量为(　)。

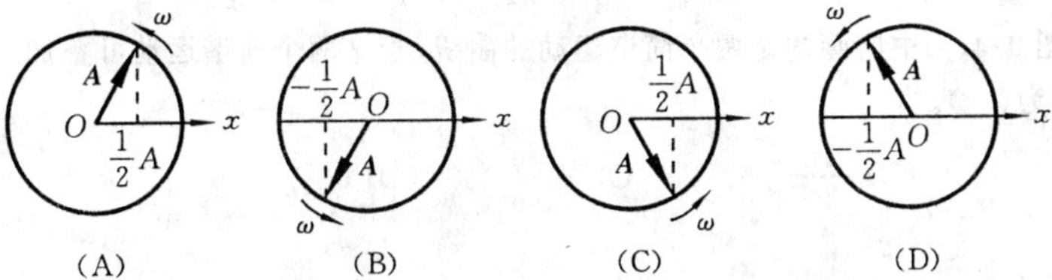

图 9-1

解　由 $x_0=-\frac{A}{2}$ 可以判断正确答案在(B)、(D)之中；质点向 x 轴正方向运动，在旋转矢量图中，就是矢量端点在 x 轴上的投影点向 x 轴正方向运动，因此答案(B)是正确的。

【9-2】 已知某简谐运动的振动曲线如图 9-2(a)所示，则此简谐运动的运动方程(x 的单位为 cm，t 的单位为 s)为(　)。

(A) $x=2\cos\left(\frac{2}{3}\pi t-\frac{2}{3}\pi\right)$

(B) $x=2\cos\left(\frac{2}{3}\pi t+\frac{2}{3}\pi\right)$

(C) $x=2\cos\left(\frac{4}{3}\pi t-\frac{2}{3}\pi\right)$

(D) $x=2\cos\left(\frac{4}{3}\pi t+\frac{2}{3}\pi\right)$

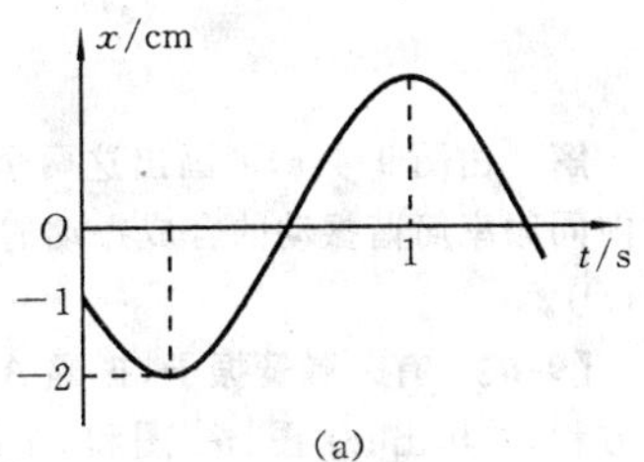

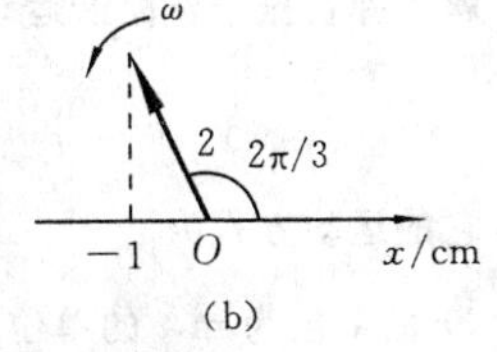

图 9-2

解　由图 9-2(a)可知，简谐运动的振幅 $A=2$ cm，初始位置为 $x_0=-1$ cm，初速 $v_0<0$。由 x_0 及 v_0 可以画出代表此简谐运动的旋转矢量图(图 9-2(b))，由图可以确定初相 $\varphi=2\pi/3$，于是简谐运动方程为 $x=2\cos\left(\omega t+\frac{2}{3}\pi\right)$。由图还可看出，$t=1$ s 时，相位为 2π，即 $\omega+\frac{2}{3}\pi=2\pi$，由此解得 $\omega=\frac{4}{3}\pi s^{-1}$，

再代入简谐运动方程，即可确定其形式为 $x=2\cos\left(\frac{4}{3}\pi t+\frac{2}{3}\pi\right)$，这就是答案(D)。

【9-3】 两个同周期简谐运动曲线如图 9-3 所示，x_1 的相位比 x_2 的相位( )。

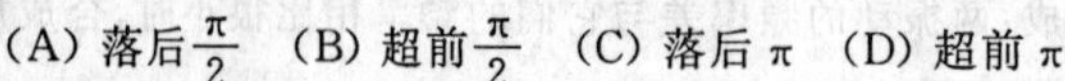

(A) 落后$\frac{\pi}{2}$ (B) 超前$\frac{\pi}{2}$ (C) 落后 π (D) 超前 π

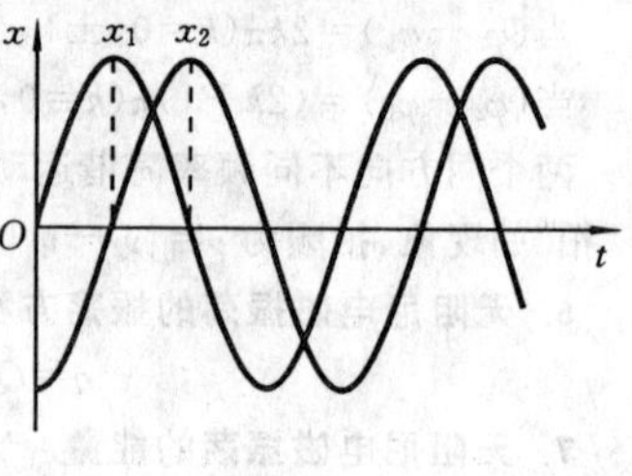

图 9-3

解 由图 9-3 可知，x_1 的振动比 x_2 的振动早 1/4 周期，相应地，它的相位比 x_2 超前 $\pi/2$。本题答案应选(B)。

【9-4】 当质点以频率 ν 作简谐运动时，它的动能的变化频率为( )。

(A) $\frac{\nu}{2}$ (B) ν (C) 2ν (D) 4ν

解 质点作简谐运动时，其位移与时间的关系是 $x=A\cos(\omega t+\varphi)$，其动能与时间的关系是 $E_k=\frac{1}{2}m\omega^2A^2\sin^2(\omega t+\varphi)$。因为

$$\cos[\omega(t+T)+\varphi]=\cos(\omega t+2\pi+\varphi)=\cos(\omega t+\varphi)$$

$$\sin^2\left[\omega\left(t+\frac{T}{2}\right)+\varphi\right]=\sin^2(\omega t+\pi+\varphi)=\sin^2(\omega t+\varphi)$$

所以动能的变化周期 $T'=\frac{T}{2}$，它的变化频率 $\nu'=\frac{1}{T'}=2\frac{1}{T}=2\nu$。本题答案应选(C)。

【9-5】 图 9-4(a)中所画的是两个简谐运动的曲线，若这两个简谐运动可叠加，则合成的余弦振动的初相位为( )。

(A) $\frac{3}{2}\pi$ (B) $\frac{1}{2}\pi$ (C) π (D) 0

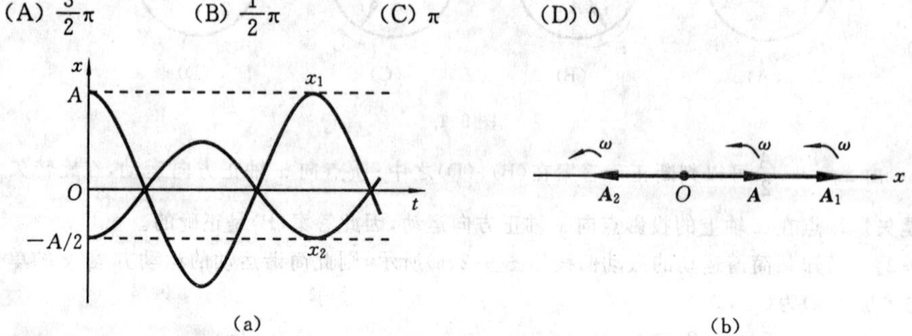

图 9-4

解 由图 9-4(a)可画出这两个简谐振动的旋转矢量图(图 9-4(b))。图中 $\boldsymbol{A}=\boldsymbol{A}_1+\boldsymbol{A}_2$，是两同方向同频率简谐振动的合成振动的旋转矢量。由图可知，合成振动的初相位 $\varphi=0$。本题正确答案为(D)。

【9-6】 有一弹簧振子，振幅 $A=2.0\times10^{-2}$ m，周期 $T=1.0$ s，初相 $\varphi=3\pi/4$。试写出它的运动方程，并作出 x-t 图、v-t 图和 a-t 图。

解 弹簧振子作简谐运动，将 A、T、φ 的值代入一般的简谐运动方程

$$x=A\cos\left(\frac{2\pi}{T}t+\varphi\right)$$

即得它的运动方程为

$$x=2.0\times10^{-2}\cos\left(2\pi t+\frac{3}{4}\pi\right) \quad ①$$

式中，x 的单位为 m，t 的单位为 s。它的速度方程为

$$v=-\frac{2\pi}{T}A\sin\left(\frac{2\pi}{T}t+\varphi\right)=-4\pi\times10^{-2}\sin\left(2\pi t+\frac{3}{4}\pi\right) \quad ②$$

它的加速度方程为

$$a=-\left(\frac{2\pi}{T}\right)^2 A\cos\left(\frac{2\pi}{T}t+\varphi\right)$$

$$=-8\pi^2\times10^{-2}\cos\left(2\pi t+\frac{3}{4}\pi\right) \quad ③$$

由方程①～③可作出 x-t 图、v-t 图和 a-t 图，如图 9-5 所示。

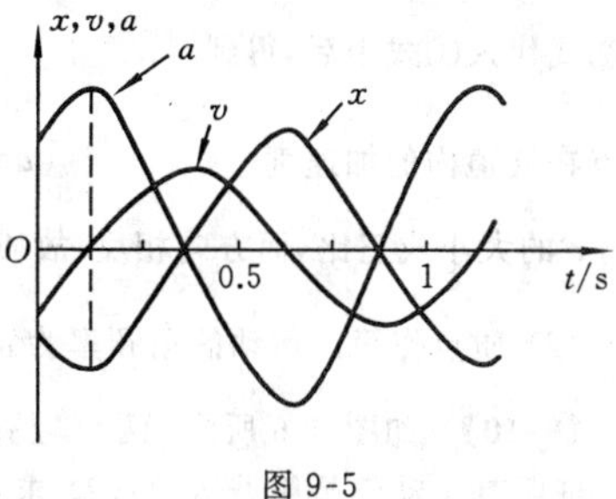

图 9-5

【9-7】 若简谐运动方程为 $x=0.10\cos\left(20\pi t+\frac{\pi}{4}\right)$，式中，$x$ 的单位为 m，t 的单位为 s。求：(1) 振幅、频率、角频率、周期和初相；(2) $t=2$ s 时的位移、速度和加速度。

解 (1) 将题中方程与简谐运动方程的一般形式

$$x=A\cos(\omega t+\varphi)$$

比较，可知振幅 $A=0.10$ m，角频率 $\omega=20\pi\ \mathrm{s^{-1}}$，初相 $\varphi=\pi/4$。根据频率、周期和角频率的关系可得

$$\nu=\frac{\omega}{2\pi}=10\ \mathrm{Hz},\quad T=\frac{2\pi}{\omega}=0.10\ \mathrm{s}$$

(2) 该简谐运动的速度方程和加速度方程分别为

$$v=-A\omega\sin(\omega t+\varphi)=-2.0\pi\sin\left(20\pi t+\frac{\pi}{4}\right) \quad ①$$

$$a=-A\omega^2\cos(\omega t+\varphi)=-40\pi^2\cos\left(20\pi t+\frac{\pi}{4}\right) \quad ②$$

将 $t=2$ s 分别代入运动方程和方程①、②，得到

$$x=7.07\times10^{-2}\ \mathrm{m},\quad v=-4.44\ \mathrm{m\cdot s^{-1}},\quad a=-279\ \mathrm{m\cdot s^{-2}}$$

【9-8】 一远洋货轮，质量为 m，浮在水面时其水平截面积为 S。设在水面附近货轮的水平截面积近似相等，设水的密度为 ρ，且不计水的粘滞阻力，证明货轮在水中作振幅较小的竖直自由运动是简谐运动，并求振动周期。

解 货轮静止时，水对它的浮力和它的重力平衡，以 F_1 表示这时的浮力，则 $F_1=mg$。取竖直向下方向为正方向，当货轮由平衡位置向下位移 x 时，浮力增加了 ρSxg，货轮受到的合力为

$$F=mg-(F_1+\rho Sxg)=-\rho Sgx$$

货轮的加速度为

$$a=\frac{F}{m}=-\frac{\rho Sg}{m}x$$

令 $\omega^2=\frac{\rho Sg}{m}$，则 $a=-\omega^2x$，可见货轮的加速度与位移大小成正比，而方向相反，证明它的运动是简谐运动，其振动周期为

$$T=\frac{2\pi}{\omega}=2\pi\sqrt{\frac{m}{\rho Sg}}$$

【9-9】 设地球是一个半径为 R 的均匀球体，密度 $\rho=5.5\times10^3\ \mathrm{kg\cdot m^{-3}}$。现假定沿直径凿通一条隧道。若有一质量为 m 的质点在此隧道内作无摩擦运动。(1) 证明此质点的运动是简谐运动；(2) 计算其周期。

解 (1) 把地球看成是一个匀质球体，质点在球体内距球心为 r 处受到的引力为

$$\boldsymbol{F}=-G\frac{mm'}{R^3}\boldsymbol{r} \quad ①$$

负号表示引力的方向与质点对球心的位移 $\boldsymbol{r}$ 的方向相反，m' 是地球的质量，它可以表示为

$$m'=\frac{4}{3}\pi R^3\rho \quad ②$$

将②式代入①式中后,得到　$\boldsymbol{F}=-\dfrac{4\pi G\rho\, m}{3}\boldsymbol{r}$

质点在隧道内的加速度　$\boldsymbol{a}=\dfrac{\boldsymbol{F}}{m}=-\dfrac{4\pi G\rho}{3}\boldsymbol{r}=-\omega^2\boldsymbol{r}$

$\boldsymbol{a}$ 与 $\boldsymbol{r}$ 的大小成正比,而方向相反,故质点的运动是简谐运动。

(2) 质点作简谐运动的角频率为 $\omega=\sqrt{\dfrac{4\pi G\rho}{3}}$,振动周期为 $T=\dfrac{2\pi}{\omega}=\sqrt{\dfrac{3\pi}{G\rho}}=5.07\times10^3\ \mathrm{s}$。

【9-10】 如图 9-6 所示,两个轻弹簧的劲度系数分别为 k_1 和 k_2,物体在光滑斜面上振动。(1) 证明其运动仍是简谐运动;(2) 求系统的振动频率。

解 (1) 当物体在平衡位置时,重力沿斜面的分力与第二个弹簧的弹性力平衡。设此弹簧的伸长量为 l_2,则有 $mg\sin\theta=k_2l_2$。取沿斜面向下的方向为正方向,当物体位移为 x 时,设第二个弹簧的伸长量又增加了 x_2,这时物体所受合力

$$F=mg\sin\theta-k_2(l_2+x_2)=-k_2x_2 \qquad ①$$

两个弹簧都是轻弹簧,它们的弹性力是相等的。设物体在平衡位置时,第一个弹簧的伸长量为 l_1;物体位移为 x 时,它的伸长量增加了 x_1,则有

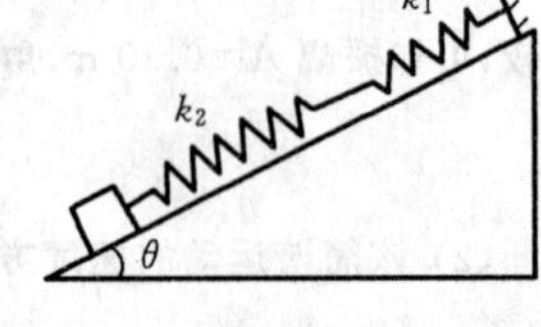

图 9-6

$$k_1l_1=k_2l_2,\quad k_1(l_1+x_1)=k_2(l_2+x_2)$$

由以上二式可得　$k_1x_1=k_2x_2$　②

由①式和②式可得　$x_2=-\dfrac{F}{k_2},\quad x_1=-\dfrac{F}{k_1}$

显然,$x=x_1+x_2$,因此

$$x=-\left(\frac{1}{k_1}+\frac{1}{k_2}\right)F,\quad F=-\left(\frac{k_1k}{k_1+k_2}\right)x,\quad a=\frac{F}{m}=-\frac{k_1k_2}{m(k_1+k_2)}x$$

令　$\omega^2=\dfrac{k_1k_2}{m(k_1+k_2)}$

则　$a=-\omega^2x$

物体的加速度与位移成正比而方向相反,可见物体的运动是简谐运动。

(2) 系统振动频率为　$\nu=\dfrac{\omega}{2\pi}=\dfrac{1}{2\pi}\sqrt{\dfrac{k_1k_2}{m(k_1+k_2)}}$

【9-11】 在如图 9-7(a)所示的装置中,一劲度系数为 k 的轻弹簧,一端固定在墙上,另一端连接一质量为 m_1 的物体 A,置于光滑水平桌面上。现通过一质量为 m、半径为 R 的定滑轮 B(可视为匀质圆盘)用细绳连接另一质量为 m_2 的物体 C。设细绳不可伸长,且与滑轮间无相对滑动,求系统的振动角频率。

解 当物体 A 静止时,物体 C 也是静止的,这时细绳各部分的张力相同。设这时的弹簧伸长量为 x_1,绳中张力为 T_0,则对物体 C 有

$$T_0=P=m_2g$$

对物体 A 有　$kx_1=T_0$

因此　$kx_1=m_2g$　①

设 A 静止时的位置为坐标原点,水平向右的方向为 x 轴方向。当物体 A 位移为 x 时,设弹簧作用力为 f,则 $f=k(x+x_1)$,A、B 之间绳中张力为 T_1,B、C 之间绳中张力为 T_2。应用牛顿第二定律,可分别对物体 A、C 列出以下两个方程(图 9-7(b)):

A:　$T_1-f=T_1-k(x+x_1)=m_1a$　②

C:　$m_2g-T_2=m_2a$　③

应用转动定律,可对滑轮 B 列出方程:

B: $(T_2-T_1)R=J\alpha$

式中，$J=\dfrac{1}{2}mR^2$，是B的转动惯量，α是B的角加速度，它和A的加速度a的关系是$a=R\alpha$。因此，对B的方程可变化为

$$T_2-T_1=\frac{1}{2}ma \qquad ④$$

由方程①～④可解得

$$a=-\frac{k}{m_1+m_2+m/2}x=-\omega^2 x$$

系统的振动角频率

$$\omega=\sqrt{\frac{k}{m_1+m_2+m/2}}$$

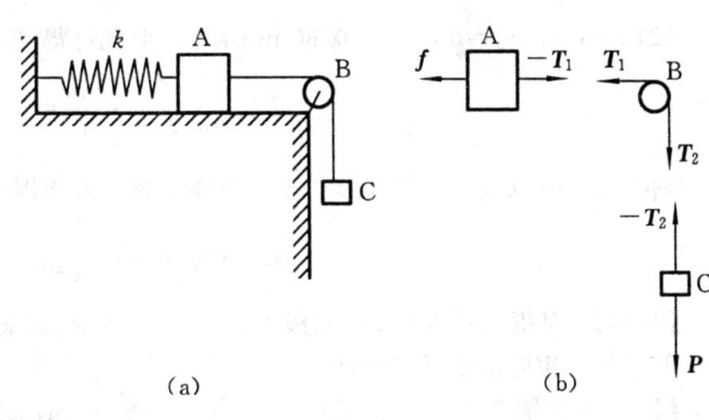

图 9-7

【9-12】 一放置在水平桌面上的弹簧振子，振幅$A=2.0\times10^{-2}$ m，周期$T=0.50$ s。当$t=0$时，(1) 物体在正方向端点；(2) 物体在平衡位置，向负方向运动；(3) 物体在$x=1.0\times10^{-2}$ m处，向负方向运动；(4) 物体在$x=-1.0\times10^{-2}$ m处，向正方向运动。求以上各种情况的运动方程。

解 由简谐运动方程$x=A\cos\left(\dfrac{2\pi}{T}t+\varphi\right)$可知，要确定一个简谐运动方程，需要确定$A$、$T$和$\varphi$三个参量的值，题中已给出$A$和$T$的值，并给出物体的初始运动情况。下面就要根据初始运动情况确定φ的值。为此，应用旋转矢量图比较简单。题中所列四种情况的旋转矢量图如图9-8所示。根据图中所确定的初相，即可写出四种情况的运动方程如下(式中，x以m为单位，t以s为单位)：

(1) $x=2.0\times10^{-2}\cos4\pi t$　　(2) $x=2.0\times10^{-2}\cos\left(4\pi t+\dfrac{\pi}{2}\right)$

(3) $x=2.0\times10^{-2}\cos\left(4\pi t+\dfrac{\pi}{3}\right)$　　(4) $x=2.0\times10^{-2}\cos\left(4\pi t+\dfrac{4}{3}\pi\right)$

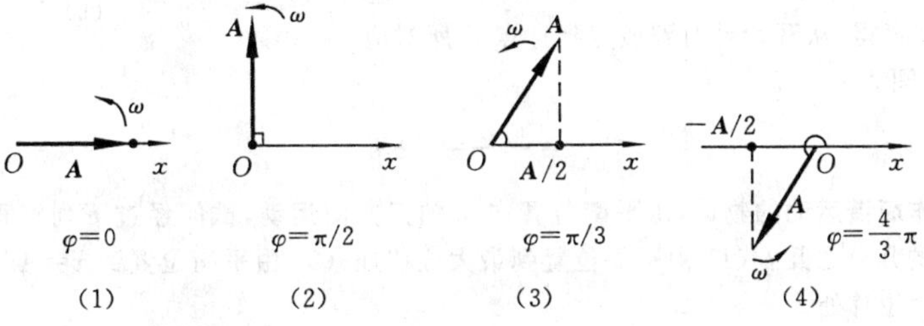

图 9-8

【9-13】 有一弹簧，当其下端挂一质量为m的物体时，伸长量为9.8×10^{-2} m。若使物体上下振动，且规定向下为正方向。(1) $t=0$时，物体在平衡位置上方8.0×10^{-2} m处，由静止开始向下运动，求运动方程；(2) $t=0$时，物体在平衡位置并以0.60 m·s^{-1}的速度向上运动，求运动方程。

解 物体在平衡位置时，设弹簧伸长l，则$mg=kl$，由此可确定物体振动时的角频率为

$$\omega=\sqrt{\frac{k}{m}}=\sqrt{\frac{g}{l}}=10\ \text{s}^{-1}$$

(1) $t=0$时，$x_0=-8.0\times10^{-2}$ m，$v_0=0$。由此可算出振幅为

$$A=\sqrt{x_0^2+\left(\frac{v_0}{\omega}\right)^2}=-x_0=8.0\times10^{-2}\ \text{m}$$

由简谐运动方程$x=A\cos(\omega t+\varphi)$，可得$t=0$时，$x_0=A\cos\varphi$。因为$x_0=-A$，所以$\cos\varphi=-1$，$\varphi=$

π。于是可写出物体的运动方程为

$$x=8.0\times10^{-2}\cos(10t+\pi)$$

(2) $t=0$ 时，$x_0=0$，$v_0=-0.60\ \mathrm{m\cdot s^{-1}}$。由此可得

$$A=\sqrt{x_0^2+\left(\frac{v_0}{\omega}\right)^2}=\frac{-v_0}{\omega}=6.0\times10^{-2}\ \mathrm{m}$$

由 $\cos\varphi=\frac{x_0}{A}=0$ 及 $v_0<0$ 可知 $\varphi=\frac{\pi}{2}$。物体的运动方程即为

$$x=6.0\times10^{-2}\cos\left(10t+\frac{\pi}{2}\right)$$

【9-14】 某振动质点的 x-t 曲线如图 9-9(a)所示，试求：(1) 运动方程；(2) 点 P 对应的相位；(3) 到达点 P 相应位置所需时间。

解 (1) 由图 9-9(a)可知 $A=0.10\ \mathrm{m}$，$x_0=0.05\ \mathrm{m}$，$v_0>0$；$t=4.0\ \mathrm{s}$时，$x=0$，$v<0$。根据这些数据可以画出 $t=0$ 和 $t=4.0\ \mathrm{s}$时的旋转矢量图(图 9-9(b))并确定初相和 $t=4.0\ \mathrm{s}$时的相位。初相为 $\varphi=-\pi/3$，$t=4.0\ \mathrm{s}$时的相位为 $\pi/2$。任意时刻 t，质点运动相位为 $\omega t+\varphi$。将 $t=4.0\ \mathrm{s}$ 和 $\varphi=-\pi/3$ 代入 $\omega t+\varphi$，应有

$$\omega(4.0)-\frac{\pi}{3}=\frac{\pi}{2}$$

由此解得

$$\omega=\frac{5}{24}\pi\ \mathrm{s^{-1}}$$

将 A、ω 和 φ 的值代入 $x=A\cos(\omega t+\varphi)$ 中，即得所求运动方程为

$$x=0.10\cos\left(\frac{5}{24}\pi t-\frac{\pi}{3}\right)$$

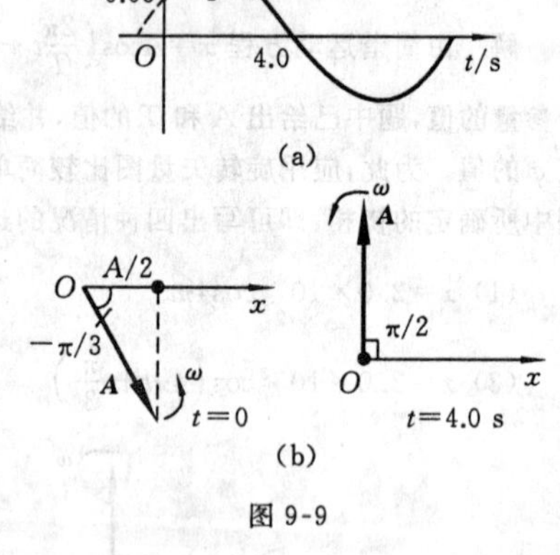

图 9-9

(2) 在点 P，质点位移 $x=A$，即

$$A\cos(\omega t+\varphi)_P=A$$

因此，点 P 对应的相位为

$$(\omega t+\varphi)_P=0 \qquad ①$$

(3) 由①式可得，从开始计时到质点到达点 P 所对应的位置，所需时间为

$$t=-\frac{\varphi}{\omega}=1.6\ \mathrm{s}$$

【9-15】 作简谐运动的物体，由平衡位置向 x 轴正方向运动，试问经过下列路程所需的最短时间各为周期的几分之几？(1) 由平衡位置到最大位移处；(2) 由平衡位置到 $x=A/2$ 处；(3) 由 $x=A/2$ 处到最大位移处。

解 取物体在平衡位置时 $t=0$，这时 $x_0=0$，$v_0>0$。根据简谐运动的运动方程 $x=A\cos\left(\frac{2\pi}{T}t+\varphi\right)$及速度方程 $v=-A\frac{2\pi}{T}\sin\left(\frac{2\pi}{T}t+\varphi\right)$，可得 $t=0$ 时，

$$x_0=A\cos\varphi,\quad v_0=-A\frac{2\pi}{T}\sin\varphi$$

将 $x_0=0$ 代入，得 $\varphi=\pm\frac{\pi}{2}$。因为 $v_0>0$，所以可以判断 $\varphi=-\frac{\pi}{2}$。在时刻 t，物体运动的相位为 $\frac{2\pi}{T}t-\frac{\pi}{2}$。

(1) 物体到达最大位移处，$x=A$，因而 $A\cos\left(\frac{2\pi}{T}t_1-\frac{\pi}{2}\right)=A$，$\frac{2\pi}{T}t_1-\frac{\pi}{2}=0$，$t_1=\frac{1}{4}T$。

(2) 物体位置在 $x=\frac{A}{2}$时有$\frac{A}{2}=A\cos\left(\frac{2\pi}{T}t_2-\frac{\pi}{2}\right)$，$\frac{2\pi}{T}t_2-\frac{\pi}{2}=\pm\frac{\pi}{3}$。

物体在 $x=\frac{A}{2}$ 处所相应的相位应在 $x_0=0$ 处相应的相位 $-\frac{\pi}{2}$ 和 $x=A$ 处相应的相位 0 之间，因此

$$\frac{2\pi}{T}t_2-\frac{\pi}{2}=-\frac{\pi}{3},\quad t_2=\frac{1}{12}T$$

(3) 物体由 $x=\frac{A}{2}$ 到 $x=A$ 所经历的最短时间为

$$\Delta t=t_1-t_2=\frac{1}{6}T$$

【9-16】 在一块平板下装有弹簧，平板上放一质量为 1.0 kg 的重物。现使平板沿竖直方向作上下简谐运动，周期为 0.50 s，振幅为 2.0×10^{-2} m。求：(1) 平板到最低点时，重物对平板的作用力；(2) 若频率不变，则平板以多大的振幅振动时，重物会跳离平板？(3) 若振幅不变，则平板以多大的频率振动时，重物会跳离平板？

解 (1) 以 $\boldsymbol{f}$ 表示平板对重物的作用力，其方向是竖直向上的，应用牛顿第二定律有

$$f-mg=ma$$

平板到最低点时，重物的位移的大小等于振幅，因此 $a=\omega^2A$，于是

$$f=m(g+\omega^2A)=m\left[g+\left(\frac{2\pi}{T}\right)^2A\right]$$

已知 $m=1.0$ kg，$T=0.50$ s，$A=2.0\times10^{-2}$ m，代入后得到 $f=12.96$ N。显然重物对平板的作用力也是 12.96 N。

(2) 平板到最高点时，其位移也等于振幅，这时它的加速度最大，方向是向下的，因此有

$$mg-f=ma=m\omega^2A,\quad f=m(g-\omega^2A)$$

因为 $f\geqslant0$，所以 $\omega^2A\leqslant g$。$f=0$，说明重物跳离平板，若重物振动频率不变，则其最大振幅为

$$A=\frac{g}{\omega^2}=\left(\frac{T}{2\pi}\right)^2g=6.2\times10^{-2}\ \mathrm{m}$$

(3) 若重物振幅不变，则重物不致跳离平板的最大角频率为 $\omega=\sqrt{\frac{g}{A}}$，最大频率为

$$\nu=\frac{\omega}{2\pi}=\frac{1}{2\pi}\sqrt{\frac{g}{A}}=3.52\ \mathrm{Hz}$$

【9-17】 两质点作同频率同振幅的简谐运动。第一个质点的运动方程为 $x_1=A\cos(\omega t+\varphi)$，当第一个质点自振动正方向回到平衡位置时，第二个质点恰在振动正方向的端点。试用旋转矢量图表示它们，并求第二个质点的运动方程及它们的相位差。

解 图 9-10 是描述两质点简谐振动的旋转矢量图。$\boldsymbol{A}_1$、$\boldsymbol{A}_2$ 分别是对应于第一、二个质点的旋转矢量。由图可知，第一个质点的相位比第二个质点的相位超前 $\pi/2$，因此，它们的相位差是 $\pi/2$。因为两质点振动频率相同，它们的初相差等于它们的相位差，所以第一个质点的初相比第二个质点的初相超前 $\pi/2$，以 φ' 表示第二个质点的初相，则

$$\varphi-\varphi'=\frac{\pi}{2},\quad \varphi'=\varphi-\frac{\pi}{2}$$

因此第二个质点的运动方程为

$$x_2=A\cos(\omega t+\varphi')=A\cos\left(\omega t+\varphi-\frac{\pi}{2}\right)$$

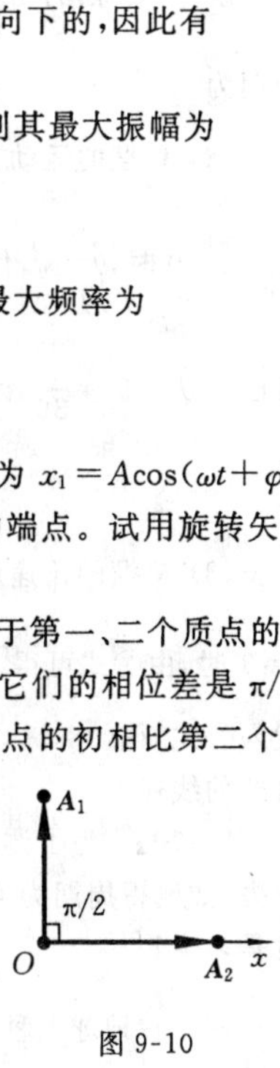

图 9-10

【9-18】 如图 9-11 为一简谐运动质点的速度与时间的关系曲线，且振幅为 2 cm，求：(1) 振动周期；(2) 加速度的最大值；(3) 运动方程。

解 (1) 已知 $A=2$ cm，从图 9-11 中可看出，最大速度 $v_m=3\ \mathrm{cm\cdot s^{-1}}$。因为 $v_m=A\omega$，所以 $\omega=\frac{v_m}{A}=1.5\ \mathrm{s^{-1}}$，振动周期 $T=\frac{2\pi}{\omega}=4.2$ s。

(2) 加速度的最大值为 $\qquad a_m=\omega^2A=4.5\ \mathrm{cm\cdot s^{-2}}$

(3) 简谐运动的速度方程和加速度方程分别为

$$v=-v_m\sin(\omega t+\varphi),\quad a=-a_m\cos(\omega t+\varphi)$$

由图 9-11 可知，$t=0$ 时，$v_0=1.5\ \mathrm{m\cdot s^{-1}}$。由 $v_0=-v_m\sin\varphi$ 可得

$$\sin\varphi=-\frac{v_0}{v_m}=-0.5$$

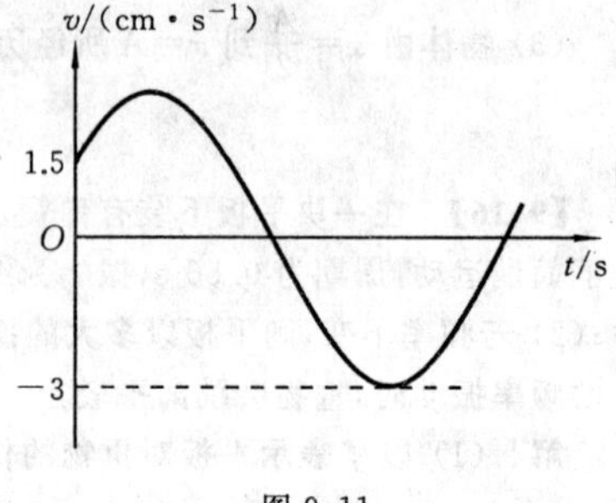

图 9-11

$\varphi=-\frac{\pi}{6}$ 或 $\varphi=-\frac{5}{6}\pi$。由图 9-11 还可看出，$t=0$ 时，$a_0>0$，即 $a_0=-a_m\cos\varphi>0$，由此可以最终确定 $\varphi=-\frac{5}{6}\pi$。将 A、ω 和 φ 的值代入方程 $x=A\cos(\omega t+\varphi)$，即可得所求运动方程为

$$x=2\cos\left(1.5t-\frac{5}{6}\pi\right)$$

式中，x 以 cm 为单位，t 以 s 为单位。

【9-19】 有一单摆，长为 1.0 m，最大摆角为 5°，如图 9-12 所示。(1) 求摆的角频率和周期；(2) 设开始时摆角最大，试写出此单摆的运动方程；(3) 当摆角为 3°时的角速度和摆球的线速度各为多少？

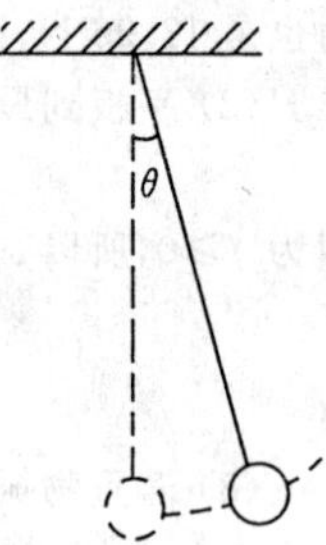

图 9-12

解 (1) 摆的角频率为 $\omega=\sqrt{\frac{g}{l}}=3.13\ \mathrm{s^{-1}}$

周期为 $T=\frac{2\pi}{\omega}=2.01\ \mathrm{s}$

(2) 单摆的运动方程的一般形式为

$$\theta=\theta_0\cos(\omega t+\varphi)$$

已知 $t=0$ 时，$\theta=\theta_0$，代入上式后得

$$\theta_0=\theta_0\cos\varphi,\quad \varphi=0$$

又已知 $\theta_0=5°=\frac{\pi}{36}$，因此单摆的运动方程为

$$\theta=5°\cos(3.13t)=\frac{\pi}{36}\cos(3.13t) \qquad ①$$

(3) 单摆的角速度 $\Omega=\frac{\mathrm{d}\theta}{\mathrm{d}t}=-0.087\pi\sin(3.13t)$ ②

$\theta=3°$ 时，由①式可得 $\cos(3.13t)=\frac{3}{5},\quad 3.13t=0.93$

代入②式，得 $\Omega=-0.218\ \mathrm{s^{-1}}$

摆球的线速度 $v=l|\Omega|=0.218\ \mathrm{m\cdot s^{-1}}$

【9-20】 为了测月球表面的重力加速度，宇航员将地球上的"秒摆"(周期为 2.00 s)拿到月球上去，如测得周期为 4.90 s。地球表面的重力加速度为 $g=9.80\ \mathrm{m\cdot s^{-2}}$，则月球表面的重力加速度是多少？

解 在地球上秒摆的周期为 $T=2\pi\sqrt{\frac{l}{g}}$

在月球上，周期为 $T'=2\pi\sqrt{\frac{l}{g'}}$

因 $\frac{T}{T'}=\sqrt{\frac{g'}{g}}$

故 $g'=\left(\frac{T}{T'}\right)^2 g=1.63\ \mathrm{m\cdot s^{-2}}$

【9-21】 一飞轮质量为 12 kg，内缘半径 $r=0.6$ m，如图 9-13 所示。为了测定其对质心轴的转动惯量，现让其绕内缘刃口摆动，在摆角较小时，测得周期为 2.0 s，试求其绕质心轴的转动惯量。

图 9-13

解 这个飞轮系统是个复摆，其质心到轴的距离 $l=r$。设它对转轴的转动惯量为 J，则其摆动周期为

$$J=2\pi\sqrt{\frac{J}{mgl}}=2\pi\sqrt{\frac{J}{mgR}}$$

由此可得
$$J=\left(\frac{T}{2\pi}\right)^2 mgR$$

根据平行轴定理，飞轮对其质心的转动惯量为

$$J_C=J-mR^2=\left(\frac{T}{2\pi}\right)^2 mgR-mR^2=2.83\ \text{kg}\cdot\text{m}^2$$

【9-22】 如图 9-14 所示，质量为 1.00×10^{-2} kg 的子弹，以 500 $\text{m}\cdot\text{s}^{-1}$ 的速度射入并嵌在木块中，同时使弹簧压缩从而作简谐运动。设木块的质量为 4.99 kg，弹簧的劲度系数为 8.00×10^3 $\text{N}\cdot\text{m}^{-1}$。若以弹簧原长时物体所在处为坐标原点，向左为 x 轴正向，求简谐运动方程。

解 在子弹射入木块并嵌入其中的短暂过程中，子弹-木块系统在水平方向上不受外力，系统动量守恒。因此，在过程结束时，木块的速度方向向右，其值为

$$v_0=\frac{m_1}{(m_1+m_2)}v=-1.0\ \text{m}\cdot\text{s}^{-1}$$

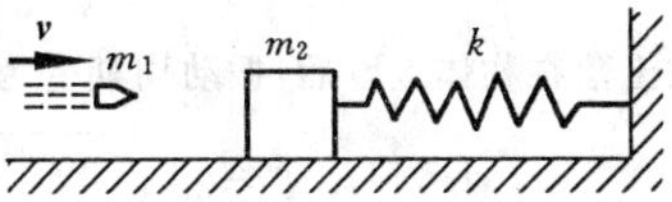

这个过程结束时，木块开始作简谐运动。运动的初始条件为 $t=0$ 时，$x_0=0$，$v_0<0$。由方程

$$x_0=A\cos\varphi,\quad v_0=-A\omega\sin\varphi$$

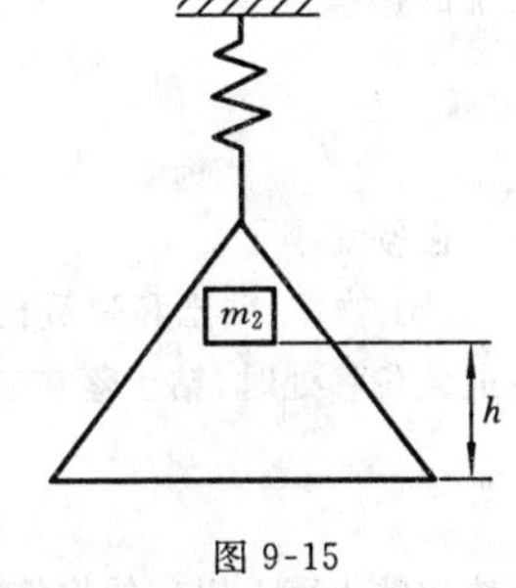

图 9-14

可以求出初相 $\varphi=\frac{\pi}{2}$。根据弹簧振子简谐运动角频率公式，可以求出木块振动的角频率为

$$\omega=\sqrt{\frac{k}{m_1+m_2}}=40\ \text{s}^{-1}$$

木块振动的振幅
$$A=\sqrt{x_0^2+\left(\frac{v_0}{\omega}\right)^2}=\frac{-v_0}{\omega}=2.5\times10^{-2}\ \text{m}$$

因此简谐运动的方程为
$$x=2.5\times10^{-2}\cos\left(40t+\frac{\pi}{2}\right)$$

【9-23】 如图 9-15 所示，一劲度系数为 k 的轻弹簧，其下挂有一质量为 m_1 的空盘。现有一质量为 m_2 的物体从盘上方高为 h 处自由落到盘中，并和盘粘在一起振动。问：(1) 此时的振动周期与空盘作振动的周期有何不同？(2) 此时的振幅为多大？

解 (1) 空盘振动的周期为
$$T_1=2\pi\sqrt{\frac{m_1}{k}}$$

物体和盘一起振动的周期为
$$T_2=2\pi\sqrt{\frac{m_1+m_2}{k}}$$

显然 $T_2>T_1$，振动周期变长。

(2) 物体和盘粘连过程中，忽略重力影响，它们所构成的系统的动量守恒，因此它们在粘连后的速度为

$$v_0=\frac{m_2}{m_1+m_2}\sqrt{2gh} \quad ①$$

图 9-15

这也是它们开始振动时的初速度。

物体和盘粘连前，设弹簧伸长量为 l_1，则

$$m_1g=kl_1 \quad ②$$

物体和盘粘连后，它们处于平衡位置时，设弹簧伸长量又增加了 l_2，则

$$(m_1+m_2)g=k(l_1+l_2)$$

考虑到②式，即得 $l_2=\frac{m_2 g}{k}$。以平衡位置为坐标原点，竖直向下方向为正，则盘的初始位置为

$$x_0=-l_2=-\frac{m_2 g}{k} \quad ③$$

物体和盘一起振动的角频率为 $$\omega=\sqrt{\frac{k}{m_1+m_2}} \quad ④$$

振幅为 $$A=\sqrt{x_0^2+\left(\frac{v_0}{\omega}\right)^2}$$

将①、③、④式代入上式后，得 $$A=\frac{m_2 g}{k}\sqrt{1+\frac{2kh}{(m_1+m_2)g}}$$

【9-24】 如图 9-16 所示，劲度系数为 k 的轻弹簧，系一质量为 m_1 的物体，在水平面上作振幅为 A 的简谐运动。有一质量为 m_2 的粘土，从高度为 h 处自由下落，正好在(a)物体通过平衡位置时，(b)物体在最大位移处时，落在物体上。分别求：(1) 振动周期有何变化？(2) 振幅有何变化？

解　(a) 粘土落在振动物体上以前，物体的振动周期为

$$T=2\pi\sqrt{\frac{m_1}{k}}$$

粘土落在物体上以后，振动周期变为

$$T'=2\pi\sqrt{\frac{m_1+m_2}{k}}$$

显然，$T'>T$。

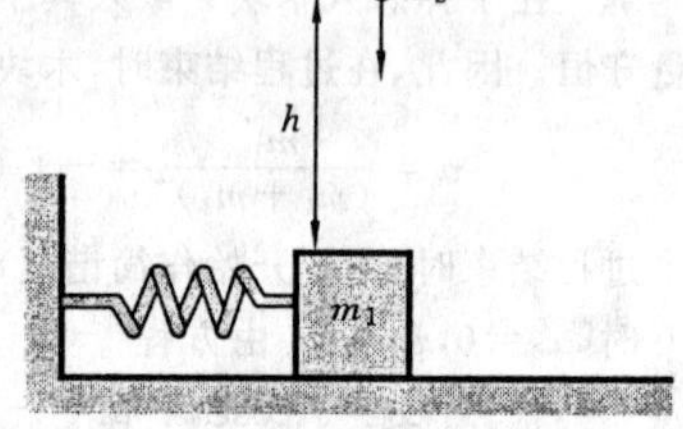

图 9-16

如果粘土是在物体通过平衡位置时落在物体上，在接触物体前，物体速度为 $v=v_m=A\omega$。在粘土与物体接触过程中，它们所构成的系统在水平方向动量是守恒的。设粘土落在物体上后，它们的共同速度是 v'，则

$$(m_1+m_2)v'=m_1 v$$

所以 $$v'=\frac{m_1}{m_1+m_2}v=\frac{m_1}{m_1+m_2}A\omega$$

取这时为计时零点，则系统的初始状态为

$$x_0=0,\quad v_0=v'=\frac{m_1}{m_1+m_2}A\omega$$

系统的振幅为 $$A'=\sqrt{x_0^2+\frac{v_0^2}{\omega'^2}}=\frac{v_0}{\omega'}=\frac{m_1}{m_1+m_2}\ \frac{\omega}{\omega'}A=\frac{m_1}{m_1+m_2}\ \frac{T'}{T}A$$

$$=\frac{m_1}{m_1+m_2}\sqrt{\frac{m_1+m_2}{m_1}}A=\sqrt{\frac{m_1}{m_1+m_2}}A<A$$

可见振幅变小了。

(b) 物体、粘土和弹簧构成的系统的振动周期只与它们的质量及弹簧的劲度系数有关。物体在最大位移处时，粘土落在它上面，它们的振动周期仍为

$$T'=2\pi\sqrt{\frac{m_1+m_2}{k}}$$

仍然比粘土落上以前的物体的振动周期大。

粘土在物体位于最大位移处落在它上面以前，它们在水平方向上的速度都为零，根据动量守恒定律，它们粘在一起时的共同速度也为零。取这时为计时零点，系统的初始状态为 $x_0=A$，$v_0=$

0,系统的振幅

$$A'=\sqrt{x_0^2+\frac{v_0^2}{\omega'^2}}=x_0=A$$

可见粘土落在物体上以后,它们的振幅和落下以前的物体的振幅相同。

【9-25】 质量为 0.10 kg 的物体,以振幅 1.0×10^{-2} m 作简谐运动,其最大加速度为 4.0 $\mathrm{m\cdot s^{-2}}$。求:(1) 振动的周期;(2) 物体通过平衡位置时的总能量与动能;(3) 物体在何处其动能和势能相等?(4) 当物体的位移为振幅的一半时,动能、势能各占总能量的多少?

解 (1) 最大加速度 $$a_m=\omega^2 A=\left(\frac{2\pi}{T}\right)^2 A$$

由此可得振动周期 $$T=2\pi\sqrt{\frac{A}{a_m}}=0.314\ \mathrm{s}$$

(2) 物体通过平衡位置时总能量等于其动能。因此总能量

$$E=E_k=\frac{1}{2}mA^2\omega^2=\frac{1}{2}mAa_m=2.0\times10^{-3}\ \mathrm{J}$$

(3) 设物体坐标为 x 时,其动能与势能相等。因为 $E=E_k+E_p$,所以当 $E_k=E_p$ 时,$E_p=\frac{1}{2}E$,即

$$\frac{1}{2}kx^2=\frac{1}{2}E=\frac{1}{2}\left(\frac{1}{2}kA^2\right),\quad x=\pm\frac{\sqrt{2}}{2}A=\pm7.07\times10^{-3}\ \mathrm{m}$$

(4) 当 $x=\frac{1}{2}A$ 时,物体的势能为

$$E_p=\frac{1}{2}kx^2=\frac{1}{4}\left(\frac{1}{2}kA^2\right)=\frac{1}{4}E$$

物体的动能 $$E_k=E-E_p=\frac{3}{4}E$$

【9-26】 一氢原子在分子中的振动可视为简谐运动。已知氢原子质量 $m=1.68\times10^{-27}$ kg,振动频率 $\nu=1.0\times10^{14}$ Hz 振幅 $A=1.0\times10^{-11}$ m。试计算:(1)此氢原子的最大速度;(2)与此振动相联系的能量。

解 (1) 此氢原子的最大速度为

$$v_m=A\omega=2\pi\nu A=6.28\times10^3\ \mathrm{m\cdot s^{-1}}$$

(2) 与此振动相联系的能量为

$$E_m=\frac{1}{2}mv_m^2=3.31\times10^{-20}\ \mathrm{J}$$

【9-27】 质量 $m=10$ g 的小球与轻弹簧组成一振动系统,按 $x=0.5\cos\left(8\pi t+\frac{\pi}{3}\right)$(式中,$x$ 的单位为 cm,t 的单位为 s)的规律作自由振动,求:(1) 振动的角频率、周期、振幅和初相;(2) 振动的能量 E;(3) 一个周期内的平均动能和平均势能。

解 (1) 将方程 $x=0.5\cos\left(8\pi t+\frac{\pi}{3}\right)$与简谐运动方程的一般形式 $x=A\cos(\omega t+\varphi)$比较,可得此系统的振动角频率 $\omega=8\pi\mathrm{s}^{-1}$,振幅 $A=0.5$ cm,初相 $\varphi=\frac{\pi}{3}$。周期 $T=\frac{2\pi}{\omega}=\frac{1}{4}$s。

(2) 振动的能量为 $$E=\frac{1}{2}mA^2\omega^2=7.9\times10^{-5}\ \mathrm{J}$$

(3) 简谐振动的动能和势能表示式分别为

$$E_k=\frac{1}{2}m\omega^2A^2\sin^2(\omega t+\varphi)=E\sin^2(\omega t+\varphi)$$

$$E_p=\frac{1}{2}kA^2\cos^2(\omega t+\varphi)=\frac{1}{2}m\omega^2A^2\cos^2(\omega t+\varphi)=E\cos^2(\omega t+\varphi)$$

它们在一个周期内的平均值分别为

$$\overline{E}_k = \frac{1}{T}\int_0^T E\sin^2(\omega t+\varphi)\mathrm{d}t = \frac{1}{2}E = 3.95\times10^{-5}\ \mathrm{J}$$

$$\overline{E}_p = \frac{1}{T}\int_0^T E\cos^2(\omega t+\varphi)\mathrm{d}t = \frac{1}{2}E = 3.95\times10^{-5}\ \mathrm{J}$$

【9-28】 已知两同方向同频率的简谐运动的运动方程分别为 $x_1=0.05\cos(10t+0.75\pi)$，$x_2=0.06\cos(10t+0.25\pi)$，式中，$x_1$、$x_2$ 的单位为 m，t 的单位为 s。求：(1) 合振动的振幅及初相；(2) 若有另一同方向同频率的简谐运动 $x_3=0.07\cos(10t+\varphi_3)$，式中，$x_3$ 的单位为 m，t 的单位为 s，则 φ_3 为多少时，x_1+x_3 的振幅最大？又 φ_3 为多少时，x_2+x_3 的振幅最小？

解 (1) 两同方向同频率的简谐运动合成后，振动的振幅为

$$A=\sqrt{A_1^2+A_2^2+2A_1A_2\cos(\varphi_2-\varphi_1)}$$

第二个振动和第一个振动的相位差为

$$\varphi_2-\varphi_1=0.25\pi-0.75\pi=-0.5\pi$$

故合振动振幅为 $A=\sqrt{A_1^2+A_2^2}=0.078\ \mathrm{m}$

合振动的初相满足 $\tan\varphi=\dfrac{A_1\sin\varphi_1+A_2\sin\varphi_2}{A_1\cos\varphi_1+A_2\cos\varphi_2}=11$，$\varphi=1.48\ \mathrm{rad}$

(2) 若 x_1+x_3 的振幅最大，则 $\varphi_3-\varphi_1=2k\pi$

$$\varphi_3=\varphi_1+2k\pi=0.75\pi+2k\pi\quad(k=0,\pm1,\pm2,\cdots)$$

若 x_2+x_3 的振幅最小，则

$$\varphi_3-\varphi_2=(2k+1)\pi$$

$$\varphi_3=\varphi_2+(2k+1)\pi=1.25\pi+2k\pi\quad(k=0,\pm1,\pm2,\cdots)$$

【9-29】 手电筒和屏幕质量均为 m，且均被劲度系数为 k 的轻弹簧悬挂于同一水平面上，如图 9-17 所示。平衡时，手电筒的光恰好照在屏幕中心。设手电筒和屏幕相对于地面上下振动的表示式分别为 $x_1=A\cos(\omega t+\varphi_1)$ 和 $x_2=A\cos(\omega t+\varphi_2)$。试求在下述两种情况下初相位 φ_1 和 φ_2 应满足什么条件？(1) 光点在屏幕上相对于屏静止不动；(2) 光点在屏幕上相对于屏作振幅 $A'=2A$ 的振动。并说明用何种方式起动，才能得到上述结果。

解 光点的运动规律与手电筒的运动规律相同，可用 x_1 表示，光点相对屏幕的运动用 x_{12} 表示，则有

$$x_1=x_{12}+x_2$$

因此 $x_{12}=x_1-x_2=A\cos(\omega t+\varphi_1)-A\cos(\omega t+\varphi_2)=A\cos(\omega t+\varphi_1)+A\cos(\omega t+\varphi_2+\pi)$
$=A'\cos(\omega t+\varphi')$

式中，$A'=\sqrt{A^2+A^2+2A^2\cos(\varphi_2+\pi-\varphi_1)}=A\sqrt{2[1-\cos(\varphi_2-\varphi_1)]}$ ①

可见光点在屏幕上的运动也是简谐运动，其振幅取决于二分振动的振幅和它们的相位差。

(1) 光点在屏幕上不动，则 $A'=0$。由①式可知，φ_1 和 φ_2 应满足的条件是

$$\varphi_2-\varphi_1=2k\pi\quad(k=0,\pm1,\pm2,\cdots)$$

(2) 光点在屏幕上振动的振幅 $A'=2A$，由①式可知，φ_1 和 φ_2 应满足的条件是

$$\varphi_2-\varphi_1=(2k+1)\pi\quad(k=0,\pm1,\pm2,\cdots)$$

为使 $A'=2A$，可用以下两种方式之一启动。

第一种方式是令初始状态为 $x_{10}=A$(或 $-A$)，$v_{10}=0$；$x_{20}=-A$(或 A)，$v_{20}=0$。这时 $\varphi_1=0$(或 π)，$\varphi_2=\pi$(或 0)，$\varphi_2-\varphi_1=\pi$(或 $-\pi$)。

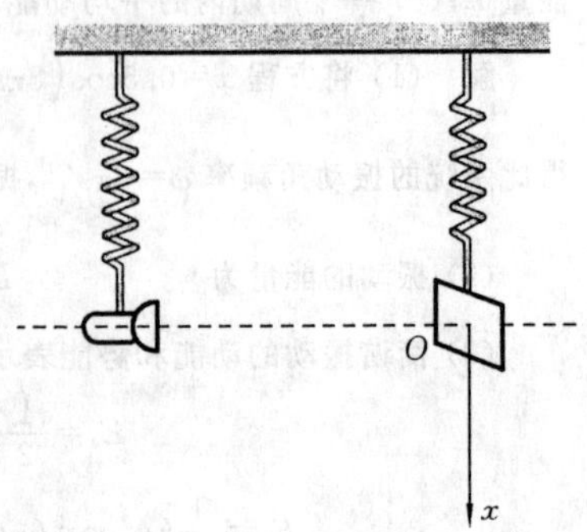

图 9-17

第二种方式是令初始状态为 $x_{10}=0, v_{10}=A\omega$(或$-A\omega$)；$x_{20}=0, v_{20}=-A\omega$(或 $A\omega$)。这时 $\varphi_1=-\frac{\pi}{2}\left(或\frac{\pi}{2}\right), \varphi_2=\frac{\pi}{2}\left(或-\frac{\pi}{2}\right), \varphi_2-\varphi_1=\pi$(或$-\pi$)。

【9-30】 两个同频率简谐运动1和2的振动曲线如图9-18(a)所示，求(1) 两简谐运动的运动方程 x_1 和 x_2；(2) 在同一图中画出两简谐运动的旋转矢量，并比较两振动的相位关系；(3) 若两简谐运动叠加，求合振动的运动方程。

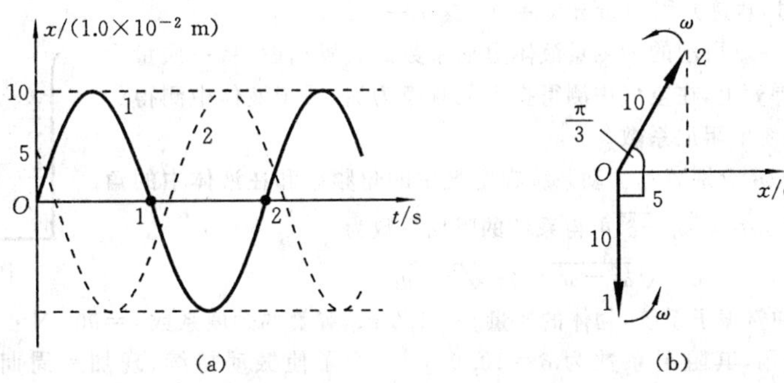

图 9-18

解 (1) 由图9-18(a)可知，简谐振动1的振幅 $A=10\times10^{-2}$ m，周期 $T=2$ s，初始状态为 $x_{10}=0, v_{10}>0$，由图9-18(b)可知，其初相 $\varphi_1=-\frac{\pi}{2}$，其运动方程为

$$x_1=A\cos\left(\frac{2\pi}{T}t+\varphi_1\right)=10\times10^{-2}\cos\left(\pi t-\frac{\pi}{2}\right)$$

简谐振动2的振幅和周期都与简谐振动1相同，其初始状态为 $x_{20}=5\times10^{-2}$ m，$v_{20}<0$，因此其初相 $\varphi_2=\frac{\pi}{3}$，其运动方程为

$$x_2=A\cos\left(\frac{2\pi}{T}t+\varphi_2\right)=10\times10^{-2}\cos\left(\pi t+\frac{\pi}{3}\right)$$

(2) 两简谐振动的旋转矢量如图9-18(b)所示。由图9-18(b)可知

$$\varphi_2-\varphi_1=\frac{\pi}{3}-\left(-\frac{\pi}{2}\right)=\frac{5}{6}\pi$$

(3) 合振动的振幅为 $A'=\sqrt{A^2+A^2+2A^2\cos(\varphi_2-\varphi_1)}=0.052$ m

合振动的初相为
$$\varphi'=\arctan\frac{A\sin\varphi_1+A\sin\varphi_2}{A\cos\varphi_1+A\cos\varphi_2}=-\frac{\pi}{12}$$

合振动的运动方程为
$$x=0.052\cos\left(\pi t-\frac{\pi}{12}\right)$$

【9-31】 将频率为348 Hz的标准音叉振动和一待测频率的音叉振动合成，测得拍频为3.0 Hz。若在待测频率音叉的一端加上一小块物体，则拍频将减小，求待测音叉的固有频率。

解 拍频 $\nu=\nu_2-\nu_1$。待测音叉一端加上一小块物体后，其质量增加，频率降低，同时它与标准音叉的合成振动的频率也降低，说明待测音叉的固有频率高于标准音叉。因此待测音叉的固有频率为

$$\nu_2=\nu+\nu_1=351\ \text{Hz}$$

【9-32】 示波管的电子束受到两个互相垂直的电场的作用。电子在两个方向上的位移分别为 $x=A\cos\omega t$ 和 $y=A\cos(\omega t+\varphi)$。求在 $\varphi=0$、$\varphi=30°$ 及 $\varphi=90°$ 各种情况下，电子在荧光屏上的轨迹方程。

解 两个相互垂直的同频率的简谐运动合成后的轨迹方程的一般形式为

$$\frac{x^2}{A_1^2}+\frac{y^2}{A_2^2}-\frac{2xy}{A_1A_2}\cos(\varphi_2-\varphi_1)=\sin^2(\varphi_2-\varphi_1)$$

在本题中， $A_1=A_2=A,\quad \varphi_1=0$

$\varphi_2=\varphi=0°$时，轨迹方程为 $x-y=0$，这是一条直线。

$\varphi_2=\varphi=30°$时，轨迹方程为 $x^2+y^2-\sqrt{3}xy=\frac{A^2}{4}$，这是一个椭圆。

$\varphi_2=\varphi=90°$时，轨迹方程为 $x^2+y^2=A^2$，这是一个圆。

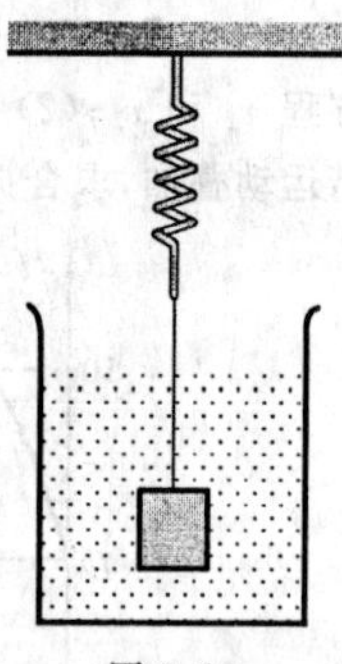
图 9-19

【9-33】 图 9-19 所示的为测量液体阻尼系数的装置简图，将一质量为 m 的物体挂在轻弹簧上，在空气中测得振动的频率为 ν_1，置于液体中测得的频率为 ν_2，求此系统的阻尼系数。

解 以 ω_1 和 ω_2 分别表示振动系统在空气中的角频率和在液体中的角频率，则根据公式 $\omega_2=\sqrt{\omega_1^2-\delta^2}$ 可得系统的阻尼系数为

$$\delta=\sqrt{\omega_1^2-\omega_2^2}=2\pi\sqrt{\nu_1^2-\nu_2^2}$$

【9-34】 一弹簧振子系统，物体的质量 $m=1.0$ kg，弹簧的劲度系数 $k=900\ \text{N}\cdot\text{m}^{-1}$。系统振动时受到阻尼作用，其阻尼系数为 $\delta=10.0\ \text{s}^{-1}$。为了使振动持续，现加一周期性外力 $F=100\cos(30t)$（式中，F 的单位为 N，t 的单位为 s）作用。求：(1) 振子达到稳定时的振动角频率；(2) 若外力的角频率可以改变，则当其值为多少时系统出现共振现象？其共振的振幅为多大？

解 (1) 由周期性外力与时间的关系 $F=100\cos(30t)$ 可知，外力的角频率为 $\omega_p=30\ \text{s}^{-1}$。振子达到稳定时的振动角频率等于外力的角频率，也是 $30\ \text{s}^{-1}$。

(2) 当系统出现共振现象时，外力的角频率应为共振角频率，其值为

$$\omega_r=\sqrt{\omega_0^2-2\delta^2}=\sqrt{\frac{k}{m}-2\delta^2}=26.5\ \text{s}^{-1}$$

共振的振幅为

$$A_r=\frac{f}{2\delta\sqrt{\omega_0^2-\delta^2}} \quad ①$$

式中，$f=\frac{F_0}{m}=\frac{100}{1.0}\ \text{N}\cdot\text{kg}^{-1}=100\ \text{N}\cdot\text{kg}^{-1}$，$\omega_0^2=\frac{k}{m}=900\ \text{s}^{-2}$，已知 $\delta=10.0\ \text{s}^{-1}$，代入①式后得到 $A_r=0.177$ m。

【9-35】 在一个 LC 振荡电路中，若电容两极板上的交变电压 $u=50\cos(10^4\pi t)$，式中，u 的单位为 V，t 的单位为 s，电容 $C=1.0\times10^{-7}$ F，电路中的电阻可以忽略不计。求：(1) 振荡的周期；(2) 电路的自感；(3) 电路中电流随时间变化的规律。

解 (1) 由交变电压方程可以看出，电路的振荡角频率为 $\omega=10^4\pi\ \text{s}^{-1}$，因此振荡周期为

$$T=\frac{2\pi}{\omega}=2\times10^{-4}\ \text{s}$$

(2) 电路的固有振荡周期 T 与 L、C 的关系为

$$T=2\pi\sqrt{LC}$$

由此可得电路的自感

$$L=\frac{1}{C}\left(\frac{T}{2\pi}\right)^2=1.01\times10^{-2}\ \text{H}$$

(3) 电容器上电荷随时间变化的规律为

$$q=Cu=5.0\times10^{-6}\cos(10^4\pi t)$$

电路中电流随时间变化的规律为

$$i=\frac{dq}{dt}=-(5.0\times10^{-2}\pi)\sin(10^4\pi t)=-0.157\sin(10^4\pi t)$$

【9-36】 用一个电容可在 10.0 pF 到 360.0 pF 范围内变化的电容器和一个自感线圈并联组成无线电收音机的调谐电路。(1) 求该调谐电路可以接收的最大和最小频率之比是多少？(2) 为了使调谐频率能在 5.0×10^5 Hz 到 1.5×10^6 Hz 的范围内，需在原电容器上并联一个多大电容？此

电路选用的自感应为多大?

解 (1) 调谐电路频率公式为 $\nu=\dfrac{1}{2\pi\sqrt{LC}}$

令 $C_1=10.0\times10^{-12}$ F,$C_2=360.0\times10^{-12}$ F,则

$$\frac{\nu_{max}}{\nu_{min}}=\sqrt{\frac{C_2}{C_1}}=6.0$$

(2) 设与 $\nu'_{max}=1.5\times10^6$ Hz 相对应的电容为 C'_1,与 $\nu'_{min}=5.0\times10^5$ Hz 相对应的电容为 C'_2,则

$$\frac{C'_2}{C'_1}=\left(\frac{\nu'_{max}}{\nu'_{min}}\right)^2=9$$

设需在原电容器上并联的电容为 C_0,则 $\dfrac{C_2+C_0}{C_1+C_0}=9$

由此方程解得 $C_0=\dfrac{C_2-9C_1}{8}=33.75$ pF

设此电路选用的自感为 L_0,则 $L_0=\dfrac{1}{(2\pi\nu'_{min})^2(C_2+C_0)}=2.58\times10^{-4}$ H

【9-37】 一振荡电路,已知 $C=0.025\ \mu$F,$L=1.015$ H,电路中电阻可忽略不计,电容器上电荷最大值为 $Q_0=2.5\times10^{-6}$ C。(1) 写出电路接通后,电容器两极板间的电势差随时间而变化的方程和电路中电流随时间而变化的方程;(2) 写出电场能量、磁场能量及总能量随时间而变化的方程;(3) 求 $t_1=T/8$ 和 $t_2=T/4$ 时,电容器两极板间的电势差、电路中的电流、电场能、磁场能。

解 (1) 电路的振荡角频率为 $\omega=\dfrac{1}{\sqrt{LC}}=2000\ \pi\ s^{-1}$

接通电路时,$q=Q_0$,令这时 $t=0$,根据方程 $q=Q_0\cos(\omega t+\varphi)$ 可确定 $\varphi=0$,电容器上电荷随时间变化的规律即为

$$q=Q_0\cos\omega t=2.5\times10^{-6}\cos(2000\pi t)$$

电容器两极板的电势差随时间变化的规律为

$$U=\frac{q}{C}=\frac{Q_0}{C}\cos\omega t=100\cos(2000\pi t) \quad ①$$

电路中电流随时间变化的规律为

$$i=-\omega Q_0\sin\omega t=-(1.57\times10^{-2})\sin(2000\pi t) \quad ②$$

(2) 电场能量随时间变化的方程为

$$E_e=\frac{Q_0^2}{2C}\cos^2\omega t=1.25\times10^{-4}\cos^2(2000\pi t) \quad ③$$

磁场能量随时间变化的方程为 $E_m=\dfrac{Q_0^2}{2C}\sin^2\omega t=1.25\times10^{-4}\sin^2(2000\pi t)$ ④

总能量不随时间变化,其值为 $E=E_e+E_m=\dfrac{Q_0^2}{2C}=1.25\times10^{-4}$ J

(3) 电路振荡周期为 $T=\dfrac{2\pi}{\omega}=1.0\times10^{-3}$ s

将 $t_1=\dfrac{T}{8}=\dfrac{1}{8}\times10^{-3}$ s 分别代入①~④式,即得到此时电容器两极板间的电势差,电路中的电流、电场能和磁场能分别为

$$U=70.7\ \text{V},\quad i=-0.0111\ \text{A},\quad E_e=6.25\times10^{-5}\ \text{J},\quad E_m=6.25\times10^{-5}\ \text{J}$$

将 $t_2=\dfrac{T}{4}=\dfrac{1}{4}\times10^{-3}$ s 分别代入①~④式,即得到此时电容器两极板间的电势差,电路中的电流、电场能和磁场能分别为

$$U=0,\quad i=-1.57\times10^{-2}\ \text{A},\quad E_e=0,\quad E_m=1.25\times10^{-4}\ \text{J}$$

第10章 波 动

内容提要

1. 机械波的形成

机械振动在弹性介质内的传播形成了机械波。机械波形成的条件是存在波源和介质。

2. 波长、波的周期和频率、波速

波长 λ:波线上相位差为 2π 的两个质点间的距离。

波的周期 T:波前进一个波长的距离所需要的时间。

波的频率 ν:波的周期的倒数,即单位时间内波动所传播的完整波的数目。

波速 u:在波动传播过程中,某一振动状态(即振动相位)在单位时间内所传播的距离。

λ、T、ν、u 的关系: $u=\frac{\lambda}{T}=\lambda\nu$

3. 平面简谐波的波动方程 $y=A\cos\omega\left(t-\frac{x}{u}\right)$

$$y=A\cos 2\pi\left(\frac{t}{T}-\frac{x}{\lambda}\right)$$

$$y=A\cos(\omega t-kx)\quad\left(k=\frac{2\pi}{\lambda}\right)$$

4. 波的能量

波的能量密度 $w=\rho A^2\omega^2\sin^2\omega\left(t-\frac{x}{u}\right)$

平均能量密度 $\overline{w}=\frac{1}{2}\rho A^2\omega^2$

平均能流 $\overline{P}=\overline{w}uS$

能流密度 $I=\frac{1}{2}\rho A^2\omega^2 u$

5. 波的干涉

相干波源:频率相同、振动方向相同、相位差恒定的波源。

振幅最大、最小位置的条件:

$$\Delta\varphi=\varphi_2-\varphi_1-2\pi\frac{r_2-r_1}{\lambda}=\begin{cases}\pm 2k\pi\ (k=0,1,2,\cdots), & \text{最大}\\ \pm(2k+1)\pi\ (k=0,1,2,\cdots), & \text{最小}\end{cases}$$

$$\varphi_2=\varphi_1\text{ 时},\delta=r_2-r_1=\begin{cases}\pm k\lambda\ (k=0,1,2,\cdots), & \text{最大}\\ \pm(2k+1)\frac{\lambda}{2}\ (k=0,1,2,\cdots), & \text{最小}\end{cases}$$

6. 驻波

驻波方程 $y=2A\cos\frac{2\pi}{\lambda}x\cos 2\pi\nu t$

波节位置 $x=\pm(2k+1)\frac{\lambda}{4}\quad(k=0,1,2,\cdots)$

波腹位置 $x=\pm k\frac{\lambda}{2}\quad(k=0,1,2,\cdots)$

7. 多普勒效应

波源不动，观察者相对介质以速度 v_0 运动，则

$$\nu'=\frac{u\pm v_0}{u}\nu$$

观察者向着波源运动时取正号，背离波源运动时取负号。

观察者不动，波源相对介质以速度 v_s 运动，则

$$\nu'=\frac{u}{u\mp v_s}\nu$$

波源向着观察者运动时取负号，背离观察者运动时取正号。

波源与观察者同时相对介质运动，则

$$\nu'=\frac{u\pm v_0}{u\mp v_s}\nu$$

观察者向着波源运动时，v_0 前取正号，背离时取负号；波源向着观察者运动时，v_s 前取负号，背离时取正号。

8. 平面电磁波的波函数

$$E=E_0\cos\omega\left(t-\frac{x}{u}\right)=E_0\cos(\omega t-kx)$$

$$H=H_0\cos\omega\left(t-\frac{x}{u}\right)=H_0\cos(\omega t-kx)$$

9. 电磁波的特性

① 电磁波是横波，$\boldsymbol{E}$、$\boldsymbol{H}$、$\boldsymbol{u}$ 三者互相垂直，构成右手螺旋关系。

② $\boldsymbol{E}$ 和 $\boldsymbol{H}$ 同相位。

③ $\boldsymbol{E}$ 和 $\boldsymbol{H}$ 的数值成比例 $\sqrt{\varepsilon}E=\sqrt{\mu}H$

10. 电磁波的能量

电磁波的能流密度矢量(坡印廷矢量) $\boldsymbol{S}=\boldsymbol{E}\times\boldsymbol{H}$

习题解答

【10-1】 图 10-1(a)表示 $t=0$ 时的简谐波的波形图，波沿 x 轴正方向传播，图 10-1(b)为一质点的振动曲线。则图 10-1(a)中所表示的 $x=0$ 处质点振动的初相位与图(b)所表示的振动的初相位分别为( )。

(A) 均为零 (B) 均为$\frac{\pi}{2}$ (C) 均为$-\frac{\pi}{2}$ (D) $\frac{\pi}{2}$与$-\frac{\pi}{2}$ (E) $-\frac{\pi}{2}$与$\frac{\pi}{2}$

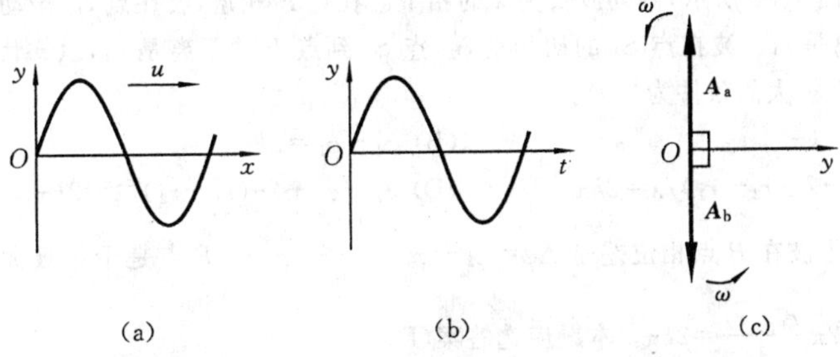

图 10-1

解 由图 10-1(a)可以看出，$x=0$ 处质点的初始状态为 $y_{a0}=0$，$v_{a0}<0$。由图 10-1(b)可以看出，该质点的初始状态为 $y_{b0}=0$，$v_{b0}>0$。根据这两种初始状态可画出相应的两个旋转矢量(图 10-

1(c))。由图可知，两个振动质点的初相分别为 $\varphi_a=\frac{\pi}{2}$，$\varphi_b=-\frac{\pi}{2}$。本题答案应选(D)。

【10-2】 机械波的表示式为 $y=0.05\cos(6\pi t+0.06\pi x)$，式中，$y$ 和 x 的单位为 m，t 的单位为 s，则（ ）。

(A) 波长为 5 m (B) 波速为 10 m·s^{-1} (C) 周期为$\frac{1}{3}$s (D) 波沿 x 轴正方向传播

解 平面简谐波的表示式的一般形式为

$$y=A\cos2\pi\left(\frac{t}{T}-\frac{x}{\lambda}\right) \quad (\text{波沿 } x \text{ 轴正向传播})$$

$$y=A\cos2\pi\left(\frac{t}{T}+\frac{x}{\lambda}\right) \quad (\text{波沿 } x \text{ 轴负向传播})$$

将题中波的表示式改写为 $y=0.05\cos2\pi(3t+0.03x)$

与一般表示式比较后可知：波沿 x 轴负向传播，其周期为 $T=\frac{1}{3}$s，波长为 $\lambda=\frac{1}{0.03}$m，波速为 $u=\frac{\lambda}{T}=100$ m·s^{-1}。此题答案应选(C)。

【10-3】 一平面简谐波，沿 x 轴负方向传播，角频率为 ω，波速为 u。设 $t=\frac{T}{4}$时刻的波形如图 10-2 所示，则该波的表示式为（ ）。

(A) $y=A\cos\left[\omega\left(t-\frac{x}{u}\right)+\pi\right]$

(B) $y=A\cos\left[\omega\left(t-\frac{x}{u}\right)-\frac{\pi}{2}\right]$

(C) $y=A\cos\left[\omega\left(t+\frac{x}{u}\right)-\frac{\pi}{2}\right]$

(D) $y=A\cos\left[\omega\left(t+\frac{x}{u}\right)+\pi\right]$

解 在一个周期的时间里，波形沿波的传播方向移动一个波长的距离，因此将图 10-2 中的波形逆着传播方向（即沿 x 轴正向）移动$\frac{1}{4}$波长，即得 $t=0$ 时的波形图。由此可知，$x=0$ 处质点的初始状态为 $y_0=-A$，$v_0>0$，因此其初相为 π。又因为波沿 x 轴负方向传播，所以正确答案是(D)。

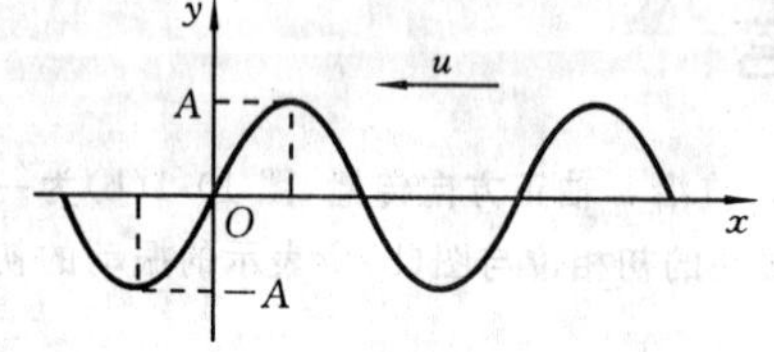

图 10-2

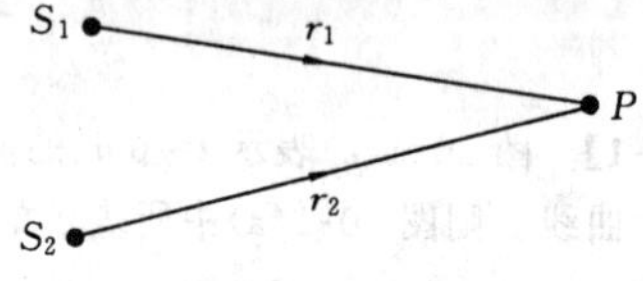

图 10-3

【10-4】 如图 10-3 所示，两列波长为 λ 的相干波在点 P 相遇，波在点 S_1 振动的初相是 φ_1，点 S_1 到点 P 的距离是 r_1。波在点 S_2 的初相是 φ_2，点 S_2 到点 P 的距离是 r_2，以 k 代表零或正、负整数，则点 P 是干涉极大的条件为（ ）。

(A) $r_2-r_1=k\pi$

(B) $\varphi_2-\varphi_1=2k\pi$

(C) $\varphi_2-\varphi_1+2\pi(r_2-r_1)/\lambda=2k\pi$

(D) $\varphi_2-\varphi_1+2\pi(r_1-r_2)/\lambda=2k\pi$

解 两列相干波在 P 点相位差是 $\Delta\varphi=\varphi_2-\varphi_1-2\pi\frac{r_2-r_1}{\lambda}$。$P$ 点是干涉极大的条件为 $\Delta\varphi=2k\pi$，即 $\varphi_2-\varphi_1+2\pi\frac{r_1-r_2}{\lambda}=2k\pi$。本题应选答案(D)。

【10-5】 在驻波中，两个相邻波节间各质点的振动（ ）。

(A) 振幅相同，相位相同

(B) 振幅不同，相位相同

(C) 振幅相同，相位不同

(D) 振幅不同，相位不同

解 在两个相邻波节之间，$\cos(2\pi x/\lambda)$具有相同的符号，因此各点振动的相位相同，都是$(2\pi\nu t)$，或都是$(2\pi\nu t+\pi)$。两波节处质点振幅为零，在相邻二波节间，质点振幅是其坐标x的余弦函数，因此振幅不同。本题答案应为(B)。

【10-6】 频率为$\nu=1.25\times10^4$ Hz的平面简谐纵波沿细长的金属棒传播，棒的弹性模量$E=1.90\times10^{11}$ N·m^{-2}，棒的密度$\rho=7.6\times10^3$ kg·m^{-3}。求该纵波的波长。

解 固体内纵波的波速u与E和ρ的关系为

$$u=\sqrt{E/\rho}$$

将E和ρ的数值代入上式，得到$u=5.0\times10^3$ m·s^{-1}。因此，该纵波波长为

$$\lambda=\frac{u}{\nu}=0.40\ \text{m}$$

【10-7】 一横波在沿绳子传播时的波动方程为$y=0.20\cos(2.50\pi t-\pi x)$，式中，$y$和$x$的单位为m，$t$的单位为s。(1) 求波的振幅、波速、频率及波长；(2) 求绳上的质点振动时的最大速度；(3) 分别画出$t=1$ s和$t=2$ s时的波形，并指出波峰和波谷。画出$x=1.0$ m处质点的振动曲线并讨论其与波形图的不同。

解 (1) 题中所列波动方程可以改写为

$$y=0.20\cos\left[2.50\pi\left(t-\frac{x}{2.50}\right)\right]$$

与波动方程的一般形式$y=A\cos\omega\left(t-\dfrac{x}{u}\right)$比较，可得波的振幅$A=0.20$ m，角频率$\omega=2.50\pi$ s^{-1}，波速$u=2.50$ m·s^{-1}。频率和波长可以通过有关公式求出。

$$\nu=\frac{\omega}{2\pi}=1.25\ \text{Hz},\quad \lambda=\frac{u}{\nu}=2.0\ \text{m}$$

(2) 质点振动的最大速度 $v_{\max}=A\omega=1.57$ m·s^{-1}

(3) $t=1$ s和$t=2$ s时的波形方程如下：

$$y_1=0.20\cos(\pi x-2.50\pi) \quad ①$$

$$y_2=0.20\cos(\pi x-5.0\pi) \quad ②$$

$x=1.0$ m处质点的振动方程为

$$y=0.20\cos(2.50\pi t-\pi) \quad ③$$

根据方程①～③可画出相应曲线，如图10-4所示。波形曲线表示的是某一时刻波线上各质点的位移，振动曲线表示的是某一质点在不同时刻的位移。

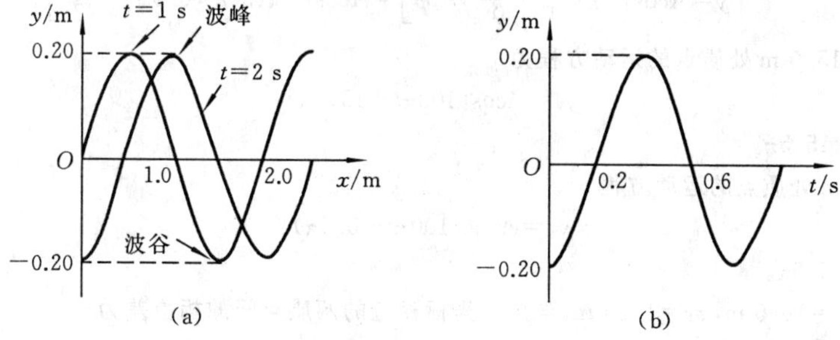

图10-4

【10-8】 波源作简谐运动，其运动方程为$y=4.0\times10^{-3}\cos(240\pi t)$，式中，$y$的单位为m，$t$的单位为s，它所形成的波以30 m·s^{-1}的速度沿一直线传播。(1) 求波的周期及波长；(2) 写出波动方程。

解 (1) 由波源的运动方程可知$\omega=240\pi$ s^{-1}，因此波的周期为

$$T=\frac{2\pi}{\omega}=\frac{1}{120}\text{ s}=8.33\times10^{-3}\text{ s}$$

已知 $u=30\text{ m}\cdot\text{s}^{-1}$，则波长为　　$\lambda=uT=0.25\text{ m}$

(2) 将 A、T、λ 的值代入波动方程 $y=A\cos2\pi\left(\frac{t}{T}-\frac{x}{\lambda}\right)$ 中，即得所求之波动方程为

$$y=4.0\times10^{-3}\cos2\pi(120t-4.0x)$$

【10-9】 已知一波动方程为 $y=0.05\sin(10\pi t-2x)$，式中，y 的单位为 m，t 的单位为 s，(1) 求波长、频率、波速和周期；(2) 说明 $x=0$ 时方程的意义，并作图表示。

解 (1) 将题中波动方程与波动方程的一种一般形式 $y=A\cos(\omega t-kx)$ 比较，得到

$$\omega=10\pi\text{ s}^{-1},\quad k=2\text{ m}^{-1}$$

于是可得

$$\lambda=\frac{2\pi}{k}=3.14\text{ m},\quad \nu=\frac{\omega}{2\pi}=5\text{ Hz}$$

$$u=\lambda\nu=15.7\text{ m}\cdot\text{s}^{-1},\quad T=\frac{1}{\nu}=0.2\text{ s}$$

图 10-5

(2) $x=0$ 时，方程说明位于原点处的质点的位移与时间的关系，即它的振动方程

$$y=0.05\sin(10\pi t)$$

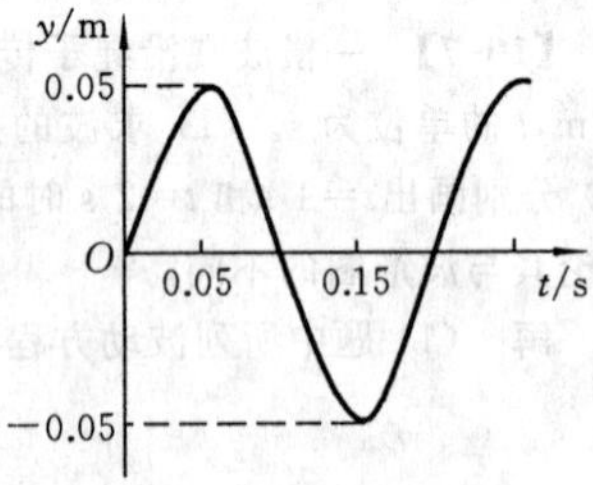

此方程的函数曲线如图 10-5 所示。

【10-10】 波源作简谐运动，周期为 0.02 s，若该振动以 $100\text{ m}\cdot\text{s}^{-1}$ 的速度沿直线传播，设 $t=0$ 时，波源处的质点经平衡位置向正方向运动，求：(1) 距波源 15.0 m 和 5.0 m 处质点的运动方程和初相；(2) 距波源分别为 16.0 m 和 17.0 m 处的两质点间的相位差。

解 已知波源在 $t=0$ 时，$y_0=0$，$v_0>0$。设波源振幅为 A，则根据

$$y_0=A\cos\varphi,\quad v_0=-A\omega\sin\varphi$$

可以得到 $\varphi=-\frac{\pi}{2}$。因此波源的运动方程为

$$y=A\cos\left(100\pi t-\frac{\pi}{2}\right)$$

设波源的振动沿 x 轴传播，则波长为

$$\lambda=uT=2\text{ m}$$

波动方程为
$$y=A\cos\left[2\pi\left(\frac{t}{T}-\frac{x}{\lambda}\right)+\varphi\right]=A\cos\left[2\pi(50t-0.5x)-\frac{\pi}{2}\right]$$

(1) $x_1=15.0\text{ m}$ 处质点的运动方程为

$$y_1=A\cos(100\pi t-15.5\pi)$$

初相为 $\varphi_1=-15.5\pi$。

$x_2=5.0\text{ m}$ 处质点的运动方程为

$$y_2=A\cos(100\pi t-5.5\pi)$$

初相为 $\varphi_2=-5.5\pi$。

(2) 令 $x_3=16.0\text{ m}$，$x_4=17.0\text{ m}$，与此二坐标相应的两质点间的相位差为

$$\left[2\pi(50t-0.5x_3)-\frac{\pi}{2}\right]-\left[2\pi(50t-0.5x_4)-\frac{\pi}{2}\right]=(x_4-x_3)\pi=\pi$$

【10-11】 有一平面简谐波在空间传播。已知在波线上某点 B 的运动规律为 $y=A\cos(\omega t+\varphi)$，就图 10-6(a)、(b)、(c)给出的三种坐标取法，分别列出波动方程。并用这三个方程来描述与 B 相距为 b 的 P 点的运动规律。

解 (1) 如图 10-6(a)所示，波沿 x 轴正向传播，B 点位于原点，波动方程为

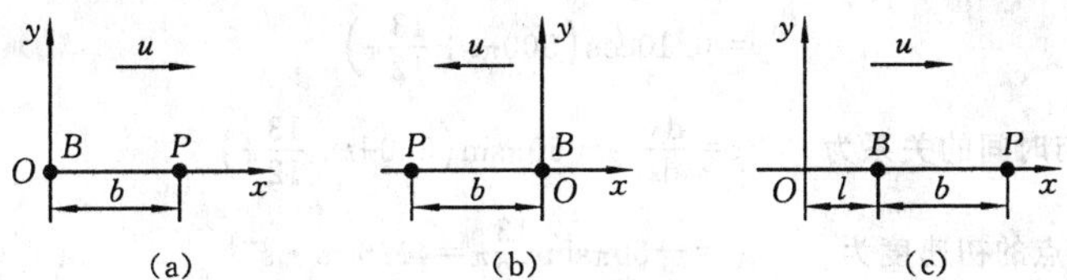

图 10-6

$$y=A\cos\left[\omega\left(t-\frac{x}{u}\right)+\varphi\right]$$

P 点坐标为 $x_P=b$，代入后得 P 点运动规律为

$$y_P=A\cos\left[\omega\left(t-\frac{b}{u}\right)+\varphi\right]$$

(2) 如图 10-6(b)所示，B 点仍位于原点，波沿 x 轴负向传播，波动方程为

$$y=A\cos\left[\omega\left(t+\frac{x}{u}\right)+\varphi\right]$$

P 点坐标为 $x_P=-b$，其运动规律为　$y_P=A\cos\left[\omega\left(t-\frac{b}{u}\right)+\varphi\right]$

(3) 如图 10-6(c)所示，B 点坐标为 $x_B=l$，作坐标变换 $x'=x-l$，则在 x' 轴上，B 点坐标为 $x'_B=0$，位于 x' 轴的原点，波仍沿 $x'(x)$ 轴正向传播，因此波动方程可写为

$$y=A\cos\left[\omega\left(t-\frac{x'}{u}\right)+\varphi\right]=A\cos\left[\omega\left(t-\frac{x-l}{u}\right)+\varphi\right]$$

P 点坐标为 $x_P=l+b$，其运动规律为　$y_P=A\cos\left[\omega\left(t-\frac{b}{u}\right)+\varphi\right]$

【10-12】 图 10-7(a)所示为平面简谐波在 $t=0$ 时的波形图，设此简谐波的频率为 250 Hz，且此时图中点 P 的运动方向向上。求：(1) 该波的波动方程；(2) 在距原点为 7.5 m 处质点的运动方程与 $t=0$ 时该点的振动速度。

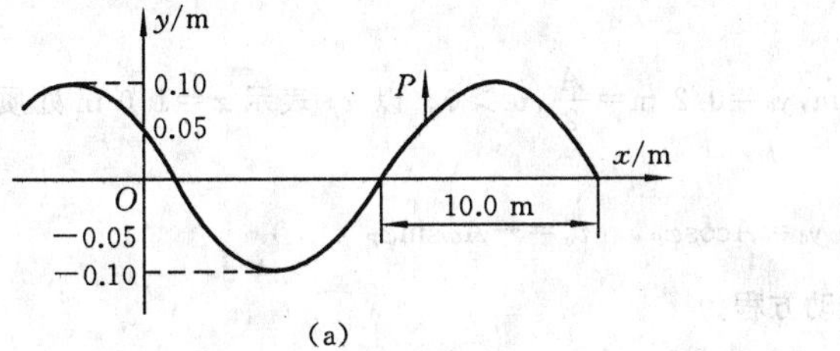

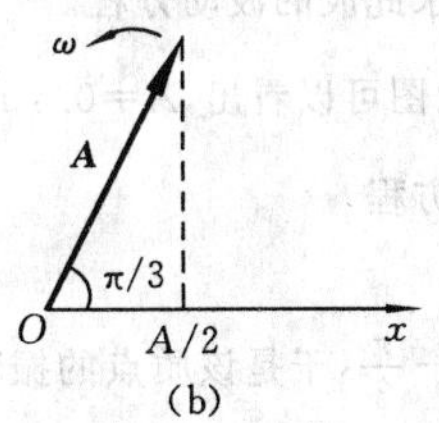

图 10-7

解　(1) 图中点 P 的运动方向向上，说明该波是沿 x 轴负向传播，位于原点处的质点的运动方向向下，即 $v_0<0$，这时 $y_0=0.05\ \text{m}=\frac{A}{2}$。用旋转矢量图表示则如图 10-7(b)所示。由此图可知 $\varphi=\frac{\pi}{3}$。已知频率 $\nu=250$ Hz，又从图 10-7(a)中看出波长 $\lambda=20.0$ m，因此波速为

$$u=\lambda\nu=5000\ \text{m}\cdot\text{s}^{-1}$$

将这些值代入沿 x 轴负向传播的平面简谐波的波动方程的一般表示式

$$y=A\cos\left[2\pi\nu\left(t+\frac{x}{u}\right)+\varphi\right]$$

得到该波的波动方程为　$y=0.10\cos\left[500\pi\left(t+\frac{x}{5000}\right)+\frac{\pi}{3}\right]$

(2) 令波动方程中的 $x=7.5$ m，就得到该处质点的运动方程为

$$y=0.10\cos\left(500\pi t+\frac{13}{12}\pi\right)$$

该处质点的速度与时间的关系为 $v=\dfrac{dy}{dt}=-50\pi\sin\left(500\pi t+\dfrac{13}{12}\pi\right)$

令 $t=0$,即得该质点的初速度为 $v_0=-50\pi\sin\dfrac{13}{12}\pi=40.6\ \mathrm{m\cdot s^{-1}}$

【10-13】 如图 10-8 所示为一平面简谐波在 $t=0$ 时刻的波形图,求:(1) 该波的波动方程;(2) P 处质点的运动方程。

解 (1) 由图 10-8 可以看出,波的振幅 $A=0.04\ \mathrm{m}$,波长 $\lambda=0.40\ \mathrm{m}$,波速 $u=0.08\ \mathrm{m\cdot s^{-1}}$。因此波的周期为

$$T=\frac{\lambda}{u}=5\ \mathrm{s}$$

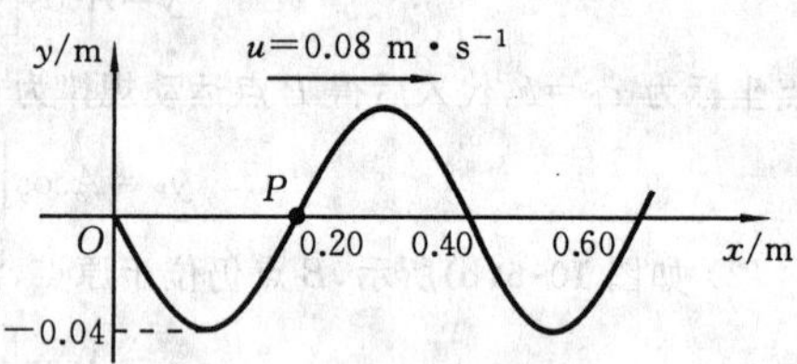

图 10-8

由图 10-8 还可看出,原点处质点的初始状态为 $y_0=0,v_0>0$。由此可以确定其初相为 $\varphi=-\dfrac{\pi}{2}$。将 $A、T、\lambda、\varphi$ 的值代入一般形式的波动方程

$$y=A\cos\left[2\pi\left(\frac{t}{T}-\frac{x}{\lambda}\right)+\varphi\right]$$

即得该波波动方程为 $y=0.04\cos\left[2\pi(0.2t-2.5x)-\dfrac{\pi}{2}\right]$

(2) 将 $x=0.20\ \mathrm{m}$ 代入波动方程,即得该处质点的运动方程为

$$y_P=0.04\cos\left[2\pi(0.2t-0.5)-\frac{\pi}{2}\right]=0.04\cos\left(0.4\pi t-\frac{3}{2}\pi\right)$$

P 点的振动是从 O 点传播过来的,因此其初相应小于 O 点的初相。

【10-14】 一平面谐波,波长为 12 m,沿 x 轴负向传播。图 10-9 所示的为 $x=1.0\ \mathrm{m}$ 处质点的振动曲线,求此波的波动方程。

解 由图可以看出,$A=0.4\ \mathrm{m}$,$y_0=0.2\ \mathrm{m}=\dfrac{A}{2}$,$v_0>0$。以 φ_P 表示 $x=1.0\ \mathrm{m}$ 处质点振动的初相,根据方程

$$y_0=A\cos\varphi_P,\quad v_0=-A\omega\sin\varphi_P$$

可得 $\varphi_P=-\dfrac{\pi}{3}$,于是该质点的振动方程为

$$y=0.4\cos\left(\omega t-\frac{\pi}{3}\right) \qquad ①$$

根据 $\varphi_P=-\dfrac{\pi}{3}$ 及 $t=5.0\ \mathrm{s}$ 时 $y=0$,应用旋转矢量图可以判断这时的相位为 $\dfrac{\pi}{2}$,即 $5.0\omega-\dfrac{\pi}{3}=\dfrac{\pi}{2}$,由此可得 $\omega=\dfrac{1}{6}\pi\ \mathrm{s^{-1}}$。已知 $\lambda=12\ \mathrm{m}$,于是可进一步求出波速

$$u=\nu\lambda=\frac{\omega\lambda}{2\pi}=1.0\ \mathrm{m\cdot s^{-1}}$$

将已知的 $A、\omega、u$ 的值代入沿 x 轴负向传播的波动方程

$$y=A\cos\left[\omega\left(t+\frac{x}{u}\right)+\varphi\right]$$

即得 $y=0.4\cos\left[\dfrac{\pi}{6}\left(t+\dfrac{x}{1.0}\right)+\varphi\right] \qquad ②$

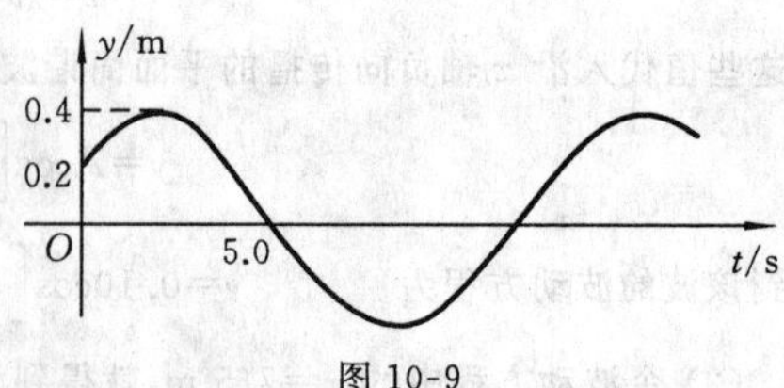

图 10-9

将 $x=1.0\ \text{m}$ 代入②式，即得该处质点的振动方程为

$$y=0.4\cos\left(\frac{\pi}{6}t+\frac{\pi}{6}+\varphi\right)$$

这个方程和①式是同一个方程，相比较后即得

$$\frac{\pi}{6}+\varphi=-\frac{\pi}{3},\quad \varphi=-\frac{\pi}{2}$$

将 φ 的值代入②式即得所求的波动方程为

$$y=0.4\cos\left[\frac{\pi}{6}\left(t+\frac{x}{1.0}\right)-\frac{\pi}{2}\right]$$

【10-15】 图10-10中Ⅰ是 $t=0$ 时的波形图，Ⅱ是 $t=0.1\ \text{s}$ 时的波形图。已知 $T>0.1\ \text{s}$，写出波动方程表示式。

解 由波形图可以看出，$A=0.10\ \text{m}$，$\lambda=2.0\ \text{m}$。因为 $T>0.1\ \text{s}$，所以在 $\Delta t=0.1\ \text{s}$ 的时间内，波形移动距离 $\Delta x<\lambda$，由图可知，$\Delta x=0.50\ \text{m}$，于是可以算出波速

$$u=\frac{\Delta x}{\Delta t}=5.0\ \text{m}\cdot\text{s}^{-1}$$

周期 $$T=\frac{\lambda}{u}=0.40\ \text{s}$$

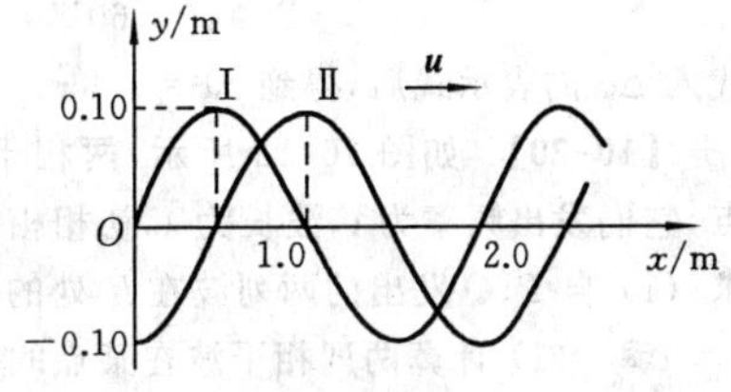

图10-10

由波形图还可看出，在 $t=0$ 时，原点处的质点的位移 $y_0=0$，$v_0<0$，根据方程 $y_0=A\cos\varphi$，$v_0=-A\omega\sin\varphi$，可得 $\varphi=\frac{\pi}{2}$。将已求出的 A、T、λ、φ 的值代入方程

$$y=A\cos\left[2\pi\left(\frac{t}{T}-\frac{x}{\lambda}\right)+\varphi\right]$$

即得所求波动方程为 $$y=0.10\cos\left[2\pi\left(\frac{t}{0.40}-\frac{x}{2.0}\right)+\frac{\pi}{2}\right]$$

【10-16】 平面简谐波的波动方程为 $y=0.08\cos(4\pi t-2\pi x)$，式中 y 和 x 的单位为m，t 的单位为s，求：(1) $t=2.1\ \text{s}$ 时波源及距波源0.10 m两处的相位；(2) 离波源0.80 m及0.30 m两处的相位差。

解 (1) 波动方程中的相位为 $4\pi t-2\pi x$，$t=2.1\ \text{s}$ 时，各处相位为 $8.4\pi-2\pi x$。令 $x=0$，得到原点处的相位为 $\varphi=8.4\pi$，令 $x=0.10\ \text{m}$，得到该处的相位为 $\varphi=8.2\pi$。

(2) x_1 与 x_2 两处的相位差为 $\varphi_1-\varphi_2=2\pi(x_2-x_1)$。令 $x_1=0.80\ \text{m}$，$x_2=0.30\ \text{m}$，这两处的相位差为 $\varphi_1-\varphi_2=-\pi$，负号表示 x_1 处的相位小于 x_2 处的相位。这个波是沿 x 轴正向传播的，离原点较远处的相位较小，这是合理的。

【10-17】 为了保持波源的振动不变，需要消耗4.0 W的功率。若波源发出的是球面波（设介质不吸收波的能量）。求距离波源5.0 m和10.0 m处的能流密度。

解 在距波源为 R 的球面上，能流是均匀分布的，假设介质不吸收波的能量，则球面上的能流密度为

$$I=\frac{\overline{P}}{S}=\frac{\overline{P}}{4\pi R^2}$$

式中，$\overline{P}$ 是波源的功率。分别将 $R_1=5.0\ \text{m}$ 和 $R_2=10.0\ \text{m}$ 代入，即得距波源5.0 m处和10.0 m处的能流密度分别为

$$I_1=\frac{\overline{P}}{4\pi R_1^2}=1.27\times10^{-2}\ \text{W}\cdot\text{m}^{-2},\quad I_2=\frac{\overline{P}}{4\pi R_2^2}=3.18\times10^{-3}\ \text{W}\cdot\text{m}^{-2}$$

【10-18】 有一波在介质中传播，其波速 $u=1.0\times10^3\ \text{m}\cdot\text{s}^{-1}$，振幅 $A=1.0\times10^{-4}\ \text{m}$，频率 $\nu=1.0\times10^3\ \text{Hz}$。若介质的密度为 $\rho=8.0\times10^2\ \text{kg}\cdot\text{m}^{-3}$，求：(1) 该波的能流密度；(2) 1 min内垂

直通过 $4.0\times10^{-4}\ m^2$ 的总能量。

解 (1) 波的角频率 $$\omega=2\pi\nu=2.0\times10^3\ \pi\ s^{-1}$$

波的能流密度 $$I=\frac{1}{2}\rho A^2\omega^2u=1.58\times10^5\ W\cdot m^{-2}$$

(2) 所求总能量为 $$W=IS\Delta t=3.79\times10^3\ J$$

【10-19】 如图 10-11 所示，两振动方向相同的平面简谐波波源分别位于 A、B 两点。设它们相位相同，且频率均为 $\nu=30$ Hz，波速 $u=0.50\ m\cdot s^{-1}$。求在 P 点处两列波的相位差。

解 两波源相位相同，它们所发出的两列同频率、同振动方向的平面简谐波在 P 点处相遇时，两列波的相位差为

$$\Delta\varphi=2\pi\frac{AP-BP}{\lambda}$$

由图 10-11 可知，$BP=AP\sin30°=1.5$ cm，而

$$\lambda=\frac{u}{\nu}=\frac{1}{60}m$$

代入 $\Delta\varphi$ 的表示式后，得到 $\Delta\varphi=1.8\pi$。

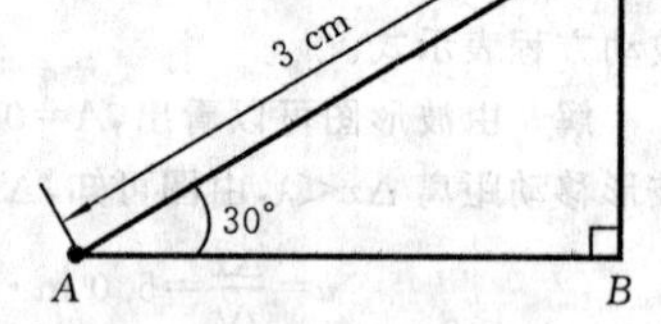

图 10-11

【10-20】 如图 10-12 所示，两相干波源分别在 P、Q 两点，它们发出频率为 ν，波长为 λ，初相相同的两列相干波，设 $PQ=3\lambda/2$，R 为 PQ 延长线上的一点。求：(1) 自 P、Q 发出的两列波在 R 处的相位差；(2) 两波在 R 处干涉时的合振幅。

解 (1) 计算两列相干波在某点的相位差的公式为

$$\Delta\varphi=\varphi_2-\varphi_1-2\pi\frac{r_2-r_1}{\lambda}$$

已知 $\varphi_2=\varphi_1$，$r_2-r_1=\frac{3}{2}\lambda$，代入上式后 $\Delta\varphi=3\pi$。

(2) 因为 $\Delta\varphi$ 是 π 的奇数倍，满足相干波干涉减弱的条件，所以在 R 处干涉时的合振幅为 $A=|A_1-A_2|$。

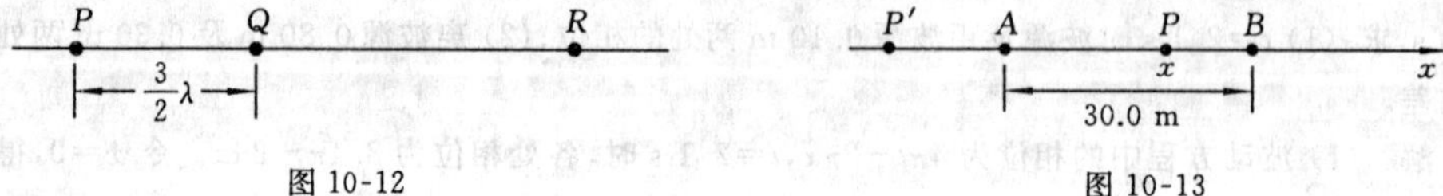

图 10-12　　图 10-13

【10-21】 两相干波波源位于同一介质中的 A、B 两点，如图 10-13 所示。其振幅相等、频率皆为 100 Hz，B 比 A 的相位超前 π。若 A、B 相距 30.0 m，波速为 400 $m\cdot s^{-1}$，试求 AB 连线上因干涉而静止的各点的位置。

解 取点 A 为坐标原点，x 轴方向如图 10-13 所示。设 A、B 两点间距离为 l，P 为 A、B 间一点，坐标为 x。在点 P，两波源引起的振动的相位差为

$$\Delta\varphi=\varphi_2-\varphi_1-2\pi\frac{r_2-r_1}{\lambda}=\pi-2\pi\frac{(l-x)-x}{\lambda}=\pi-2\pi\frac{l-2x}{\lambda}$$

已知 $l=30.0$ m，波长 $\lambda=\frac{u}{\nu}=4.0$ m，代入上式得

$$\Delta\varphi=-14\pi+\pi x$$

当 $\Delta\varphi=(2k+1)\pi$ 时，点 P 振幅 $A=|A_2-A_1|=0$，即点 P 静止。静止各点的坐标可由方程

$$-14\pi+\pi x=(2k+1)\pi$$

求得为 $$x=(2k+15)\ m$$

因为 $0<x<30.0$ m，所以取 $k=0,\pm1,\pm2,\cdots,\pm7$，即 $x=1,3,5,\cdots,27,29$ m。各点静止。

点 P' 是点 A 外侧一点。在该点，两波源引起的振动的相位差

$$\Delta\varphi=\varphi_2-\varphi_1-2\pi\frac{r_2-r_1}{\lambda}=-14\pi$$

因此点 P' 的振幅 $A=A_1+A_2=2A_1$。在点 A 外侧各点振动都是最大振幅，无静止点。同理，在点 B 外侧也没有静止点。

【10-22】 图 10-14 是干涉型消声器结构的原理图，利用这一结构可以消除噪声。当发动机排气噪声声波经管道到达点 A 时，分成两路而在点 B 相遇，声波因干涉而相消。如果要消除频率为 300 Hz 的发动机排气噪声，求图中弯道与直管长度差 $\Delta r=r_2-r_1$ 至少应为多少？(设声波速度为 340 $m\cdot s^{-1}$。)

解　噪声波长为　$\lambda=\dfrac{u}{\nu}=1.13\ m$

经弯管的声波和经直管的声波都发自点 A，它们有相同的初相，它们的波程差来自弯管与直管的长度差，即

$$\delta=r_2-r_1$$

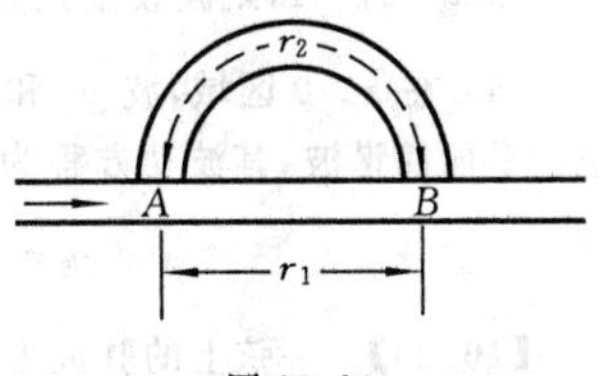

图 10-14

当 δ 为 $\lambda/2$ 的奇数倍时，两部分声波在 B 点干涉相消。因此 Δr 至少应等于 $\lambda/2$，即

$$(\Delta r)_{\min}=\frac{\lambda}{2}=0.57\ m$$

【10-23】 如图 10-15 所示，$x=0$ 处有一运动方程为 $y=A\cos\omega t$ 的平面波波源，产生的波沿 x 轴正、负方向传播。MN 为波密介质的反射面，距波源 $\frac{3}{4}\lambda$。求：(1) 波源所发射的波沿波源 O 左右传播的波动方程；(2) 在 MN 处反射波的波动方程；(3) 在 $O\sim MN$ 区域内形成的驻波方程，以及波节和波腹的位置；(4) $x>0$ 区域内合成波的波动方程。

解　(1) 波源所发射的沿左传播的波的波动方程为

$$y_1=A\cos2\pi\left(\nu t+\frac{x}{\lambda}\right)\quad\left(-\frac{3}{4}\lambda\leqslant x\leqslant0\right)$$

沿右传播的波的波动方程为

$$y_2=A\cos2\pi\left(\nu t-\frac{x}{\lambda}\right)\quad(x\geqslant0)$$

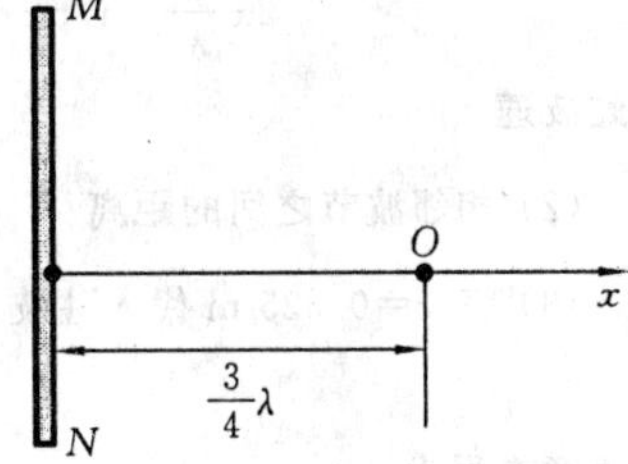

图 10-15

(2) 从 O 发出的沿左传播的波在反射面处引起的振动的方程为

$$y'=A\cos2\pi\left(\nu t+\frac{-\frac{3}{4}\lambda}{\lambda}\right)=A\cos\left(2\pi\nu t-\frac{3}{2}\pi\right)$$

以 x 轴与反射面的交点作为方向向右的 x' 轴的原点，则反射波的波动方程为

$$y_3=A\cos\left[2\pi\left(\nu t-\frac{x'}{\lambda}\right)-\frac{3}{2}\pi+\pi\right]=A\cos\left[2\pi\left(\nu t-\frac{x'}{\lambda}\right)-\frac{\pi}{2}\right]$$

式中已考虑了反射波相对于入射波的相位跃变 π。x' 与 x 的关系是 $x'=x+\frac{3}{4}\lambda$，代入后，反射波方程可改写为

$$\begin{aligned}y_3&=A\cos\left[2\pi\left(\nu t-\frac{x+\frac{3}{4}\lambda}{\lambda}\right)-\frac{\pi}{2}\right]=A\cos\left[2\pi\left(\nu t-\frac{x}{\lambda}\right)-2\pi\right]\\&=A\cos\left[2\pi\left(\nu t-\frac{x}{\lambda}\right)\right]\quad\left(x\geqslant-\frac{3}{4}\lambda\right)\end{aligned}$$

(3) 在 $O\sim MN$ 区域内，入射波 y_1 和反射波 y_3 发生叠加，形成驻波，驻波方程为

$$y_4=y_1+y_3=2A\cos 2\pi\frac{x}{\lambda}\cos 2\pi\nu t\quad\left(-\frac{3}{4}\lambda\leqslant x\leqslant 0\right)$$

波节位置公式为 $x=(2k+1)\frac{\lambda}{4},\quad k=0,\pm1,\pm2,\cdots$

因为 $-\frac{3\lambda}{4}\leqslant x\leqslant 0$，所以 $x=-\frac{1}{4}\lambda,-\frac{3}{4}\lambda$。

波腹位置公式为 $x=k\frac{\lambda}{2},\quad k=0,\pm1,\pm2,\cdots$

取 $k=0,-1$，则波腹位置为 $0,-\frac{\lambda}{2}$。

(4) 在 $x>0$ 区域，波 y_2 和波 y_3 叠加，这是完全相同的两列平面简谐波的叠加，在叠加区域仍是一平面简谐波，其波动方程为

$$y_5=y_2+y_3=2A\cos\left[2\pi\left(\nu t-\frac{x}{\lambda}\right)\right]\quad(x\geqslant 0)$$

【10-24】 一弦上的驻波方程为 $y=0.03\cos(1.6\pi x)\cos(550\pi t)$，式中，$y$ 和 x 的单位为 m，t 的单位为 s。

(1) 若将此驻波看成是由传播方向相反、振幅及波速均相同的两列相干波叠加而成的，求它们的振幅及波速；(2) 求相邻波节之间的距离；(3) 求 $t=3.0\times10^{-3}$ s 时位于 $x=0.625$ m处质点的振动速度。

解 (1) 将题中所列驻波方程与一般的驻波方程

$$y=2A\cos 2\pi\frac{x}{\lambda}\cos 2\pi\nu t$$

比较，可得 $2A=0.03\ \text{m},\quad A=1.5\times10^{-2}\ \text{m}$

$$2\pi\frac{x}{\lambda}=1.6\pi x,\quad \lambda=1.25\ \text{m},\quad 2\pi\nu t=550\pi t,\quad \nu=275\ \text{Hz}$$

因此波速 $u=\lambda\nu=343.8\ \text{m}\cdot\text{s}^{-1}$

(2) 相邻波节之间的距离 $x_{n+1}-x_n=\frac{\lambda}{2}=0.625\ \text{m}$

(3) 将 $x=0.625$ m 代入驻波方程中，得到该处质点的振动方程为

$$y=-0.03\cos(550\pi t)$$

其速度方程为 $v=\frac{\mathrm{d}y}{\mathrm{d}t}=51.8\sin(550\pi t)$

将 $t=3.0\times10^{-3}$ s 代入上式，得到所求速度为

$$v=-46.2\ \text{m}\cdot\text{s}^{-1}$$

【10-25】 在下述两种情况下，求长度为 0.15 m 的风琴管的基频和前四个谐频。设声速为 $340\ \text{m}\cdot\text{s}^{-1}$。(1) 管子两端开口；(2) 管子的一端封闭，一端开口。

解 (1) 在管子两端开口的情况下，管长应为半波长的整数倍，相应地，驻波频率应满足的关系为

$$\nu_n=n\frac{u}{2l}\quad(n=1,2,3,\cdots)$$

令 $n=1$，可得基频频率为 $\nu_1=1133$ Hz；令 $n=2,3,4,5$ 可得前四个谐频频率为 $\nu_2=2267$ Hz，$\nu_3=3400$ Hz，$\nu_4=4533$ Hz，$\nu_5=5667$ Hz。

(2) 管子一端开口，一端封闭时，管长应为 $\frac{1}{4}$ 波长的奇数倍，$l=(2n-1)\frac{\lambda_n}{4}$ $(n=1,2,3,\cdots)$。驻波频率与管长的关系则为

$$\nu_n=\frac{u}{\lambda_n}=(2n-1)\frac{u}{4l}$$

令 $n=1$,可得基频频率为 $\nu_1=567$ Hz,令 $n=2,3,4,5$ 可得前四个谐频频率为 $\nu_2=1700$ Hz,$\nu_3=2833$ Hz,$\nu_4=3967$ Hz,$\nu_5=5100$ Hz。

【10-26】 一平面简谐波的频率为 500 Hz,在空气($\rho=1.3\ \text{kg}\cdot\text{m}^{-3}$)中以 $u=340\ \text{m}\cdot\text{s}^{-1}$ 的速度传播,达到人耳时振幅约为 $A=1.0\times10^{-6}$ m。试求波在耳中的平均能量密度和声强。

解 波的平均能量密度

$$\overline{w}=\frac{1}{2}\rho A^2\omega^2=2\pi^2\rho A^2\nu^2=6.41\times10^{-6}\ \text{J}\cdot\text{m}^{-3}$$

声强为

$$I=\overline{w}u=2.18\times10^{-3}\ \text{W}\cdot\text{m}^{-2}$$

【10-27】 面积为 $1.0\ \text{m}^2$ 的窗户开向街道,街中噪声在窗口的声强级为 80 dB。问有多少"声功率"传入窗内?

解 以 dB 为单位的声强级为

$$L_1=10\lg\frac{I}{I_0} \qquad ①$$

由此可得相应的声强为

$$I=I_0 10^{L_1/10} \qquad ②$$

已知 $I_0=10^{-12}\ \text{W}\cdot\text{m}^{-2}$,$L_1=80$ dB,代入②式后得到 $I=10^{-4}\ \text{W}\cdot\text{m}^{-2}$。传入窗内的声功率为

$$P=IS=10^{-4}\times1.0\ \text{W}=1.0\times10^{-4}\ \text{W}$$

【10-28】 若在同一介质中传播的频率为 1 200 Hz 和 400 Hz 的两声波有相同的振幅。求:(1) 它们的强度之比;(2) 两声波的声强级差。

解 (1) 波的强度与影响它的各种因素之间的关系是

$$I=\frac{1}{2}\rho A^2\omega^2 u=2\pi^2\rho A^2\nu^2 u$$

在介质相同(ρ、u 相同)、振幅相同的条件下,波的强度与频率的平方成正比,因此

$$\frac{I_1}{I_2}=\left(\frac{\nu_1}{\nu_2}\right)^2=\left(\frac{1200}{400}\right)^2=9:1$$

(2) 两声波的强度级差为

$$L_1-L_2=\left(10\lg\frac{I_1}{I_0}-10\lg\frac{I_2}{I_0}\right)=10\lg\frac{I_1}{I_2}=9.54\ \text{dB}$$

【10-29】 一警车以 $25\ \text{m}\cdot\text{s}^{-1}$ 的速度在静止的空气中行驶,假设车上警笛的频率为 800 Hz。求:(1) 静止站在路边的人听到警车驶近和离去时的警笛声波频率;(2) 如果警车追赶一辆速度为 $15\ \text{m}\cdot\text{s}^{-1}$ 的客车,则客车上人听到的警笛声波频率是多少?(设空气中声速为 $u=330\ \text{m}\cdot\text{s}^{-1}$。)

解 (1) 这是属于观察者不动,波源相对介质以 v_s 运动的情形。当警车驶近时,人所听到的警笛声频率为

$$\nu'=\frac{u}{u-v_s}\nu=865.6\ \text{Hz}$$

当警车离去时,人所听到的警笛声频率为

$$\nu''=\frac{u}{u+v_s}\nu=743.7\ \text{Hz}$$

(2) 这是属于波源和观察者同时相对介质运动的情形,波源向着观察者运动,而观察者背离波源运动。因此这时人听到的警笛声的频率为

$$\nu'=\frac{u-v_0}{u-v_s}\nu=826.2\ \text{Hz}$$

【10-30】 一次军事演习中,有两艘潜艇在水中相向而行,甲的速度为 $50.0\ \text{km}\cdot\text{h}^{-1}$,乙的速度为 $70.0\ \text{km}\cdot\text{h}^{-1}$,如图 10-16 所示。甲潜艇发出一个 1.0×10^3 Hz 的声音信号,设声波在水中的传播速度为 $5.47\times10^3\ \text{km}\cdot\text{h}^{-1}$,试求:(1) 乙潜艇接收到的信号频率;(2) 甲潜艇接收到的从乙潜艇反射回来的信号频率。

解 当信号源和接收器相向而行时,接收到的信号频率为

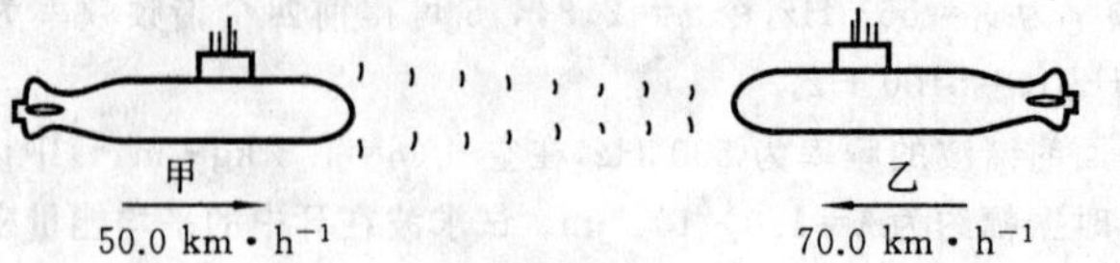

图 10-16

$$\nu' = \frac{u+v_0}{u-v_s}\nu \qquad ①$$

(1) 已知 $\nu=1.0\times10^3$ Hz, $u=5.47\times10^3$ km · h^{-1}, $v_0=70.0$ km · h^{-1}, $v_s=50.0$ km · h^{-1}。代入①式后，得到 $\nu'=1022$ Hz。

(2) 反射信号频率 $\nu=1022$ Hz, $u=5.47\times10^3$ km · h^{-1}, $v_0=50.0$ km · h^{-1}, $v_s=70.0$ km · h^{-1}。代入①式后得到甲潜艇接收到的反射信号频率为 $\nu'=1045$ Hz。

【10-31】 一广播电台的辐射功率是 10 kW，假定辐射场均匀分布在以电台为中心的半球面上。(1) 求距离电台为 $r=10$ km 处的坡印廷矢量的平均值；(2) 若在上述距离处的电磁波可看作平面波，求该处的电场强度和磁场强度的振幅。

解 (1) 以 A 表示半球面的面积，则距离电台 r 处电磁波的坡印亭矢量平均值为

$$S=\frac{P}{A}=\frac{P}{2\pi r^2}=1.59\times10^{-5}\ \text{W}\cdot\text{m}^{-2}$$

(2) 根据公式 $S=\frac{1}{2}E_0H_0$ 和公式 $\sqrt{\varepsilon_0}E_0=\sqrt{\mu_0}H_0$，可得

$$E_0=(2S)^{1/2}\left(\frac{\mu_0}{\varepsilon_0}\right)^{1/4}=0.109\ \text{V}\cdot\text{m}^{-1}$$

$$H_0=(2S)^{1/2}\left(\frac{\varepsilon_0}{\mu_0}\right)^{1/4}=2.91\times10^{-4}\ \text{A}\cdot\text{m}^{-1}$$

【10-32】 真空中有一平面电磁波的电场表示式如下：

$$E_x=0;E_y=0.6\cos\left[2\pi\times10^8\left(t-\frac{x}{c}\right)\right]$$

式中，E_y 的单位为 V · m^{-1}，t 的单位为 s，x 的单位为 m；$E_z=0$。求：(1) 波长，频率；(2) 该电磁波的传播方向；(3) 磁场强度的大小和方向；(4) 坡印亭矢量。

解 (1) 将题中电磁波的电场表示式与平面电磁波的电场表示式的一般形式

$$E=E_0\cos\omega\left(t-\frac{x}{u}\right)\quad(\text{沿 }x\text{ 轴正方向传播})$$

比较，可知 $\omega=2\pi\times10^8$ s^{-1}，$u=c=3\times10^8$ m · s^{-1}。于是可得波长为 $\lambda=\frac{c}{\nu}=\frac{2\pi c}{\omega}=3$ m，频率为 $\nu=\frac{\omega}{2\pi}=10^8$ Hz。

(2) 由电场表示式可以看出，电磁波沿 x 轴正方向传播。

(3) 由电场表示式可知，$E_0=0.6$ V · m^{-1}，磁场强度振幅的大小则为

$$H_0=\sqrt{\frac{\varepsilon_0}{\mu_0}}E_0=1.6\times10^{-3}\ \text{A}\cdot\text{m}^{-1}$$

已知 $x=0$ 和 $t=0$ 时 $\boldsymbol{E}$ 的方向沿 y 轴正方向，$\boldsymbol{u}$ 的方向沿 x 轴正方向，根据 $\boldsymbol{E}$、$\boldsymbol{H}$ 和 $\boldsymbol{u}$ 的方向关系，可以确定 $x=0$ 和 $t=0$ 时 $\boldsymbol{H}$ 沿 z 轴正方向。因此平面电磁波中的磁场表示式为

$$H_x=0,\quad H_y=0,\quad H_z=1.6\times10^{-3}\cos\left[2\pi\times10^8\left(t-\frac{x}{c}\right)\right]$$

(4) 坡印亭矢量为

$$\boldsymbol{S}=\boldsymbol{E}\times\boldsymbol{H}=E_y\boldsymbol{j}\times H_z\boldsymbol{k}=9.6\times10^{-4}\cos^2\left[2\pi\times10^8\left(t-\frac{x}{c}\right)\right]\boldsymbol{i}$$

第11章　光　　学

内容提要

1. 杨氏双缝干涉实验

明暗条纹中心的位置

$$x=\begin{cases}\pm k\dfrac{d'}{d}\lambda \quad (k=0,1,2,\cdots), & \text{明纹中心}\\ \pm(2k+1)\dfrac{d'}{d}\dfrac{\lambda}{2} \quad (k=0,1,2,\cdots), & \text{暗纹中心}\end{cases}$$

2. 光程

定义：光波在介质中经过的几何路程 x 与该介质折射率 n 之积 nx 称为光程。

光程差 Δ 与相位差 $\Delta\varphi$ 的关系：

$$\Delta\varphi=2\pi\frac{\Delta}{\lambda}$$

两相干光束干涉产生的明暗纹条件：

$$\Delta=\begin{cases}\pm k\lambda \quad (k=0,1,2,\cdots), & \text{明纹中心}\\ \pm(2k+1)\dfrac{\lambda}{2} \quad (k=0,1,2,\cdots), & \text{暗纹中心}\end{cases}$$

半波损失：反射光的相位与 λ 射光的相位相比跃变了 π，相当于 λ/2 的附加光程差。

3. 薄膜干涉

光程差

$$\Delta=2d\sqrt{n_2^2-n_1^2\sin^2 i}+\frac{\lambda}{2}$$

当光垂直入射时，

$$\Delta=2n_2d+\frac{\lambda}{2}$$

4. 劈尖干涉　牛顿环

劈尖(反射光)干涉明、暗纹条件：

$$2nd+\frac{\lambda}{2}=\begin{cases}k\lambda \quad (k=1,2,3,\cdots), & \text{明纹中心}\\ (2k+1)\dfrac{\lambda}{2} \quad (k=0,1,2,\cdots), & \text{暗纹中心}\end{cases}$$

劈尖干涉测量细丝直径的公式：

$$D=\frac{\lambda L}{2nb}$$

牛顿环：明、暗环半径公式如下。

明环半径　　$r=\sqrt{\left(k-\frac{1}{2}\right)R\lambda} \quad (k=1,2,\cdots)$

暗环半径　　$r=\sqrt{kR\lambda} \quad (k=0,1,2,\cdots)$

5. 迈克耳孙干涉仪

视场中明纹移动的条数 Δn 与平面镜 M_1 平移的距离 Δd 的关系：

$$\Delta d=\Delta n\frac{\lambda}{2}$$

6. 单缝衍射

明纹和暗纹的条件：

$$b\sin\theta=\begin{cases}\pm k\lambda\ (k=1,2,3,\cdots), & \text{暗纹中心}\\ \pm(2k+1)\dfrac{\lambda}{2}\ (k=1,2,3,\cdots), & \text{明纹中心}\end{cases}$$

中央明纹的宽度：
$$l_0=\frac{2\lambda f}{b}$$

其他明纹的宽度(即相邻暗纹的距离)：

$$l=\frac{\lambda f}{b}$$

7. 圆孔衍射

光学仪器的最小分辨角：
$$\theta_0=1.22\,\frac{\lambda}{D}$$

最小分辨角的倒数称为光学仪器的分辨率。

8. 衍射光栅

光栅方程：
$$(b+b')\sin\theta=\pm k\lambda\quad(k=0,1,2,\cdots)$$

9. X射线的衍射

布拉格公式：
$$2d\sin\theta=k\lambda\quad(k=0,1,2,\cdots)$$

10. 光的偏振

马吕斯定律：
$$I=I_0\cos^2\alpha$$

自然光通过偏振片后，强度减为$\frac{1}{2}I_0$。

布儒斯特定律：
$$\tan i_0=\frac{n_2}{n_1}$$

当 $i=i_B$ 时，反射光与折射光相互垂直。

习题解答

【11-1】 在双缝干涉实验中，若单色光源 S 到两缝 S_1、S_2 距离相等，则观察屏上中央明条纹位于图 11-1(a)中 O 处，现将光源 S 向下移动到示意图中的 S'位置，则(　)。

(A) 中央明条纹向上移动，且条纹间距增大

(B) 中央明条纹向上移动，且条纹间距不变

(C) 中央明条纹向下移动，且条纹间距增大

(D) 中央明条纹向下移动，且条纹间距不变

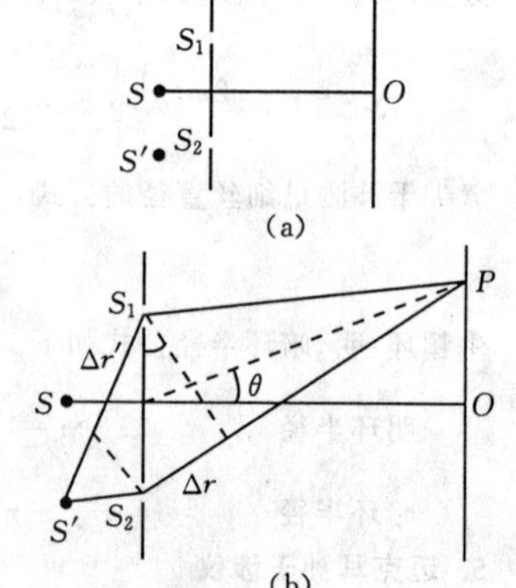

图 11-1

解 当光源 S 与两缝距离相等时，若光屏上 P 点是第 k 级明条纹中心，则与它相应的角度 θ 满足

$$\Delta r=d\sin\theta=k\lambda \qquad ①$$

式中，Δr 是分别从 S_2 和 S_1 发出的两束光的波程差。若光源下移到 S'位置，则由图 11-1(b)可以看出，两束光的波程差为 $(\Delta r-\Delta r')$。假设 P 点仍是一明条纹中心，级别为 k'，则有

$$\Delta r-\Delta r'=d\sin\theta-\Delta r'=k'\lambda$$

与①式比较，即得 $k'<k$，第 k 级明条纹移至比 OP 更远的位置。可见，光源的下移，引起屏幕上干涉条纹整体上移，中央明条纹也向上移动了。

双缝干涉实验中，相邻条纹间距为 $\Delta x=\frac{d'}{d}\lambda$。可见与光源位置无关，光源下移，条纹间距不变。本题答案应选(B)。

【11-2】 如图 11-2 所示，折射率为 n_2，厚度为 e 的透明介质薄膜的上方和下方的透明介质的折射率分别为 n_1 和 n_3，且 $n_1<n_2$，$n_2>n_3$，若用波长为 λ 的单色平行光垂直入射到该薄膜上，则从薄膜上、下两表面反射的光束的光程差是(　)。

(A) $2n_2e$　　(B) $2n_2e-\frac{\lambda}{2}$　　(C) $2n_2e-\lambda$　　(D) $2n_2e-\frac{\lambda}{2n_2}$

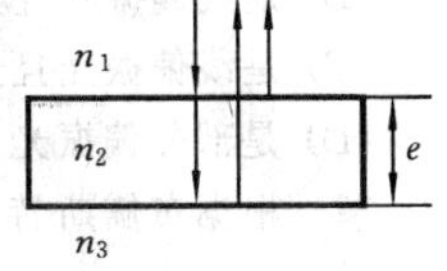

图 11-2

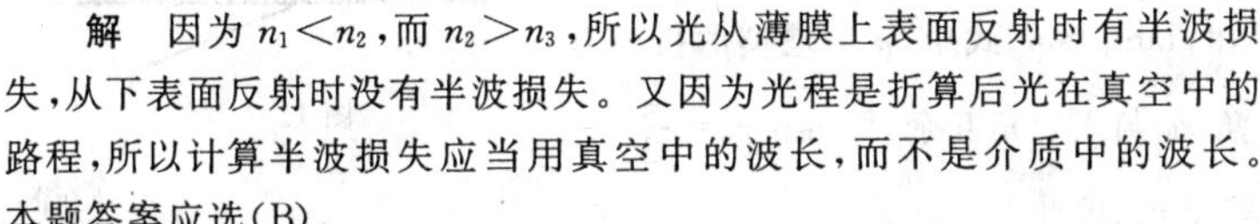

解 因为 $n_1<n_2$，而 $n_2>n_3$，所以光从薄膜上表面反射时有半波损失，从下表面反射时没有半波损失。又因为光程是折算后光在真空中的路程，所以计算半波损失应当用真空中的波长，而不是介质中的波长。本题答案应选(B)。

【11-3】 如图 11-3 所示，两个直径有微小差别的彼此平行的滚柱之间的距离为 L，夹在两块平面晶体的中间，形成空气劈形膜，当单色光垂直入射时，产生等厚干涉条纹，如果滚柱之间的距离 L 变小，则在 L 范围内干涉条纹的(　)。

(A) 数目减小，间距变大　　(B) 数目减小，间距不变

(C) 数目不变，间距变小　　(D) 数目增加，间距变小

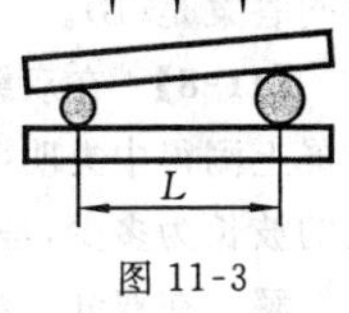

图 11-3

解 设两滚柱的直径分别为 D_1 和 D_2，则在两滚柱之间，空气厚度之差为(D_2-D_1)。相邻两干涉条纹所对应的空气的厚度差为 $\lambda/2$，因此在两滚柱之间干涉条纹的数目为 $N=\frac{D_2-D_1}{\lambda/2}=\frac{2(D_2-D_1)}{\lambda}$。显然，这个数目与两滚柱之间的距离 L 无关。设相邻两条纹之间的距离为 b，则有 $N=\frac{L}{b}$。N 既与 L 无关，L 变小，b 也会成比例地变小。本题正确答案为(C)。

【11-4】 在单缝夫琅禾费衍射实验中，波长为 λ 的单色光垂直入射在宽度为 3λ 的单缝上，对应于衍射角为 30°的方向，单缝处波阵面可分成的半波带数目为(　)。

(A) 2 个　　(B) 3 个　　(C) 4 个　　(D) 6 个

解 令 $b=3\lambda$，$\theta=30°$，则单缝边缘的两束光的光程差为 $\Delta=b\sin\theta=\frac{3}{2}\lambda$，它是半波长的 3 倍，因此单缝处波阵面可分成 3 个半波带。本题应选答案(B)。

【11-5】 波长 $\lambda=550$ nm 的单色光垂直入射于光栅常数 $d=1.0\times10^{-4}$ cm 的光栅上，可能观察到的光谱线的最大级次为(　)。

(A) 4　　(B) 3　　(C) 2　　(D) 1

解 根据光栅方程 $d\sin\theta=\pm k\lambda$，可得 $k\leqslant\frac{d}{\lambda}=1.8$，$k$ 只能取整数，因此光谱线的最大级次为 $k_{\max}=1$。本题正确答案应为(D)。

【11-6】 三个偏振片 P_1、P_2 与 P_3 堆叠在一起，P_1 与 P_3 的偏振化方向相互垂直，P_2 与 P_1 的偏振化方向间的夹角为 45°，强度为 I_0 的自然光入射于偏振片 P_1，并依次透过偏振片 P_1、P_2 与 P_3，则通过三个偏振片后的光强为(　)。

(A) $\frac{I_0}{16}$　　(B) $\frac{3I_0}{8}$　　(C) $\frac{I_0}{8}$　　(D) $\frac{I_0}{4}$

解 强度为 I_0 的自然光通过偏振片 P_1 后，其强度为 $I_1=\frac{1}{2}I_0$。通过 P_2 后，根据马吕斯定律，其强度为 $I_2=I_1\cos^2 45°=\frac{1}{2}I_1=\frac{1}{4}I_0$。因为 P_1 与 P_3 的偏振化方向相互垂直，所以 P_2 与 P_3 的偏振

化方向也是 45°，光束通过 P_3 后，其强度为 $I_3=I_2\cos^2 45°=\frac{1}{2}I_2=\frac{1}{8}I_0$。本题答案应选(C)。

【11-7】 一束自然光自空气射向一块平板玻璃，如图 11-4 所示，设入射角等于布儒斯特角 i_B，则在界面 2 的反射光(　)。

(A) 是自然光

(B) 是线偏振光且光矢量的振动方向垂直于入射面

(C) 是线偏振光且光矢量的振动方向平行于入射面

(D) 是部分偏振光

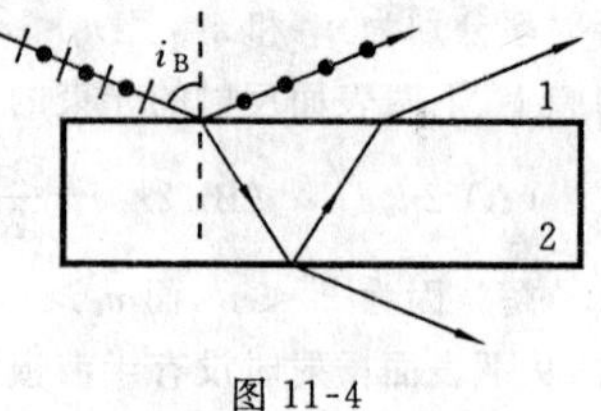

图 11-4

解 根据布儒斯特定律，$\tan i_B=n$，式中，n 是玻璃的折射率。光束在界面 1 的折射角 r_B 与入射角互余，即 $i_B+r_B=\frac{\pi}{2}$。光束在界面 2 的入射角 i 等于 r_B，因此

$$\tan i=\tan r_B=\cot i_B=\frac{1}{\tan i_B}=\frac{1}{n}$$

可见 i 也是布儒斯特角，在界面 2 的反射光也是线偏振光，光矢量的振动方向垂直于入射面。本题正确答案是(B)。

【11-8】 在双缝干涉的实验中，两缝间距为 0.30 mm，用单色光垂直照射双缝，在离缝 1.20 m 的屏上测得中央明条纹一侧第 5 条暗条纹与另一侧第 5 条暗条纹间的距离为 22.78 mm。问所用光的波长为多少，是什么颜色的光？

解 在双缝干涉实验中，暗条纹的位置为

$$x=\pm\frac{d'}{d}(2k+1)\frac{\lambda}{2}\quad(k=0,1,2,\cdots)$$

两条同级暗条纹的间距
$$\Delta x=\frac{d'}{d}(2k+1)\lambda$$

对于第五条暗条纹，$k=4$，由上式可得 $\lambda=\frac{d\Delta x}{(2k+1)d'}=632.8\ \text{nm}$，此光是红光。

【11-9】 在双缝干涉实验中，用波长 $\lambda=546.1\ \text{nm}$ 的单色光照射，双缝与屏的距离 $d'=300\ \text{mm}$。测得中央明条纹两侧的两个第五级明条纹的间距为 12.2 mm，求双缝间的距离。

解 在双缝干涉实验中，明条纹的位置是

$$x=\pm k\frac{d'}{d}\lambda\quad(k=0,1,2,\cdots)$$

两个第 k 级明条纹之间的距离为
$$\Delta x=2k\frac{d'}{d}\lambda$$

双缝间的距离为
$$d=\frac{2kd'\lambda}{\Delta x}$$

令 $k=5$，$\Delta x=12.2\ \text{mm}$，得到 $d=0.134\ \text{mm}$。

【11-10】 一个微波发射器置于岸上，离水面高度为 d，对岸在离水面 h 高度处放置一接收器，水面宽度为 D，且 $D\gg d$，$D\gg h$，如图 11-5(a)所示。发射器向对面发射波长为 λ 的微波，且 $\lambda>d$，求接收器测到极大值时，至少离地多高？

解 这一套装置的原理和劳埃德镜原理是一样的。如图 11-5(b)所示，P 点是虚拟的光屏上的一点，即微波接收器所在位置。从微波发射器 S 发射的微波有一束直接传播到 P 点，有一束经水面反射传播到 P 点，这一束波的几何路程和 S 在水面上的像 S' 到 P 点的距离是一样的，可以认为这一束反射波是从 S' 直接发射到 P 点的，只不过微波经空气到水面被反射时有半波损失，在计算从 S' 到 P 点的波程时要附加 $\frac{\lambda}{2}$。和计算杨氏双缝干涉实验相类似，在 P 点出现微波极大值时，

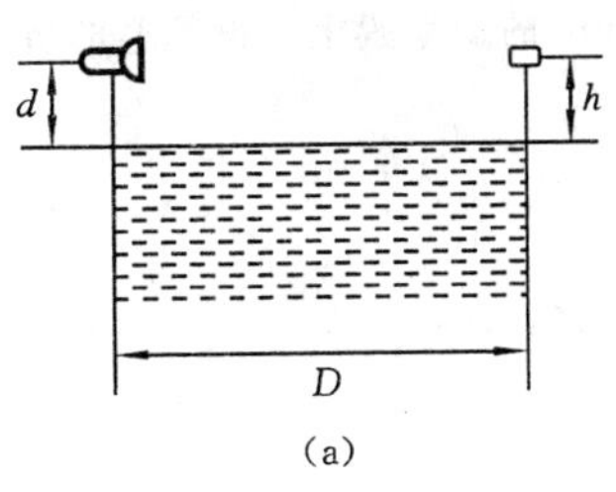

(a)

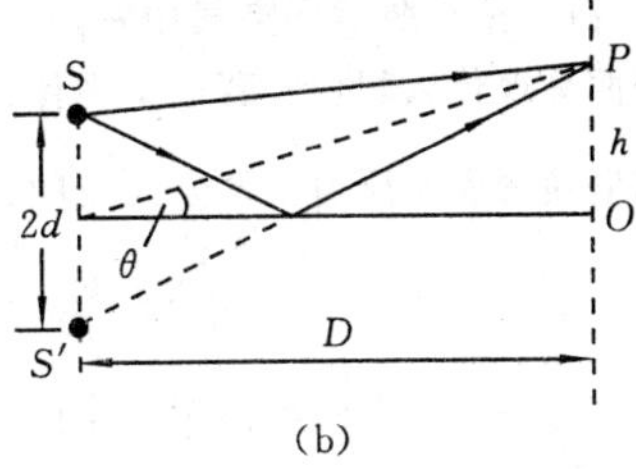

(b)

图 11-5

应有

$$2d\sin\theta+\frac{\lambda}{2}=k\lambda \quad (k=1,2,3,\cdots)$$

考虑到 $D\gg h$,可作近似 $\sin\theta\approx\tan\theta=\frac{h}{D}$。于是有

$$\frac{2dh}{D}+\frac{\lambda}{2}=k\lambda$$

令 $k=1$,则 h 的最小值即为 $$h=\frac{D\lambda}{4d}$$

【11-11】 如图 11-6 所示,由点 S 发出的 $\lambda=600$ nm 的单色光,自空气射入折射率 $n=1.23$ 的透明物质,再射入空气。若透明物质的厚度 $d=1.0$ cm,入射角 $\theta=30°$,且 $SA=BC=5$ cm,求:(1) 折射角 θ_1 为多少?(2) 此单色光在这层透明物质里的频率、速度和波长各为多少?(3) S 到 C 的几何路程为多少?光程又为多少?

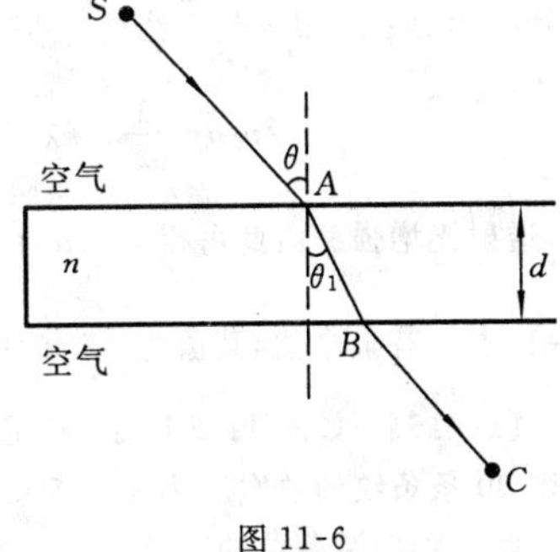

图 11-6

解 (1) 根据折射定律

$$\sin\theta_1=\frac{\sin\theta}{n}=0.407, \quad \theta_1=24°$$

(2) 单色光进入介质后频率不变,可按在空气中的频率计算

$$\nu=\frac{c}{\lambda}=5.0\times10^{14}\ \text{Hz}$$

在介质中的光速 $$u=\frac{c}{n}=2.44\times10^{8}\ \text{m}\cdot\text{s}^{-1}$$

在介质中的波长 $$\lambda'=\frac{\lambda}{n}=488\ \text{nm}$$

(3) $$AB=\frac{d}{\cos\theta_1}=1.1\ \text{cm}$$

S 到 C 的几何路程为 $$SA+AB+BC=11.1\ \text{cm}$$

S 到 C 的光程为 $$SA+n(AB)+BC=11.4\ \text{cm}$$

【11-12】 一双缝装置的一个缝被折射率为 1.40 的薄玻璃片所遮盖,另一个缝被折射率为 1.70的薄玻璃片所遮盖。在玻璃片遮盖以后,屏上原来的中央极大所在点,现变为第五级明条纹。假定 $\lambda=480$ nm,且两玻璃片厚度均为 d,求 d。

解 在双缝被玻璃片遮盖以前,从双缝到屏上中央极大处的光程差为零。在双缝被不同折射率的二玻璃片遮盖后,从双缝到屏上原中央极大处的光程差为 $\Delta=(n_2-n_1)d$ $(n_1=1.40,n_2=1.70)$,该处出现第五级明条纹,因此

$$(n_2-n_1)d=5\lambda$$

$$d=\frac{5\lambda}{n_2-n_1}=8.0\times10^{-6}\ \text{m}=8.0\ \mu\text{m}$$

【11-13】 白光垂直照射到空气中一厚度为 380 nm 的肥皂膜上。设肥皂的折射率为 1.32。试问该膜的正面呈现什么颜色？背面呈现什么颜色？

解 从肥皂膜两表面反射的两条光线的光程差 $\Delta=2nd+\frac{\lambda}{2}$。当

$$2nd+\frac{\lambda}{2}=k\lambda \quad (k=1,2,3,\cdots)$$

时，这波长的反射光最强，由此解得相应波长

$$\lambda=\frac{4nd}{2k-1}$$

已知 $n=1.32$，$d=380$ nm。在白光波长范围内，k 只能取 $k_1=2$ 和 $k_2=3$ 两个值，相应波长为

$$\lambda_1=668.8\ \text{nm}(\text{红色}),\quad \lambda_2=401.3\ \text{nm}(\text{紫色})$$

所以膜的正面呈现紫红色。

从肥皂膜透射的光线之间没有因反射而附加的光程差，两相干光的光程差为 $\Delta=2nd$，当

$$2nd=k\lambda \quad (k=1,2,3,\cdots)$$

时，这一波长的透射光最强。由此解得相应波长为

$$\lambda=\frac{2nd}{k}$$

在白光波长范围内，只能取 $k=2$，相应波长为 $\lambda=501.6$ nm，这是绿光，因此肥皂膜背面呈绿色。

【11-14】 在折射率 $n_3=1.52$ 的照相机镜头表面涂有一层折射率 $n_2=1.38$ 的 MgF_2 增透膜，若此膜仅适用于波长 $\lambda=550$ nm 的光，则此膜的最小厚度为多少？

解 由于 $n_3>n_2$，光波在镜头表面反射时存在半波损失。由图 11-7 可以看出，两束透射光的光程差为 $\Delta=2n_2d+\frac{\lambda}{2}$。当

$$2n_2d+\frac{\lambda}{2}=k\lambda \quad (k=1,2,3,\cdots)$$

时，透射光增强。由此可得　$d=\frac{(2k-1)\lambda}{4n_2}$　$(k=1,2,3,\cdots)$

$k=1$ 时，d 有最小值，其值为　$d=\frac{\lambda}{4n_2}=99.6$ nm

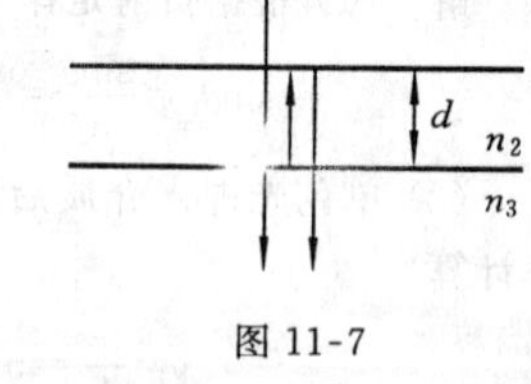

图 11-7

【11-15】 如图 11-8 所示，利用空气劈尖测细丝直径，已知 $\lambda=589.3$ nm，$L=2.888\times10^{-2}$ m，测得 30 条条纹的总宽度为 4.295×10^{-3} m，求细丝直径 d。

解 相邻两条纹的距离

$$b=\frac{4.295\times10^{-3}\ \text{m}}{30-1}\ \text{m}=1.48\times10^{-4}\ \text{m}$$

细丝直径为　$d=\frac{\lambda L}{2b}=5.75\times10^{-5}$ m

图 11-8

【11-16】 集成光学中的楔形薄膜耦合器原理如图 11-9 所示。沉积在玻璃衬底上的是氧化钽(Ta_2O_5)薄膜，其楔形端从 A 到 B 厚度逐渐减小为零。为测定薄膜的厚度，用波长 $\lambda=632.8$ nm 的 He-Ne 激光垂直照射，观察到薄膜楔形端共出现 11 条暗条纹，且 A 处对应一条暗条纹，试求氧化钽薄膜的厚度(Ta_2O_5 对 632.8 nm 激光的折射率为 2.21)。

解 光从楔形薄膜上表面反射时有半波损失，从其下表面反射时没有半波损失。因此，在楔形薄膜的尖端 B 处是一条暗条纹。以 n 表示薄膜的折射率，λ 表示入射光波长，则相邻两条暗条纹对应的薄膜厚度差为

$$d_{k+1}-d_k=\frac{\lambda}{2n}$$

以 D 表示 A 点薄膜的厚度，N 表示 AB 范围内暗条纹的条

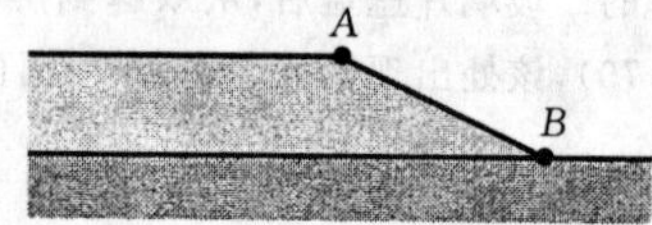

图 11-9

数,则有

$$D=(N-1)\frac{\lambda}{2n}=1.43\ \mu\text{m}$$

【11-17】 如图11-10所示,将符合标准的轴承钢珠a、b和待测钢珠c一起放在两块平板玻璃之间,若入射光的波长 $\lambda=580$ nm,问钢珠c的直径比标准小多少?如果距离 d 不同,对检测结果有何影响?

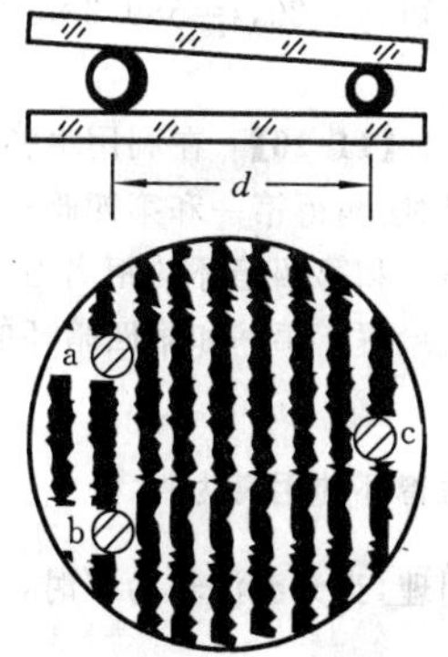

图11-10

解 可以设想两块平板玻璃延伸相交,大(a、b)、小(c)钢珠到交线的距离分别为 L_2、L_1,劈尖干涉条纹中相邻两条纹间隔为 b_0,则根据劈尖干涉公式,大、小钢珠的直径分别为

$$d_2=\frac{\lambda L_2}{2b_0},\quad d_1=\frac{\lambda L_1}{2b_0}$$

两种钢珠的直径差

$$d_2-d_1=\frac{(L_2-L_1)\lambda}{2b_0}=\frac{d\lambda}{2b_0} \qquad ①$$

由图中干涉条纹可知,$d\approx6.5b_0$,代入①式后

$$d_2-d_1\approx1.89\times10^{-6}\ \text{m}$$

从方程①可知,d 与 b_0 成正比,从理论上说,d 的变化不会影响测量结果。不过若是 d 增加,则 b_0 成正比地增加,条纹间隔加宽将有利于精确估计 $\frac{d}{b_0}$ 的值,从而使测量结果更精确。

【11-18】 折射率为1.60的两块标准平面玻璃板之间形成一个劈形膜(劈尖角 θ 很小)。用波长 $\lambda=600$ nm的单色光垂直入射,产生等厚干涉条纹。假如在劈形膜内充满 $n=1.40$ 的液体时的相邻明条纹间距比劈形膜内是空气时的间距缩小 $\Delta l=0.5$ mm,那么劈尖角 θ 应是多少?

解 以 b_1 表示劈形膜内充满空气($n_0=1$)时相邻明条纹间距,b_2 表示劈形膜内充满液体时相邻明条纹间距。则有

$$b_1=\frac{\lambda}{2n_0\theta},\quad b_2=\frac{\lambda}{2n\theta},\quad \Delta l=b_1-b_2=\frac{\lambda}{2\theta}\left(\frac{1}{n_0}-\frac{1}{n}\right)$$

由此可得

$$\theta=\frac{\lambda}{2\Delta l}\left(\frac{1}{n_0}-\frac{1}{n}\right)=1.71\times10^{-4}\ \text{rad}$$

【11-19】 如图11-11所示的干涉膨胀仪,已知样品的平均高度为 3.0×10^{-2} m,用 $\lambda=589.3$ nm的单色光垂直照射。当温度由17 ℃上升至30 ℃时,看到有20条条纹移过,问样品的热膨胀系数为多少?

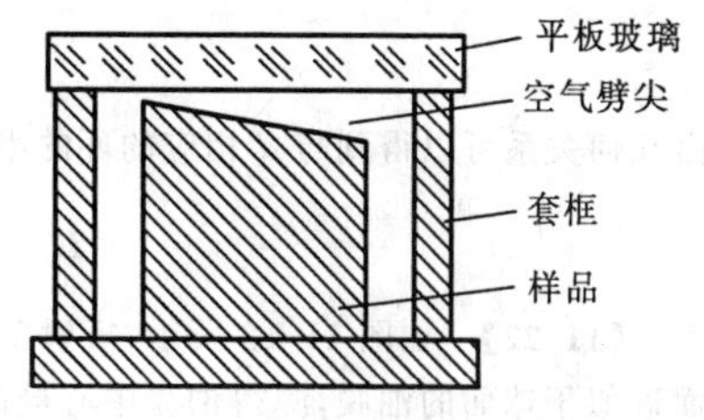

图11-11

解 材料的热膨胀系数的定义是:材料温度升高一度时,它的长度的相对伸长量,即

$$\beta=\frac{L-L_0}{L_0(t-t_0)}$$

式中,L_0 是样品在温度为 t_0 时的长度(即平均高度),L 是样品在温度为 t 时的长度。

楔形空气层即是一空气劈尖。对于空气劈尖,其第 k 级暗条纹所对应的空气层厚度 d_k 满足

$$2d_k=k\lambda$$

或

$$d_k=k\lambda/2 \qquad ①$$

设温度为 t_0 时,膨胀仪的某一刻线对准第 k 级暗条纹。温度升高时,样品伸长,该刻线对应处空气层厚度减少,视场中条纹移动。温度达到 t 时,设视场中移动了 N 条条纹,该刻线对准第 $k-N$ 级暗条纹,则由①式可算出空气层厚度的减少量为

$$d_k - d_{k-N} = k\lambda/2 - (k-N)\lambda/2 = N\lambda/2$$

实际上，空气层厚度减少量就是样品长度增加量，即

$$L - L_0 = N\lambda/2$$

代入热膨胀系数的定义式即得

$$\beta = \frac{N\lambda}{2L_0(t-t_0)} \quad ②$$

已知 $N=20, \lambda=589.3\times10^{-9}$ m, $L_0=3.0\times10^{-2}$ m, $t_0=17$ ℃, $t=30$ ℃。代入②式后算得

$$\beta = 1.51\times10^{-5}\ \text{K}^{-1}$$

【11-20】 在利用牛顿环测未知单色光波长的实验中，当用波长为 589.3 nm 的钠黄光垂直照射时，测得第一和第四暗环的距离为 $\Delta r=4.0\times10^{-3}$ m；当用波长未知的单色光垂直照射时，测得第一和第四暗环的距离为 $\Delta r'=3.85\times10^{-3}$ m，求该单色光的波长。

解 第一和第四暗环的半径分别为

$$r_1 = \sqrt{R\lambda}, \quad r_4 = \sqrt{4R\lambda} = 2\sqrt{R\lambda}$$

两暗环的距离为

$$\Delta r = r_4 - r_1 = \sqrt{R\lambda}$$

同理，当光源波长为 λ' 时，

$$\Delta r' = r'_4 - r'_1 = \sqrt{R\lambda'}, \quad \frac{\Delta r'}{\Delta r} = \sqrt{\frac{\lambda'}{\lambda}}$$

因此

$$\lambda' = \left(\frac{\Delta r'}{\Delta r}\right)^2 \lambda = 546\ \text{nm}$$

【11-21】 在牛顿环实验中，当透镜与玻璃间充满某种液体时，第 10 个亮环的直径由 1.40×10^{-2} m 变为 1.27×10^{-2} m，试求这种液体的折射率。

解 在充液体前，第 k 级亮环直径为 $D=2\sqrt{\left(k-\frac{1}{2}\right)R\lambda}$。在充满液体后，第 k 级亮环直径为（见附注）

$$D' = 2\sqrt{\frac{1}{n}\left(k-\frac{1}{2}\right)R\lambda}$$

式中，n 为液体折射率。从以上两方程中消去 k，可得

$$n = \left(\frac{D}{D'}\right)^2 = 1.22$$

附注 关于 D' 的计算公式的推导。牛顿环装置的透镜与玻璃间充满折射率为 n 的液体后，在液体厚度为 d 处，两相干光的光程差为 $\Delta=2nd+\frac{\lambda}{2}$，当 $2nd+\frac{\lambda}{2}=k\lambda(k=1,2,3,\cdots)$ 时，形成第 k 级亮环。由此可得第 k 级亮环所相应的液体厚度为

$$d = \frac{1}{2n}\left(k-\frac{1}{2}\right)\lambda$$

由几何关系可以得到与 d 相应的环的半径为 $r=\sqrt{2dR}$，因此第 k 级亮环的直径为

$$D' = 2r = 2\sqrt{\frac{1}{n}\left(k-\frac{1}{2}\right)\lambda R}$$

【11-22】 如图 11-12 所示，折射率 $n_2=1.2$ 的油滴落在 $n_3=1.50$ 的平板玻璃上，形成一上表面近似于球面的油膜，测得油膜中心最高处的高度 $d_m=1.1\ \mu$m，用 $\lambda=600$ nm 的单色光垂直照射油膜。求(1) 油膜周边是暗环还是明环？(2) 整个油膜可看到几个完整暗环？

解 入射光在油膜上、下两表面反射时都存在半波损失。在油膜厚度为 d 处，两反射光线的光程差为 $\Delta=2n_2d$。明环或暗环处的油膜厚度由下式决定：

$$2n_2d = \begin{cases} k\lambda & (k=0,1,2,\cdots)\text{明环中心} \\ (2k+1)\frac{\lambda}{2} & (k=0,1,2,\cdots)\text{暗环中心} \end{cases}$$

由此可见,(1)在油膜周边($d=0$)出现第0级明环。(2)随着厚度增加,出现级别依次提高的暗环,它们所在处的油膜厚度

$$d=(2k+1)\frac{\lambda}{4n_2}$$

因为 $d\leqslant d_m$,所以

$$k_m\leqslant\frac{2n_2d_m}{\lambda}-\frac{1}{2}=3.9$$

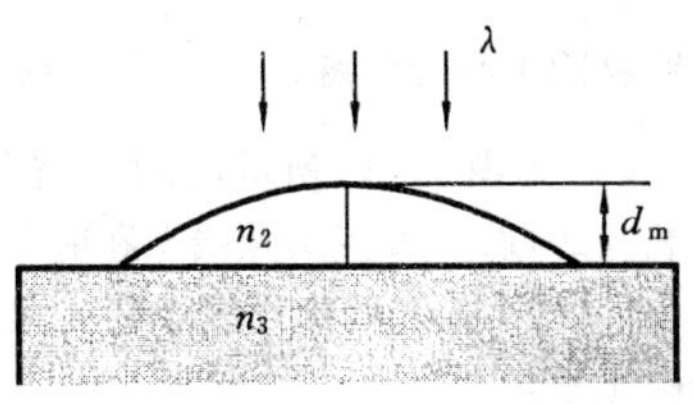

图 11-12

取整数,$k_m=3$。因此可看到4个($k=0,1,2,3$)完整的暗环。

【11-23】 把折射率 $n=1.40$ 的薄膜放入迈克耳孙干涉仪的一臂,如果由此产生了7.0条条纹的移动,求膜厚。设入射光的波长为589 nm。

解 在迈克耳孙干涉仪的一臂放置一厚度为 d、折射率为 n 的薄膜,则在两相干光中引入了 $\Delta=2(n-1)d$ 的附加光程差,因此而产生了 k 条条纹的移动。附加光程差与移动的条纹数的关系是

$$2(n-1)d=k\lambda$$

由此可得

$$d=\frac{k\lambda}{2(n-1)}=5.154\times10^{-6}\ \text{m}$$

【11-24】 如图11-13所示,狭缝的宽度 $b=0.60$ mm,透镜焦距 $f=0.40$ m,有一与狭缝平行的屏放置在透镜的焦平面处。若以单色平行光垂直照射狭缝,则在屏上离点 O 为 $x=1.4$ mm 的点 P 看到衍射明条纹。试求:(1) 该入射光的波长;(2) 点 P 条纹的级数;(3) 从点 P 看,对该光波而言,狭缝处的波阵面可作半波带的数目。

解 (1) 设点 P 对应的衍射角为 θ,则

$$\sin\theta\approx\tan\theta=\frac{x}{f}$$

在点 P 是明条纹,说明角 θ 满足

$$b\sin\theta=(2k+1)\frac{\lambda}{2} \quad ①$$

近似有

$$b\frac{x}{f}=(2k+1)\frac{\lambda}{2}$$

因此

$$\lambda=\frac{2bx}{(2k+1)f}=\frac{4\ 200\ \text{nm}}{2k+1} \quad ②$$

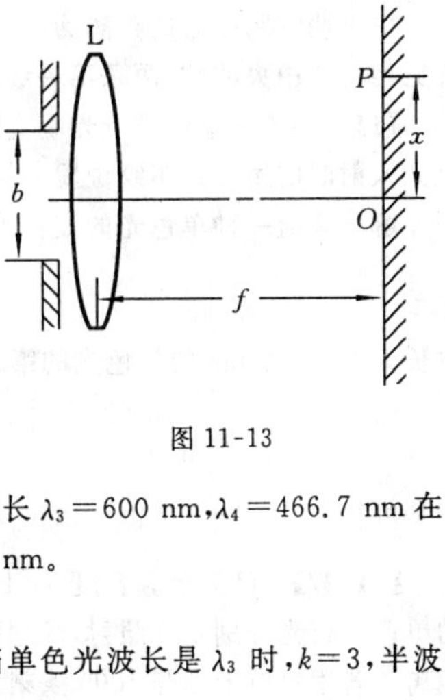

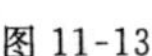

图 11-13

将 $k=1,2,\cdots,5$ 依次代入②式后可知,只有和 $k=3,4$ 相应的波长 $\lambda_3=600$ nm,$\lambda_4=466.7$ nm 在可见光范围内。因此入射光的波长或者是466.7 nm,或者是600 nm。

(2) 由(1)可知,点 P 条纹的级数为3级或4级。

(3) 在方程①中,$2k+1$ 就是半波带数目。对 P 点来说,当单色光波长是 λ_3 时,$k=3$,半波带数目是7个;单色光波长是 λ_4 时,$k=4$,半波带数目是9个。

【11-25】 单缝的宽度 $b=0.40$ mm,以波长 $\lambda=589$ nm 的单色光垂直照射,设透镜的焦距 $f=1.0$ m。求:(1) 第一级暗纹距中心的距离;(2) 第二级明纹距中心的距离。(3) 如单色光以入射角 $i=30°$ 斜射到单缝上,则上述结果有何变动?

解 (1) 第一级暗纹相应的衍射角 θ 满足

$$b\sin\theta=\lambda$$

第一级暗纹距中心的距离

$$x=f\tan\theta\approx f\sin\theta=\frac{f\lambda}{b}=1.47\times10^{-3}\ \text{m}$$

(2) 第二级明纹相应的衍射角 θ',满足

$$b\sin\theta'=\frac{5\lambda}{2}$$

该明纹距中心的距离　　$x'=f\tan\theta'\approx f\sin\theta'=\frac{5\lambda f}{2b}=3.68\times10^{-3}$ m

(3) 如图 11-14 所示，当平行光斜射到狭缝平面上时，它们的相位是不相同的，射到 A 点的光线 1 和射到 B 点的光线 2 相位差最大。用光程表示，光线 1 的光程比光线 2 的光程多 $b\sin i$。因此，光线 2 和光线 1 的总的光程差为

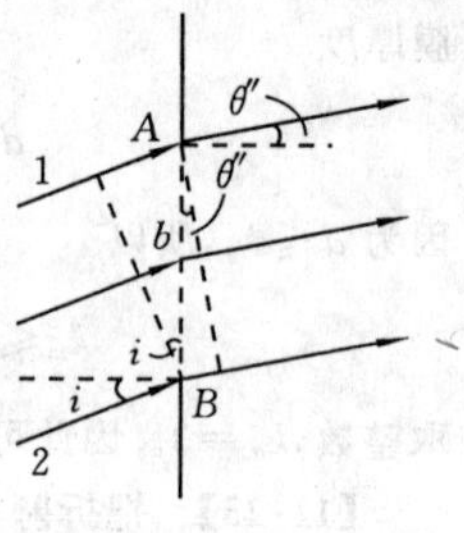

$$\Delta=b\sin\theta''-b\sin i=b(\sin\theta''-\sin i)$$

图 11-14

$\Delta=\pm\lambda$ 时产生第一级暗纹，相应衍射角为

$$\theta_1''=\arcsin\left(\pm\frac{\lambda}{b}+\sin i\right)$$

该条纹距中心的距离为　　$x_1''=f\tan\theta_1''=f\tan\left[\arcsin\left(\pm\frac{\lambda}{b}+\sin i\right)\right]$

将诸已知数据代入上式，式中取正号时，$x_1''=0.580$ m，取负号时，$x_1''=0.575$ m。

对于第二级明纹，$\Delta=\pm\frac{5}{2}\lambda$，衍射角

$$\theta_2''=\arcsin\left(\pm\frac{5\lambda}{2b}+\sin i\right)$$

该明纹距中心的距离为　　$x_2''=f\tan\theta_2''=f\tan\left[\arcsin\left(\pm\frac{5\lambda}{2b}+\sin i\right)\right]$

式中，取正号时，$x_2''=0.583$ m，取负号时，$x_2''=0.572$ m。

中央明纹距中心的距离为　　$x_0=f\tan i=0.577$ m

可见相对于中央明纹，两条第一级暗纹和两条第二级明纹都是分列于中央明纹两侧。

【11-26】 一单色平行光垂直照射于一单缝，若其第三条明纹位置正好和波长为 600 nm 的单色光入射时的第二级明纹位置一样，求前一种单色光的波长。

解　设前一种单色光的波长为 λ，它的第三级明纹相应的衍射角为 θ，则

$$b\sin\theta=(2k+1)\frac{\lambda}{2}=\frac{7}{2}\lambda$$

波长为 $\lambda'=600$ nm 的单色光的第二级明纹相应的衍射角也是 θ，因此

$$b\sin\theta=(2k'+1)\frac{\lambda'}{2}=\frac{5}{2}\lambda'$$

于是可得　　$\lambda=\frac{5}{7}\lambda'=428.6$ nm

【11-27】 已知单缝宽度 $b=1.0\times10^{-4}$ m，透镜焦距 $f=0.50$ m，用 $\lambda_1=400$ nm 和 $\lambda_2=760$ nm 的单色平行光分别垂直照射，求这两种光的第一级明纹离屏中心的距离，以及这两条明纹之间的距离。若用每厘米刻有 1000 条刻线的光栅代替这个单缝，则这两种单色光的第一级明纹分别距屏中心多远？这两条明纹之间的距离又是多少？

解　波长为 λ_1 的单色光的第一级明纹对应的衍射角 θ_1 满足 $b\sin\theta_1=\frac{3}{2}\lambda_1$，第一级明纹离屏中心的距离为

$$x_1=f\theta_1\approx f\sin\theta_1=\frac{3\lambda_1 f}{2b}=3\ \text{mm}$$

同理，波长为 λ_2 的单色光的第一级明纹离屏中心的距离为

$$x_2=\frac{3\lambda_2 f}{2b}=5.7\ \text{mm}$$

这两条明纹之间的距离　　$\Delta x=x_2-x_1=2.7$ mm

每厘米刻有 1000 条刻线的光栅的光栅常数为

$$(b+b')=\frac{1}{1000}\text{ cm}=1.0\times10^{-5}\text{ m}$$

根据光栅方程 $(b+b')\sin\theta=k\lambda$

可知波长为 λ_1 的单色光的第一级明纹的相应衍射角 θ_1' 近似为

$$\theta_1'=\frac{\lambda_1}{b+b'}$$

第一级明纹离屏中心的距离为 $x_1'=f\theta_1'=\frac{f\lambda_1}{b+b'}=2\text{ cm}$

同理，第二级明纹离屏中心的距离为 $x_2'=\frac{f\lambda_2}{b+b'}=3.8\text{ cm}$

这两条明纹之间的距离 $\Delta x'=x_2'-x_1'=1.8\text{ cm}$

【11-28】 迎面而来的一辆汽车的两车头灯相距为 1.0 m，问在汽车离人多远时，它们刚能为人眼所分辨？设瞳孔直径为 3.0 mm，光在空气中的波长 $\lambda=500$ nm。

解 已知瞳孔直径 $D=3.0$ mm，$\lambda=500$ nm。人眼的最小分辨角

$$\theta_0=1.22\lambda/D$$

两车灯间距 $l=1.0$ m，当车与人相距为 d 时，两车灯对人眼的张角(图 11-15)

$$\theta=l/d$$

当 $\theta=\theta_0$ 时，眼睛恰可分辨这两车灯。由

$$1.22\lambda/D=l/d$$

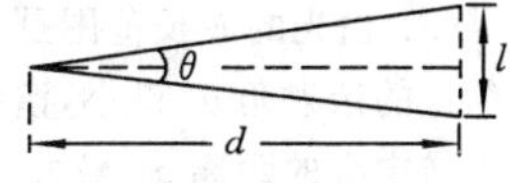

图 11-15

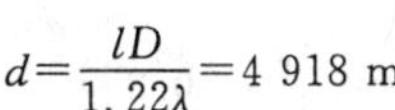

可知，这时汽车与人的距离为 $d=\frac{lD}{1.22\lambda}=4\,918\text{ m}$

【11-29】 老鹰眼睛的瞳孔直径约为 6 mm，问其最多飞翔多高时可看清地面上身长为 5 cm 的小鼠？设光在空气中的波长为 600 nm。

解 已知 $D=6$ mm，$\lambda=600$ nm，$l=5$ cm，令 h 表示高度，利用上题所得公式，可得

$$h=\frac{lD}{1.22\lambda}=409.8\text{ m}$$

【11-30】 一束平行光垂直入射到某个光栅上，该光束有两种波长的光，$\lambda_1=440$ nm 和 $\lambda_2=660$ nm。实验发现，两种波长的谱线(不计中央明纹)第二次重合于衍射角 $\varphi=60°$ 的方向上，求此光栅的光栅常数。

解 设两种波长的谱线第一次重合时，波长为 λ_1 的谱线的级别为 k_1，波长为 λ_2 的谱线的级别为 k_2。根据光栅方程有

$$(b+b')\sin\varphi_1=k_1\lambda_1,\quad (b+b')\sin\varphi_1=k_2\lambda_2$$

因此 $\frac{k_1}{k_2}=\frac{\lambda_2}{\lambda_1}=\frac{3}{2},\quad k_1=3,\quad k_2=2$

设两种波长的谱线第二次重合时，它们的级别分别为 k_3 和 k_4，则有

$$(b+b')\sin\varphi_2=k_3\lambda_1,\quad (b+b')\sin\varphi_2=k_4\lambda_2$$

$$\frac{k_3}{k_4}=\frac{3}{2},\quad k_3=6,\quad k_4=4$$

于是可求出光栅的光栅常数为 $(b+b')=\frac{k_3\lambda_1}{\sin\varphi_2}=3.05\ \mu\text{m}$

【11-31】 用 1 mm 内有 500 条刻痕的平面透射光栅观察钠光谱($\lambda=589$ nm)，设透镜焦距 $f=1.00$ m。问：(1) 光线垂直入射时，最多能看到第几级光谱；(2) 光线以入射角 30°入射时，最多能看到第几级光谱；(3) 若用白光垂直照射光栅，求第一级光谱的线宽度。

解 (1) 根据光栅方程 $(b+b')\sin\theta=k\lambda$

可得 $$k=\frac{(b+b')\sin\theta}{\lambda}$$

衍射角 $\theta<90°$，光栅常数 $b+b'=\frac{1}{500}\times10^{-3}$ m，因此

$$k<\frac{b+b'}{\lambda}=3.39$$

k 取整数，故最多能看到第三级光谱。

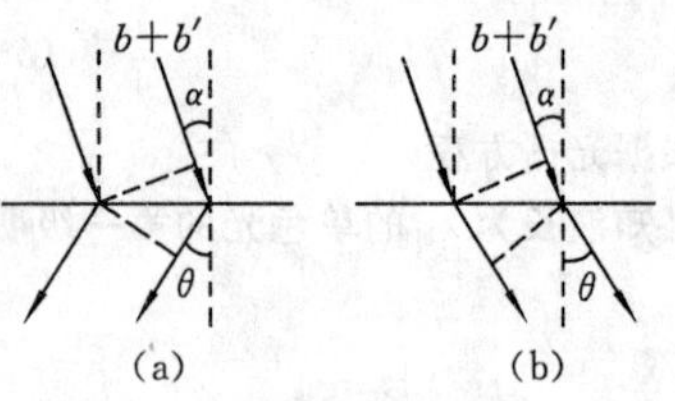

图 11-16

(2) 当光线以入射角 α 射到光栅平面上时，对于与入射线在法线的同侧的衍射线(图 11-16(a))来说，相邻两缝发出的沿 θ 方向的衍射线的光程差为 $\Delta_1=(b+b')(\sin\theta+\sin\alpha)$；对于与入射线在法线的异侧的衍射线(图 11-16(b))来说，相应的光程差为 $\Delta_2=(b+b')(\sin\theta-\sin\alpha)$。因此，光栅方程可以表示为

$$(b+b')(\sin\theta\pm\sin\alpha)=k\lambda$$

由此可得

$$k=\frac{(b+b')(\sin\theta\pm\sin\alpha)}{\lambda}<\frac{(b+b')(1\pm\sin\alpha)}{\lambda}$$

将 $b+b'$ 和 λ 的数据代入上式，令 $\alpha=30°$，当取正号时，$k_1<5.1$，取负号时，$k_2<1.7$。说明在与入射线在法线同侧的方向上，最多能看到第五级光谱，而在法线异侧的方向上，最多能看到第一级光谱。这说明当入射光沿法线的一侧偏离法线时，衍射谱线沿另一侧发生移动。

(3) 白光的波长范围是 400 nm$\leqslant\lambda\leqslant$760 nm。根据光栅方程，在同一级光谱中，$\lambda_1=400$ nm 的单色光的衍射角 θ_1 最小，谱线离屏的中心的距离 x_1 最小；$\lambda_2=760$ nm 的单色光的衍射角最大，谱线离屏中心的距离 x_2 最大。

$$\sin\theta_1=\frac{\lambda_1}{b+b'}=0.2$$

由此可得

$$x_1=f\tan\theta_1=0.204\ \text{m},\quad \sin\theta_2=\frac{\lambda_2}{b+b'}=0.38$$

$$x_2=f\tan\theta_2=0.411\ \text{m}$$

第一级谱线的宽度

$$\Delta x=x_2-x_1=0.207\ \text{m}$$

【11-32】 波长为 600 nm 的单色光垂直入射在一光栅上，第二级主极大出现在 $\sin\varphi=0.20$ 处，第四级缺级。试问(1) 光栅上相邻两缝的间距是多少？(2) 光栅上狭缝的宽度有多大？(3) 在 $-90°<\varphi<90°$ 范围内，实际呈现的全部级数。

解 (1) 根据光栅方程 $(b+b')\sin\varphi=\pm k\lambda\quad(k=0,1,2,\cdots)$

对第二级主极大有

$$(b+b')\sin\varphi=2\lambda$$

所以相邻两缝间距

$$(b+b')=\frac{2\lambda}{\sin\varphi}=6\ \mu\text{m}$$

(2) 由第 k 级缺级条件

$$k=\frac{b+b'}{b}k'$$

可得

$$b=\frac{b+b'}{k}k'$$

已知 $k=4$，为求得 b 的最小值，可令 $k'=1$，则得到 $b=1.5\ \mu$m。

(3) 由光栅方程可知

$$k<\frac{b+b'}{\lambda}=10$$

相应于 $\varphi=\frac{\pi}{2}$ 的谱线出现在无限远处，实际上不存在。因此 k 的最大值为 $k_{\max}=9$。缺级条件为

$$k=\frac{b+b'}{b}k'=4k'$$

由此可知 $k'=1,2$ 时，第 4 级和第 8 级主极大缺级。故屏幕上可能出现的全部级数是

$$0,\pm1,\pm2,\pm3,\pm5,\pm6,\pm7,\pm9$$

共 15 个主极大。

【11-33】 以波长为0.11 nm的X射线照射岩盐晶体,实验测得X射线与晶面夹角为11.5°时获得第一级反射极大。求:(1) 岩盐晶体原子平面之间的间距d为多大?(2) 如以另一束待测X射线照射,测得X射线与晶面夹角为17.5°时获得第一级反射光极大,求该X射线的波长。

解 (1) 在布拉格公式$2d\sin\theta=k\lambda$ ($k=0,1,2,\cdots$)中,令$k=1$,可得

$$d=\frac{\lambda}{2\sin\theta}=0.276\ \text{nm}$$

(2) 令$k=1$,根据布拉格公式可得

$$\lambda'=2d\sin\theta'=0.166\ \text{nm}$$

【11-34】 测得从一池静水的表面反射出来的太阳光是线偏振光,求此时太阳处在地平线的多大仰角处?(水的折射率为1.33。)

解 设仰角为θ,则阳光的入射角$i_0=\frac{\pi}{2}-\theta$。根据布儒斯特定律,

$$\tan i_0=n=1.33$$

由此可得

$$i_0=53.1°,\quad \theta=36.9°$$

【11-35】 让自然光通过两个偏振化方向相交60°的偏振片,透射光强为I_1,今在这两个偏振片之间插入另一偏振片,它的方向与前两个偏振片均成30°角,则透射光强为多少?

解 设自然光强为I_0,三偏振片分别为A、B、C。在未插入偏振片C以前,自然光通过偏振片A后的强度$I_A=\frac{1}{2}I_0$,根据马吕斯定律可知,再通过偏振片B后的透射光强

$$I_1=I_A\cos^2\alpha=\frac{1}{2}I_0\cos^2 60°=\frac{1}{8}I_0$$

在偏振片A、B之间插入偏振片C后,自然光通过偏振片A后的强度仍然是$I_A=\frac{1}{2}I_0$,再通过偏振片C后的强度是

$$I_C=I_A\cos^2\alpha'=\frac{1}{2}I_0\cos^2 30°=\frac{3}{8}I_0$$

最后通过偏振片B后的强度

$$I_2=I_C\cos^2\alpha'=\frac{3}{8}I_0\cos^2 30°=\frac{9}{32}I_0=\frac{9}{4}I_1$$

【11-36】 一束光是自然光和平面偏振光的混合,当它通过一偏振片时发现透射光的强度取决于偏振片的取向,其强度可以变化5倍,求入射光中两种光的强度各占总入射光强度的几分之几。

解 设总入射光强度为I_0,其中自然光强度为I_{01},平面偏振光强度为I_{02},则

$$I_0=I_{01}+I_{02}$$

当偏振片的偏振化方向与入射平面偏振光的振动方向垂直时,透射光强度最小,强度为

$$I_1=\frac{1}{2}I_{01}$$

当偏振片的偏振化方向与入射平面偏振光的光振动方向平行时,透射光强度最大,强度为

$$I_2=\frac{1}{2}I_{01}+I_{02}$$

因为$I_2=5I_1$,所以$I_{02}=2I_{01}$,$I_0=3I_{01}$。可见在入射光强度中,自然光占$\frac{1}{3}$,平面偏振光占$\frac{2}{3}$。

【11-37】 试计算用方解石晶体制成的对波长分别为$\lambda_1=589.3$ nm的钠黄光和$\lambda_2=546.1$ nm的汞灯绿光的$\frac{1}{4}$波片的最小厚度。

解 已知方解石的 $n_e=1.658$，$n_o=1.486$。对波长为 λ_1 的入射光，用方解石制成的$\frac{1}{4}$波片的最小厚度为

$$d_1=\frac{\lambda_1}{4(n_o-n_e)}=8.57\times10^{-7}\ \text{m}=857\ \text{nm}$$

对波长为 λ_2 的入射光，用方解石制成的$\frac{1}{4}$波片的最小厚度为

$$d_2=\frac{\lambda_2}{4(n_o-n_e)}=7.94\times10^{-7}\ \text{m}=794\ \text{nm}$$

【11-38】 在偏振化方向相互平行的两偏振片间，平行放置一片垂直于光轴切割的石英晶片。已知石英对钠黄光的旋光率为21.7(°)·mm^{-1}。试问当石英晶片的厚度为多大时，钠黄光不能通过第二个偏振片？

解 当旋转角 $\Delta\varphi=90°$时，钠黄光就不能通过第二个偏振片。以 d 表示这时的石英晶片的厚度，α 表示旋光率，则 d 应满足

$$\alpha d=90°$$

因此

$$d=\frac{90°}{\alpha}=4.15\ \text{mm}$$

【11-39】 一块厚 0.025 mm 的方解石晶片，其表面与光轴平行，放置在两正交的偏振片之间。已知第一个偏振片的偏振化方向与晶片的光轴成 45°角。现用白光垂直射入第一个偏振片，问经第二个偏振片透射的可见光谱中，缺少了哪些波长？假定双折射率 $n_o-n_e=0.172$ 可看作常量。

解 第一个偏振片的偏转化方向与晶片的光轴成 45°角，则在晶片内 o 光与 e 光的振幅相等。o 光与 e 光通过第二偏振片时，它们的相位差为

$$\Delta\varphi=\frac{2\pi}{\lambda}(n_o-n_e)d+\pi$$

当 λ 满足 $\Delta\varphi=(2k+1)\pi$ 时，o 光和 e 光就会完全相消，经第二偏振片透射的可见光谱中就会缺少波长为 λ 的光。根据

$$\frac{2\pi}{\lambda}(n_o-n_e)d+\pi=(2k+1)\pi$$

可得

$$\lambda=\frac{(n_o-n_e)d}{k}$$

在可见光范围内，当 $k=6,7,8,9,10$ 时，$\lambda_1=717\ \text{nm}$，$\lambda_2=614\ \text{nm}$，$\lambda_3=538\ \text{nm}$，$\lambda_4=478\ \text{nm}$，$\lambda_5=430\ \text{nm}$。就是说，在透射光谱中，缺少了这 5 个波长的光。

第 12 章　气体动理论

内容提要

1. 理想气体压强公式

分子平均平动动能　$\bar{\varepsilon}_k=\frac{1}{2}m\overline{v^2}$

理想气体压强公式　$p=\frac{1}{3}nm\overline{v^2}=\frac{2}{3}n\bar{\varepsilon}_k$

2. 理想气体分子平均平动动能与温度的关系

$$\bar{\varepsilon}_k=\frac{1}{2}\overline{mv^2}=\frac{3}{2}kT,\quad k=1.38\times10^{-23}\ \mathrm{J\cdot K^{-1}}$$

理想气体物态方程的另一种形式

$$p=nkT$$

3. 能量均分定理

每一个自由度的平均动能为$\frac{1}{2}kT$；

一个分子的总平均动能为$\frac{i}{2}kT$；

1 mol 理想气体的内能　$E=\frac{i}{2}RT$

物质的量为$\frac{m}{M}$的理想气体的内能　$E=\frac{m}{M}\frac{i}{2}RT$

理想气体的摩尔热容

$$C_{V,\mathrm{m}}=\frac{i}{2}R,\quad C_{p,\mathrm{m}}=\frac{i+2}{2}R,\quad \gamma=\frac{i+2}{i}$$

4. 麦克斯韦气体分子速率分布定律

速率分布函数　$f(v)=\frac{1}{N}\frac{\mathrm{d}N}{\mathrm{d}v}$

麦克斯韦速率分布函数　$f(v)=4\pi\left(\frac{m}{2\pi kT}\right)^{3/2}\mathrm{e}^{-\frac{mv^2}{2kT}}v^2$

三种统计速率：

最概然速率　$v_\mathrm{p}=\sqrt{\frac{2kT}{m}}=\sqrt{\frac{2RT}{M}}\approx1.41\sqrt{\frac{RT}{M}}$

平均速率　$\bar{v}=\sqrt{\frac{8kT}{\pi m}}=\sqrt{\frac{8RT}{\pi M}}\approx1.60\sqrt{\frac{RT}{M}}$

方均根速率　$v_{\mathrm{rms}}=\sqrt{\frac{3kT}{m}}=\sqrt{\frac{3RT}{M}}\approx1.73\sqrt{\frac{RT}{M}}$

5. 分子平均自由程

平均碰撞频率　$\bar{Z}=\sqrt{2}\pi d^2\bar{v}n$

平均自由程　$\bar{\lambda}=\frac{kT}{\sqrt{2}\pi d^2 p}$

6. 气体的迁移现象

粘滞现象　　$F_r=\eta\dfrac{\Delta v}{\Delta x}\Delta S$，　$\eta=\dfrac{1}{3}\rho\bar{v}\bar{\lambda}$

热传导现象　　$\dfrac{\Delta Q}{\Delta t}=-\kappa\dfrac{\Delta T}{\Delta x}\Delta S$，　$\kappa=\dfrac{1}{3}\rho\bar{v}\bar{\lambda}\dfrac{C_{V,m}}{M}$

扩散现象　　$\dfrac{\Delta m'}{\Delta t}=-D\dfrac{\Delta\rho}{\Delta x}\Delta S$，　$D=\dfrac{1}{3}\bar{v}\bar{\lambda}$

习题解答

【12-1】 处于平衡状态的一瓶氦气和一瓶氮气的分子数密度相同，分子的平均平动动能也相同，则它们(　)。

(A) 温度、压强均不相同　　(B) 温度相同，但氦气压强大于氮气的压强

(C) 温度、压强都相同　　(D) 温度相同，但氦气压强小于氮气的压强

解　根据气体分子平动动能公式 $\varepsilon_k=\dfrac{3}{2}kT$，可以判断这两瓶气体的温度相同。再根据理想气体物态方程 $p=nkT$，可以判断它们的压强也相同。本题答案应选(C)。

【12-2】 三个容器 A、B、C 中装有同种理想气体，其分子数密度 n 相同，而方均根速率之比为 $(\overline{v_A^2})^{1/2}:(\overline{v_B^2})^{1/2}:(\overline{v_C^2})^{1/2}=1:2:4$，则其压强之比 $p_A:p_B:p_C$ 为(　)。

(A) 1∶2∶4　　(B) 1∶4∶8　　(C) 1∶4∶16　　(D) 4∶2∶1

解　理想气体分子的方均根速率为 $(\overline{v^2})^{1/2}=\left(\dfrac{3kT}{m}\right)^{1/2}$，将公式 $p=nkT$ 代入，可得 $(\overline{v^2})^{1/2}=\left(\dfrac{3p}{mn}\right)^{1/2}$。三种容器中的气体分子质量 m 相同，分子数密度 n 相同，因此 $p_A:p_B:p_C=\overline{v_A^2}:\overline{v_B^2}:\overline{v_C^2}=1:4:16$。本题正确答案为(C)。

【12-3】 在一个体积不变的容器中，储有一定量的某种理想气体，温度为 T_0 时，气体分子的平均速率为 $\overline{v_0}$，分子平均碰撞次数为 $\overline{Z_0}$，平均自由程为 $\overline{\lambda_0}$，当气体温度升高为 $4T_0$ 时，气体分子的平均速率 $\bar{v}$，平均碰撞频率 $\bar{Z}$ 和平均自由程 $\bar{\lambda}$ 分别为(　)。

(A) $\bar{v}=4\overline{v_0}$，$\bar{Z}=4\overline{Z_0}$，$\bar{\lambda}=4\overline{\lambda_0}$　　(B) $\bar{v}=2\overline{v_0}$，$\bar{Z}=2\overline{Z_0}$，$\bar{\lambda}=\overline{\lambda_0}$

(C) $\bar{v}=2\overline{v_0}$，$\bar{Z}=2\overline{Z_0}$，$\bar{\lambda}=4\overline{\lambda_0}$　　(D) $\bar{v}=4\overline{v_0}$，$\bar{Z}=2\overline{Z_0}$，$\bar{\lambda}=\overline{\lambda_0}$

解　容器中气体温度变化时，气体分子的质量 m 和分子直径 d 是不变的。又因为容器体积不变，气体的量也不变，所以分子数密度 n 也与温度无关。根据气体分子平均速率 $\bar{v}$、平均碰撞次数 $\bar{Z}$ 和平均自由程 $\bar{\lambda}$ 的公式

$$\bar{v}=\sqrt{\frac{8kT}{\pi m}},\quad \bar{Z}=\sqrt{2}\pi d^2\bar{v}n,\quad \bar{\lambda}=\frac{1}{\sqrt{2}\pi d^2 n}$$

可以判定，当温度由 T_0 升高至 $4T_0$ 时有 $\bar{v}=2\overline{v_0}$，$\bar{Z}=2\overline{Z_0}$，$\bar{\lambda}=\overline{\lambda_0}$。本题答案应为(B)。

【12-4】 已知 n 为单位体积的分子数，$f(v)$ 为 Maxwell 速率分布函数，则 $nf(v)\mathrm{d}v$ 表示(　)。

(A) 速率 v 附近，$\mathrm{d}v$ 区间内的分子数

(B) 单位体积内速率在 $v\sim v+\mathrm{d}v$ 区间内的分子数

(C) 速率 v 附近，$\mathrm{d}v$ 区间内分子数占总分子数的比率

(D) 单位时间内碰到单位器壁上，速率在 $v\sim v+\mathrm{d}v$ 区间内的分子数

解　根据速率分布函数的定义，有 $f(v)=\dfrac{1}{N}\dfrac{\mathrm{d}N}{\mathrm{d}v}$，因此，$f(v)\mathrm{d}v=\dfrac{\mathrm{d}N}{N}$ 表示速率在 $v\sim v+\mathrm{d}v$ 区间内的分子数占总分子数的比率。$nf(v)\mathrm{d}v$ 则表示单位体积内速率在 $v\sim v+\mathrm{d}v$ 区间内的分子数。本题答案应选(B)。

【12-5】 一打足气的自行车内胎若在 7.0℃ 时轮胎中空气压强为 4.0×10^5 Pa，则在温度变为

37.0℃时，轮胎内空气压强为多少？（设内胎容积不变。）

解　轮胎内空气初态时的温度为 $T_0=280$ K，压强为 $p_0=4.0\times10^5$ Pa，末态时温度为 $T=310$ K，因为内胎容积不变，所以末态压强为

$$p=\frac{T}{T_0}p_0=4.43\times10^5\ \text{Pa}$$

【12-6】　在湖面下50.0 m深处（温度为4.0℃），有一个体积为 1.0×10^{-5} m^3 的空气泡升到湖面上来，若湖面的温度为17.0 ℃，求气泡到达湖面的体积。（取大气压强为 $p_0=1.013\times10^5$ Pa。）

解　空气泡初态时诸物态参量分别为 $T_1=277$ K，$V_1=1.0\times10^{-5}$ m^3，$p_1=p_0+\rho gh=5.91\times10^5$ Pa；末态时 $T_2=290$ K，$p_2=p_0=1.013\times10^5$ Pa。根据理想气体物态方程可得气泡到达湖面时的体积为

$$V_2=\frac{p_1V_1T_2}{T_1p_2}=6.11\times10^{-5}\ \text{m}^3$$

【12-7】　氧气瓶的容积为 3.2×10^{-2} m^3，其中氧气的压强为 1.30×10^7 Pa，氧气厂规定压强降到 1.0×10^6 Pa时，就应重新充气，以免经常洗瓶。某小型吹玻璃车间平均每天用去0.40 m^3 在 1.01×10^5 Pa压强下的氧气，问一瓶氧气能用多少天？（设使用过程中温度不变。）

解　令 $p_1=1.30\times10^7$ Pa，$p_2=1.0\times10^6$ Pa，$p_3=1.01\times10^5$ Pa，$V=3.2\times10^{-2}$ m^3，$V'=0.40$ m^3，设氧气的摩尔质量为 M。在用气以前，根据理想气体物态方程，瓶内氧气质量 $m_1=\dfrac{Mp_1V}{RT}$，当瓶内氧气压强降至 p_2 时，氧气质量为 $m_2=\dfrac{Mp_2V}{RT}$。因此，氧气瓶重新充气时，用去的氧气质量为

$$m_1-m_2=\frac{MV}{RT}(p_1-p_2)$$

车间每天用去的氧气质量为 $m_3=\dfrac{MV'p_3}{RT}$，一瓶氧气能用的天数即为

$$N=\frac{m_1-m_2}{m_3}=\frac{V(p_1-p_2)}{V'p_3}=9.5\ \text{d}$$

【12-8】　设想太阳是由氢原子组成的理想气体，其密度可当作是均匀的。若此理想气体的压强为 1.35×10^{14} Pa。试估计太阳的温度。（已知氢原子的质量 $m_{\text{H}}=1.67\times10^{-27}$ kg，太阳半径 $R_s=6.96\times10^8$ m，太阳质量 $m_s=1.99\times10^{30}$ kg。）

解　太阳中的氢原子数　　$N=\dfrac{m_s}{m_{\text{H}}}$

太阳的体积　　$V=\dfrac{4}{3}\pi R_s^3$

太阳中氢原子的数密度　　$n=\dfrac{N}{V}=\dfrac{3m_s}{4\pi R_s^3m_{\text{H}}}$

根据理想气体压强公式 $p=nkT$，可估计太阳温度为

$$T=\frac{p}{nk}=\frac{4\pi R_s^3m_{\text{H}}p}{3m_sk}=1.16\times10^7\ \text{K}$$

【12-9】　一容器内储有氧气，其压强为 1.01×10^5 Pa，温度为27.0 ℃，求：(1) 气体分子的数密度；(2) 氧气的密度；(3) 分子的平均平动动能；(4) 分子间的平均距离。（设分子间均匀等距排列。）

解　(1) 气体分子的数密度为　　$n=\dfrac{p}{kT}=2.44\times10^{25}\ \text{m}^{-3}$

(2) 氧气的密度　　$d=\dfrac{m}{V}=\dfrac{pM}{RT}=1.30\ \text{kg}\cdot\text{m}^{-3}$

(3) 分子的平均平动动能　　$\bar{\varepsilon}_k=\dfrac{3}{2}kT=6.21\times10^{-21}$ J

(4) 设 n 个分子在边长为1 m的立方形容器中等间距分布，在每一边上的分子数为 n_0，则 $n=$

n_0^3，分子间距即为

$$\bar{l}=\frac{1}{n_0}=\frac{1}{\sqrt[3]{n}}=3.45\times10^{-9}\ \text{m}$$

【12-10】 2.0×10^{-2} kg 氢气装在 $4.0\times10^{-3}\ \text{m}^3$ 的容器内，当容器内的压强为 3.90×10^5 Pa 时，氢气分子的平均平动动能为多大？

解　氢气的摩尔质量 $M=2\times10^{-3}\ \text{kg}\cdot\text{mol}^{-1}$，已知氢气的质量 $m=2.0\times10^{-3}$ kg，体积 $V=4.0\times10^{-3}\ \text{m}^3$，压强 $p=3.90\times10^5$ Pa。根据理想气体物态方程可得氢气温度为

$$T=\frac{pVM}{mR}=18.8\ \text{K}$$

因此氢气分子的平均平动动能为　$\bar{\varepsilon}_k=\frac{3}{2}kT=3.89\times10^{-22}$ J

【12-11】 温度为 0℃和 100℃时理想气体分子的平均平动动能各为多少？欲使分子的平均平动动能等于 1 eV，气体的温度需多高？

解　$T_1=273$ K 时，分子平均平动动能

$$\bar{\varepsilon}_{k1}=\frac{3}{2}kT_1=5.65\times10^{-21}\ \text{J}$$

$T_2=373$ K 时，分子平均平动动能　$\bar{\varepsilon}_{k2}=\frac{3}{2}kT_2=7.72\times10^{-21}$ J

1 eV$=1.6\times10^{-19}$ J，若 $\bar{\varepsilon}_k=1$ eV，则气体温度应为

$$T=\frac{2\bar{\varepsilon}_k}{3k}=7.73\times10^3\ \text{K}$$

【12-12】 某些恒星的温度可达到约 1.0×10^8 K，这也是发生聚变反应（也称热核反应）所需的温度。在此温度下，恒星可视为由质子组成。问：(1) 质子的平均动能是多少？(2) 质子的方均根速率为多大？

解　(1) 质子的平均动能　$\bar{\varepsilon}_k=\frac{3}{2}kT=2.07\times10^{-15}$ J

(2) 质子的方均根速率　$\sqrt{\overline{v^2}}=\sqrt{\frac{3kT}{m}}$

质子质量 $m=1.67\times10^{-27}$ kg，代入上式后得

$$\sqrt{\overline{v^2}}=1.58\times10^6\ \text{m}\cdot\text{s}^{-1}$$

【12-13】 星际空间温度可达 2.7 K，试求温度为 300.0 K 和 2.7 K 的氢分子的平均速率、方均根速度及最概然速率。

解　$T_1=2.7$ K 时　$\bar{v}=1.60\sqrt{\frac{RT_1}{M}}=1.69\times10^2\ \text{m}\cdot\text{s}^{-1}$

$$v_{\text{rms}}=\sqrt{\frac{3RT_1}{M}}=1.83\times10^2\ \text{m}\cdot\text{s}^{-1},\quad v_p=1.41\sqrt{\frac{RT_1}{M}}=1.50\times10^2\ \text{m}\cdot\text{s}^{-1}$$

$T_2=300.0$ K 时　$\bar{v}=1.60\sqrt{\frac{RT_2}{M}}=1.78\times10^3\ \text{m}\cdot\text{s}^{-1}$

$$v_{\text{rms}}=\sqrt{\frac{3RT_2}{M}}=1.93\times10^3\ \text{m}\cdot\text{s}^{-1},\quad v_p=1.41\sqrt{\frac{RT_2}{M}}=1.58\times10^3\ \text{m}\cdot\text{s}^{-1}$$

【12-14】 图 12-1 中，Ⅰ、Ⅱ两条曲线分别是两种不同气体（氢气和氧气）在同一温度下的麦克斯韦分子速率分布曲线。试由图中数据求：(1) 氢气分子和氧气分子的最概然速率；(2) 两种气体所处的温度；(3) 若图 12-1 中Ⅰ、Ⅱ分别表示氢气在不同温度下的麦克斯韦分子速率分布曲线，那么哪条曲线的气体温度较高？

解　(1) 气体分子的最概然速率　$v_p=\sqrt{\frac{2RT}{M}}$

可见在相同温度下，v_p 与气体摩尔质量 M 的 $\frac{1}{2}$ 次方成反比。因为 $M_H < M_O$，所以 $v_{pH} > v_{pO}$，据此可以判断曲线Ⅰ是氧气分子速率分布曲线，曲线Ⅱ是氢气分子速率分布曲线，即氢分子的最概然速率

$$v_{pH} = 2\ 000\ \mathrm{m \cdot s^{-1}}$$

因为
$$\frac{v_{pO}}{v_{pH}} = \sqrt{\frac{M_H}{M_O}}$$

所以
$$v_{pO} = \sqrt{\frac{M_H}{M_O}} v_{pH} = 500\ \mathrm{m \cdot s^{-1}}$$

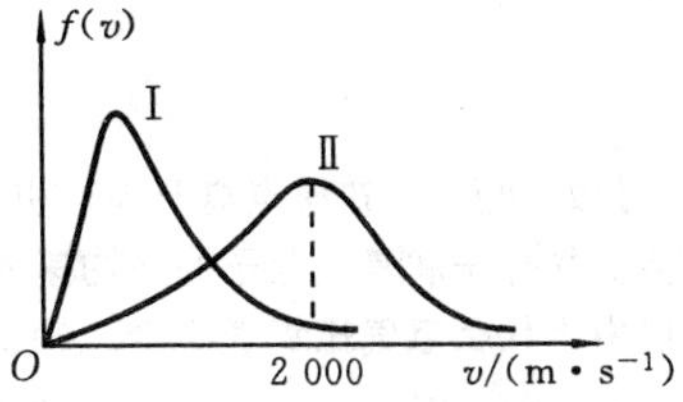

图 12-1

(2) 由公式 $v_{pH} = \sqrt{\frac{2RT}{M_H}}$ 可得两种气体所处的温度为

$$T = \frac{M_H v_{pH}^2}{2R} = 481\ \mathrm{K}$$

(3) 气体分子最概然速率公式表明，v_p 与 $\sqrt{T}$ 成正比，因此曲线Ⅱ的气体温度较高。

【12-15】 日冕的温度为 2.0×10^6 K，所喷出的电子气可视为理想气体。试求其中电子的方均根速率和热运动平均动能。

解 电子的方均根速率为 $v_{rms} = \sqrt{\frac{3kT}{m}} = 9.5 \times 10^6\ \mathrm{m \cdot s^{-1}}$

电子的热运动平均动能为 $\bar{\varepsilon}_k = \frac{3}{2} kT = 4.1 \times 10^{-17}$ J

【12-16】 在容积为 $2.0 \times 10^{-3}\ \mathrm{m^3}$ 的容器中，有内能为 6.75×10^2 J 的刚性双原子分子理想气体。(1) 求气体的压强；(2) 若容器中分子总数为 5.4×10^{22} 个，求分子的平均平动动能及气体的温度。

解 (1) 理想气体的内能 $E = \frac{m}{M} \frac{i}{2} RT = \frac{i}{2} pV$

对刚性双原子分子，$i=5$，代入上式后可得

$$p = \frac{2E}{5V} = 1.35 \times 10^5\ \mathrm{Pa}$$

(2) 在刚性双原子分子理想气体的内能中，有 $\frac{3}{5}$ 是由分子的平动动能贡献的。设分子总数为 N，则

$$N\bar{\varepsilon}_{kt} = \frac{3}{5} E, \quad \bar{\varepsilon}_{kt} = \frac{3E}{5N} = 7.50 \times 10^{-21}\ \mathrm{J}$$

气体的温度
$$T = \frac{2\bar{\varepsilon}_{kt}}{3k} = 362\ \mathrm{K}$$

【12-17】 温度相同的氢气和氧气，若氢气分子的平均平动动能为 6.21×10^{-21} J，试求：(1) 氧气分子的平均平动动能及温度；(2) 氧气分子的最概然速率。

解 (1) 设 ε_{kt1} 是氢气分子的平均平动动能，则其温度为

$$T = \frac{2\varepsilon_{kt1}}{3k} = 300\ \mathrm{K}$$

这也是氧气的温度。氧气分子的平均平动动能为

$$\varepsilon_{kt2} = \varepsilon_{kt1} = 6.21 \times 10^{-21}\ \mathrm{J}$$

(2) 氧气分子的最概然速率为 $v_p = 1.41 \sqrt{\frac{RT}{M}} = 3.94 \times 10^2\ \mathrm{m \cdot s^{-1}}$。

【12-18】 声波在理想气体中传播的速率正比于气体分子的方均根速率。问声波通过氧气的速率与通过氢气的速率之比为多少？设这两种气体都为理想气体并具有相同的温度。

解 由公式$\sqrt{\overline{v^2}}=\sqrt{\frac{3RT}{M}}$可得，声波在氧气中的传播速率 u_O 与声波在氢气中的传播速率 u_H 之比为

$$\frac{u_O}{u_H}=\frac{\sqrt{\overline{v_O^2}}}{\sqrt{\overline{v_H^2}}}=\sqrt{\frac{M_H}{M_O}}=\frac{1}{4}$$

【12-19】 已知质点离开地球引力作用所需的逃逸速率为 $v=\sqrt{2gr}$，其中 r 为地球半径。(1) 若使氢气分子和氧气分子的平均速率分别与逃逸速率相等，它们各自应有多高的温度；(2) 说明大气层中为什么氢气比氧气要少。(取 $r=6.40\times10^6$ m。)

解 (1) 将 $r=6.40\times10^6$ m 代入 $v=\sqrt{2gr}$后，可得逃逸地球的速率为

$$v=\sqrt{2gr}=1.12\times10^4\ \mathrm{m\cdot s^{-1}}$$

气体分子的平均速率 $$\bar{v}=\sqrt{\frac{8RT}{\pi M}}$$

由此可得 $$T=\frac{\pi M\bar{v}^2}{8R}$$

令 $\bar{v}=v$，将 $M_H=2\times10^{-3}\ \mathrm{kg\cdot mol^{-1}}$，$M_O=32\times10^{-3}\ \mathrm{kg\cdot mol^{-1}}$ 分别代入上式，可得

$$T_H=1.18\times10^4\ \mathrm{K},\quad T_O=1.89\times10^5\ \mathrm{K}$$

(2) 以上计算说明，为达到相同的平均速率，氧气需要高得多的温度，换句话说，在相同温度下，氢气分子的平均速率高得多，这就是说，高速氢分子所占比例比高速氧分子所占比例大得多，因而可能逃离大气层的氢分子比氧分子多，大气层中氢气就比较少。

【12-20】 储有 1 mol 氧气，容积为 1 m³ 的容器以 $v=10\ \mathrm{m\cdot s^{-1}}$ 的速度运动，设容器突然停止，其中氧气的 80％的机械运动动能转化为气体分子热运动动能。试求气体的温度及压强各升高了多少。

解 氧气质量为 $M=3.2\times10^{-2}$ kg，氧气的机械运动动能为

$$E_k=\frac{1}{2}mv^2=1.6\ \mathrm{J}$$

氧气分子是双原子分子，其平均热运动动能为$\overline{\varepsilon_k}=\frac{5}{2}kT$，温度升高 ΔT 时，平均动能增加 $\Delta\overline{\varepsilon_k}=\frac{5}{2}k\Delta T$。氧气的 80％的机械运动动能转化为气体分子热运动动能，因此有

$$0.8E_k=N_A\Delta\overline{\varepsilon_k}=\frac{5}{2}N_Ak\Delta T=\frac{5}{2}R\Delta T,\quad \Delta T=\frac{1.6E_k}{5R}=6.16\times10^{-2}\ \mathrm{K}$$

压强升高了 $$\Delta p=nk\Delta T=\frac{N_A}{V}k\Delta T=\frac{R}{V}\Delta T=0.51\ \mathrm{Pa}$$

【12-21】 有 N 个质量均为 m 的同种气体分子，它们的速率分布如图 12-2 所示。(1) 说明曲线与横坐标所包围面积的含义；(2) 由 N 和 v_0 求 a 值；(3) 求在速率 $v_0/2$ 到 $3v_0/2$ 间隔内的分子数；(4) 求分子的平均平动动能。

解 (1) 曲线与横坐标轴所包围的面积为

$$S=\int_0^{2v_0}Nf(v)\mathrm{d}v$$

它说明气体分子速率在 0 到 $2v_0$ 之间的分子数。因为图中标明分子最大速率为 $2v_0$，所以 S 也就是分子总数 N。

(2) 由图可知 $$S=\frac{1}{2}av_0+av_0=\frac{3}{2}av_0$$

已证明 $S=N$，代入上式后 $$a=\frac{2N}{3v_0}\qquad ①$$

(3) 速率在 0 到 $v_0/2$ 之间的分子数

$$N_1=\frac{1}{2}\left(\frac{a}{2}\right)\left(\frac{v_0}{2}\right)=\frac{1}{12}N$$

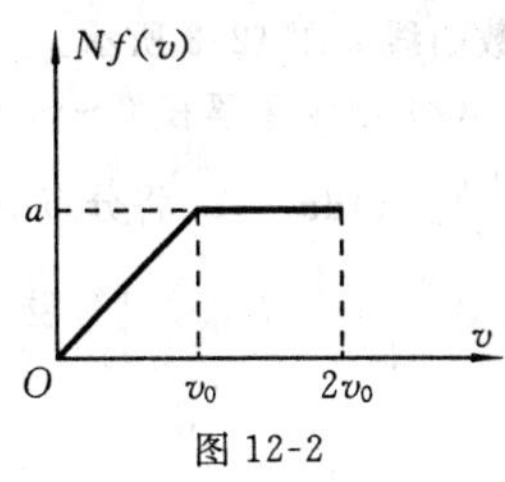

图 12-2

速率在 $3v_0/2$ 到 $2v_0$ 之间的分子数

$$N_2=a\frac{v_0}{2}=\frac{1}{3}N$$

因此，速率在 $v_0/2$ 到 $3v_0/2$ 之间的分子数

$$N_3=N-(N_1+N_2)=\frac{7}{12}N$$

(4) 图 12-2 中曲线的函数形式为 $Nf(v)=\begin{cases}\dfrac{a}{v_0}v, & 0\leqslant v\leqslant v_0\\ a, & v_0\leqslant v\leqslant 2v_0\end{cases}$，$Nf(v)\mathrm{d}v$ 是速率在 $v\to v+\mathrm{d}v$ 范围内的分子数，这些分子的平动动能之和为

$$\mathrm{d}\varepsilon_{\mathrm{kt}}=\left(\frac{1}{2}mv^2\right)Nf(v)\mathrm{d}v$$

全部分子的平动动能之和为 $\int\mathrm{d}\varepsilon_{\mathrm{kt}}$，分子的平均平动动能为

$$\bar{\varepsilon}_{\mathrm{kt}}=\frac{1}{N}\int\mathrm{d}\varepsilon_{\mathrm{kt}}=\int_0^{2v_0}\frac{1}{2}mv^2f(v)\mathrm{d}v=\frac{m}{2}\left[\int_0^{v_0}\frac{a}{Nv_0}v^3\mathrm{d}v+\int_{v_0}^{2v_0}\frac{a}{N}v^2\mathrm{d}v\right]=\frac{31ma}{24N}v_0^3 \qquad ②$$

将①式代入②式后

$$\overline{\varepsilon_{\mathrm{kt}}}=\frac{31}{36}mv_0^2$$

【12-22】 试用麦克斯韦分子速率分布定律导出方均根速率和最概然速率。

解　麦克斯韦气体分子速率分布函数

$$f(v)=4\pi\left(\frac{m}{2\pi kT}\right)^{3/2}\mathrm{e}^{-\frac{mv^2}{2kT}}v^2$$

其一阶导数为

$$\frac{\mathrm{d}f(v)}{\mathrm{d}v}=8\pi\left(\frac{m}{2\pi kT}\right)^{3/2}\mathrm{e}^{-\frac{mv^2}{2kT}}v\left(1-\frac{mv^2}{2kT}\right)$$

令 $\dfrac{\mathrm{d}f(v)}{\mathrm{d}v}=0$，满足此条件的速率即为最概然速率，由此可得最概然速率为

$$v_{\mathrm{p}}=\sqrt{\frac{2kT}{m}}\text{（虽然 }v=0\text{ 也满足条件，但其概然最小。）}$$

分子速率平方的平均值为

$$\overline{v^2}=\int_0^{\infty}v^2f(v)\mathrm{d}v=4\pi\left(\frac{m}{2\pi kT}\right)^{3/2}\int_0^{\infty}\mathrm{e}^{-\frac{mv^2}{2kT}}v^4\mathrm{d}v$$

应用积分公式 $\int_0^{\infty}\mathrm{e}^{-ax^2}x^4\mathrm{d}x=\frac{3}{8}\left(\frac{\pi}{a^5}\right)^{1/2}$，可得

$$\overline{v^2}=\frac{3}{2}\pi\left(\frac{m}{2\pi kT}\right)^{3/2}\left[\pi\left(\frac{m}{2kT}\right)^{-5}\right]^{1/2}=\frac{3kT}{m}$$

因此，方均根速率

$$v_{\mathrm{rms}}=\sqrt{\overline{v^2}}=\sqrt{\frac{3kT}{m}}$$

【12-23】 导体中自由电子的运动可看作类似于气体分子的运动（故称电子气）。设导体中共有 N 个自由电子，其中电子的最大速率为 v_{F}（称为费米速率）。电子在速率 $v\sim v+\mathrm{d}v$ 之间的概率为

$$\frac{\mathrm{d}N}{N}=\begin{cases}\dfrac{4\pi A}{N}v^2\mathrm{d}v & (v_{\mathrm{F}}>v>0,A\text{ 为常数})\\ 0 & (v>v_{\mathrm{F}})\end{cases}$$

(1) 画出分布函数图；(2) 用 N、v_{F} 定出常数 A；(3) 证明电子气中电子的平均动能 $\bar{\varepsilon}=\frac{3}{5}\varepsilon_{\mathrm{F}}$，其中 $\varepsilon_{\mathrm{F}}=\frac{1}{2}mv_{\mathrm{F}}^2$。

解　(1) 电子速率分布函数为

$$f(v)=\frac{1}{N}\frac{\mathrm{d}N}{\mathrm{d}v}=\begin{cases}\dfrac{4\pi A}{N}v^2 & (v_{\mathrm{F}}>v>0)\\ 0 & (v>v_{\mathrm{F}})\end{cases}$$

函数曲线如图 12-3 所示。

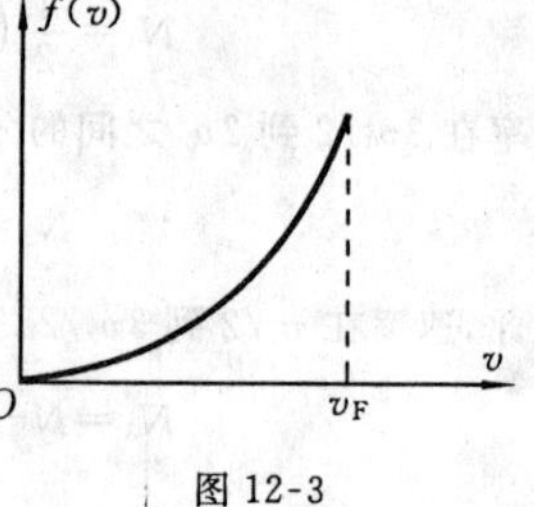

图 12-3

(2) 电子速率在 $0\sim v_F$ 范围内的概率是 100%，用数学表示，

即 $\int_0^{v_F} f(v)\mathrm{d}v=1$，将分布函数代入后积分

$$\int_0^{v_F}\frac{4\pi A}{N}v^2\mathrm{d}v=\frac{4\pi A}{3N}v_F^3$$

由
$$\frac{4\pi A}{3N}v_F^3=1$$

得到
$$A=\frac{3N}{4\pi v_F^3}$$

(3) 电子气中电子的平均动能为

$$\bar{\varepsilon}=\int_0^{v_F}\left(\frac{1}{2}mv^2\right)f(v)\mathrm{d}v=\int_0^{v_F}\frac{2\pi Am}{N}v^4\mathrm{d}v=\int_0^{v_F}\frac{3m}{2v_F^3}v^4\mathrm{d}v=\frac{3}{5}\left(\frac{1}{2}mv_F^2\right)=\frac{3}{5}\varepsilon_F$$

【12-24】 一飞机在地面时机舱中的压力计指示为 1.01×10^5 Pa，到高空后压强降为 8.11×10^4 Pa。设大气的温度均为 27.0 ℃。问此时飞机距地面的高度为多少？（设空气的摩尔质量为 2.89×10^{-2} kg · mol^{-1}。）

解　大气压强与高度的函数关系为　$p=p_0\mathrm{e}^{-\frac{mgh}{kT}}$

由此可得
$$h=\frac{kT}{mg}\ln\frac{p_0}{p}$$

以 M 表示空气的摩尔质量，N_A 表示阿伏伽德罗常数，则空气分子平均质量为

$$m=\frac{M}{N_A}=4.8\times10^{-26}\ \mathrm{kg}$$

将 $p_0=1.01\times10^5$ Pa，$p=8.11\times10^4$ Pa，$T=300$ K 及 m 的值代入 h 的表示式中，得到

$$h=1.93\times10^3\ \mathrm{m}$$

【12-25】 在压强为 1.01×10^5 Pa 下，氮气分子的平均自由程为 6.0×10^{-6} cm，当温度不变时，在多大压强下，其平均自由程为 1.0 mm。

解　有关分子平均自由程的计算公式为　$\bar{\lambda}=\dfrac{kT}{\sqrt{2}\pi d^2 p}$

可见在温度相同的条件下，$\bar{\lambda}$ 与 p 成反比。因此

$$\frac{\bar{\lambda}_1}{\bar{\lambda}_2}=\frac{p_2}{p_1},\quad p_2=\frac{\bar{\lambda}_1}{\bar{\lambda}_2}p_1=6.06\ \mathrm{Pa}$$

【12-26】 目前实验室获得的极限真空约为 1.33×10^{-11} Pa，这与距地球表面 1.0×10^4 km处的压强大致相等。而电视机显像管的真空度为 1.33×10^{-3} Pa，试求在 27 ℃时这两种不同压强下单位体积中的分子数及分子的平均自由程。（设气体分子的有效直径 $d=3.0\times10^{-8}$ cm。）

解　单位体积中的分子数为　$n_1=\dfrac{p_1}{kT}=3.21\times10^9\ \mathrm{m^{-3}}$　（极限真空）

$$n_2=\frac{p_2}{kT}=3.21\times10^{17}\ \mathrm{m^{-3}}\quad（显像管内）$$

分子的平均自由程　$\overline{\lambda_1}=\dfrac{1}{\sqrt{2}\pi d^2 n_1}=7.8\times10^8\ \mathrm{m}$　（极限真空）

$$\overline{\lambda_2}=\frac{1}{\sqrt{2}\pi d^2 n_2}=7.8\ \mathrm{m}\quad（显像管内）$$

【12-27】 若氖气分子的有效直径为 2.59×10^{-8} cm，问在温度为 600 K，压强为 1.33×10^2 Pa 时氖分子 1 s 内的平均碰撞次数为多少？

解　在给定温度和压强条件下，氖分子的数密度为

$$n=\frac{p}{kT}=1.61\times10^{22}\ \mathrm{m^{-3}}$$

氖分子的平均速率为 $$\bar{v}=\sqrt{\frac{8RT}{\pi M}}=797\ \mathrm{m\cdot s^{-1}}$$

因此，氖分子1 s内平均碰撞次数为 $\bar{Z}=\sqrt{2}\pi d^2\bar{v}n=3.82\times10^6\ \mathrm{s^{-1}}$。

【12-28】 在一定的压强下，温度为20 ℃时，氩和氮气分子的平均自由程分别为 9.9×10^{-8} m 和 27.5×10^{-8} m。试求：(1) 氩气和氮气分子的有效直径之比；(2) 当温度不变且压强为原值的一半时，氮气分子的平均自由程和平均碰撞频率。

解 (1) 由气体分子平均自由程公式 $\bar{\lambda}=\frac{kT}{\sqrt{2}\pi d^2 p}$ 可知，在温度和压强都相同的情况下，有

$$\bar{\lambda}_1 d_1^2=\bar{\lambda}_2 d_2^2$$

式中，$\bar{\lambda}_1$ 和 $\bar{\lambda}_2$ 分别为氩气和氮气分子的平均自由程，d_1 和 d_2 分别是它们的有效直径。由此可得氩气和氮气分子的有效直径之比为

$$\frac{d_1}{d_2}=\sqrt{\frac{\bar{\lambda}_2}{\bar{\lambda}_1}}=1.67$$

(2) 由分子平均自由程公式可以看出，当温度不变时，分子平均自由程与压强成反比。当氮气压强 $p'=\frac{1}{2}p$ 时，其分子平均自由程

$$\bar{\lambda}'_2=2\bar{\lambda}_2=5.5\times10^{-7}\ \mathrm{m}$$

在温度为20 ℃时，氮气分子的平均速率为

$$\bar{v}=\sqrt{\frac{8RT}{\pi M}}=470\ \mathrm{m\cdot s^{-1}}$$

它的平均碰撞频率为 $$\bar{Z}=\frac{\bar{v}}{\bar{\lambda}'_2}=8.55\times10^8\ \mathrm{s^{-1}}$$

【12-29】 对于 CO_2 气体有范德瓦耳斯常量 $a=0.37\ \mathrm{Pa\cdot m^6\cdot mol^{-2}}$，$b=4.3\times10^{-5}\ \mathrm{m^3\cdot mol^{-1}}$。当0 ℃时其摩尔体积为 $6.0\times10^{-4}\ \mathrm{m^3\cdot mol^{-1}}$，试求其压强。如果将其当作理想气体处理，结果又如何？

解 范德瓦耳斯方程为 $$\left(p+\frac{a}{V^2}\right)(V-b)=RT$$

由此方程可解得 $$p=\frac{RT}{V-b}-\frac{a}{V^2}$$

将 a、b 的值和 $V=6.0\times10^{-4}\ \mathrm{m^3\cdot mol^{-1}}$，$T=273$ K 代入上述方程，得到

$$p=3.05\times10^6\ \mathrm{Pa}$$

若作为理想气体，则 $$p=\frac{RT}{V}=3.78\times10^6\ \mathrm{Pa}$$

【12-30】 一台普通冰箱等效于一个厚90 mm，内表面积为5.6 m² 的软木盒子。关上冰箱门后，内部温度比外界温度低22.2 K，若冰箱马达运行时间为冰箱关闭时间的15%，求马达运行时，冰箱内热量的迁移率（即单位时间内从冰箱内迁出的热量）。已知软木盒的热导率 $\kappa=0.05\ \mathrm{W\cdot m^{-1}\cdot K^{-1}}$。

解 在冰箱关闭的时间里，热量都会自动地由冰箱外传至冰箱内，其迁移率大小为

$$\frac{\Delta Q}{\Delta t}=\kappa\frac{\Delta T}{\Delta x}\Delta S$$

为了保持冰箱内的低温，必须通过运行制冷设备将这些热量迁移至冰箱外。冰箱运行时间只是热量由外部迁移至内部的时间的15%，因此冰箱的热量迁移率为

$$\frac{\Delta Q'}{\Delta t}=\frac{1}{0.15}\kappa\frac{\Delta T}{\Delta x}\Delta S$$

式中，$\Delta T=22.2$ K，$\Delta x=90$ mm，$\Delta S=5.6\mathrm{m^2}$，代入后得到 $\frac{\Delta Q'}{\Delta t}=460$ W。

第 13 章　热力学基础

内容提要

1. 功

功是过程量。准静态过程中系统所作的体积功

$$dW = p dV,\quad W = \int_{V_1}^{V_2} p dV$$

2. 热量与热容

热量是过程量，热容也是过程量。

定体摩尔热容　$C_{V,m} = \frac{dQ_V}{dT}$

等体过程吸收的热量　$Q_V = \frac{m}{M} C_{V,m}(T_2 - T_1)$

等压摩尔热容　$C_{p,m} = \frac{dQ_p}{dT}$

等压过程吸收的热量　$Q_p = \frac{m}{M} C_{p,m}(T_2 - T_1)$

理想气体 $C_{V,m}$ 与 $C_{p,m}$ 的关系　$C_{p,m} - C_{V,m} = R$

$$\frac{C_{p,m}}{C_{V,m}} = \gamma$$

3. 内能

内能是状态量，是系统状态的单值函数。

理想气体内能的增量　$E_2 - E_1 = \frac{m}{M} C_{V,m}(T_2 - T_1)$

4. 热力学第一定律

系统从外界吸收的热量，一部分使系统的内能增加，另一部分使系统对外界作功。即

$$Q = E_2 - E_1 + W$$

微分形式　$dQ = dE + dW$

5. 等温过程与绝热过程

等温过程的功和热量　$Q_T = W_T = \frac{m}{M} RT \ln \frac{V_2}{V_1} = \frac{m}{M} RT \ln \frac{p_1}{p_2}$

$$R = 8.31\ \mathrm{J \cdot mol^{-1} \cdot K^{-1}}$$

绝热方程　$pV^{\gamma} =$ 常量，　$V^{\gamma-1}T =$ 常量，　$p^{\gamma-1}T^{-\gamma} =$ 常量

绝热过程的功　$W_a = \frac{C_{V,m}}{R}(p_1V_1 - p_2V_2) = \frac{p_1V_1 - p_2V_2}{\gamma - 1}$

6. 循环过程、卡诺循环

循环(热机)效率　$\eta = \frac{W}{Q_1} = 1 - \frac{Q_2}{Q_1}$

致冷系数　$e = \frac{Q_2}{W} = \frac{Q_2}{Q_1 - Q_2}$

卡诺循环(热机)效率　$\eta=1-\dfrac{T_2}{T_1}$

卡诺致冷机的致冷系数　$e=\dfrac{T_2}{T_1-T_2}$

7. 热力学第二定律

两种表述：开尔文表述、克劳修斯表述。

卡诺定理：在相同的高温热源和低温热源之间工作的任意工作物质的可逆机，都具有相同的效率；工作在相同的高温热源和低温热源之间的一切不可逆机的效率都不可能大于可逆机的效率。

$$\eta'\leqslant 1-\frac{T_2}{T_1}$$

式中，“=”适用于可逆机，“<”适用于不可逆机。

8. 熵

熵变的计算　$S_B-S_A=\int_A^B\frac{\mathrm{d}Q}{T}$　(可逆过程)

熵增加原理：孤立系统中的可逆过程，其熵不变；孤立系统中的不可逆过程，其熵要增加。即

$$\Delta S\geqslant 0$$

式中，“=”适用于可逆过程，“>”适用于不可逆过程。

习题解答

【13-1】　如图13-1所示，bca 为理想气体绝热过程，$b1a$ 和 $b2a$ 是任意过程，则上述两过程中气体作功与吸收热量的情况是：(　)。

(A) $b1a$ 过程放热，作负功；$b2a$ 过程放热，作负功

(B) $b1a$ 过程吸热，作负功；$b2a$ 过程放热，作负功

(C) $b1a$ 过程吸热，作正功；$b2a$ 过程吸热，作负功

(D) $b1a$ 过程放热，作正功；$b2a$ 过程吸热，作正功

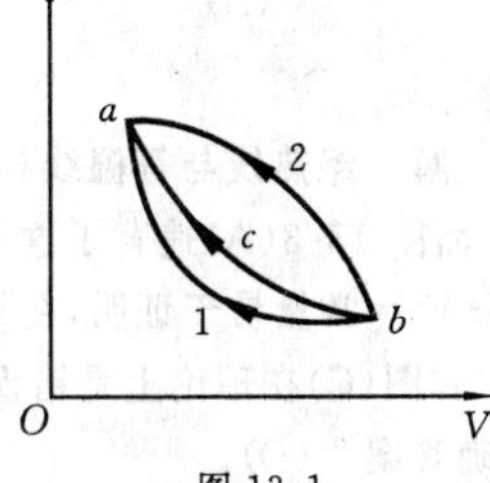

图13-1

解　在 $b1a$、$b2a$ 和 bca 三个过程中，气体都是作负功，且 $b1a$ 过程作功的绝对值比 bca 过程少，$b2a$ 过程作功的绝对值比 bca 过程多，$W_{b1a}>W_{bca}>W_{b2a}$。根据热力学第一定律，对这三个过程分别有

$$Q_{b1a}=W_{b1a}+(E_a-E_b),\quad Q_{bca}=W_{bca}+(E_a-E_b),\quad Q_{b2a}=W_{b2a}+(E_a-E_b)$$

bca 是绝热过程，$Q_{bca}=0$，因此 $W_{bca}+(E_a-E_b)=0$，于是

$$Q_{b1a}=W_{bca}+(W_{b1a}-W_{bca})+(E_a-E_b)=W_{b1a}-W_{bca}>0$$

说明 $b1a$ 过程吸热，对于 $b2a$ 过程有

$$Q_{b2a}=W_{bca}+(W_{b2a}-W_{bca})+(E_a-E_b)=W_{b2a}-W_{bca}<0$$

说明 $b2a$ 过程放热。本题答案应选(B)。

【13-2】　如图13-2所示一定量的理想气体，由平衡态 A 变到平衡态 B，且它们的压强相等，即 $p_A=p_B$。则在状态 A 和状态 B 之间，气体无论经过的是什么过程，气体必然(　)。

(A) 对外作正功　(B) 内能增加　(C) 从外界吸热　(D) 向外界放热

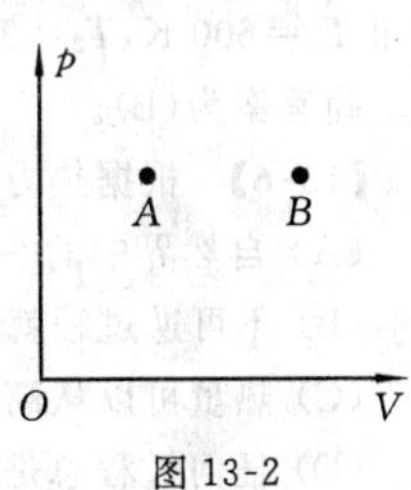

图13-2

解　应用理想气体物态方程，对 A、B 两平衡态分别有

$$p_AV_A=\frac{m}{M}RT_A,\quad p_BV_B=\frac{m}{M}RT_B$$

已知 $p_A=p_B$，$V_B>V_A$，因此 $T_B>T_A$。理想气体的内能为

$$E=\frac{m}{M}\frac{i}{2}RT$$

于是有 $E_B>E_A$。从状态 A 到状态 B 的过程中，气体是否对外作正功，是否从外界吸热，都与具体过程有关，不能仅根据图 13-2 来判断。本题正确答案是(B)。

【13-3】 两个相同的刚性容器，一个盛有氢气，一个盛氦气(均视为刚性分子理想气体)。开始时它们的压强和温度都相同，现将 3 J 热量传给氦气，使之升高到一定的温度。若使氢气也升高同样的温度，则应向氢气传递热量为(　)。

(A) 6 J　　(B) 3 J　　(C) 5 J　　(D) 10 J

解　开始时两种气体的体积、压强和温度都相同，根据理想气体物态方程 $pV=\nu RT$ 可知，它们的物质的量 ν 也是相同的。两种气体都经历了等体升温过程，并达到了相同的温度，在过程中，氦气和氢气所吸收的热量分别为

$$Q_1=\nu C_{V,\mathrm{m}_1}(T_2-T_1)=\nu\frac{i_1}{2}R(T_2-T_1),\quad Q_2=\nu C_{V,\mathrm{m}_2}(T_2-T_1)=\nu\frac{i_2}{2}R(T_2-T_1)$$

因此 $Q_2=\frac{i_2}{i_1}Q_1$。由于氦分子是单原子分子，$i_1=3$；氢分子是双原子分子，$i_2=5$。因此 $Q_2=\frac{5}{3}Q_1=5$ J。本题应选择答案(C)。

【13-4】 有人想象了如图 13-3 所示的四个理想气体的循环过程，则在理论上可以实现的为(　)。

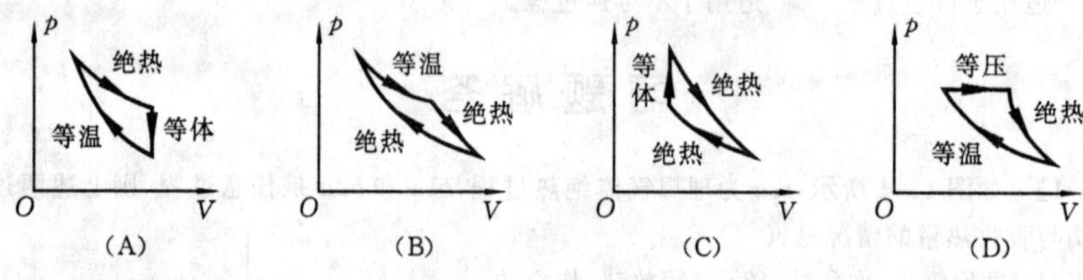

图 13-3

解　绝热线与等温线相交时，在交点处绝热线的斜率的绝对值应当比等温线斜率的绝对值大，而图 13-3(A)违背了这一点，因此在理论上该图所示循环过程是不可实现的。从绝热过程方程 $pV^{\gamma}=$常量易于证明，在绝热线上任一点的斜率有唯一的值，两条绝热线相交是不可能的。图(B)和图(C)在理论上是错误的。因此，在理论上可以实现的循环过程是图(D)所示的过程。本题正确答案为(D)。

【13-5】 一台工作于温度分别为 327 ℃和 27 ℃的高温热源与低温热源之间的卡诺热机，每经历一个循环吸热 2 000 J，则对外作功(　)。

(A) 2000 J　　(B) 1000 J　　(C) 4000 J　　(D) 500 J

解　机的效率

$$\eta=\frac{W}{Q_1}$$

卡诺热机的效率为

$$\eta=1-\frac{T_2}{T_1}$$

由这两个方程可解得

$$W=Q_1\left(1-\frac{T_2}{T_1}\right)$$

已知 $T_1=600$ K，$T_2=300$ K，$Q_1=2\,000$ J。在一个循环中卡诺热机对外作的功为 $W=1\,000$ J。本题正确答案为(B)。

【13-6】 根据热力学第二定律(　)。

(A) 自然界中的一切自发过程都是不可逆的

(B) 不可逆过程就是不能向相反方向进行的过程

(C) 热量可以从高温物体传到低温物体，但不能从低温物体传到高温物体

(D) 任何过程总是沿着熵增加的方向进行

解　本题正确答案是(A)。不可逆过程并非不能向相反方向进行的过程，而是在不引起其他变化的条件下，不能使过程向相反方向进行时，重复正过程的每一状态。因此说法(B)是错误的。说法(C)的错误和说法(B)的是类似的。热量可以从低温物体传到高温物体，但是外界必须作功(例如冰箱等制冷设备就是如此)，这就引起了外界的变化。说法(D)也是错误的，根据熵增加原理，在孤立系统中，不可逆过程总是沿着熵增加的方向进行的，在非孤立系统中发生的过程，熵不一定增加。

【13-7】　位于委内瑞拉的安赫尔瀑布是世界上落差最大的瀑布，它高 979 m。如果在水下落过程中，重力对它所作的功有 50%转换为热量使水温升高，求水由瀑布顶部落到底部而产生的温差。(水的比热容为 $4.18\times10^3\ \mathrm{J\cdot kg^{-1}\cdot K^{-1}}$。)

解　设有质量为 m 的水落下，重力作功所转换成的热量为 $Q=0.50\,mgh$，这部分热量被落下后的这部分水所吸收，它升高的温度(即瀑布上下两端的温差)为

$$\Delta t=\frac{Q}{cm}=\frac{0.50gh}{c}=1.15\ \mathrm{K}$$

【13-8】　如图 13-4 所示，一定量的空气，开始在状态 A，其压强为 2.0×10^5 Pa，体积为 2.0×10^{-3} m³，沿直线 AB 变化到状态 B 后，压强变为 1.0×10^5 Pa，体积变为 3.0×10^{-3} m³，求此过程中气体所作的功。

解　已知在状态 A 气体压强为 $p_A=2.0\times10^5$ Pa，体积为 $V_A=2.0\times10^{-3}\ \mathrm{m^3}$，在状态 B，压强和体积分别为 $p_B=1.0\times10^5$ Pa，$V_B=3.0\times10^{-3}\ \mathrm{m^3}$。从状态 A 到状态 B 的过程中，气体所作的功等于 p-V 图上过程曲线(直线 AB)以下的面积。由图可知，所作的功为

$$W=\frac{1}{2}(p_A+p_B)(V_B-V_A)=150\ \mathrm{J}$$

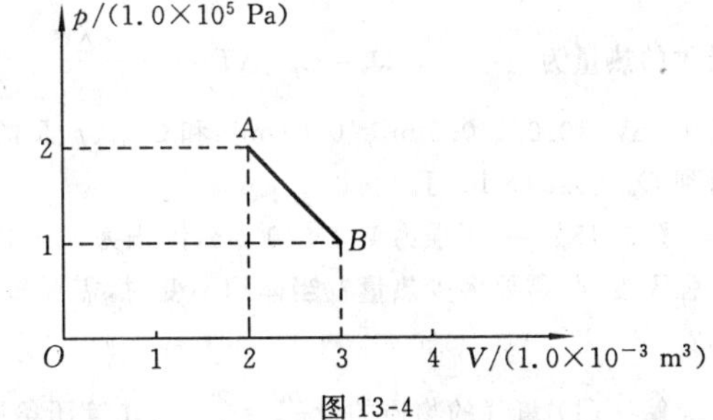

图 13-4

【13-9】　气缸内储有 2.0 mol 的空气，温度为 27 ℃，若维持压强不变，而使空气的体积膨胀到原体积的 3 倍，求空气膨胀时所作的功。

解　设气体在初态时温度和体积分别为 T_1 和 V_1，在末态时温度和体积分别为 T_2 和 V_2。在压强 p 不变的情况下有 $\frac{V_2}{V_1}=\frac{T_2}{T_1}$，因此气体末态温度为

$$T_2=\frac{V_2}{V_1}T_1=3T_1=3\times300\ \mathrm{K}=900\ \mathrm{K}$$

在压强不变的情况下，气体所作的功 $W=p\Delta V$，根据物态方程 $pV=\frac{m}{M}RT$，可得

$$W=p\Delta V=\frac{m}{M}R\Delta T=\frac{m}{M}R(T_2-T_1)$$

已知 $\frac{m}{M}=2$ mol，$T_2-T_1=600$ K，代入后可得 $W=9.97\times10^3$ J。

【13-10】　一定量的空气，吸收了 1.71×10^3 J 的热量，并保持在 1.0×10^5 Pa 下膨胀，体积从 1.0×10^{-2} m³ 增加到 1.5×10^{-2} m³，问空气对外作了多少功？它的内能改变了多少？

解　空气等压膨胀，体积从 V_1 到 V_2，它对外所作的功为

$$W=p(V_2-V_1)=5.0\times10^2\ \mathrm{J}$$

根据热力学第一定律知，它的内能增量为

$$E_2-E_1=Q-W=1.21\times10^3\ \mathrm{J}$$

【13-11】　0.1 kg 的水蒸气自 120℃加热升温至 140℃。问：(1) 在等体过程中，(2) 在等压过程中，各吸收了多少热量？(根据实验测定，已知水蒸气的摩尔定压热容 $C_{p,\mathrm{m}}=36.21\ \mathrm{J\cdot mol^{-1}\cdot K^{-1}}$，

摩尔定体热容 $C_{V,m}=27.82\ \mathrm{J\cdot mol^{-1}\cdot K^{-1}}$。)

解　(1) 水蒸气在等体过程中升温所吸收的热量为

$$Q_V=\frac{m}{M}C_{V,m}(T_2-T_1)=3.1\times10^3\ \mathrm{J}$$

(2) 水蒸气在等压过程中升温所吸收的热量为

$$Q_p=\frac{m}{M}C_{p,m}(T_2-T_1)=4.0\times10^3\ \mathrm{J}$$

【13-12】　如图 13-5 所示，在绝热壁的气缸内盛有 1 mol 的氮气，活塞外为大气，氮气的压强为 1.51×10^5 Pa，活塞面积为 0.02 m²。从气缸底部加热，使活塞缓慢上升了 0.5 m。问：(1) 气体经历了什么过程？(2) 气缸中的气体吸收了多少热量？(根据实验测定，已知氮气的摩尔定压热容 $C_{p,m}=29.12\ \mathrm{J\cdot mol^{-1}\cdot K^{-1}}$，摩尔定体热容 $C_{V,m}=20.80\ \mathrm{J\cdot mol^{-1}\cdot K^{-1}}$。)

解　(1) 气体膨胀时，活塞缓慢上升，说明气体压强保持与大气压强平衡，这是气体的等压膨胀过程。

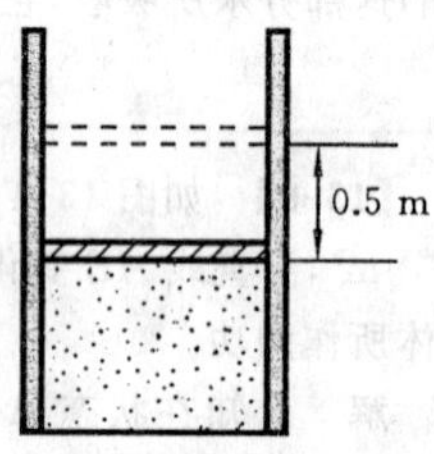

图 13-5

(2) 根据物态方程 $pV=RT$，可算得气体升高的温度为

$$\Delta T=\frac{p\Delta V}{R}$$

吸收的热量为

$$Q_p=C_{p,m}\Delta T=\frac{C_{p,m}p\Delta V}{R}$$

式中，$\Delta V=0.02\times0.5\ \mathrm{m^3}=0.01\ \mathrm{m^3}$，和 $C_{p,m}$、p、R 的值一起代入上式后，得到 $Q_p=5.29\times10^3$ J。

【13-13】　一压强为 1.0×10^5 Pa，体积为 $1.0\times10^{-3}\ \mathrm{m^3}$ 的氧气自 0℃加热到 100℃，问：(1) 当压强不变时，需要多少热量？当体积不变时，需要多少热量？(2) 在等压或等体过程中各作了多少功？

解　(1) 氧气的物质的量 $\frac{m}{M}=\frac{p_1V_1}{RT_1}$，在等压条件下，氧气在温度由 T_1 升至 T_2 的过程中所吸收的热量为

$$Q_p=\frac{m}{M}C_{p,m}(T_2-T_1)=\frac{p_1V_1}{RT_1}C_{p,m}(T_2-T_1)=129.6\ \mathrm{J}$$

在体积不变时，它所吸收的热量为

$$Q_V=\frac{m}{M}C_{V,m}(T_2-T_1)=\frac{p_1V_1}{RT_1}C_{V,m}(T_2-T_1)=92.6\ \mathrm{J}$$

(2) 在等压过程中，氧气初态和末态的体积、温度间的关系是 $\frac{V_2}{V_1}=\frac{T_2}{T_1}$，在等压过程中，氧气所作的功

$$W_V=p_1(V_2-V_1)=p_1\left(\frac{T_2}{T_1}-1\right)V_1=36.6\ \mathrm{J}$$

在等体过程中，氧气不作功。

【13-14】　如图 13-6 所示，系统从状态 A 沿 ABC 变化到状态 C 的过程中，外界有 326 J 的热量传递给系统，同时系统对外作功 126 J。如果系统从状态 C 沿另一曲线 CA 回到状态 A，外界对系统作功为 52 J，则此过程中系统是吸热还是放热？传递热量是多少？

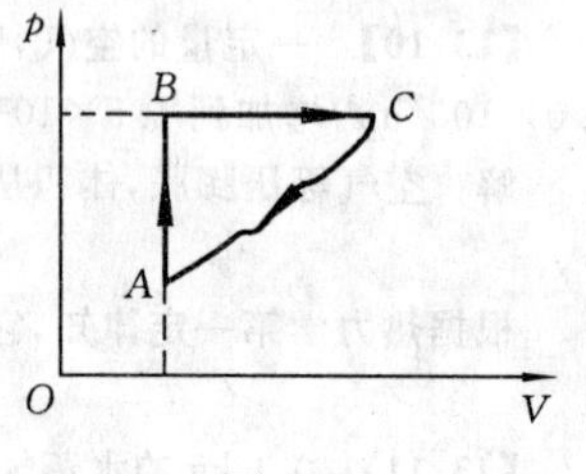

图 13-6

解　在过程 $A\rightarrow B\rightarrow C$ 中，系统内能的增量为

$$E_C-E_A=Q_1-W_1$$

在系统沿另一曲线 CA 回到初态的过程中，系统吸收的热量

$$Q_2 = W_2 + (E_A - E_C) = W_2 - Q_1 + W_1 = -252\ \text{J}$$

负号表示在从 $C \to A$ 的过程中，系统是放热的。

【13-15】 如图 13-7 所示，一定量的理想气体经历 ACB 过程时吸热 700 J，则经历 $ACBDA$ 过程时吸热又为多少？

解　由图 13-7 可知，$p_A V_A = p_B V_B$，可见 A、B 位于一条等温线上（ACB 并非等温线），气体位于状态 A 和状态 B 时具有相同的温度，内能也是相同的。因此在过程 BDA 中，气体吸收的热量等于它对外所作的功，即 $Q_{BDA} = W_{BDA}$。在过程 BDA 中，BD 是等体过程，气体不作功；DA 是等压过程，气体所作的功为

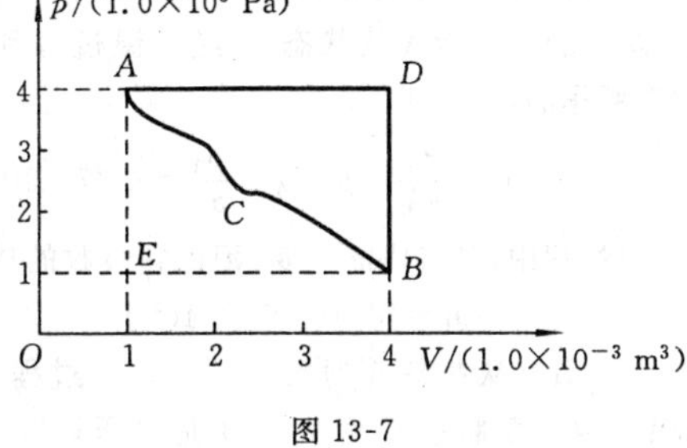

图 13-7

$$W_{DA} = p_D(V_A - V_D) = -1.2\times10^3\ \text{J}$$

由此可得

$$Q_{BDA} = W_{BDA} = W_{DA} = -1.2\times10^3\ \text{J}$$

在经历 $ACBDA$ 全过程中，气体吸收的热量为

$$Q = Q_{ACB} + Q_{BDA} = 700\ \text{J} - 1.2\times10^3\ \text{J} = -500\ \text{J}$$

负号表示实际上气体是放出热量的。

【13-16】 除非温度很低，许多物质的定压摩尔热容都可以用下式表示：

$$C_{p,\text{m}} = a + 2bT - cT^{-2}$$

式中，a、b 和 c 是常量，T 是热力学温度。求：(1) 在恒定压强下，1 mol物质的温度从 T_1 升高到 T_2 时需要的热量；(2) 在温度 T_1 和 T_2 之间的平均摩尔热容；(3) 对镁这种物质来说，若 $C_{p,\text{m}}$ 的单位为J·mol^{-1}·K^{-1}，则 $a=25.7$ J·mol^{-1}·K^{-1}，$b=3.13\times10^{-3}$ J·mol^{-1}·K^{-2}，$c=3.27\times10^{5}$ J·mol^{-1}·K。计算镁在 300 K 时的热容 $C_{p,\text{m}}$，以及在 200 K 和 400 K 之间 $C_{p,\text{m}}$ 的平均值。

解　(1)
$$\text{d}Q_p = C_{p,\text{m}}\text{d}T = (a + 2bT - cT^{-2})\text{d}T$$

1 mol 物质的温度从 T_1 升高到 T_2 时需要的热量为

$$Q_p = \int \text{d}Q_p = \int_{T_1}^{T_2}(a + 2bT - cT^{-2})\text{d}T = a(T_2 - T_1) + b(T_2^2 - T_1^2) + c\left(\frac{1}{T_2} - \frac{1}{T_1}\right)$$

(2) 平均摩尔热容为　$$\overline{C}_{p,\text{m}} = \frac{Q_p}{T_2 - T_1} = a + b(T_2 + T_1) - \frac{c}{T_1 T_2}$$

(3) $T=300$ K 时镁的定压摩尔热容为

$$C_{p,\text{m}} = \left(25.7 + 2\times3.13\times10^{-3}\times300 - 3.27\times10^5\times\frac{1}{300^2}\right)\ \text{J}\cdot\text{mol}^{-1}\cdot\text{K}^{-1} = 23.9\ \text{J}\cdot\text{mol}^{-1}\cdot\text{K}^{-1}$$

在 200 K～400 K 之间 $C_{p,\text{m}}$ 的平均值为

$$\overline{C}_{p,\text{m}} = \left[25.7 + 3.13\times10^{-3}(200+400) - \frac{3.27\times10^5}{200\times400}\right]\ \text{J}\cdot\text{mol}^{-1}\cdot\text{K}^{-1} = 23.5\ \text{J}\cdot\text{mol}^{-1}\cdot\text{K}^{-1}$$

【13-17】 空气由压强为 1.52×10^5 Pa、体积为 5.0×10^{-3} m^3 等温膨胀到压强为 1.01×10^5 Pa，然后再经等压压缩到原来体积。试计算空气所作的功。

解　在等温膨胀过程中，空气所作的功为

$$W_T = \frac{m}{M}RT_1 \ln\frac{p_1}{p_2} = p_1 V_1 \ln\frac{p_1}{p_2}$$

在此过程中，空气压强与体积之积不变，因此

$$p_1 V_1 = p_2 V_2$$

当空气经等压过程恢复原体积时，空气所作的功为

$$W_p = p_2(V_1 - V_2) = p_2\left(1 - \frac{p_1}{p_2}\right)V_1 = (p_2 - p_1)V_1$$

在全部过程中空气所作的功为

$$W=W_T+W_p=p_1V_1\ln\frac{p_1}{p_2}+(p_2-p_1)V_1=55.7\ \text{J}$$

【13-18】 如图 13-8 所示，使 1 mol 氧气(1) 由 A 等温地变到 B；(2) 由 A 等体地变到 C，再由 C 等压地变到 B。试分别计算氧气所作的功和吸收的热量。

解 (1) 在氧气从状态 A 经等温过程到状态 B 时，它所作的功

$$W_T=RT_A\ln\frac{p_A}{p_B}=p_AV_A\ln\frac{p_A}{p_B}=2.77\times10^3\ \text{J}$$

在等温过程中，氧气内能不变，因此它吸收的热量

$$Q_T=W_T=2.77\times10^3\ \text{J}$$

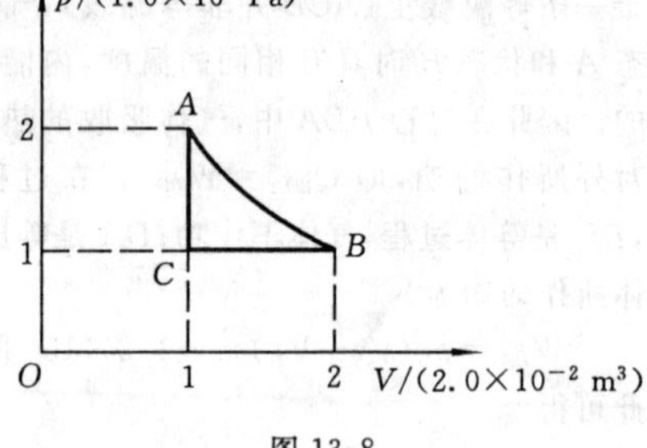

图 13-8

(2) 氧气从状态 A 到状态 C 是定体过程，它不作功，$W_V=0$。从状态 C 到状态 B 是等压过程，它所作的功

$$W_p=p_C(V_B-V_C)=2.0\times10^3\ \text{J}$$

在过程 ACB 中，氧气所作的功

$$W=W_V+W_p=2.0\times10^3\ \text{J}$$

因为状态 B 和状态 A 温度相同，$E_A=E_B$，所以在过程 ACB 中氧气吸收的热量

$$Q=W=2.0\times10^3\ \text{J}$$

【13-19】 将体积为 $1.0\times10^{-4}\ \text{m}^3$、压强为 1.01×10^5 Pa 的氢气经绝热压缩，其体积变为 $2.0\times10^{-5}\ \text{m}^3$，求压缩过程中气体所作的功。(氢气的摩尔定压热容与摩尔定体热容比值 $\gamma=1.41$。)

解 氢气末态的压强 $p_2=\left(\frac{V_1}{V_2}\right)^\gamma p_1$

在绝热压缩过程中氢气所作的功

$$W=\frac{p_1V_1-p_2V_2}{\gamma-1}=\frac{\left[V_1-\left(\frac{V_1}{V_2}\right)^\gamma V_2\right]p_1}{\gamma-1}=-23.0\ \text{J}$$

【13-20】 试验用的火炮炮筒长为 3.66 m，内膛直径为 0.152 m，炮弹质量为 45.4 kg，击发后火药爆燃完全时炮弹已被推行 0.98 m，速度为 311 m·s^{-1}，这时膛内气体压强为 2.43×10^8 Pa。设此后膛内气体做绝热膨胀，直到炮弹出口。求：(1) 在这一绝热膨胀过程中气体对炮弹作功多少？设摩尔定压热容与摩尔定体热容比值为 $\gamma=1.2$。(2) 炮弹的出口速度(忽略摩擦)。

解 (1) 令 $L=3.66$ m，$d=0.152$ m，$m=45.4$ kg，$l=0.98$ m，$v_0=311\ \text{m}\cdot\text{s}^{-1}$，$p_1=2.43\times10^8$ Pa。绝热膨胀过程开始时气体体积为

$$V_1=\frac{1}{4}\pi d^2 l=0.0178\ \text{m}^3$$

绝热膨胀过程终结时气体体积为

$$V_2=\frac{1}{4}\pi d^2 L=0.0664\ \text{m}^3$$

根据绝热过程方程，可求得绝热膨胀过程终结时气体的压强为

$$p_2=p_1\left(\frac{V_1}{V_2}\right)^\gamma=p_1\left(\frac{l}{L}\right)^\gamma=5.0\times10^7\ \text{Pa}$$

于是可求得在绝热膨胀过程中气体对炮弹所作的功为

$$W=\frac{p_1V_1-p_2V_2}{\gamma-1}=5.0\times10^6\ \text{J}$$

(2) 设炮弹出口速度为 v，则

$$W=\frac{1}{2}mv^2-\frac{1}{2}mv_0^2$$

由此解得炮弹出口速度为　$v=\sqrt{\frac{2W}{m}+v_0^2}=563\ \mathrm{m\cdot s^{-1}}$

【13-21】 1 mol 氢气在温度为 300 K,体积为 0.025 m³ 的状态下,经过(1) 等压膨胀;(2) 等温膨胀;(3) 绝热膨胀。气体的体积都变为原来的两倍。试分别计算这三种过程中氢气对外作的功以及吸收的热量。

解　(1) 令 $T_0=300$ K,$V_0=0.025$ m³,则初态压强为

$$p_0=\frac{RT_0}{V_0}=9.97\times10^4\ \mathrm{Pa}$$

在末态,压强不变,体积为 $V=2V_0$,温度为

$$T=\frac{V}{V_0}T_0=600\ \mathrm{K}$$

在膨胀过程中,氢气所作的功为

$$W_p=p_0(V-V_0)=p_0V_0=2.49\times10^3\ \mathrm{J}$$

氢气所吸收的热量为　$Q_p=C_{p,\mathrm{m}}(T-T_0)=\frac{i+2}{2}R(T-T_0)$

式中,$i=5$,故 $Q_p=8.73\times10^3$ J。

(2) 氢气对外所作的功为　$W_T=RT_0\ln\frac{V}{V_0}=1.73\times10^3\ \mathrm{J}$

氢气内能不变,它所吸收的热量 $Q_T=W_T=1.73\times10^3$ J。

(3) 对于氢气,$\gamma=1.4$,膨胀后氢气压强为

$$p=p_0\left(\frac{V_0}{V}\right)^\gamma=3.78\times10^4\ \mathrm{Pa}$$

膨胀过程中氢气对外作的功为　$W_S=\frac{p_0V_0-pV}{\gamma-1}=1.51\times10^3\ \mathrm{J}$

对于绝热过程,$Q_S=0$。

【13-22】 绝热气缸被一不导热的隔板均分成体积相等的 A、B 两室,隔板可无摩擦地平移,如图 13-9 所示。A、B 中各有 1 mol 的氮气,它们的温度都是 T_0,体积都是 V_0。现用 A 室中的电热丝对气体加热,平衡后 A 室体积为 B 室的两倍,试求(1) 此时 A、B 两室气体的温度;(2) A 中气体吸收的热量。

解　(1) 在 B 室内发生的过程是绝热过程。初态温度和体积分别为 T_0 和 V_0,压强为

$$p_0=\frac{RT_0}{V_0}$$

末态体积为 $V_B=\frac{2V_0}{3}$。对于氮气,$\gamma=1.4$。根据绝热过程方程,B 室末态温度为

$$T_B=\left(\frac{V_0}{V_B}\right)^{\gamma-1}T_0=1.176T_0$$

由此可求得 B 室末态压强为

$$p_B=\frac{RT_B}{V_B}=1.764\ \frac{RT_0}{V_0}=1.764p_0$$

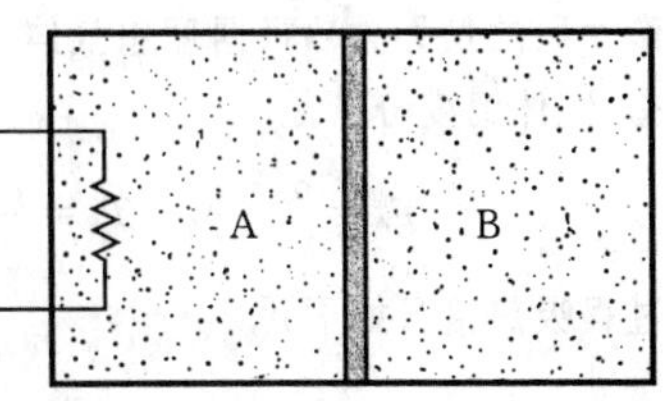

图 13-9

在平衡时,这也是 A 室压强,即 A 室末态压强 $p_A=p_B$。A 室末态体积为 $V_A=\frac{4}{3}V_0$,由此可算得 A 室末态温度为

$$T_A=\frac{p_AV_A}{R}=2.352\ \frac{p_0V_0}{R}=2.352T_0$$

(2) 在绝热膨胀过程中，B室气体所作的功为

$$W_B=\frac{p_0V_0-p_BV_B}{\gamma-1}=-0.44p_0V_0=-3.656T_0$$

负号说明外界对B室气体作功，外界就是A室气体，所以A室气体作的功为 $W_A=-W_B$。A室气体内能的增量为

$$\Delta E_A=\frac{i}{2}R(T_A-T_0)$$

式中，$i=5$，所以 $\Delta E_A=28.09T_0$。根据热力学第一定律，A室中气体吸收的热量为

$$Q_A=\Delta E_A+W_A=31.74T_0$$

【13-23】 0.32 kg的氧气作图13-10中所示循环 $ABCDA$，设 $V_2=2V_1$，$T_1=300$ K，$T_2=200$ K，求循环效率。

解　在循环所包含的 BC 和 AD 两个等体过程中，氧气不作功。根据等温过程中作功的公式

$$W=\nu RT\ln\frac{V_2}{V_1}$$

AB 和 CD 两个过程所作的总功为

$$W=\nu R(T_1-T_2)\ln\frac{V_2}{V_1} \quad ①$$

这也就是整个循环所作的功。在循环过程中，AB 和 DA 两个过程是吸热过程，它们所吸收的热量分别为

$$Q_{AB}=\nu RT_1\ln\frac{V_2}{V_1} \quad ②$$

$$Q_{DA}=\nu\frac{i}{2}R(T_1-T_2) \quad ③$$

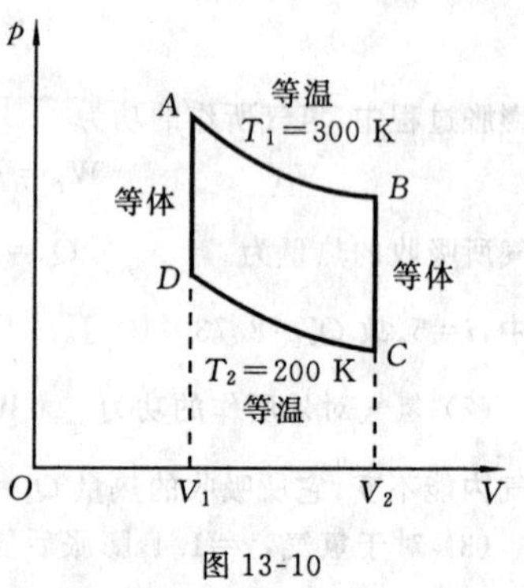

图 13-10

将 $\nu=10$，$i=5$，$V_2=2V_1$ 及 T_1、T_2 的数值分别代入①～③式，算得 $W=5.76\times10^3$ J，$Q_{AB}=1.728\times10^4$ J，$Q_{DA}=2.077\times10^4$ J。循环效率为

$$\eta=\frac{W}{Q_{AB}+Q_{DA}}=15\%$$

【13-24】 图13-11(a)是某单原子理想气体循环过程的 V-T 图，图中 $V_C=2V_A$，试问：(1) 图中所示循环是代表致冷机还是热机？(2)如是正循环(热机循环)，求出循环效率。

解　(1) 在 V-T 图的 AB 过程中，V 与 T 是成正比的，因而是一等压膨胀过程，BC 是一等体降温过程，CA 是一等温压缩过程。将这一循环过程表示在 p-V 图上，则如图13-11(b)所示。显然在 p-V 图上，这一循环过程是正循环，是热机循环。

(2) 为简单计，设气体的物质的量是1 mol(实际上循环效率与工作物质的量无关)，根据理想气体物态方程，可得出在 A、B、C 三状态，气体温度分别是

$$T_A=\frac{p_AV_A}{R},\quad T_B=\frac{p_BV_B}{R},\quad T_C=T_A$$

各过程吸热情况如下：

$$Q_{AB}=C_{p,\mathrm{m}}(T_B-T_A)=\frac{i+2}{2}p_A(V_C-V_A)$$

工作物质是单原子理想气体，$i=3$，所以

$$Q_{AB}=\frac{5}{2}p_A(V_C-V_A)=\frac{5}{2}p_AV_A$$

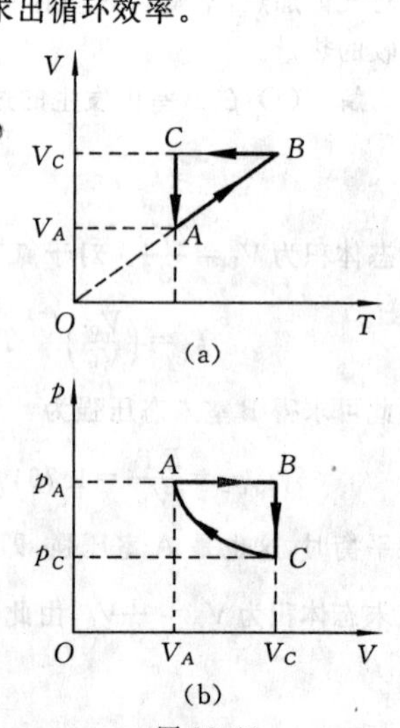

图 13-11

$$Q_{BC}=C_{V,m}(T_C-T_B)=\frac{i}{2}p_A(V_A-V_C)=-1.5p_AV_A$$

$$Q_{CA}=p_AV_A\ln\frac{V_A}{V_C}=-p_AV_A\ln2$$

由此可得循环效率为

$$\eta=\frac{Q_{AB}-|Q_{BC}+Q_{CA}|}{Q_{AB}}=12.3\%$$

【13-25】 一卡诺热机的低温热源温度为 7℃，效率为 40%，若要将其效率提高到 50%，求高温热源的温度需提高多少？

解 设卡诺热机原高温热源的温度为 T_1，低温热源温度为 T_2，则原效率

$$\eta=1-\frac{T_2}{T_1}$$

由此可得
$$T_1=\frac{T_2}{1-\eta}$$

将其效率提高到 η' 时，设高温热源温度为 T_1'，则

$$T_1'=\frac{T_2}{1-\eta'}$$

所提高的温度为
$$\Delta T=T_1'-T_1=\left(\frac{1}{1-\eta'}-\frac{1}{1-\eta}\right)T_2=93.3\text{ K}$$

【13-26】 一定量的理想气体，经历如图 13-12 所示的循环过程。其中 AB 和 CD 是等压过程，BC 和 DA 是绝热过程。已知 B 点温度 $T_B=T_1$，C 点温度 $T_C=T_2$。(1) 证明该热机的效率为 $\eta=1-T_2/T_1$；(2) 这个循环是卡诺循环吗？

解 (1) 在循环的四个过程中，只有在两个等压过程中气体与外界有热交换。在等压膨胀过程(AB)中，气体吸热

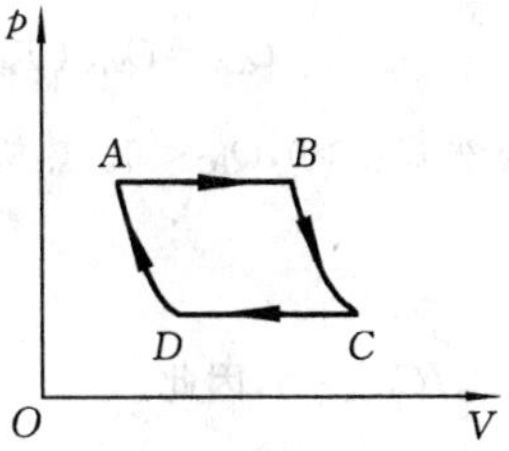

$$Q_1=\frac{m}{M}C_{p,m}(T_B-T_A)$$

在等压压缩过程(CD)中，气体放热的值

$$Q_2=\frac{m}{M}C_{p,m}(T_C-T_D)$$

图 13-12

热机效率
$$\eta=1-\frac{Q_2}{Q_1}=1-\frac{T_C-T_D}{T_B-T_A}=1-\frac{T_2-T_D}{T_1-T_A} \quad ①$$

过程 BC、DA 的两方程分别为

$$T_B^{-\gamma}p_B^{\gamma-1}=T_C^{-\gamma}p_C^{\gamma-1},\quad T_A^{-\gamma}p_A^{\gamma-1}=T_D^{-\gamma}p_D^{\gamma-1}$$

因为 $p_A=p_B$，$p_C=p_D$，所以

$$\frac{T_B}{T_A}=\frac{T_C}{T_D},\quad 即\quad \frac{T_1}{T_A}=\frac{T_2}{T_D}$$

由此可得
$$\frac{T_2-T_D}{T_1-T_A}=\frac{T_2}{T_1} \quad ②$$

将②式代入①式，即得
$$\eta=1-\frac{T_2}{T_1}$$

(2) 这个循环不是卡诺循环。卡诺循环中只需两个热源，它们的温度分别为 T_1、T_2，而这个循环中的两个等压过程中需要温度连续变化的无穷多个热源，T_1、T_2 只是气体处于状态 B 和状态 C 时的温度。

【13-27】 一小型热电厂内，一台利用地热发电的热机工作于温度为 227℃的地下热源和温度为 27℃的地表之间。假定该热机每小时能从地下热源获取 1.8×10^{11} J 的热量。试从理论上计算其最大功率为多少？

解　根据卡诺定理知，此热机效率小于工作在相同高温热源和低温热源之间的卡诺热机的效率，即

$$\eta<1-\frac{T_2}{T_1}$$

此热机所作的功
$$W=\eta Q_1<\left(1-\frac{T_2}{T_1}\right)Q_1$$

热机功率
$$P=\frac{W}{t}<\left(1-\frac{T_2}{T_1}\right)\frac{Q_1}{t}$$

因此热机的最大功率为
$$P_{\max}=\left(1-\frac{T_2}{T_1}\right)\frac{Q_1}{t}=2.0\times10^4\,\text{kW}$$

【13-28】　有一以理想气体为工作物质的热机，其循环如图 13-13 所示，试证明热机效率为 $\eta=1-\gamma\dfrac{V_1/V_2-1}{p_1/p_2-1}$。

解　设工作物质的量为 1 mol，则由理想气体物态方程可得在 A、B、C 三个状态中气体温度分别为

$$T_A=\frac{p_1V_2}{R},\quad T_B=\frac{p_2V_1}{R},\quad T_C=\frac{p_2V_2}{R}$$

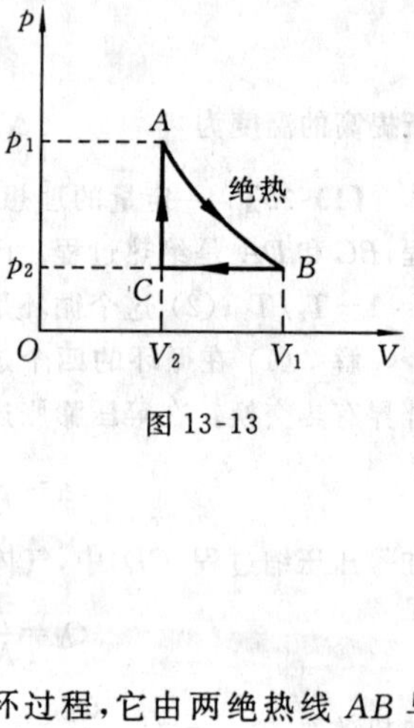

过程 AB 为绝热过程，$Q_{AB}=0$，过程 BC 为等压过程，吸收的热量为

$$Q_{BC}=C_{p,\text{m}}(T_C-T_B)=C_{p,\text{m}}\frac{p_2}{R}(V_2-V_1)$$

过程 CA 为等体过程，吸收的热量为

$$Q_{CA}=C_{V,\text{m}}(T_A-T_C)=C_{V,\text{m}}\frac{V_2}{R}(p_1-p_2)$$

图 13-13

显然 $Q_{CA}>0$，$Q_{BC}<0$。热机的效率为

$$\eta=\frac{Q_{CA}-|Q_{BC}|}{Q_{CA}}=1-\frac{C_{p,\text{m}}p_2(V_1-V_2)}{C_{V,\text{m}}V_2(p_1-p_2)}$$

$C_{p,\text{m}}/C_{V,\text{m}}=\gamma$，因此
$$\eta=1-\gamma\frac{V_1/V_2-1}{p_1/p_2-1}$$

【13-29】　如图 13-14 所示为理想的狄赛尔(Diesel)内燃机循环过程，它由两绝热线 AB 与 CD、等压线 BC 及等体线 DA 组成，试证明此内燃机的效率为

$$\eta=1-\frac{(V_3/V_2)^{\gamma}-1}{\gamma(V_1/V_2)^{\gamma-1}(V_3/V_2-1)}$$

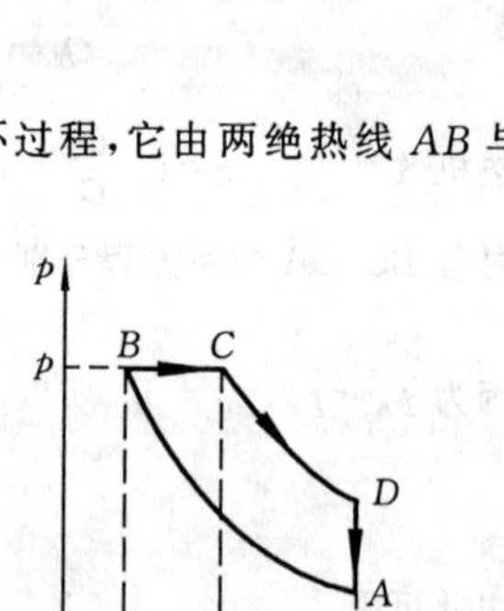

图 13-14

解　此循环中只有过程 BC 是吸热的，过程 DA 是放热的。

$$Q_1=\frac{m}{M}C_{p,\text{m}}(T_C-T_B),\quad Q_2=\frac{m}{M}C_{V,\text{m}}(T_D-T_A)$$

此内燃机效率
$$\eta=1-\frac{Q_2}{Q_1}=1-\frac{T_D-T_A}{\gamma(T_C-T_B)} \qquad ①$$

两个绝热过程的方程分别为

$$V_C^{\gamma-1}T_C=V_D^{\gamma-1}T_D,\quad V_B^{\gamma-1}T_B=V_A^{\gamma-1}T_A \qquad ②$$

应用②式中的两个方程，并考虑到 $V_D=V_A$，可得

$$\frac{V_C^{\gamma-1}T_C}{V_B^{\gamma-1}T_B}=\frac{T_D}{T_A} \qquad ③$$

对于等压过程 BC 有
$$\frac{T_C}{T_B}=\frac{V_C}{V_B}$$

将上式代入③式得到
$$\left(\frac{V_C}{V_B}\right)^{\gamma}=\frac{T_D}{T_A}$$

$$T_D - T_A = \left(\frac{T_D}{T_A} - 1\right) T_A = \left[\left(\frac{V_C}{V_B}\right)^{\gamma} - 1\right] T_A \tag{4}$$

$$T_C - T_B = \left(\frac{T_C}{T_B} - 1\right) T_B = \left(\frac{V_C}{V_B} - 1\right) T_B \tag{5}$$

将④式和⑤式代入①式后得
$$\eta = 1 - \frac{\left(\frac{V_C}{V_B}\right)^{\gamma} - 1}{\gamma\left(\frac{V_C}{V_B} - 1\right)\frac{T_B}{T_A}}$$

再应用方程②，并考虑到 $V_A = V_1, V_B = V_2, V_C = V_3$，即得

$$\eta = 1 - \frac{\left(\frac{V_3}{V_2}\right)^{\gamma} - 1}{\gamma\left(\frac{V_3}{V_2} - 1\right)\left(\frac{V_1}{V_2}\right)^{\gamma-1}}$$

【13-30】 如图 13-15 所示，把两部卡诺热机连接起来，使从一个热机输出的热量，输入到另一个热机中去。设第一个热机工作在温度为 T_1 和 T_2 的两热源之间，其效率为 η_1，而第二个热机工作在温度为 T_2 和 T_3 的两热源之间，其效率为 η_2。若组合热机的总效率以 $\eta = (W_1 + W_2)/Q_1$ 表示，试证总效率表达式为 $\eta = (1-\eta_1)\eta_2 + \eta_1$ 或 $\eta = 1 - T_3/T_1$。

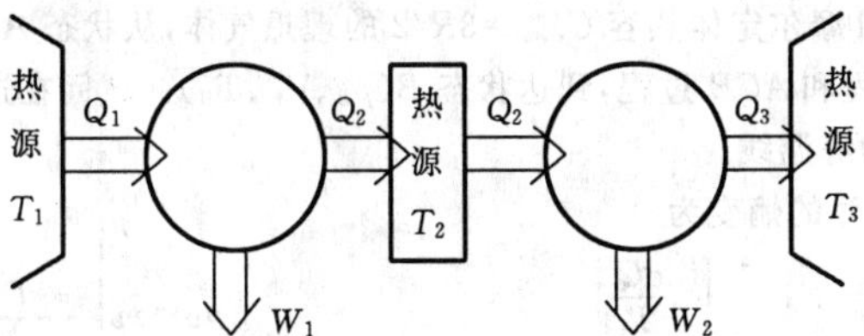

图 13-15

解 两部卡诺热机的效率分别为

$$\eta_1 = 1 - \frac{Q_2}{Q_1}, \quad \eta_2 = 1 - \frac{Q_3}{Q_2}$$

组合热机的总效率为

$$\eta = \frac{W_1 + W_2}{Q_1} = \frac{(Q_1 - Q_2) + (Q_2 - Q_3)}{Q_1} = \frac{Q_1 - Q_2}{Q_1} + \frac{Q_2 - Q_3}{Q_2}\frac{Q_2}{Q_1} = \eta_1 + \eta_2(1 - \eta_1)$$

因为 $\frac{Q_2}{Q_1} = \frac{T_2}{T_1}, \frac{Q_3}{Q_2} = \frac{T_3}{T_2}$，所以 $\frac{Q_3}{Q_1} = \frac{T_3}{T_1}$。于是

$$\eta = \frac{(Q_1 - Q_2) + (Q_2 - Q_3)}{Q_1} = 1 - \frac{Q_3}{Q_1} = 1 - \frac{T_3}{T_1}$$

【13-31】 在夏季，假定室外温度恒定为 37.0℃，启动空调使室内温度始终保持在 17.0℃。如果每天有 2.51×10^8 J 的热量通过热传导等方式自室外流入室内，则空调一天耗电多少？（设该空调致冷机的致冷系数为同条件下的卡诺致冷机致冷系数的 60%。）

解 高温热源温度为 T_1，低温热源温度为 T_2 时，卡诺致冷机的致冷系数为

$$e = \frac{T_2}{T_1 - T_2}$$

空调致冷机的致冷系数为
$$e' = 0.60e = 0.60\,\frac{T_2}{T_1 - T_2}$$

根据致冷系数的定义知
$$e' = \frac{Q_2}{W}$$

Q_2 是排出室外的热量，为保持室温不变，它应等于自室外流入的热量。因此空调机一天所作的功

$$W = \frac{Q_2}{e'} = \frac{(T_1 - T_2)Q_2}{0.60T_2} = 2.88 \times 10^7 \text{ J} = 8.0 \text{ kW} \cdot \text{h}$$

【13-32】 一定量的理想气体进行如图 13-16 所示的逆向斯特林循环(回热式致冷机中的工作循环),其中 1→2 为等温(T_1)压缩过程,3→4 为等温(T_2)膨胀过程,其它两过程为等体过程。求证此循环的致冷系数和逆向卡诺循环致冷系数相等。(这一循环是回热式致冷机中的工作循环,具有较好的致冷效果。4→1 过程从热库吸收的热量在 2→3 过程中又放回给了热库,故均不计入致冷系数计算。)

解　1→2 过程是放热过程,放出的热量为

$$Q_1=\nu RT_1\ln\frac{V_1}{V_2}$$

3→4 过程是吸热过程,吸收的热量为

$$Q_2=\nu RT_2\ln\frac{V_1}{V_2}$$

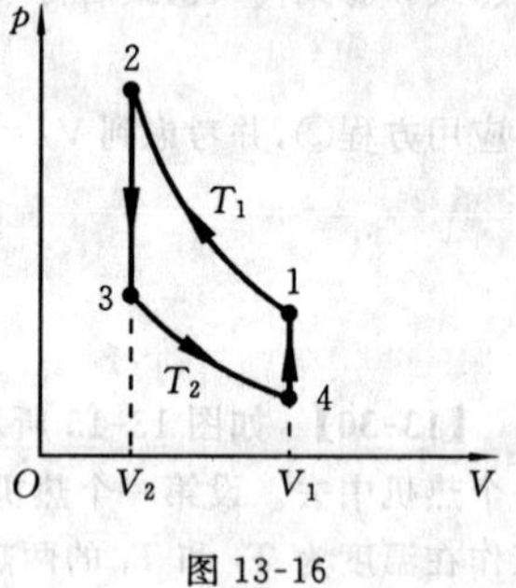

图 13-16

4→1 过程所吸收的热量等于 2→3 过程所放出的热量,因此,此循环的致冷系数为

$$e=\frac{Q_2}{Q_1-Q_2}=\frac{T_2}{T_1-T_2}$$

它与逆向卡诺循环致冷系数相等。

【13-33】 有 ν mol 摩尔定体热容 $C_{V,\mathrm{m}}=3R/2$ 的理想气体,从状态 $A(p_A、V_A、T_A)$ 分别经如图 13-17 所示的 ADB 过程和 ACB 过程,到达状态 $B(p_B、V_B、T_B)$。试问在这两个过程中气体的熵变各为多少?图中 AD 为等温线。

解　AD 过程中气体的熵变为

$$S_D-S_A=\int_A^D\frac{\mathrm{d}Q}{T}$$

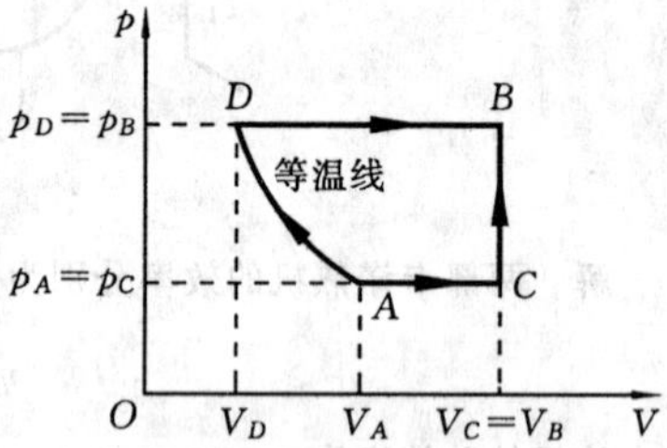

因为 AD 是等温过程,所以

$$S_D-S_A=\frac{1}{T}Q=\frac{1}{T}\nu RT\ln\frac{V_D}{V_A}=\nu R\ln\frac{V_D}{V_A}$$

图 13-17

DB 过程中气体的熵变为

$$S_B-S_D=\int_D^B\frac{\mathrm{d}Q}{T}=\int_{T_D}^{T_B}\frac{\nu C_{p,\mathrm{m}}\mathrm{d}T}{T}=\int_{T_D}^{T_B}\frac{\nu(C_{V,\mathrm{m}}+R)\mathrm{d}T}{T}$$

$$=\nu R\ln\frac{T_B}{T_D}+\frac{3}{2}\nu R\ln\frac{T_B}{T_D}=\nu R\ln\frac{V_B}{V_D}+\frac{3}{2}\nu R\ln\frac{T_B}{T_A}$$

在 ADB 过程中气体的熵变即为

$$S_B-S_A=(S_B-S_D)+(S_D-S_A)=\nu R\ln\frac{V_B}{V_A}+\frac{3}{2}\nu R\ln\frac{T_B}{T_A}$$

AC 过程中气体的熵变为

$$S_C-S_A=\int_A^C\frac{\mathrm{d}Q}{T}=\int_{T_A}^{T_C}\frac{\nu C_{p,\mathrm{m}}\mathrm{d}T}{T}=\nu R\ln\frac{T_C}{T_A}+\frac{3}{2}\nu R\ln\frac{T_C}{T_A}$$

$$=\nu R\ln\frac{V_C}{V_A}+\frac{3}{2}\nu R\ln\frac{T_C}{T_A}=\nu R\ln\frac{V_B}{V_A}+\frac{3}{2}\nu R\ln\frac{T_C}{T_A}$$

CB 过程中气体的熵变为

$$S_B-S_C=\int_C^B\frac{\mathrm{d}Q}{T}=\int_{T_C}^{T_B}\frac{\nu C_{V,\mathrm{m}}\mathrm{d}T}{T}=\frac{3}{2}\nu R\ln\frac{T_B}{T_C}$$

在 ACB 过程中气体的熵变即为

$$S_B-S_A=(S_B-S_C)+(S_C-S_A)=\nu R\ln\frac{V_B}{V_A}+\frac{3}{2}\nu R\ln\frac{T_B}{T_A}$$

这和 ADB 过程中的熵变是相同的。这说明熵是状态函数,它的变化只与始末状态有关,与过程无关。

【13-34】 有一体积为 $2.0\times10^{-2}\ \mathrm{m^3}$ 的绝热容器，用一隔板将其分为两部分，如图 13-18 所示。开始时在左边（体积 $V_1=5.0\times10^{-3}\ \mathrm{m^3}$）一侧充有 1 mol 理想气体，右边一侧为真空。现打开隔板让气体自由膨胀而充满整个容器，求熵变。

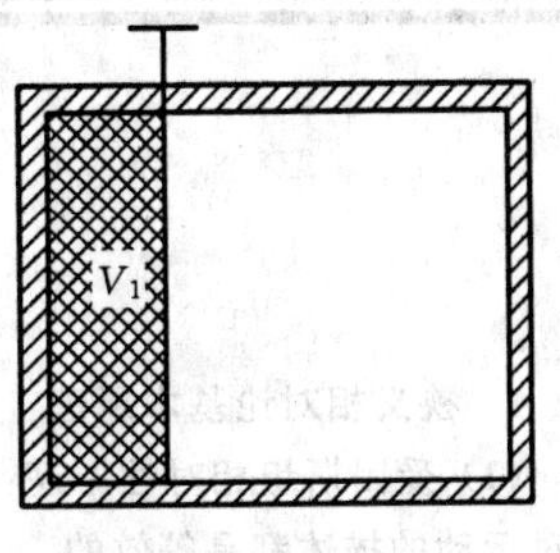

图 13-18

解　气体的膨胀过程是自由的，没有受到外界的推动或阻挡，因而不对外作功；过程是在绝热容器中进行的，因而和外界没有热交换，根据热力学第一定律，气体的内能不变，那么温度也不变。气体的实际过程进行得是很快的，不是准静态过程，不是可逆过程。因为气体的熵变只与它的初态和末态有关，所以为了计算熵变，可以设想一个可逆的等温膨胀过程，其体积由 V_1 膨胀到 V_2。在这个过程中，熵变为

$$\Delta S=\int\frac{\mathrm{d}Q}{T}=\int_{V_1}^{V_2}\frac{p\mathrm{d}V}{T}=\int_{V_1}^{V_2}\frac{R\mathrm{d}V}{V}=R\ln\frac{V_2}{V_1}$$

将 $V_1=5.0\times10^{-3}\ \mathrm{m^3}$，$V_2=2.0\times10^{-2}\ \mathrm{m^3}$ 代入，得到

$$\Delta S=11.52\ \mathrm{J\cdot K^{-1}}$$

第14章　相　对　论

内容提要

1. 狭义相对论基本原理

(1) 爱因斯坦相对性原理：物理定律在所有的惯性系中都具有相同的表达形式，即所有的惯性系对运动的描述都是等效的。

(2) 光速不变原理：真空中的光速是常量，它与光源或观测者的运动无关，即不依赖于惯性系的选择。

2. 洛伦兹变换式

时空变换式：
$$\begin{cases} x'=\gamma(x-vt) \\ y'=y \\ z'=z \\ t'=\gamma\left(t-\dfrac{vx}{c^2}\right) \end{cases}$$

式中，
$$\gamma=\frac{1}{\sqrt{1-\left(\dfrac{v}{c}\right)^2}}$$

速度变换式：
$$\begin{cases} u_x'=\dfrac{u_x-v}{1-\dfrac{v}{c^2}u_x} \\ u_y'=\dfrac{u_y}{\gamma\left(1-\dfrac{v}{c^2}u_x\right)} \\ u_z'=\dfrac{u_z}{\gamma\left(1-\dfrac{v}{c^2}u_x\right)} \end{cases}$$

3. 狭义相对论的时空观

长度的收缩
$$l=l_0\sqrt{1-\beta^2}\quad\left(\beta=\frac{v}{c}\right)$$

式中，l_0 是棒的原长，即观察者相对棒静止时所测得的棒长。

时间的延缓
$$\Delta t=\frac{\Delta t_0}{\sqrt{1-\beta^2}}$$

式中，Δt_0 是固有时，即在某惯性系中同一地点先后发生的两个事件的时间间隔。

4. 相对论动量和能量

动量与速度的关系
$$\boldsymbol{p}=\frac{m_0\boldsymbol{v}}{\sqrt{1-(v/c)^2}}$$

质量与速度的关系
$$m=\frac{m_0}{\sqrt{1-(v/c)^2}}$$

狭义相对论力学的基本方程
$$\boldsymbol{F}=\frac{\mathrm{d}\boldsymbol{P}}{\mathrm{d}t}=\frac{\mathrm{d}(m\boldsymbol{v})}{\mathrm{d}t}$$

质量与能量的关系 $E=mc^2,\quad E_0=m_0c^2$

相对论动能 $E_k=E-E_0=mc^2-m_0c^2$

动量与能量的关系 $E^2=E_0^2+p^2c^2=m_0^2c^4+p^2c^2$

习题解答

【14-1】 有下列几种说法：

(1) 两个相互作用的粒子系统对某一惯性系满足动量守恒，对另一惯性系来说，其动量不一定守恒；

(2) 在真空中，光的速度与光的频率、光源的运动状态无关；

(3) 在任何惯性系中，光在真空中沿任何方向的传播速率都相同。

上述说法中正确的是( )。

(A) 只有(1)、(2)是正确的 (B) 只有(1)、(3)是正确的

(C) 只有(2)、(3)是正确的 (D) 三种说法都是正确的

解 根据爱因斯坦相对性原理，说法(1)是错误的。根据光速不变原理，说法(2)、(3)是正确的。本题正确答案为(C)。

【14-2】 按照相对论的时空观，判断下列叙述中正确的是( )。

(A) 在一个惯性系中，两个同时的事件，在另一惯性系中一定是同时事件

(B) 在一个惯性系中，两个同时的事件，在另一惯性系中一定是不同时事件

(C) 在一个惯性系中，两个同时又同地的事件，在另一惯性系中一定是同时同地事件

(D) 在一个惯性系中，两个同时不同地的事件，在另一惯性系中只可能同时不同地

(E) 在一个惯性系中，两个同时不同地事件，在另一惯性系中只可能同地不同时

解 首先讨论一般的情况。在惯性系S中，事件A在时刻t_1发生于地点x_1，事件B在时刻t_2发生于地点x_2。这两个事件的时间间隔为(t_2-t_1)，两个事件的距离为(x_2-x_1)。根据洛伦兹变换，在惯性系S′中，两个事件的距离为

$$x_2'-x_1'=\gamma[(x_2-x_1)-v(t_2-t_1)] \quad ①$$

两个事件的时间间隔为

$$t_2'-t_1'=\gamma\left[(t_2-t_1)-\frac{v}{c^2}(x_2-x_1)\right] \quad ②$$

如果在S系中，两个事件同时$(t_1=t_2)$却不同地$(x_1\neq x_2)$，由①式和②式可以看出，$x_2'\neq x_1'$，$t_2'\neq t_1'$，在S′系看来，这两个事件不是同时，也不是同地发生的。如果在S系中，两个事件同时发生在同一地点，则由②式得到$t_2'=t_1'$，由①式得到$x_2'=x_1'$，即在S′系看来，这两个事件也是同时发生在同一地点的。由此可见，答案(C)是正确的。

【14-3】 有一细棒固定在S′系中，它与Ox'轴的夹角$\theta'=60°$，如果S′系以速度u沿Ox方向相对于S系运动，S系中观察者测得细棒与Ox轴的夹角( )。

(A) 等于60° (B) 大于60° (C) 小于60°

(D) 当S′系沿Ox正方向运动时大于60°，而当S′系沿Ox负方向运动时小于60°

解 设在S′系中，细棒长为l，它在Ox'轴和Oy'轴上的投影分别为$l_{x'}=l\cos60°$，$l_{y'}=l\sin60°$。如果S′系以速度u沿Ox方向相对于S系运动，则对S系中的观察者而言，细棒在Ox轴和Oy轴上的投影分别为$l_x=l_{x'}\sqrt{1-\left(\frac{u}{c}\right)^2}$，$l_y=l_{y'}$。因此细棒与$Ox$轴的夹角为$\theta=\arctan\frac{l_y}{l_x}>\arctan\frac{l_{y'}}{l_{x'}}=60°$。由$l_x$的表示式可以看出，$l_x$的值与$u$的正负号无关。因此，如果S′系沿$Ox$负方向运动，结果也是$\theta>60°$。本题正确答案为(B)。

【14-4】 一飞船的固有长度为L，相对于地面以速度v_1作匀速直线运动，从飞船中的后端向飞船中的前端的一个靶子发射一颗相对于飞船的速度为v_2的子弹。在飞船上测得子弹从射出到击中靶的时间间隔是（　）。（c表示真空中光速。）

(A) $\dfrac{L}{v_1+v_2}$　　(B) $\dfrac{L}{v_2-v_1}$　　(C) $\dfrac{L}{v_2}$　　(D) $\dfrac{L}{v_1\sqrt{1-(v_1/c)^2}}$

解　飞船上的观察者根据他的测量，计算出相对于飞船而言的子弹运动时间，这一切与地面参考系无关，这里不存在相对运动的影响，因此答案应是(C)。

【14-5】 设S'系以速率$v=0.60c$相对于S系沿xx'轴运动，且在$t=t'=0$时，$x=x'=0$。(1) 若有一事件，在S系中发生于$t=2.0\times10^{-7}$ s，$x=50$ m处，则该事件在S'系中发生于何时刻？(2) 如有另一事件发生于S系中$t=3.0\times10^{-7}$ s，$x=10$ m处，在S'系中测得这两个事件的时间间隔为多少？

解　(1) $\gamma=\dfrac{1}{\sqrt{1-(v/c)^2}}=1.25$。根据洛伦兹变换式，该事件在$S'$系中发生的时刻是

$$t_1'=\gamma\left(t-\frac{vx}{c^2}\right)=1.25\times10^{-7}\ \text{s}$$

(2) 另一事件在S'系中发生的时刻为

$$t_2'=\gamma\left(t-\frac{vx}{c^2}\right)=3.5\times10^{-7}\ \text{s}$$

在S'系中，这两个事件的时间间隔为　$\Delta t'=t_2'-t_1'=2.25\times10^{-7}$ s

【14-6】 设有两个参考系S和S'，它们的原点在$t=0$和$t'=0$时重合在一起。有一事件，在S'系中发生在$t'=8.0\times10^{-8}$ s，$x'=60$ m，$y'=0$，$z'=0$处，若S'系相对于S系以速率$v=0.60c$沿xx'轴运动，问该事件在S系中的时空坐标为多少？

解　$\gamma=\dfrac{1}{\sqrt{1-(v/c)^2}}=1.25$。根据洛伦兹变换式，该事件在S系中发生的时刻为

$$t=\gamma\left(t'+\frac{vx'}{c^2}\right)=2.5\times10^{-7}\ \text{s}$$

发生的地点的x坐标为　$x=\gamma(x'+vt')=93$ m

两参考系在y轴和z轴方向无相对运动，故发生的地点的y坐标和z坐标与y'，z'相同，即$y=0$，$z=0$。

【14-7】 一列火车长0.30 km（火车上观察者测得），以100 $\text{km}\cdot\text{h}^{-1}$的速度行驶，地面上观察者发现有两个闪电同时击中火车前后两端。问火车上的观察者测得两闪电击中火车前后两端的时间间隔为多少？

解　以地面作为S系，火车作为S'系。在S系，设时刻t_1闪电击中火车前端，时刻t_2闪电击中火车后端；在S'系，时刻t_1'击中火车前端（坐标为x_1'），时刻t_2'击中火车后端（坐标x_2'）。令$\Delta x'=x_2'-x_1'$，$\Delta t'=t_2'-t_1'$，$\Delta t=t_2-t_1$。根据洛伦兹变换，有$t=\gamma\left(t'+\dfrac{vx'}{c^2}\right)$，可得

$$\Delta t=\gamma\left(\Delta t'+\frac{v\Delta x'}{c^2}\right)$$

x'轴的方向是火车前进的方向，即从车后端向车前端的方向，因此$x_2'<x_1'$，$\Delta x'=-0.30$ km。已知$\Delta t=0$由上式可得

$$\Delta t'=-\frac{v\Delta x'}{c^2}=9.26\times10^{-14}\ \text{s}$$

在火车上的人看来，火车前端先被闪电击中。

【14-8】 在惯性系S中，某事件A发生于x_1处，2.0×10^{-6} s后，另一事件B发生于x_2处，已知$x_2-x_1=300$ m。问：(1) 能否找到一个相对S系作匀速直线运动的参考系S'，在S'系中，两事件发生于同一地点？(2) 在S'系中，上述两事件之间的时间间隔为多少？

解 (1) 设在S′系中，两事件分别发生于 x_1' 和 x_2' 处。根据洛伦兹变换，有

$$x_1'=\gamma(x_1-vt_1),\quad x_2'=\gamma(x_2-vt_2)$$

在S′系中两事件发生于同一地点，$x_1'=x_2'$，因此

$$x_1-vt_1=x_2-vt_2 \qquad ①$$

$$v=\frac{x_2-x_1}{t_2-t_1}=\frac{300}{2.0\times10^{-6}}\ \mathrm{m\cdot s^{-1}}=1.5\times10^{8}\ \mathrm{m\cdot s^{-1}}=0.5c$$

即相对于S系以 $0.5c$ 的速度沿 x 轴运动的参考系中，两事件发生于同一地点。

(2) 设在S′系中，两事件分别发生于时刻 t_1' 和 t_2'，根据洛伦兹变换，有

$$t_1'=\gamma\left(t_1-\frac{vx_1}{c^2}\right),\quad t_2'=\gamma\left(t_2-\frac{vx_2}{c^2}\right)$$

两事件之间的时间间隔 $$t_2'-t_1'=\gamma\left[(t_2-t_1)-\frac{v}{c^2}(x_2-x_1)\right] \qquad ②$$

式中 $\gamma=\dfrac{1}{\sqrt{1-(v/c)^2}}=1.15$。已知 $t_2-t_1=2.0\times10^{-6}$ s，$x_2-x_1=300$ m，代入②式后算得

$$t_2'-t_1'=1.73\times10^{-6}\ \mathrm{s}$$

【14-9】 设在正负电子对撞机中，电子和正电子以速度 $0.90c$ 相向飞行，它们之间的相对速度为多少？

解 取地面为S系，电子为S′系，电子运动方向为 $x(x')$ 轴的正方向，则 $v=0.9c$，$u_x=-0.9c$。根据洛伦兹速度变换式，正电子相对电子的速度为 $u_x'=\dfrac{u_x-v}{1-\dfrac{v}{c^2}u_x}=-0.994c$。负号表示对电子来说，正电子运动方向与 x' 轴的方向是相反的。

【14-10】 设想有一粒子以 $0.050c$ 的速率相对实验室参考系运动。此粒子衰变时发射一个电子。电子的速率为 $0.80c$，电子速度的方向与粒子运动方向相同。试求电子相对实验室参考系的速度。

解 已知 $v=0.05c$，电子相对粒子的速率为 $u_x'=0.80c$，根据洛伦兹速度变换，电子相对实验室参考系的速度为

$$u_x=\frac{u_x'+v}{1+\dfrac{v}{c^2}u_x'}=0.817c$$

【14-11】 设在宇航飞船中的观察者测得脱离它而去的航天器相对它的速度为 $1.2\times10^{8}\ \mathrm{m\cdot s^{-1}}\boldsymbol{i}$。同时，航天器发射一枚空间火箭，航天器中的观察者测得此火箭相对它的速度为 $1.0\times10^{8}\ \mathrm{m\cdot s^{-1}}\ \boldsymbol{i}$。问：(1) 此火箭相对宇航飞船的速度为多少？(2) 如果以激光光束来替代空间火箭，此激光光束相对宇航飞船的速度又为多少？请将上述结果与伽利略速度变换所得结果相比较，并理解光速是物体速度的极限。

解 (1) 取飞船作为S系，航天器作为S′系。则航天器相对飞船的速度为 v，火箭相对航天器的速度为 u_x'。根据洛伦兹速度变换公式可知，火箭相对飞船的速度为

$$u_x=\frac{u_x'+v}{1+\dfrac{v}{c^2}u_x'}=1.94\times10^{8}\ \mathrm{m\cdot s^{-1}}$$

(2) 若航天器沿 x 轴方向发射一束激光，则激光相对航天器的速度为 $u_x'=c$，相对飞船的速度为

$$u_x=\frac{u_x'+v}{1+\dfrac{v}{c^2}u_x'}=c$$

这个结果是不言而喻的，因为洛伦兹变换所依据的基本原理之一就是光速不变原理。

按照伽利略速度变换，激光束对飞船的速度为

$$u_x=u_x'+v=c+v>c$$

从以上两种计算结果可知，从伽利略变换来看，光速与参考系有关，超过 $3\times10^8\ \mathrm{m\cdot s^{-1}}$ 不是不可能的。从狭义相对论来看，这是不可能的。

【14-12】 以速度 v 沿 x 方向运动的粒子，在 y 方向上发射一光子，求地面观察者所测得光子的速度。

解 相对于粒子参考系，光子速度的 x 分量 $u_x'=0$，y 分量为 $u_y'=c$。根据洛伦兹速度变换，相对于地面观察者，光子速度的 x 分量

$$u_x=\frac{u_x'+v}{1+\frac{v}{c^2}u_x'}=v \tag{①}$$

光子速度的 y 分量

$$u_y=\frac{u_y'}{\gamma\left(1+\frac{v}{c^2}u_x'\right)}=\frac{c}{\gamma} \tag{②}$$

光子速度的大小为

$$u=\sqrt{u_x^2+u_y^2}=\sqrt{v^2+c^2/\gamma^2} \tag{③}$$

将

$$\gamma^2=\frac{1}{1-v^2/c^2}$$

代入③式，得 $u=c$。光子速度方向与 x 轴夹角为

$$\varphi=\arctan\frac{u_y}{u_x}=\arctan\frac{c}{\gamma v}=\arctan\left(\frac{c^2}{v^2}-1\right)^{1/2}$$

【14-13】 设想地球上有一观察者测得一宇宙飞船以 $0.60c$ 的速率向东飞行，5.0 s 后该飞船将与一个以 $0.80c$ 的速率向西飞行的彗星相碰撞。试问：(1) 飞船中的人测得彗星将以多大的速率向它运动？(2) 从飞船中的钟来看，还有多少时间容许它离开航线，以避免与彗星碰撞？

解 (1) 以地球为 S 系，宇宙飞船为 S′系。则 $v=0.60c$，$u_x=-0.80c$，彗星对飞船的速度

$$u_x'=\frac{u_x-v}{1-\frac{v}{c^2}u_x}=-0.946c$$

负号表示彗星相对飞船向西飞行。

(2) $\Delta t=5.0$ s 是地球时间，从飞船时间来看，经时间 Δt_0 后将与彗星碰撞，这两个时间具有共同的起始时刻。假定在这个时刻飞船曾发出一个讯号，那么这个事件与和彗星碰撞的事件发生在同一地点，这两个事件之间的时间间隔 Δt_0 就是原时。应用时间延缓公式

$$\Delta t=\frac{\Delta t_0}{\sqrt{1-(v/c)^2}}$$

可以求得

$$\Delta t_0=\Delta t\sqrt{1-(v/c)^2}=4.0\ \mathrm{s}$$

【14-14】 在惯性系 S 中观察到有两个事件发生在同一地点，其时间间隔为 4.0 s，从另一惯性系 S′中观察到这两个事件的时间间隔为6.0 s，试问从 S′系测量到的这两个事件的空间间隔是多少？设 S′系以恒定速率相对 S 系沿 xx' 轴运动。

解 在 S 系中时钟记录的两事件的时间间隔是固有时，$\Delta t_0=4.0$ s。在 S′系记录的相应时间为 $\Delta t=6.0$ s。根据时间延缓公式 $\Delta t=\frac{\Delta t_0}{\sqrt{1-v^2/c^2}}$，可以得到 S′系的速率

$$v=\sqrt{1-\left(\frac{\Delta t_0}{\Delta t}\right)^2}\,c=2.24\times10^8\ \mathrm{m\cdot s^{-1}}$$

在 S 系中两事件发生于同一地点，因此在 S′系中这两事件发生的地点的距离为

$$\Delta x'=v\Delta t=1.34\times10^9\ \mathrm{m}$$

【14-15】 在惯性系 S 中，有两个事件同时发生在 xx' 轴上相距为 1.0×10^3 m 的两处，从惯性系 S′观测到这两个事件相距为 2.0×10^3 m，试问由 S′系测得此两事件的时间间隔为多少？

解 在 S 系中，设事件 A 发生于 (x_1,t)，事件 B 发生于 (x_2,t)；在 S′系中，事件 A 发生于 (x_1',t_1')，

事件B发生于(x_2', t_2')。已知$x_2-x_1=1.0\times10^3$ m，$x_2'-x_1'=2.0\times10^3$ m。根据洛伦兹变换，有

$$x_2'=\gamma(x_2-vt),\quad x_1'=\gamma(x_1-vt)$$

因此

$$x_2'-x_1'=\gamma(x_2-x_1),\quad \gamma=\frac{x_2'-x_1'}{x_2-x_1}=2$$

由$\gamma=\dfrac{1}{\sqrt{1-(v/c)^2}}$可得$\dfrac{v}{c}=\dfrac{\sqrt{3}}{2}$，根据洛伦兹变换又有$t_2'=\gamma\left(t-\dfrac{vx_2}{c^2}\right)$，$t_1'=\gamma\left(t-\dfrac{vx_1}{c^2}\right)$，因此

$$t_2'-t_1'=-\gamma\frac{v}{c^2}(x_2-x_1)=-5.77\times10^{-6}\ \text{s}$$

负号表示在S′系看来，事件B先发生。

【14-16】 在S系中有一长为l_0的棒沿x轴放置，并以速率u沿xx'轴运动。若有一S′系以速率v相对S系沿xx'轴运动，试问在S′系中测得此棒的长度为多少？

解 在S′系中，棒的速率为

$$u'=\frac{u-v}{1-\dfrac{v}{c^2}u}=\frac{c^2(u-v)}{c^2-uv}$$

令$\beta=\dfrac{u'}{c}$，则

$$\sqrt{1-\beta^2}=\frac{\sqrt{(c^2-u^2)(c^2-v^2)}}{c^2-uv}$$

根据长度收缩公式，在S′系中测得此棒的长度为

$$l=l_0\sqrt{1-\beta^2}=\frac{l_0}{c^2-uv}\sqrt{(c^2-u^2)(c^2-v^2)}$$

【14-17】 若从一惯性系中测得宇宙飞船的长度为其固有长度的一半，试问宇宙飞船相对此惯性系的速度为多少？（以光速c表示。）

解 设宇宙飞船固有长度为l_0，观测者测得的长度$l=l_0/2$。根据长度收缩公式$l=\sqrt{1-\dfrac{v^2}{c^2}}\,l_0$

可得此惯性系的速度为$v=\sqrt{1-\left(\dfrac{l}{l_0}\right)^2}\,c=0.866c$。

【14-18】 一固有长度为4.0 m的物体，若以速率0.60c沿x轴相对某惯性系运动，试问从该惯性系来测量，此物体的长度为多少？

解 由长度收缩公式可得该物体对惯性系来说，长度为

$$l=l_0\sqrt{1-\left(\frac{v}{c}\right)^2}=3.2\ \text{m}$$

【14-19】 设一宇航飞船相对地球以9.8 m·s^{-2}的恒加速度，沿地球径向背离地球而去，试估计由于谱线的红移，经多少时间，飞船的宇航员用肉眼观察不到地球上的霓虹灯发出的红色信号。

解 以频率表示的光的红移公式是

$$\nu_A=\left(\frac{1-\beta}{1+\beta}\right)^{1/2}\nu_B$$

以波长表示的红移公式即为

$$\lambda_A=\left(\frac{1+\beta}{1-\beta}\right)^{1/2}\lambda_B$$

移动的波长量为

$$\Delta\lambda=\lambda_A-\lambda_B=\left[\left(\frac{1+\beta}{1-\beta}\right)^{1/2}-1\right]\lambda_B \qquad ①$$

红光的波长范围是620～760 nm。宇航员在地球上时能观察到全部波长的红光。当飞船速度增大时，由于红移效应，宇航员所能观察到的最小波长向长波方向移动，当速度足够大，以致宇航员所观察到的最小波长移到760 nm，以后他就再也观察不到地球发出的红色信号了。

令$\lambda_A=760\ \text{nm}=7.60\times10^{-7}$ m，$\lambda_B=620\ \text{nm}=6.20\times10^{-7}$ m。则$\Delta\lambda=1.40\times10^{-7}$ nm。再令$k=\dfrac{\Delta\lambda}{\lambda_B}=0.226$，则由①式可得

$$\beta=\frac{(k+1)^2-1}{(k+1)^2+1} \qquad ②$$

飞船速度
$$v=c\beta=\frac{(k+1)^2-1}{(k+1)^2+1}c$$
飞船作匀加速直线运动，加速度为 a，则飞船速度从 $0\to v$ 所需时间为
$$t=\frac{v}{a}=\frac{[(k+1)^2-1]c}{[(k+1)^2+1]a}=6.15\times10^6\ \text{s}$$

【14-20】 若一电子的总能量为 5.0 MeV，求该电子的静能、动能、动量和速率。

解 电子的静能为 $E_0=m_e c^2=8.2\times10^{-14}\ \text{J}=0.512\ \text{MeV}$

动能为
$$E_k=E-E_0=4.489\ \text{MeV}$$
根据相对论性能量和动量关系式 $E^2=E_0^2+p^2c^2$

可得电子动量
$$p=\frac{1}{c}\sqrt{E^2-E_0^2}=2.66\times10^{-21}\ \text{kg}\cdot\text{m}\cdot\text{s}^{-1}$$
根据
$$E=mc^2=\frac{m_e c^2}{\sqrt{1-(v/c)^2}}=\frac{E_0}{\sqrt{1-(v/c)^2}}$$
可得速率
$$v=c\sqrt{1-\left(\frac{E_0}{E}\right)^2}=0.995c$$

【14-21】 一被加速器加速的电子，其能量为 3.00×10^9 eV。试问：(1) 这个电子的质量是其静质量的多少倍？(2) 这个电子的速率为多少？

解 (1) 电子的静能 $E_0=m_e c^2$，电子能量 $E=mc^2=3.00\times10^9$ eV。已知 $E_0=0.512\times10^6$ eV，因此 $\frac{m}{m_e}=\frac{E}{E_0}=5.86\times10^3$。

(2) 根据上题所证，可得 $v=c\sqrt{1-\left(\frac{E_0}{E}\right)^2}=0.999999985c$

【14-22】 在电子的湮没过程中，一个电子和一个正电子相碰撞而消失，并产生电磁辐射。假定正负电子在湮没前均静止，由此估算辐射的总能量 E。

解 根据能量守恒定律，一个电子和一个正电子湮没过程辐射的能量等于二倍电子的静能，已知电子静能 $E_0=0.51$ MeV，因此辐射总能量为
$$E=2E_0=1.02\ \text{MeV}$$

【14-23】 若把能量 0.50×10^6 eV 给予电子，且电子垂直于磁场运动，则其运动径迹是半径为 2.0 cm 的圆。问：(1) 该磁场的磁感强度 B 有多大？(2) 这电子的动质量为静质量的多少倍？

解 (1) 已知电子动能 $E_k=0.50\times10^6$ eV，根据质能关系，电子动能
$$E_k=mc^2-m_0c^2=[(1-v^2/c^2)^{-1/2}-1]m_0c^2$$
由此方程解得电子速率
$$v=\sqrt{1-\left(\frac{m_0c^2}{E_k+m_0c^2}\right)^2}\,c=2.59\times10^8\ \text{m}\cdot\text{s}^{-1}$$
磁场的磁感强度
$$B=\frac{mv}{eR}=\frac{m_0 v}{eR\sqrt{1-v^2/c^2}}=0.146\ \text{T}$$
(2) 动质量与静质量之比为
$$\frac{m}{m_0}=\frac{1}{\sqrt{1-v^2/c^2}}=1.98$$

【14-24】 如果将电子由静止加速到速率为 $0.10c$，需对它作多少功？如将电子由速率为 $0.80c$ 加速到 $0.90c$，又需对它作多少功？

解 将电子由静止加速到速率 $v=0.1c$ 所需作的功为
$$W_1=\frac{m_0c^2}{\sqrt{1-v^2/c^2}}-m_0c^2=2.58\times10^3\ \text{eV}$$
将电子由速率 $v_1=0.80c$ 加速到 $v_2=0.90c$ 所需作的功为
$$W_2=\frac{m_0c^2}{\sqrt{1-v_2^2/c^2}}-\frac{m_0c^2}{\sqrt{1-v_1^2/c^2}}=3.2\times10^5\ \text{eV}$$

第 15 章　量子物理

内容提要

1. 斯特藩-玻耳兹曼定律　维恩位移定律

斯特藩-玻耳兹曼定律

$$M(T)=\sigma T^4 \quad (\sigma=5.670\times10^{-8}\ \mathrm{W\cdot m^{-2}\cdot K^{-4}})$$

维恩位移定律

$$\lambda_m T=b \quad (b=2.898\times10^{-3}\ \mathrm{m\cdot K})$$

2. 爱因斯坦光电效应方程

$$h\nu=\frac{1}{2}mv^2+W \quad (h=6.63\times10^{-34}\ \mathrm{J\cdot s})$$

3. 光子的能量、质量和动量

光子的能量　$\varepsilon=h\nu$

光子的质量　$m_\varphi=\dfrac{\varepsilon}{c^2}=\dfrac{h\nu}{c^2}$

光子的动量　$p=m_\varphi c=\dfrac{h\nu}{c}=\dfrac{h}{\lambda}$

4. 康普顿效应

$$\Delta\lambda=\lambda-\lambda_0=\frac{2h}{m_0 c}\sin^2\frac{\theta}{2}=2\lambda_c\sin^2\frac{\theta}{2}$$

式中，$\lambda_c=\dfrac{h}{m_0 c}=2.43\times10^{-12}\ \mathrm{m}$。

5. 氢原子的玻尔理论

氢原子光谱　$\sigma=\dfrac{1}{\lambda}=R\left(\dfrac{1}{n_f^2}-\dfrac{1}{n_i^2}\right)$

式中，$R=1.097\times10^7\ \mathrm{m^{-1}}$，$n_f=1,2,\cdots$，$n_i=n_f+1,n_f+2,\cdots$

玻尔关于氢原子的三条假设：

(1) 定态假设：原子处于具有一定能量的稳定状态。

(2) 只有电子角动量满足

$$L=n\frac{h}{2\pi} \quad (n=1,2,3,\cdots)\ （量子条件）$$

的那些状态才是稳定的。

(3) 当原子从高能量的定态跃迁到低能量的定态时，发射频率为 ν 的光子，且

$$h\nu=E_i-E_f \quad （频率条件）$$

氢原子轨道半径和能量：

$$r_n=\left(\frac{\varepsilon_0 h^2}{\pi m e^2}\right)n^2=a_0 n^2 \quad (a_0=5.29\times10^{-11}\ \mathrm{m},\quad n=1,2,3,\cdots)$$

$$E_n=\left(-\frac{me^4}{8\varepsilon_0^2 h^2}\right)\frac{1}{n^2}=\frac{E_1}{n^2} \quad (E_1=-13.6\ \mathrm{eV},\quad n=1,2,3,\cdots)$$

6. 实物粒子的二象性

$$E=mc^2=h\nu,\quad p=mv=\frac{h}{\lambda}$$

7. 不确定关系

$$\Delta x \Delta p_x \geqslant h$$

8. 定态薛定谔方程

$$\nabla^2 \psi + \frac{8\pi^2 m}{h^2}(E - E_p)\psi = 0$$

9. 一维无限深势阱

$$\psi(x) = \sqrt{\frac{2}{a}} \sin \frac{n\pi}{a} x \quad (0 \leqslant x \leqslant a)$$

$$E_n = n^2 \frac{h^2}{8ma^2} \quad (n = 1, 2, 3, \cdots)$$

10. 量子数

(1) 能量量子化和主量子数

$$E_n = -\frac{1}{n^2}\left(\frac{me^4}{8\varepsilon_0^2 h^2}\right) \quad (n = 1, 2, 3, \cdots)$$

(2) 角动量量子化和角量子数

$$L = \sqrt{l(l+1)} \frac{h}{2\pi} \quad (0 \leqslant l \leqslant (n-1))$$

(3) 空间量子化和磁量子数

$$L_z = m_l \frac{h}{2\pi} \quad (0 \leqslant |m_l| \leqslant l)$$

(4) 自旋磁量子数

$$s_z = m_s \frac{h}{2\pi} \quad \left(m_s = \pm \frac{1}{2}\right)$$

习题解答

【15-1】 下列物体中属于绝对黑体的是(　)。

(A) 不辐射可见光的物体　　(B) 不辐射任何光线的物体

(C) 不能反射可见光的物体　　(D) 不能反射任何光线的物体

解　根据绝对黑体的定义,它能吸收一切外来的电磁辐射,也就是不能反射任何光线的物体。本题正确答案为(D)。

【15-2】 光电效应和康普顿效应都是光子和物质原子中的电子相互作用过程,其区别何在?在下面几种理解中,正确的是(　)。

(A) 两种效应中电子与光子组成的系统都服从能量守恒定律和动量守恒定律

(B) 光电效应是由于电子吸收光子能量而产生的,而康普顿效应则是由于电子与光子的弹性碰撞过程

(C) 两种效应都相当于电子与光子的弹性碰撞过程

(D) 两种效应都属于电子吸收光子的过程

解　在康普顿效应中,电子与光子组成的系统服从能量守恒定律和动量守恒定律,但在光电效应中,因受到电子所在的金属物质的影响,由电子与光子组成的系统既不是能量守恒的,也不是动量守恒的。在光电效应中,电子吸收了光子,不是弹性碰撞过程,在康普顿效应中,光子与电子是弹性碰撞,但电子并不吸收光子。本题正确答案为(B)。

【15-3】 关于光子的性质,有以下说法:

(1) 不论真空中或介质中的速度都是 c;　　(2) 它的静止质量为零;

(3) 它的动量为 $h\nu/c$;　　(4) 它的总能量就是它的动能;

(5) 它有动量和能量,但没有质量。

其中正确的是( )。

(A) (1)、(2)、(3)　(B) (2)、(3)、(4)　(C) (3)、(4)、(5)　(D) (3)、(5)

解 光子在介质中的速度不是 c,而是 c/n (n 是介质的折射率),说法(1)是错误的。频率为 ν 的光子,能量 $E=h\nu$,根据相对论中关于质量与能量的关系,光子质量为 $m_\varphi=\frac{E}{c^2}=\frac{h\nu}{c^2}$。说法(5)是错误的。根据相对论,不存在速率达到 c 的参考系,因而不存在静止的光子,光子也就没有静止质量,也就没有静止能量,它的总能量就是它的动能,说法(2)和(4)是正确的。根据相对论中能量与动量的关系,$E^2=E_0^2+p^2c^2$。对光子来说,$E=h\nu$,$E_0=0$,所以 $p=\frac{h\nu}{c}$,说法(3)是正确的,本题正确答案为(B)。

【15-4】 关于不确定关系 $\Delta x\Delta p_x\geqslant h$,有以下几种理解:(1) 粒子的动量不可能确定,但坐标可以被确定;(2) 粒子的坐标不可能确定,但动量可以被确定;(3) 粒子的动量和坐标不可能同时确定;(4) 不确定关系不仅适用于电子和光子,也适用于其它粒子。其中正确的是( )。

(A) (1)、(2)　(B) (2)、(4)　(C) (3)、(4)　(D) (4)、(1)

解 不确定关系说明,对于微观粒子不能同时用确定的位置和确定的动量来描述。因此,说法(3)和(4)是正确的,另两种说法是错误的。本题应选择答案(C)。

【15-5】 已知粒子在一维矩形无限深势阱中运动,其波函数为

$$\psi(x)=\sqrt{\frac{2}{a}}\sin\frac{3\pi}{a}x\quad(0\leqslant x\leqslant a)$$

那么粒子在 $x=a/6$ 处出现的概率密度为( )。

(A) $\sqrt{2}/\sqrt{a}$　(B) $1/a$　(C) $2/a$　(D) $1/\sqrt{a}$

解 在一维矩形无限深势阱中,粒子在坐标 x 处出现的概率密度为 $|\psi(x)|^2=\frac{2}{a}\sin^2\frac{3\pi}{a}x$。将 $x=\frac{a}{6}$ 代入,得到 $|\psi(x)|^2=\frac{2}{a}$。本题正确答案为(C)。

【15-6】 下述说法中,正确的是( )。

(A) 本征半导体是电子与空穴两种载流子同时参与导电,而杂质半导体(n 型或 p 型)只有一种载流子(电子或空穴)参与导电,所以本征半导体导电性能比杂质半导体好

(B) n 型半导体的导电性能优于 p 型半导体的,因为 n 型半导体是负电子导电,p 型半导体是正离子导电

(C) n 型半导体中杂质原子所形成的局部能级靠近导带的底部,使局部能级中多余的电子容易被激发跃迁到导带中去,大大提高了半导体导电性能

(D) p 型半导体的导电机构完全取决于满带中空穴的运动

解 半导体的导电性能主要与载流子浓度有关,而与载流子是电子或空穴无关。杂质半导体的导电性能一般优于本征半导体,就是因为在纯净半导体中掺入适量杂质,会大大提高载流子的浓度,从而提高其导电性能。说法(A)和(B)是错误的。杂质半导体是在纯净半导体(本征半导体)基础上制造的,虽然杂质原子使半导体中某种载流子(例如空穴)成为主要载流子,但另一种载流子(例如电子)仍然参与导电,所以说法(D)是错误的,本题答案应选(C)。

【15-7】 在激光器中利用光学谐振腔,则( )。

(A) 可提高激光束的方向性,而不能提高激光束的单色性

(B) 可提高激光束的单色性,而不能提高激光束的方向性

(C) 可同时提高激光束的方向性和单色性

(D) 既不能提高激光束的方向性也不能提高其单色性

解 光学谐振腔的两端是两个严格平行的平面反射镜,它们使凡是不沿谐振腔轴线传播的光都从腔内逸出,只有沿轴线传播的光才能从部分透光的反射镜射出,所以激光束的方向性很好。

在谐振腔内加强的光必须满足驻波条件，其半波长的整数倍应与腔的长度相等，因此谐振腔又起到选频作用，使输出的激光单色性很好。本题诸答案中(C)是正确的。

【15-8】 天狼星的温度大约是 11000 ℃。试由维恩位移定律计算其辐射峰值的波长。

解 根据维恩位移定律可知，天狼星辐射的峰值波长为

$$\lambda_m=\frac{b}{T}=\frac{2.898\times10^{-3}\ \text{m}\cdot\text{K}}{(11000+273)\ \text{K}}=257\ \text{nm}$$

【15-9】 太阳可看作是半径为 7.0×10^8 m 的球形黑体，试计算太阳的温度。设太阳射到地球表面上的辐射能量为$1.4\times10^3\ \text{W/m}^2$，地球与太阳间的距离为 1.5×10^{11} m。

解 以太阳为中心，以地球与太阳间的距离 R 为半径作一球面，以 I 表示太阳在单位时间内在球面的单位面积上的辐射能量($I=1.4\times10^3\ \text{W/m}^2$)，则太阳单位时间内辐射的能量 $P=4\pi R^2 I$。以 r 表示太阳半径，则太阳表面积为 $S=4\pi r^2$，太阳的辐出度即为

$$M=\frac{P}{S}=\left(\frac{R}{r}\right)^2 I$$

根据斯忒藩-玻耳兹曼定律 $M=\sigma T^4$，可得太阳温度为

$$T=\left(\frac{M}{\sigma}\right)^{1/4}=\left[\left(\frac{R}{r}\right)^2\frac{I}{\sigma}\right]^{1/4}=5800\ \text{K}$$

【15-10】 钨的逸出功是 4.52 eV，钡的逸出功是 2.50 eV，分别计算钨和钡的截止频率。哪一种金属可以用作可见光范围内的光电管阴极材料？

解 钨和钡的截止频率分别为

$$\nu_{01}=\frac{W_1}{h}=1.09\times10^{15}\ \text{Hz},\quad \nu_{02}=\frac{W_2}{h}=0.603\times10^{15}\ \text{Hz}$$

可见光的波长范围是 $400\ \text{nm}<\lambda<760\ \text{nm}$，相应的频率范围是$0.395\times10^{15}\ \text{Hz}<\nu<0.75\times10^{15}\ \text{Hz}$。$\nu_{02}$ 在这个频率范围内，而 ν_{01} 超出了这个范围的上限，因此可见光可使钡产生光电效应，钡可用作可见光范围内的光电管阴极材料。

【15-11】 钾的截止频率为 4.62×10^{14} Hz，今以波长为 435.8 nm 的光照射，求钾放出的光电子的初速度。

解 波长为 λ 的光的光子能量为 $h\nu=hc/\lambda$，与截止频率 ν_0 相应的逸出功为 $W=h\nu_0$，根据光电效应的爱因斯坦方程 $h\nu=\frac{1}{2}mv^2+W$，可得电子的初速度

$$v=\sqrt{\frac{2h(c/\lambda-\nu_0)}{m}}=5.74\times10^5\ \text{m}\cdot\text{s}^{-1}$$

【15-12】 在康普顿效应中，入射光子的波长为 3.0×10^{-3} nm，反冲电子的速度为光速的60%，求散射光子的波长及散射角。

解 反冲电子的能量 $$mc^2=\frac{m_0c^2}{\sqrt{1-(v/c)^2}}=\frac{5}{4}m_0c^2$$

在光子与电子的碰撞过程中能量守恒，即

$$h\nu_0+m_0c^2=h\nu+mc^2=h\nu+\frac{5}{4}m_0c^2$$

将 $\nu_0=\frac{c}{\lambda_0}$，$\nu=\frac{c}{\lambda}$代入上式，即可得到

$$\lambda=\left(\frac{1}{\lambda_0}-\frac{m_0c}{4h}\right)^{-1}=4.34\times10^{-3}\ \text{nm}$$

令 $\lambda_c=\frac{h}{m_0c}=2.43\times10^{-12}$ m，则康普顿散射公式可表示为 $\lambda-\lambda_0=2\lambda_c\sin^2\frac{\theta}{2}$。由此可得

$$\sin\frac{\theta}{2}=\sqrt{\frac{\lambda-\lambda_0}{2\lambda_c}}=0.525,\quad \theta=63°40'$$

【15-13】 一具有 1.0×10^4 eV 能量的光子，与一静止自由电子相碰撞，碰撞后，光子的散射角

为60°。试问:(1) 光子的波长、频率和能量各改变多少?(2) 碰撞后,电子的动能、动量和运动方向又如何?

解 (1) 根据康普顿散射公式可知,散射后光子的波长的改变量为

$$\lambda-\lambda_0=\frac{2h}{m_0c}\sin^2\frac{\theta}{2}=1.22\times10^{-3}\ \text{nm}$$

令 $\varepsilon_0=1.0\times10^4$ eV,则入射光子的频率为 $\nu_0=\frac{\varepsilon_0}{h}=2.413\times10^{18}$ Hz,波长为 $\lambda_0=\frac{c}{\nu_0}=0.124\ 3$ nm,因此散射光子的波长 $\lambda=0.125\ 5$ nm,光子频率的改变量为

$$\nu-\nu_0=c\left(\frac{1}{\lambda}-\frac{1}{\lambda_0}\right)=-2.30\times10^{16}\ \text{Hz}$$

光子能量的改变量为 $h(\nu-\nu_0)=-95.3$ eV

(2) 根据能量守恒定律可知,碰撞后电子的动能为

$$E_k=mc^2-m_0c^2=h\nu_0-h\nu=95.3\ \text{eV}$$

根据相对论性动量和能量的关系 $E^2=E_0^2+p^2c^2$,可得碰撞后电子动量为

$$p=\frac{1}{c}\sqrt{E^2-E_0^2}=\frac{1}{c}\sqrt{(E-E_0)(E+E_0)}$$

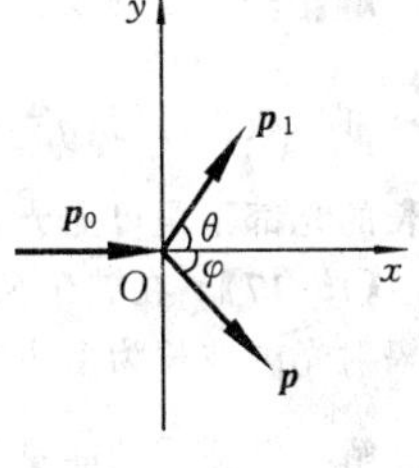

图 15-1

已知 $E-E_0=E_k=95.3$ eV,$E_0=m_0c^2=0.51$ MeV。可见 $E_k\ll E_0$,$E\approx E_0$,上式可近似为

$$p=\frac{1}{c}\sqrt{2E_0(E-E_0)}=5.26\times10^{-24}\ \text{kg}\cdot\text{m}\cdot\text{s}^{-1}$$

在图15-1中,$\boldsymbol{p}_0$ 是入射光子动量,$\boldsymbol{p}_1$ 是散射光子动量,$\boldsymbol{p}$ 是碰撞后电子动量。光子与电子的碰撞过程中动量守恒,因而动量的 y 分量也守恒,即

$$p_1\sin\theta=p\sin\varphi$$

式中,$p_1=\frac{h}{\lambda}$。因此

$$\sin\varphi=\frac{h}{\lambda p}\sin\theta=0.865,\quad \varphi=59°51'$$

【15-14】 波长为0.10 nm的辐射,射在碳上,从而产生康普顿效应。从实验中测量到散射辐射的方向与入射辐射的方向相垂直.求:(1) 散射辐射的波长;(2) 反冲电子的动能和运动方向。

解 (1) 在康普顿散射公式 $\lambda-\lambda_0=\frac{2h}{m_0c}\sin^2\frac{\theta}{2}$ 中,令 $\theta=\frac{\pi}{2}$,即得散射辐射的波长

$$\lambda=\lambda_0+\frac{h}{m_0c}=0.1024\ \text{nm}$$

(2) 反冲电子的动能

$$E_k=h\nu_0-h\nu=hc\left(\frac{1}{\lambda_0}-\frac{1}{\lambda}\right)=4.66\times10^{-17}\ \text{J}$$

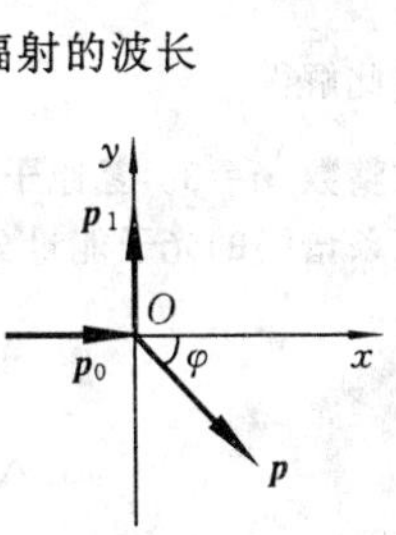

图 15-2

在图15-2中,$\boldsymbol{p}_0$、$\boldsymbol{p}_1$、$\boldsymbol{p}$ 分别是入射光子、散射光子和电子的动量。由于光子和电子系统动量守恒,在 x,y 方向分别有

$$p_0=p\cos\varphi,\quad p_1=p\sin\varphi$$

因此 $\tan\varphi=\frac{p_1}{p_0}$,而 $p_1=\frac{h}{\lambda}$,$p_0=\frac{h}{\lambda_0}$,于是可得

$$\varphi=\arctan\frac{\lambda_0}{\lambda}=44°18'$$

【15-15】 试求波长为下列数值的光子的能量、动量及质量。(1) 波长为1500 nm的红外线;(2) 波长为500 nm的可见光;(3) 波长为20 nm的紫外线;(4) 波长为0.15 nm的X射线;(5) 波长为 1.0×10^{-13} nm的γ射线。

解 光子的能量 E、动量 p 和质量 m 与波长 λ 的关系如下。

$$E=\frac{hc}{\lambda},\quad p=\frac{h}{\lambda},\quad m=\frac{h}{\lambda c}$$

(1) $E=1.33\times10^{-19}$ J，　$p=4.42\times10^{-28}$ kg · m · s^{-1}，　$m=1.47\times10^{-36}$ kg

(2) $E=3.99\times10^{-19}$ J，　$p=1.33\times10^{-27}$ kg · m · s^{-1}，　$m=4.41\times10^{-36}$ kg

(3) $E=9.95\times10^{-18}$ J，　$p=3.31\times10^{-26}$ kg · m · s^{-1}，　$m=1.10\times10^{-34}$ kg

(4) $E=1.33\times10^{-15}$ J，　$p=4.42\times10^{-24}$ kg · m · s^{-1}，　$m=1.47\times10^{-32}$ kg

(5) $E=1.99\times10^{-13}$ J，　$p=6.63\times10^{-22}$ kg · m · s^{-1}，　$m=2.21\times10^{-30}$ kg

【15-16】 计算氢原子光谱中莱曼系的最短和最长波长，并指出是否为可见光。

解　莱曼系的波长公式为　$\frac{1}{\lambda}=R\left(\frac{1}{l^2}-\frac{1}{n^2}\right)$　($n=2,3,4,\cdots$)

$n\to\infty$时，波长最短；$n=2$ 时，波长最长。因此 $\lambda_{\min}=\frac{1}{R}=91.2$ nm，$\lambda_{\max}=\frac{4}{3R}=121.5$ nm。这两个波长的光都不是可见光，而是紫外线。

【15-17】 在玻尔氢原子理论中，当电子由量子数 $n_i=5$ 的轨道跃迁到 $n_f=2$ 的轨道上时，对外辐射光的波长为多少？若再将该电子从$n_f=2$的轨道跃迁到游离状态，外界需要提供多少能量？

解　氢原子的能量公式为　$E_n=\frac{E_1}{n^2}$，　$E_1=-13.6$ eV

当电子由 $n_i=5$ 的轨道跃迁到 $n_f=2$ 的轨道上时，氢原子所释放的能量

$$\Delta E=E_5-E_2=\left(\frac{1}{5^2}-\frac{1}{2^2}\right)E_1=4.57\times10^{-19}\ \text{J}$$

若在跃迁时发射一个光子，则光子波长为

$$\lambda=\frac{c}{\nu}=\frac{hc}{\Delta E}=0.435\ \mu\text{m}=435\ \text{nm}$$

电子处于游离状态时，$n\to\infty$。电子从 $n_f=2$ 的轨道游离，外界需要提供的能量为

$$\Delta E'=E_\infty-E_2=-\frac{E_1}{2^2}=3.4\ \text{eV}$$

【15-18】 如用能量为 12.6 eV 的电子轰击氢原子，将产生哪些谱线？

解　假设 $\Delta E=12.6$ eV 的能量能使氢原子从基态($n=1$)跃迁到量子数为 n 的激发态，则

$$\Delta E=E_n-E_1=\left(\frac{1}{n^2}-1\right)E_1$$

由此解得

$$n=\sqrt{\frac{E_1}{E_1+\Delta E}}=3.68$$

取整数，$n=3$。氢原子达到 $n=3$ 的激发态后，向低能级的跃迁有图 15-3 所示的三种情况，相应的三条谱线的光子能量分别为

$$\Delta E_1=\left(\frac{1}{3^2}-\frac{1}{1^2}\right)E_1=1.93\times10^{-18}\ \text{J}$$

$$\Delta E_2=\left(\frac{1}{2^2}-\frac{1}{1^2}\right)E_1=1.63\times10^{-18}\ \text{J}$$

$$\Delta E_3=\left(\frac{1}{3^2}-\frac{1}{2^2}\right)E_1=3.02\times10^{-19}\ \text{J}$$

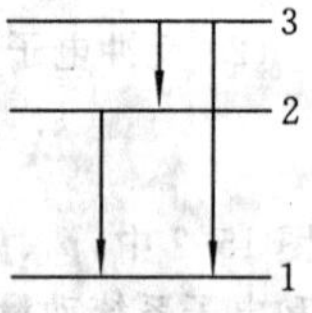

3
2
1

图 15-3

三条谱线的波长分别为

$$\lambda_1=\frac{c}{\nu_1}=\frac{hc}{\Delta E_1}=103\ \text{nm},\quad \lambda_2=\frac{hc}{\Delta E_2}=122\ \text{nm},\quad \lambda_3=\frac{hc}{\Delta E_3}=658.6\ \text{nm}$$

【15-19】 试证在基态氢原子中，电子运动时的等效电流为1.05×10^{-3} A。在氢原子核处，这个电流产生的磁场的磁感强度为多大？

解　在氢原子中，电子在原子核的静电引力的作用下作匀速圆周运动，向心力$\frac{mv^2}{r_1}=\frac{e^2}{4\pi\varepsilon_0 r_1^2}$，由此可解得 $v=\sqrt{\frac{e^2}{4\pi\varepsilon_0 m r_1}}$，电子运动的频率 $f=\frac{v}{2\pi r_1}$，电子运动时的等效电流

$$I=ef=\frac{ev}{2\pi r_1}=\frac{e^2}{2\pi r_1}\sqrt{\frac{1}{4\pi\varepsilon_0 m r_1}}$$

r_1 是基态氢原子半径，已知 $r_1=5.29\times10^{-11}$ m，代入上式后即得 $I=1.05\times10^{-3}$ A。

电子运动的等效电流是一圆电流，它在中心(原子核)处产生的磁场的磁感强度为

$$B=\frac{\mu_0 I}{2r_1}=12.5\ \text{T}$$

【15-20】 已知α粒子的静质量为6.68×10^{-27} kg。求速率为5000 km·s^{-1}的α粒子的德布罗意波长。

解 α粒子的德布罗意波长为 $\lambda=\frac{h}{m_0 v}=1.99\times10^{-5}$ nm

【15-21】 求动能为 1.0 eV 的电子的德布罗意波的波长。

解 电子动能 $E_k=\frac{1}{2}m_e v^2=\frac{p^2}{2m_e}$

电子的德布罗意波长 $\lambda=\frac{h}{p}=\frac{h}{\sqrt{2m_e E_k}}=1.23\times10^{-9}\ \text{m}=1.23$ nm

【15-22】 求温度为 27 ℃时，对应于方均根速率的氧气分子的德布罗意波的波长。

解 $T=27$ ℃$=300$ K 时氧气分子的方均根速率为 $\sqrt{\overline{v^2}}=\sqrt{\frac{3RT}{M}}$，氧气分子以此速率运动时的德布罗意波长为 $\lambda=\frac{h}{m_0\sqrt{\overline{v^2}}}$。而 $m_0=\frac{M}{N_A}$，因此 $\lambda=\frac{N_A h}{\sqrt{3RTM}}=2.58\times10^{-2}$ nm。

【15-23】 若电子和光子的波长均为 0.20 nm，则它们的动量和动能各为多少？

解 电子和光子的波长相同，动量也相同，其值为

$$p=\frac{h}{\lambda}=3.32\times10^{-24}\ \text{kg}\cdot\text{m}\cdot\text{s}^{-1}$$

根据相对论性动量与能量的关系 $E^2=E_0^2+p^2c^2$

可得电子动能为 $E_k=E-E_0=\sqrt{E_0^2+p^2c^2}-E_0$

已知 $E_0=0.51$ MeV，代入上式后可得 $E_k=37.9$ eV

光子的动能 $E'_k=E'=pc=6.22$ keV

【15-24】 用德布罗意波，仿照弦振动的驻波公式来求解一维无限深方势阱中自由粒子的能量与动量表达式。

解 在弦振动发生的驻波中，由于弦的两端是波节，弦长应是半波长的整数倍。与此类似，在一维无限深方势阱中，粒子在二阱壁处出现的概率为零，因此，阱宽 a 是粒子德布罗意波半波长的整数倍，即

$$a=n\frac{\lambda}{2}\quad(n=1,2,3,\cdots)$$

根据动量和波长的关系可得粒子动量为

$$p=\frac{h}{\lambda}=\frac{nh}{2a}\quad(n=1,2,3,\cdots)$$

在势阱中，粒子势能为零，其能量就是动能。因此，粒子能量为 $E=\frac{p^2}{2m}=\frac{n^2h^2}{8ma^2}(n=1,2,3,\cdots)$。

【15-25】 电子位置的不确定量为 5.0×10^{-2} nm 时，其速率的不确定量为多少？

解 由不确定关系可得 $\Delta p=\frac{h}{\Delta x}$。已知 $\Delta x=5.0\times10^{-11}$ m，$\Delta p=\Delta(m_e v)=m_e\Delta v$。因此

$$\Delta v=\frac{\Delta p}{m_e}=\frac{h}{m_e\Delta x}=1.46\times10^7\ \text{m}\cdot\text{s}^{-1}$$

【15-26】 铀核的线度为 7.2×10^{-15} m。求其中一个质子的动量和速度的不确定量。

解 不确定关系可表示为 $\Delta x \Delta p_x = h$

铀核中质子坐标的不确定量即是铀核的线度，其动量的不确定量

$$\Delta p_x = \frac{h}{\Delta x} = 9.2\times10^{-20}\ \mathrm{kg\cdot m\cdot s^{-1}}$$

因为 $\Delta p_x = m\Delta v_x$，所以速度的不确定量

$$\Delta v_x = \frac{\Delta p_x}{m} = 5.51\times10^{7}\ \mathrm{m\cdot s^{-1}}$$

【15-27】 一质量为 40 g 的子弹以 $1.0\times10^3\ \mathrm{m\cdot s^{-1}}$ 的速率飞行，求：(1) 其德布罗意波的波长；(2) 若测量子弹位置的不确定量为 0.10 mm，求其速率的不确定量。

解 (1) 子弹的德布罗意波的波长为

$$\lambda = \frac{h}{p_x} = \frac{h}{mv_x} = 1.66\times10^{-35}\ \mathrm{m}$$

(2) 子弹速率的不确定量 $\Delta v_x = \frac{\Delta p_x}{m}$，根据坐标和动量的不确定关系 $\Delta x \Delta p_x = h$，可得

$$\Delta v_x = \frac{h}{m\Delta x} = 1.66\times10^{-28}\ \mathrm{m\cdot s^{-1}}$$

【15-28】 试证：如果粒子位置的不确定量等于其德布罗意波长，则此粒子速度的不确定量大于或等于其速度。

解 根据德布罗意公式，粒子速度 $v = \frac{p}{m} = \frac{h}{m\lambda}$

根据不确定关系 $\Delta x \Delta p \geqslant h$ 及 $\Delta x = \lambda$，可得

$$\Delta v = \frac{\Delta p}{m} \geqslant \frac{h}{m\Delta x} = \frac{h}{m\lambda} = v$$

【15-29】 氦氖激光器所发红光波长为 $\lambda = 6\,328\times10^{-10}$ m，谱线宽度 $\Delta\lambda = 10^{-18}$ m，求：当这种光子沿 Ox 轴方向传播时，它的 x 坐标的不确定量有多大？

解 光子的动量 $p = \frac{h}{\lambda}$，当光的谱线宽度为 $\Delta\lambda$ 时，光子动量与之相应的不确定量为

$$\Delta p = \left| -\frac{h}{\lambda^2}\Delta\lambda \right| = \frac{h}{\lambda^2}\Delta\lambda$$

根据不确定关系，光子的 x 坐标的不确定量为

$$\Delta x = \frac{h}{\Delta p} = \frac{\lambda^2}{\Delta\lambda} = 4.0\times10^5\ \mathrm{m} = 400\ \mathrm{km}$$

【15-30】 已知一维运动粒子的波函数为

$$\Psi(x) = \begin{cases} Axe^{-\lambda x} & (x\geqslant 0) \\ 0 & (x<0) \end{cases}$$

式中，$\lambda>0$。试求：(1) 归一化常数 A 和归一化波函数；(2) 该粒子位置坐标的概率分布函数(又称概率密度)；(3) 在何处找到粒子的概率最大。

解 (1) 在一维情况下，波函数归一化条件为

$$\int_{-\infty}^{\infty} |\Psi(x)|^2 \mathrm{d}x = 1$$

因为 $x<0$ 时，$\Psi(x)=0$，故归一化条件为 $\int_0^{\infty} |\Psi(x)|^2 \mathrm{d}x = 1$，将波函数代入，则有

$$A^2\int_0^{\infty} x^2 e^{-2\lambda x}\mathrm{d}x = A^2\left(-\frac{1}{2\lambda}x^2 e^{-2\lambda x}\Big|_0^{\infty} + \frac{1}{2\lambda}\int_0^{\infty} 2xe^{-2\lambda x}\mathrm{d}x\right) = \frac{A^2}{\lambda}\int_0^{\infty} xe^{-2\lambda x}\mathrm{d}x$$

$$= \frac{A^2}{\lambda}\left(-\frac{1}{2\lambda}xe^{-2\lambda x}\Big|_0^{\infty} + \frac{1}{2\lambda}\int_0^{\infty} e^{-2\lambda x}\mathrm{d}x\right) = \frac{A^2}{2\lambda^2}\left(-\frac{1}{2\lambda}e^{-2\lambda x}\Big|_0^{\infty}\right) = \frac{A^2}{4\lambda^3} = 1$$

于是得到 $A = 2\lambda^{3/2}$

此结果代入波函数，即得到归一化波函数为

$$\Psi(x)=\begin{cases}2\lambda^{3/2}x\mathrm{e}^{-\lambda x} & (x\geqslant 0)\\ 0 & (x<0)\end{cases}$$

(2) 设粒子坐标的概率分布函数为 $\omega(x)$，则

$$\omega(x)=|\Psi(x)|^2=\begin{cases}4\lambda^3x^2\mathrm{e}^{-2\lambda x} & (x\geqslant 0)\\ 0 & (x<0)\end{cases}$$

(3) $\dfrac{\mathrm{d}\omega(x)}{\mathrm{d}x}=8\lambda^3x\mathrm{e}^{-2\lambda x}(1-\lambda x)$。令 $\dfrac{\mathrm{d}\omega(x)}{\mathrm{d}x}=0$，则有 $x_1=0,x_2\to\infty,x_3=\dfrac{1}{\lambda}$。分别代入 $\omega(x)$ 中，得 $\omega(x_1)=0,\omega(x_2)=0,\omega(x_3)=\dfrac{4\lambda}{\mathrm{e}^2}$。可见在 $x=\dfrac{1}{\lambda}$ 处发现粒子的概率最大，最大概率密度为 $\dfrac{4\lambda}{\mathrm{e}^2}$。

【15-31】 设有一电子在宽为 0.20 nm 的一维无限深的方势阱中，(1) 计算电子在最低能级的能量；(2) 当电子处于第一激发态时，在势阱何处出现的概率最小，其值为多少？

解 (1) 一维无限深的方势阱中电子的最低能量为

$$E_1=\frac{h^2}{8ma^2}=9.43\ \mathrm{eV}$$

(2) 电子处于第一激发态时，$n=2$，电子在方势阱中的概率密度为 $|\psi(x)|^2=\dfrac{2}{a}\sin^2\dfrac{2\pi}{a}x$。当 $\dfrac{2\pi}{a}x=k\pi$ 时，$|\psi(x)|^2=0$，电子在坐标 x 处出现的概率最小，其值为零。满足条件的坐标为 $x=k\dfrac{a}{2}$，因为 $0\leqslant x\leqslant a$，所以 $k=0,1,2$。相应的坐标为

$$x_0=0,\quad x_1=\frac{a}{2}=0.10\ \mathrm{nm},\quad x_2=a=0.20\ \mathrm{nm}$$

电子在这三处出现的概率均为零。

【15-32】 在线度为 1.0×10^{-5} m 的细胞中有许多质量为 $m=1.0\times10^{-17}$ kg 的生物粒子，若将生物粒子作为微观粒子处理，试估算该粒子的 $n=100$ 和 $n=101$ 的能级和能级差各是多大。

解 把细胞看成一维无限深势阱，细胞的线度就是势阱的宽度。其中生物粒子的能级公式为

$$E_n=n^2\frac{h^2}{8ma^2}$$

$n=100$ 和 $n=101$ 的能级分别为

$$E_{100}=(100)^2\frac{h^2}{8ma^2}=5.49\times10^{-37}\ \mathrm{J},\quad E_{101}=(101)^2\frac{h^2}{8ma^2}=5.60\times10^{-37}\ \mathrm{J}$$

能级差为

$$E_{101}-E_{100}=1.1\times10^{-38}\ \mathrm{J}$$

【15-33】 一电子被限制在宽度为 1.0×10^{-10} m 的一维无限深势阱中运动。(1) 欲使电子从基态跃迁到第一激发态需给它多少能量？(2) 在基态时，电子处于 $x_1=0.090\times10^{-10}$ m 与 $x_2=0.110\times10^{-10}$ m 之间的概率为多少？(3) 在第一激发态时，电子处于 $x_1=0$ 与 $x_2=0.25\times10^{-10}$ m 之间的概率为多少？

解 (1) 根据一维无限深势阱中粒子的能级公式，电子从基态($n=1$)跃迁到第一激发态($n=2$)所需能量为

$$E_2-E_1=(2^2-1^2)\frac{h^2}{8ma^2}=113\ \mathrm{eV}$$

(2) 在基态时，电子的概率密度分布为

$$|\psi_1(x)|^2=\frac{2}{a}\sin^2\frac{\pi}{a}x$$

电子处于 x_1 和 x_2 之间的概率为

$$\begin{aligned}P_1&=\int_{x_1}^{x_2}|\psi_1(x)|^2\mathrm{d}x=\int_{x_1}^{x_2}\frac{2}{a}\sin^2\frac{\pi}{a}x\,\mathrm{d}x=\frac{1}{a}(x_2-x_1)-\frac{1}{2\pi}\left(\sin\frac{2\pi}{a}x_2-\sin\frac{2\pi}{a}x_1\right)\\&=3.8\times10^{-3}\end{aligned}$$

(3) 在第一激发态时，电子的概率密度分布为$|\psi_2(x)|^2=\frac{2}{a}\sin^2\frac{2\pi}{a}x$，电子处于 x_1 和 x_2 之间的概率为

$$P_2=\int_{x_1}^{x_2}|\psi_2(x)|^2\mathrm{d}x=\int_{x_1}^{x_2}\frac{2}{a}\sin^2\frac{2\pi}{a}x\mathrm{d}x=\frac{1}{a}(x_2-x_1)-\frac{1}{4\pi}\left(\sin\frac{4\pi}{a}x_2-\sin\frac{4\pi}{a}x_1\right)=0.25$$

【15-34】 在描述原子内电子状态的量子数 n,l,m_l 中，(1) 当 $n=5$ 时，l 的可能值是多少？(2) 当 $l=5$ 时，m_l 的可能值为多少？(3) 当 $l=4$ 时，n 的最小可能值是多少？(4) 当 $n=3$ 时，电子可能状态数为多少？

解 (1) 主量子数为 n 时，角量子数的可能值为 $l=0,1,2,\cdots,n-1$。因此 $n=5$ 时，l 的可能值是 $l=0,1,2,3,4$。

(2) 角量子数为 l 时，磁量子数的可能值为 $m_l=0,\pm1,\pm2,\cdots,\pm l$。因此 $l=5$ 时，m_l 的可能值为 $m_l=0,\pm1,\pm2,\pm3,\pm4,\pm5$。

(3) n 一定时，l 的最大可能值是 $n-1$，因此，l 一定时，n 的最小可能值是 $l+1$。若 $l=4$，n 的最小可能值是 5。

(4) 将自旋考虑在内，当电子主量子数为 n 时，其可能的状态数为 $2n^2$。因此若 $n=3$，其可能状态数为 18。

【15-35】 氢原子中的电子处于 $n=4$、$l=3$ 的状态。问：(1) 该电子角动量 $\boldsymbol{L}$ 的值为多少？(2) 角动量 $\boldsymbol{L}$ 在 z 轴的分量有哪些可能的值？(3) 角动量 $\boldsymbol{L}$ 与 z 轴的夹角的可能值为多少？

解 (1) 该电子角动量的值为 $L=\sqrt{l(l+1)}\frac{h}{2\pi}=\sqrt{12}\frac{h}{2\pi}$

(2) $\boldsymbol{L}$ 在 z 轴的分量为 $L_z=m_l\frac{h}{2\pi}$

m_l 的可能值为 $m_l=0,\pm1,\pm2,\pm3$。因此 L_z 的可能值为

$$L_z=0,\pm\frac{h}{2\pi},\pm\frac{h}{\pi},\pm\frac{3h}{2\pi}$$

(3) $L_z=L\cos\theta$，因此 $\theta=\arccos\frac{L_z}{L}=\arccos\frac{m_l}{\sqrt{12}}$。将 m_l 的可能值代入上式后，得到 $m_l=0$ 时，$\theta=90°$；$m_l=\pm1$ 时，$\theta=73°$，$\theta=107°$；$m_l=\pm2$ 时，$\theta=55°$，$\theta=125°$；$m_l=\pm3$ 时，$\theta=30°$，$\theta=150°$。

【15-36】 氢介子原子是由一质子和一绕质子旋转的介子组成的。求介子处于第一轨道（$n=1$）时离质子的距离。（介子的电荷和电子的电荷相等，其质量为电子质量的 210 倍）

解 氢原子处于基态（$n=1$）时，电子对质子的距离为 $r_1=\frac{\varepsilon_0h^2}{\pi me^2}$，式中，$m$ 是电子质量。氢介子原子与氢原子的唯一区别在于介子质量不同于电子，但这不影响波函数方程的形式及有关结果的函数形式。因此氢介子原子处于基态（$n=1$）时，介子对质子的距离为

$$r_1'=\frac{\varepsilon_0h^2}{\pi m'e^2}=\frac{m}{m'}r_1$$

已知 $r_1=0.529\times10^{-10}$ m，因此 $r_1'=\frac{1}{210}r_1=2.52\times10^{-13}$ m。

【15-37】 已知氢原子基态的径向波函数为 $R(r)=(4a_0^{-3})^{1/2}\mathrm{e}^{-r/a_0}$，式中 a_0 为玻尔第一轨道半径。求电子处于玻尔第二轨道半径（$r_2=4a_0$）和玻尔第一轨道半径处的概率密度的比值。

解 氢原子沿径矢的概率密度为 $p=\frac{4}{a_0^3}r^2\mathrm{e}^{-2r/a_0}$

因此

$$\frac{p(r_2)}{p(a_0)}=\left(\frac{r_2}{a_0}\right)^2\mathrm{e}^{-2r_2/a_0}\cdot\mathrm{e}^2$$

将 $r_2=4a_0$ 代入上式，得

$$\frac{p(r_2)}{p(a_0)}=0.0397$$